中国科技人力资源发展研究报告

—— 科技人力资源与创新驱动

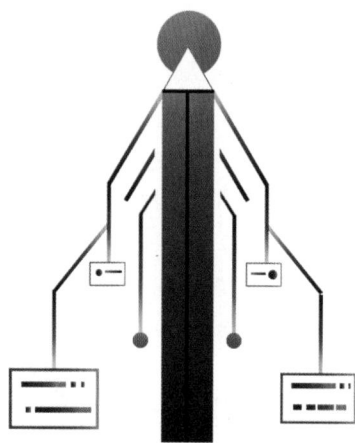

The Report

on the Development

of HRST in China

中国科协调研宣传部
中国科协创新战略研究院 著

清华大学出版社
北京

内 容 简 介

科技人力资源是科技创新的主导力量与关键要素,反映的是一国或一个地区科技人力储备水平和供给能力。作为科技和知识的有效载体,科技人力资源是创新驱动的源动力。充分发挥科技人力资源的重要作用,是实施创新驱动发展战略的必然要求。

本书以"科技人力资源与创新驱动"为主题,系统论述了截至 2016 年底我国科技人力资源的总量与结构,我国科技人力资源支撑创新驱动发展状况,以及国外科技人力资源现状和政策走向等内容。全书分上、中、下三篇,共二十章。上篇包括第一至第七章,全面刻画了截至 2016 年底我国科技人力资源总量以及学科专业、学历、年龄与性别、区域和行业分布等结构特征;中篇包括第八至第十三章,分别从创新能力、绩效产出、流动配置、供需情况等方面探讨了在创新驱动战略实施背景下我国科技人力资源的开发利用现状与主要问题,提出了未来更加适应创新驱动的发展战略、更好发挥科技人力资源潜力的政策建议。下篇包括第十四至第二十章,深入分析了国际科技人力资源竞争现状及各国参与竞争的政策走向,并通过对美国、英国、德国、日本和澳大利亚等国的科技人力资源现状与现行政策的系统梳理,总结归纳科技人力资源培养与开发的国际先进经验。

本书可供从事科学研究工作的专家学者、政府决策人员、科技管理人员及广大科技工作者阅读,也适合对科技人力资源及其相关领域感兴趣的大众读者参阅。

图书在版编目(CIP)数据

中国科技人力资源发展研究报告:科技人力资源与创新驱动/中国科协调研宣传部,中国科协创新战略研究院著.—北京:清华大学出版社,2018

ISBN 978-7-302-50724-6

Ⅰ.①中…　Ⅱ.①中…②中…　Ⅲ.①科学工作者—人力资源管理—研究报告—中国—2016

Ⅳ.①G316

中国版本图书馆 CIP 数据核字(2018)第 172724 号

责任编辑:盛东亮
封面设计:肖　宇
责任校对:梁　毅
责任印制:沈　露

出版发行:清华大学出版社
　　　　网　　址:http://www.tup.com.cn,http://www.wqbook.com
　　　　地　　址:北京清华大学学研大厦 A 座　　　　　**邮　　编:**100084
　　　　社 总 机:010-62770175　　　　　　　　　　　**邮　　购:**010-62786544
　　　　投稿与读者服务:010-62776969,c-service@tup.tsinghua.edu.cn
　　　　质量反馈:010-62772015,zhiliang@tup.tsinghua.edu.cn
　　　　课件下载:http://www.tup.com.cn,010-62795954
印 装 者:北京亿浓世纪彩色印刷有限公司
经　　销:全国新华书店
开　　本:185mm×260mm　　　　　**印　张:**19　　　　　**字　　数:**461 千字
版　　次:2018 年 11 月第 1 版　　　　　　　　　　　　**印　　次:**2018 年 11 月第 1 次印刷
定　　价:129.00 元

产品编号:076987-01

中国科技人力资源发展研究报告
课题组成员

总体组组长

王春法

总体组副组长

郭　哲　罗　晖　周文标　陈　锐　吴善超

研究组组长

罗　晖

研究组副组长

周大亚　陈　锐　樊立宏　孙　诚　周建中　乌云其其格　洪　帆

研究组成员（以姓氏笔画为序）

马　茹　王　玲　王寅秋　尹玉辉　方　园　石　磊　石长慧

吕　华　刘　琨　杜云英　杜红亮　杨　光　杨善友　张　智

张庆芝　陈艳燕　郑　玲　孟令耘　赵吝加　赵晶晶　徐　芳

高　洁　黄　群　黄军英　黄园浙　廖江群

办公室主任

周大亚　陈　锐

办公室成员

孟令耘　杨　光　黄园浙　赵吝加

FOREWORD

序

    党的十九大绘就了新时代建设社会主义现代化强国的宏伟蓝图,开启了实现中华民族伟大复兴的新时代。党的十九大报告强调,"人才是实现民族振兴、赢得国际竞争主动的战略资源。"习近平总书记在今年两院院士大会上发表重要讲话,深刻阐明关于科技创新的重要思想,进一步指出"创新之道,唯在得人""硬实力、软实力,归根到底要靠人才实力",强调把握创新发展规律、科技管理规律和人才成长规律的重要性,为我们更有效地做好科技人才服务工作指明了发展方向,提供了根本遵循。

    进入新时代,中国正以更加开放的姿态参与到全球人才流动配置的大循环中。全球创新合作博弈如火如荼,集中表现为全球科技人力资源流动加速,瞄准顶尖人才资源的争夺日益激烈。当前美国、英国、德国、日本等科技发达国家争相猎取重要科技领域的"高、精、尖、缺"人才,各国纷纷出台引才聚才的战略措施。全球范围科技人才竞争的形势逼人,我国面临的顶尖人才和团队匮乏的挑战逼人,加快夯实世界科技强国人才基础的使命逼人。知己知彼,方可百战不殆。我们要洞察科技人才的发展大势,把握科技人才的成长规律,破解科技人才的队伍结构性矛盾,构建完备的科技人才梯次结构,培养造就一大批具有全球视野和国际水平的战略科技人才、科技领军人才、青年科技人才和高水平创新团队,形成浩浩荡荡的科技创新人才大军,营造天下英才聚神州、万类霜天竞自由的创新生态雨林。我们要牢固树立世界眼光,善于从全球人才流动的大格局中审视我国科技人才工作,补齐"短板",做强"长板",形成服务人才发展的科学方法和手段,营造有利于充分激发人才创新热情和创造活力的体制机制和文化环境。

    中国科协始终坚持发挥党领导下人民团体的重要作用,注重彰显联系广泛、服务群众的群团组织优势,持续开展科技人力资源发展研究,析透环境、把握趋势,了解实情、摸清底数,适应变化、探求对策,从而更有针对性地做好科技人才工作,寓政治引领于联系服务之中,并在不同历史阶段为党和国家的科学决策提供有效支撑。懂科技、懂科技工作者,是做好科技人才服务工作的重要前提。改革开放以来,我国科技工作者队伍不断发展壮大,就业和流动趋势日益多样化,人力资源结构和分布呈现鲜明的时代特征,创新需求与利益诉求的选择性、多变性、差异性日益明显。这就要求我们持续研究全球科技人力资源发展状况,把握人才流动趋势,深入分析我国科技人力资源结构、分布和利益诉求的变化,遵循科技人才成长规律,为科学制定引才聚才政策、深化科技体制和人才评价机制改革、提升国家创新体系整体效能提供坚实支撑。

    呈现在读者面前的这部《中国科技人力资源发展研究报告——科技人力资源与创新驱

动》，坚持全球视野，评介国际经验，探讨理论方法，科学分析数据，深入挖掘特点，注重研究把握规律。报告对截至 2016 年底我国科技人力资源的总量、结构等进行了测算和定量化描述，分析了国外科技人力资源的竞争态势，总结了科技人才在创新驱动发展中的重要作用，在我国科技人力资源与创新驱动的互动关系分析方面进行了有益探索。

衷心希望本报告能够对完善我国科技人力资源发展制度与政策、推动世界科技强国建设有所裨益，对科技人才管理工作者和科技人力资源研究者有所启示。

中国科协党组书记、常务副主席、书记处第一书记怀进鹏

2018 年 7 月

PREFACE

前言

　　全球新一轮科技革命和产业变革蓄势待发,创新超越资本等传统生产要素成为引领人类发展的第一动力。世界主要国家纷纷加快科技创新步伐,将创新驱动视为国家谋求竞争优势的核心战略。人才是创新的核心要素,创新驱动实质上是人才驱动,大力培养和吸引科技人才已成为各国赢得国际竞争优势的战略性选择。当前我国进入了全面建成小康社会和迈进创新型国家行列的决胜时期,必须坚持以创新为发展第一动力引领开拓未来发展新境界,建设数量与质量并重、结构与功能优化的科技人才队伍,为我国建成世界科技强国和实现中华民族伟大复兴中国梦提供强有力的人力资源保障。

　　报告以"科技人力资源与创新驱动"为主题,系统论述了截至2016年底我国科技人力资源总量与结构、我国科技人力资源支撑创新驱动发展状况、国外科技人力资源现状和政策走向等内容,对健全完善我国科技人力资源政策,加快释放科技人力资源红利,积极推进创新驱动发展战略具有重要意义。本报告可供从事科学研究工作的专家学者、政府决策人员、科技管理人员及广大科技工作者阅读,也适合对科技人力资源及其相关领域感兴趣的大众读者参阅。

　　《中国科技人力资源发展研究报告——科技人力资源与创新驱动》是在中国科协党组成员、书记处书记王春法研究员的直接领导下,由中国科协调研宣传部和中国科协创新战略研究院邀请中国教育科学研究院、中国科学院科技战略咨询研究院、中国科学技术信息研究所、中国人民公安大学、中国科学技术发展战略研究院等单位的学者专家,与中国科协创新战略研究院的研究人员共同努力完成的。报告分为上、中、下三篇。

　　上篇包括第一至第七章,主要由中国教育科学研究院课题组完成。孙诚主持了研究工作,负责设计各个章节的逻辑框架,并进行各章把关。赵晶晶负责进展协调与统稿,吕华、张智负责总体数据计算。其中,第一章由孙诚、吕华执笔;第二章由张智执笔;第三章由尹玉辉执笔,孙诚修改;第四章由陈艳燕执笔,杜云英修改;第五章第一节由杜云英执笔,第二节由陈艳燕执笔,第三节由杜云英、陈艳燕执笔;第六章由赵晶晶执笔,吕华、尹玉辉提供部分数据;第七章由刘琨、吕华执笔。吕华负责整体数据的校对;杜云英负责后期统稿。周大亚提出了研究框架和总量预测的基本思路,樊立宏、黄园淅、赵峇加参与了框架设计和研究内容的部分讨论。

　　中篇包括第八至第十三章,主要由中国科学院科技战略咨询研究院课题组和中国科协创新战略研究院研究人员共同完成。罗晖提出了中篇研究框架。周建中主持课题研究工作并进行学术把关。周大亚、樊立宏、黄园淅、赵峇加根据课题组的基础研究资料,重新梳理了各章逻辑框架和研究内容。其中,第八章由周建中、张庆芝提供初稿,黄园淅、马茹重新梳理完成;第九章初稿由廖江群提供,并由赵吝加梳理,其中科研人员创新能力现状的调查研究方案及部分量表的开发由廖江群设计和编制,数据分析由杜玉洁和朱心雨完成;第十章由徐芳执笔;第十一章由周建中、张文霞提供初稿,黄园淅重新梳理完成;第十二章由张庆芝、周建中提供初稿,黄园淅重新梳理完成;第十三章由黄园淅、赵吝加在课题组各章研究资料基础上重新梳理完成。周建中对中篇全篇统稿并修改定稿。北京、辽宁、江苏、湖北、广西、山西等地方科协协助组织和实施了创新能力调查,完成问卷发放和回收工作。

下篇包括第十四至第二十章,主要由中国科学技术信息研究所课题组完成,乌云其其格主持研究工作并进行学术把关。其中,第十四章由乌云其其格、石长慧执笔;第十五章由黄军英、郑玲执笔;第十六章由高洁执笔;第十七章由黄群执笔;第十八章由王玲执笔;第十九章由杜红亮执笔;第二十章由乌云其其格、杨善友执笔。

中国人民公安大学洪帆完成了全书统稿工作,并执笔完成了绪论。参与本书统稿过程讨论的还有孟令耘、杨光、石磊、王寅秋、方园。赵吝加、方园、马茹整理了全书的格式、目录和图表索引。

中国科协创新战略研究院的周大亚副院长和陈锐副院长,分别负责报告研究过程中不同阶段的组织管理和协调工作,孟令耘、杨光统筹协调,黄园淅、赵吝加具体执行。

报告是十年来中国科协开展科技人力资源研究工作的继承和发扬,是集体智慧的结晶。王春法研究员对此项工作一直十分重视,从开创科技人力资源在中国的研究工作,到推动报告形成中国科协高端科技创新智库品牌成果付出了大量心血。中国科协调研宣传部部长郭哲和创新战略研究院院长罗晖、党委书记周文标将报告作为重点工作给予悉心指导和有力支持。报告研究工作启动前,罗晖院长专门召集近几年参与研究工作的专家讨论研究选题和研究方法,为报告更好地服务决策咨询、扩大影响力奠定了良好基础。研究过程中,各合作单位的领导大力支持、专家同仁积极配合,有力保证了报告的质量。在此,对所有参与这项工作并辛勤付出的各位领导、专家表示衷心的感谢!

2016年初报告研究工作启动之时,正值中国科学学与科技政策研究会科技人力资源专委会开始挂靠在中国科协创新战略研究院之际。这既是对中国科协科技人力资源研究的认可,也是科技人力资源研究蓬勃发展的见证。由于水平有限,疏漏或不妥之处在所难免。诚挚希望关心科技人力资源发展的社会各界人士提出批评和建议,让我们为科技人力资源健康发展共同努力。

中国科协调研宣传部
中国科协创新战略研究院
2018 年 1 月

CONTENTS

目录

党的十八大提出实施创新驱动发展战略,强调科技创新是提高社会生产力和综合国力的战略支撑,必须摆在国家发展全局的核心位置。这是中央在新的发展阶段确立的立足全局、面向全球、聚焦关键、带动整体的国家重大发展战略。

随着经济全球化浪潮的掀起和国际竞争形势的日益加剧,世界范围内的创新要素加速流动,知识创造和技术创新进程不断加快,新的科技革命和产业变革呈现加速态势,这些正在深刻影响和改变着世界经济格局。深入实施人才强国战略,加快从人力资源大国向人力资源强国转变,统筹开发利用国际国内人力资源,打造更具国际竞争力的人才制度优势,是增强国家核心竞争力的必然选择。

习近平主席指出:"科技实力决定着世界政治经济力量对比的变化,也决定着各国各民族的前途命运。"由于科技人力资源的战略意义随着国际竞争的加剧越来越凸显,各国政府都把科技人力资源视为国家最重要的战略资源之一,在各方面加强了对科技人力资源培养和开发、利用的政策研究,并通过完整、准确、可靠的统计信息,准确评价科技战略和政策的实施效果,判断科技人力资源在创新与科技活动中的潜力与效用。

"科技人力资源(HRST)"是"科学技术(S&T)"与"人力资源(HR)"的结合,首先它是作为科学技术指标中的一项指标提出来的,是科技资源的重要组成部分。同时,它也是人力资源的一部分,因此严格意义上的科技人力资源概念是在"人力资源"概念出现之后确立的,并且列入了有关的科学技术指标体系中。科技人力资源是一个相对宽泛的概念,通常是指能够直接参与科学技术知识的创造、循环流转及其应用,或者为这些活动提供直接、间接支持,并具有一定专业技术水平和职业技能的人员。

自20世纪90年代以来,国内外众多学者围绕科技人力资源的相关问题开展了一系列研究。有的对比了近年来各个国家科技人力资源的发展状况,并分析了影响科技人力资源跨国转移的若干因素,提出争夺优秀科技人才以利用国际资源提升本国科技实力的思路和政策建议。也有学者从人力资本国际流动的态势、基本规律出发,结合中国改革开放以来人才跨国流动的状况,探讨了如何应对稀缺高层次人才向工业化国家、西方发达国家和富裕国家大规模外流的问题,并提出政府应该将主要精力放在营造平等竞争、宽松和谐的政策环境方面来解决这一问题。

国外科技人力资源研究文献中以美国、OECD为代表的发达国家和国际组织居多,各组织机构的研究报告一般都是由公共财政资助,整合各个部门专家、大学、科研院所、企业等各种社会力量,采取定性与定量相结合、宏观与微观相结合的研究方法开展研究。这些文献总的特点是:(1)具有标准的、稳定的、可操作性的测度指标和研究方法,逐步完善更新系统性、动态性的统计数据,力求全面、准确地了解真实现状;(2)具有明显的国际视野,将相关数据进行国际比较和分析;(3)具有系统性的研究视角,作为一个涉及教育、科技、经济等多个领域的系统工程,注重各种研究资源的整合,宏观与微观相结合,历史发展与最新动态相结合;(4)具有一些反复强调的核心价值理念,越来越重视政府采取的有效政策和进行的积极干预;(5)具有明确的、可操作性的政策建议或供决策参考的观点,这正是该项研究的出发点和最终目的。

相对于国外文献,我国对科技人力资源的研究工作作为一个相对独立的领域并不是十分成熟。目前我国将科技人力资源作为科技指标中的重要指标,开展专门的测度、分析研究工作仅10年左右。建国之后大量相关的统计工作为研究科技人力资源的动态发展提供了良好基础,但由于统计口径和方法的差异,给相关数据的提取和整合带来了困难,现有的《中国科学技术指标》发布的数据尚有争议,有待进一步明确。同时,国内人才学研究的繁荣和人力资源理论、劳动经济学等学科的迅速发展,为科技人力资源的研究提供了理论支持和多维的、交叉性的研究视角。

科技人力资源研究是一项系统性工程,需要系统性、动态性的研究协作,但从目前国内的文献来看,还存在着一些不尽如人意之处。例如,由于各部门统计口径和方法的差异,给相关数据的提取和整合带来了困难,某些数据结果尚存争议,有待进一步明确;有的研究选题角度较为单一,观点或重复,或缺乏说服力,其结论和政策措施建议难以起到积极的作用。我国系统性的科技人力资源的研究文献为数不多,少有动态的、细致的科技人力资源测度数据报告,对科技人力资源相关的政策问题也有待进行更进一步全面、系统、深入的研究。

一

科技人力资源的概念产生于知识经济时代。在严格意义上的"科技人力资源"概念产生以前,已有不少与科技人力资源有关的政策及文献记载。戴夫·乌尔里克被誉为人力资源管理的开创者,他最早提出了"人力资源"的概念。彼得·德鲁克在1954年出版的《管理的实践》这部经典著作中,首次在管理学领域提出"人力资源"的概念。德鲁克认为:第一,人力资源是所有可用资源中最有生产力、最有用处、最为多产的资源。第二,人力资源具有一种其他资源所没有的特性:具有协调、整合、判断和想象的能力。第三,人力资源还有与其他任何资源都不同的一点,对于自己要不要工作,拥有绝对的自主权。人力资源具有一定的时效性、能动性、两重性、智力性、再生性、连续性、时代性、社会性和消耗性等特点。

科学技术指标统计发端于20世纪中期以美国国家科学基金会为代表的R&D系统测度,而学术意义上的人力资源研究是建立在美国经济学家舒尔茨等20世纪60年代的代表人物的人力资本理论基础之上的,其中舒尔茨的《论人力资本投资》是人力资本理论的代表作之一,他强调了人力资本投资的重大意义,认为人力是社会进步的决定性因素,人力、人的知识和技能，是资本的一种形态。1964年，经济合作与发展组织（OECD）发布了以《研究与发展调查手册》（即《弗拉斯卡蒂手册》）为标志的科技统计规范，提出了R&D人员和R&D经费的概念、定义以及测度方法，并明确界定了R&D活动和技术创新活动的范围。因此，R&D人员成为了早期的科技与人力资源结合的主要指标，R&D人员的统计也就成为最早的一种科技人力资源统计。联合国教科文组织（UNESCO）针对全世界大多数发展中国家以科技活动为主、R&D活动较少的情况，以《弗拉斯卡蒂手册》为核心内容，分别于1978年和1979年提出了《科技统计国际标准化建议案》和《科技活动统计手册》，对科技活动和科技人员进行了定义，试图在发展中国家建立以科技活动统计为中心的科技统计。

20世纪80年代，国际上兴起国家创新体系研究的热潮。人们发现：科学发现和技术发明固然十分重要，但科技知识的扩散和应用也同样重要；尤其在知识经济时代，知识的创造、扩散和应用以及经济社会的发展主要依赖于掌握先进技术和科学知识的人力资源，即科技人力资源。正是从国家创新投入资源的角度出发，科技与人力资源的结合产生了"科技人力资源"的概念。1995年，经济合作发展组织和欧盟统计局发布了国际上第一个有关科技人力资源统计的标准和规范——《科技人力资源手册》（即《堪培拉手册》），对科技人力资源的基本定义、分类标准、相关因素与数据来源等进行了较为详细的分析和解释。该手册按照国际教育标准分类和国际标准职业分类分别对科技人力资源的教育和职业范围进行了界定，认为科技人力资源是指完成了科学技术学科领域的第三层次教育，或者虽然不具备上述正式资格但从事通常需要上述资格的科学技术职业的人。OECD和欧盟统计局（Eurostat）联合编写的《科技人力资源手册》从"资格"和"职业"两方面来定义科技人力资源，认为"科技人力资源是指满足下列条件之一的人：完成了科技学科领域的第三层次教育；虽然不具备上述正式资格，但从事通常需要上述资格的科学技术职业。"

2001年6月，OECD在巴黎举行了"高技能人才的国际流动——从数据分析到政策制定"研讨会。此次研讨会有三个目标：一是提供关于OECD国家及若干非OECD国家在拥有技能和高技能国外人才的流量和存量方面的数据，并评估这些数据和所用概念的质量，以提高可比性。二是通过案例分析技能人才或科技人力资源的流动对经济发展的影响，这些案例覆盖了输出和输入这些人才的大多数地区。三是探讨推进人才流动的政策，促进输出方和输入方的双赢。2002年，OECD科技指标国家专家组再一次修订了《研究与发展手册》，同时开始了对《科技人力资源手册》的修订工作。OECD专门设立了经合组织国家科技指标专家组（NESTI），以加强成员国之间的科技统计合作，共同开发新指标。

虽然我国在20世纪90年代才开始引入科技人力资源的概念，但在之前的人才学研究中，对科技人才的研究取得了不少成果。人力资源理论、劳动经济学等学科的兴起和发展，为系统深入地开展科技人力资源研究奠定了基础。2002年起，我国科技部在科技统计中开始采用科技人力资源这个概念。科技部发布的《中国科学技术指标（2004）》提出了一个有别于OECD关于科技人力资源的定义："科技人力资源是指实际从事或有潜力从事系统性科学和技术知识的产生、发展、传播和应用活动的人力资源。"另外一些与科技人才相关的机构在借鉴和学习OECD研究成果的基础上，也开展了相关的研究工作，主要工作体现在中国科协发布的《全国科技工作者状况调查报告》、中国人事科学研究院的《中国人才报告》、社会科学文献出版社的《中国人才发展报告》（蓝皮书）等，这些文献专门或在有关章节研究了科技人力资源的状况及有关政策，并发布了与科技人力资源相关的统计数据。2006

年,中国科协组织了若干研究团队,启动了我国科技人力资源宏观层面的研究,在OECD《堪培拉手册》的基础上,分析界定了我国科技人力资源的定义及内涵,并初步探索出测度我国科技人力资源总量、结构和分布的方法,从科技人力资源的培养渠道和影响科技人力资源流动的主要因素出发,初步构建了具有我国特色的科技人力资源理论分析框架。

二

科技人力资源是一个具有特定含义的专有概念,既不同于科学家和工程师、科技活动人员和R&D人员等概念,也与人才和科技工作者概念有明显区别。但在国内外的相关研究中,仍然使用各种意义相近,但统计口径各不相同的一些术语和概念。

我国历史上没有科技人力资源概念,只有人才概念。人才是政策概念,没有明确的鉴别标准,范围比科技人力资源、科技工作者和科技活动人员的范围都要大。2003年的全国人才工作会议认为人才有三个条件:一是有知识、有能力;二是能够进行创造性劳动;三是在物质、政治和精神三个文明建设中做出贡献。目前,人事组织部门仍将人才分为党政人才、专业技术人才、企业经营管理人才、技能人才和农村实用人才五类。衡量人才的主要标准是品德、知识、能力和业绩,这是定性的描述,并没有客观的判别标准。由此可见,人才概念本身就包含了一定程度的主观价值判断,概念边界模糊,更具有伸缩性。它的内容是政府为达到特定政策目的而设定的,在不同时期甚至不同地域,含义是不同的。

"科技工作者"是我国特有的概念,在新中国成立后的中央文件中广泛使用,意指所有从事科技工作的人员。2003年中国科协在进行科技工作者状况调查时,对科技工作者的定义主要是指"在自然科学领域掌握相关专业的系统知识,从事科学技术的研究、开发、传播、推广、应用,以及专门从事科技工作管理等方面的人员。"在数据统计中,选取中组部和人事部的专业技术人员统计十七个专业技术职务类别中的前五类人员作为"科技工作者"的基本调查人群,分别是工程技术人员、农业技术人员、科学研究人员、卫生技术人员和教学人员。专业技术人员的统计鉴别标准是事业单位和企业单位中具有中专及以上学历或取得初级及以上专业技术职称(任职资格)的人员。

科技工作者概念与科技人力资源概念部分重复,它反映的是从事科技职业的实际在岗人员数量,包括科技活动人员和R&D人员,其范围从理论上看要比五类专业技术人员数量大。科技工作者概念的优势在于其数据来自专业技术人员统计,具有长系列的统计数据资源和丰富的数据内涵。不足之处是:(1)统计口径问题。以往的统计仅限于国有(包括国有控股)企事业单位,近几年来随着非公有制经济的份额增大,其早期的全社会统计口径范围已不再全面;(2)统计数据不具有国际可比性。在用于国际比较时,既需要完善其统计范围,也需要作进一步数据处理,提供更细的科技工作者指标分类以利于扩大使用范围;(3)科技工作者反映的是科技职业实际在岗人员数量,不能反映潜在的人力资源数量。

"科技活动人员"的定义源自联合国教科文组织(UNESCO)的《科技活动统计手册》。根据1978年联合国教科文组织制订出版的《科学技术统计指南》,科技活动是指在科学技术领域内,与科技知识的产生、发展、传播和应用密切相关的有组织的系统的活动,科技活动分三类,即研究与发展(R&D)活动、研究与发展成果应用活动、科技服务活动。科技活动人员意指科技人力资源中直接从事科技活动以及专门从事科技活动管理和为科技活动提供直接服务的人员。一个劳动者是否属于科技活动人员范畴,关键是看其所做的工作或正在从事的职业是否属于科技活动范畴。

我国为了强调科研成果的应用与转化,在上述三类的基础上增加了"R&D 成果的应用"。即把科技活动人员分为四大类:一是从事 R&D 活动的人员(R&D 人员);二是从事 R&D 成果应用的人员;三是进行科技教育与培训的人员;四是从事科技服务的人员。目前我国科技活动统计没有包括教学培训活动,这意味着教学人员(但同时进行科研的除外)没有计入科技活动人员范围之内。我国科技活动人员指标测度采用人数作量纲,常用的指标有"科技活动人员总量"和"参与科技活动的科学家和工程师"。实际统计中,将直接从事科技活动以及专门从事科技活动管理和为科技活动提供直接服务、累计实际工作时间占全年法定工作时间的比例大于等于 10% 的人员计入科技活动人员。

根据弗拉斯卡蒂丛书《研究与发展调查手册》,"R&D 人员"是指直接从事 R&D 活动的人员以及直接为 R&D 活动提供服务的管理人员、行政人员和办事人员。这些人员是科技人力资源中至关重要的组成部分。指标测度单位采用全时当量。R&D 人员是科技活动人员的核心部分。《中国科学技术指标》也采用了这一定义。

OECD 根据科技人员在 R&D 活动中的作用,将参与 R&D 活动的人员分为研究人员、技术人员和辅助人员。研究人员是指从事新知识、新产品、新工艺、新方法、新系统的构想或创造的专业人员,以及 R&D 课题的高级管理人员;技术人员是指通常在研究人员的指导下参加 R&D 课题,应用有关原理和操作方法执行 R&D 任务的人员;辅助人员是指参加 R&D 课题或直接协助承担这些课题的熟练工和非熟练技工、秘书和办事人员,还包括所有为 R&D 课题提供直接服务的财务、人事及行政管理人员。我国早期的科技统计主要是科技活动统计,后来才逐渐引进 R&D 活动统计并不断完善,目前在研究机构 R&D 人员统计中采用 OECD 的研究人员、技术人员和辅助人员分类。

我国 R&D 人员指标测度可采用人数和全时工作当量两种量纲,国际比较中通常采用全时当量。常用的指标包括"R&D 人员总量"和"R&D 科学家与工程师总量"。

根据《中国科学技术指标》,"科学家和工程师"是指具有大学本科以上学历,或虽不具有上述学历,但具有高、中级专业技术职称(职务)的科技活动人员。这一概念也可以用于具有大学本科以上学历或具有高、中级技术职称(职务)的 R&D 人员,可称为是研究与发展人员中的科学家和工程师。联合国教科文组织认为,科学家和工程师就是以相应身份运用或创造科学知识和工程技术原理的人,也就是经科技培训后从事有关科技活动的专业工作人员及指导科技活动实践的高级管理者和人员。在研究活动中,"科学家"与从事自然科学和社会科学研究的人员是同义词。美国《科学与工程指标》对科学与工程劳动力(科学家与工程师)的定义与《科技人力资源手册》的相同之处在于它们都按照职业和资格进行了定义,不同的是前者还从对科学与工程知识的需求方面来定义,在教育和职业的范围上有一些区别。

在我国官方的统计指标中,"专业技术人员"的定义更为宽泛。《中国统计年鉴》中规定,专业技术人员是指从事专业技术工作的人员,以及从事专业技术管理工作,并且被聘任了专业技术职务的人员。具体指:工程技术人员,农业技术人员,科学研究人员(含自然科学研究、社会科学研究及试验技术人员),卫生技术人员,教学人员(含高等教育、中等专业学校、技工学校、中学、小学),民用航空飞行技术人员,船舶技术人员,经济人员,会计人员,翻译人员,图书资料、档案、文博人员,新闻、出版人员,律师、公证人员,广播电视播音人员,工艺美术人员及政工人员。从分类上看,这些专业技术人员与科技人力资源部分交叉,但无论是从"资格"还是"职业"定义考虑,其中相当一部分人员不属于科技人力资源的范畴。

除此以外,国内外在提及科技人力资源相关人群时,还使用了其他一些概念。如美国国家科学基金会(NSF)组织撰写,美国国家科学委员会(NSB)出版的《科学与工程技术指标》,使用了"科学与工程劳动力"(S&E workforce)这个概念,用来指从事科学与工程相关职业、拥有科学和工程学位,以及所从事工作需要科学与工程知识的人。中国人事科学研究院发布的《中国人才报告(2005)》则分别使用了"专门人才"和"专业技术人才"的概念。所谓专门人才有两个含义,一是指经过系统而专门教育培养的人才;二是指具有一定专业知识和技能的人才。而专业技术人才是指受过专门教育和职业培训,掌握现代化大生产专业分工中某一领域的专业知识和技能,在各种经济成分的机构中专门从事各种专业性工作和科学技术工作的人员。比如,工程师、教授、研究员、医师、律师、会计师、经纪人等。在中共中央办公厅、国务院办公厅印发的《关于进一步加强高技能人才工作的意见》中,高技能人才是指在生产、服务等岗位一线的技能劳动者中,掌握专门知识技术,具备高级工、技师、高级技师等资质的人员。

从对上述概念的分析可以看出,有些概念基本上是属于科技人力资源范畴的。如R&D人员,他们是科技人力资源的核心,也是自主创新活动的核心力量;科学家和工程师或科学与工程劳动力是科技人力资源的主要构成,这些人通常是接受过大学本科以上的科技教育;科技活动人员或科技工作者是科技人力资源的基本队伍,他们基本上从事的是科技相关职业或岗位,在我国往往是以自然科学和工程技术类为主。其中"科技活动人员"的定义与OECD和欧盟统计局的定义基本一致,但若从科技活动的严格定义出发,我国科技活动人员统计数据仍存在统计口径偏小的问题。相比之下,R&D人员统计与国际统计规范相一致,是目前我国科技人力资源统计中基础最好,范围较全的统计。专门人才是从教育培养和知识技能两方面来定义的,涵盖面比较宽泛,其中包括专业技术人才;"专业技术人员"的统计来源于计划经济时代人事组织部门的干部统计,有明显的中国特色,其定义与国际上科技人力资源的概念不接轨,缺乏国际可比性,统计覆盖的范围也仅限于国有企事业单位,导致统计数据在应用时受到很大的限制。而且主要是从专业技术职称和职务来定义的,并未从所受教育资格方面来定义;这三类人员中,其中一部分可以纳入科技人力资源的范畴,所以,还要做比较细致的甄别和分析。

三

科技人力资源的价值已为全球共识。技术进步不仅依靠物质资本,更要依靠人力资本。人力资源中蕴涵的知识及其扩散,至少与物质设备中包含的技术及其扩散同等重要。高度熟练的人力资源对知识的开发和传播是不可或缺的,它是技术发展与经济增长、社会发展、环境保护之间的重要环节。科学技术和人力资源的结合,被看作是竞争和经济发展的关键因素,同时也是今后几十年保护和改善环境的手段。新的技术在很多方面迅速地得到发展和应用,因此,一个国家要跟上科学技术领域日新月异的变化,迎接新的挑战,就需要不断壮大有技术而且高效率的劳动力队伍。在战略层次上,科技人力资源的存量与流入量被看作是支撑国家经济和技术基础的主要资源,而且是新近引起关切的国家环境及全面福利的主要资源。

我国也日益关注科技人力资源对国家社会经济发展的价值。《国家中长期科学和技术发展规划纲要(2006—2020)》确立了未来 15 年我国科学技术发展的总体目标,即:自主创新能力显著增强,科技促进经济社会发展和保障国家安全的能力显著增强,为全面建设小康社会提供强有力的支撑;基础科学和前沿技术研究综合实力显著增强,取得一批在世界具有重大影响的科学技术成果,进入创新型国家行列,为在本世纪中叶成为世界科技强国奠定基础。而确保这个总目标得以实现的关键在于科技人力资源。《纲要》明确提出:科技创新,人才为本。科技人才是提高自主创新能力的关键所在。要把创造良好环境和条件,培养和凝聚各类科技人才特别是优秀拔尖人才,充分调动广大科技人员的积极性和创造性,作为科技工作的首要任务,努力开创人才辈出、人尽其才、才尽其用的良好局面,努力建设一支与经济社会发展和国防建设相适应的规模宏大、结构合理的高素质科技人才队伍,为我国科学技术发展提供充分的人才支撑和智力保证。

目前对于科技人力资源的研究方法主要包括定量和定性两大类。定量的方法主要用于科技人力资源的测度、比较与预测、规划,为政策分析提供参考,定性的方法更多地用于政策分析和相关经验性研究。

如果没有科技人力资源的测度,就无以了解科技人力资源当前和未来存量的利用情况、数量和组成,更谈不上制定科学合理的科技人力资源政策,优化培养、吸引、配置和激励科技人力资源的机制,全面支撑国家社会经济发展。因此,大多数国家都对科技人力资源感兴趣,而且对于哪些类别的人力资源具有特殊重要性往往都有一定的见解。但迄今为止,即便是在 OECD 范围内,还没有一个广为接受的统计框架来分析科技人力资源。事实上,极少数国家对科技人力资源有正式定义,因此,国际可比数据非常少。

《科技人力资源手册》为科技人力资源的测度提供了详细的指导性意见,它将科技人力资源总量分为存量和流量,并提出各种分类和测度指标。联合国教科文组织发布的《关于科技统计国家标准化的建议》及《科技活动统计手册》《国际标准教育分类》,是关于科技活动信息及其测度指导原则的重要文件,对《科技人力资源手册》有直接影响,特别是涉及人力资源各种分类和相关变量的定义,为有关分类测度提供了参考依据。

目前国际上关于科技人力资源测度的规范标准性文件主要出自联合国教科文组织、经济合作与发展组织,它们都是为收集科技统计资料制定标准的全球性领导机构(参见《科技人力资源手册》附录)。目前,国际上影响最大、最为全面系统的科技人力资源测度指标体系出自 OECD、欧盟统计局编写的《科技人力资源手册》。各国调查统计部门根据具体国情,参照这些国际标准和规范性文件,设定各自的测度指标体系,都有所调整、变化。

联合国教科文组织关于科技活动信息及其测度的指导原则的主要文件是《关于科技统计国家标准化的建议》及《科技活动统计手册》《国际标准教育分类》,对《科技人力资源手册》有直接影响,特别是涉及人力资源各种分类和相关变量的范围的那些定义。另外还提出科技人员(STP)可以用从事科技活动的人数来测定,也可以用贡献于科技活动的工作时间来测定,据此用全时工作(FT)、非全时工作(PT)、全时工作当量(FTE)来测度人力资源。另外为了测度全部科技人员的总量,提出将科技人力潜力分为合格人力的总存量和经济活动的合格人力的数量,并对科技领域及有关资格制定了国际标准教育分类标准。

《科技人力资源手册》为进行科技人力资源的测度提供了详细的指导性意见。将科技人力资源总量分为存量和流量,测算总的科技人力资源时,建议优先采用按人计算来收集有关人的数据,而不是折合全时工作当量数据,折合全时工作当量的方法可能更适用于测算研究与发展工作量,或大量非全时工作等特定情形。而杨宏进《我国科技人力资源配置分析》一文认为由于有潜力从事科技活动的人员目前还很难定量化,因此,用实际投入科技活动的工作量(人力)来进行数据对比与分析是一种可行的、有效的方法。各国调查统计部门根据具体国情,参照这些国际标准和规范性文件,设定各自的测度指标体系,并且有所调整、变化。各国科技人力资源文献的测度体系可以归纳为四个方面:一是规模和结构测度,包括存量和年龄、性别(特别关注女性)、民族(特别关注少数民族、移民)、专业、行业等结构分布状况;二是科技教育状况测度,包括各专业、各层次学位教育状况的测度;三是就业状况的测度,各学历就业状况、薪酬变化、退休、失业状况等;四是流动状况的测度,主要是全球的流动和分布状况。有的国家(如日本)还通过专利、论文等科研评价指标对科技人力资源的绩效进行了评估测度。各个测度的指标之间纵横交错,相互影响,紧密联系,全方位地反映了科技人力资源的状况。

四

2006 年,中国科协开始启动有关我国科技人力资源的宏观研究,组织多个研究团队,明确界定了科技人力资源的定义及其内涵,探索测算我国科技人力资源总量的方法,分析我国科技人力资源的培养渠道,总体结构和分布特征,以及科技人力资源在国际国内流动的基本状况和影响因素,初步构建了具有我国特色的科技人力资源理论分析框架,并尝试揭示我国科技人力资源在行业、区域和新兴产业乃至国家经济社会发展中的作用。这无疑是一项艰巨而有意义的研究工作。第一本《中国科技人力资源发展研究报告》界定了我国科技人力资源的定义及内涵,构建了中国特色的科技人力资源理论分析框架。根据高等教育历年培养数据和 2004 年全国第一次经济普查数据,分别从"资格"和"职业"两个角度出发,测算了 1949—2005 年我国科技人力资源的总量规模,并用翔实的数据分析和揭示了我国科技人力资源的年龄、性别、学历、学科、地区分布、行业分布以及流动等的现状与问题,为有关部门的决策提供了政策性建议。该《研究报告》的重大贡献在于率先将我国科技人力资源的定性研究向定量研究伸展,能够较为全面、客观、翔实的呈现出我国 1949—2005 年我国科技人力资源发展的全貌,对于我们拥有 13 亿人口大国的而言无疑这是一项艰巨而有意义的研究工作,也为我国制定科技人力资源开发战略提供了重要的实证依据。

十多年来,伴随着对科技人力资源内涵理解的加深,我国科技人力资源的量化研究和数据采集、整理、分析工作渐趋成熟,每一本《研究报告》的统计测算方法都会根据实际情况的变化和有关专家的意见进行相应的调整和修正,至今已基本成型。经过大家的努力与合作,至今已经陆续出版了四本《中国科技人力资源发展研究报告》。每一本《报告》都从"资格"和"职业"两个角度出发,按年度测算我国科技人力资源的总量规模,并用翔实的数据分析揭示了我国科技人力资源的年龄、性别、学历、学科、地区分布、行业分布以及流动等的现状与问题,为有关部门的决策提供了政策性建议。

除了科技人力资源的基本状况之外,每一本《报告》还针对当时社会和学界关注的重点议题,对国外科技人力资源状况和研究现状、科技人力资源与区域经济发展、科技人力资源与战略新兴产业,以及国外科技人力资源相关战略和人才政策等专题做了深入探讨,并对建国以来我国科技人力资源政策的改革,以及政策变迁的阶段性特征进行了梳理,揭示了我国科技人力资源政策从知识分子政策向人才政策和人力资源政策的转变。此外还专门介绍了国外不同国家科技人力资源政策的特点和经验,分别阐述了科技人力资源强国和共同体如美国、日本、欧盟,新兴大国俄罗斯、印度等近年来在科技人力资源培养、开发和利用方面的政策调整,以及在吸引他国人才方面的积极举措,最后总结出对我国科技人力资源政策调整的相关建议。

五

我国仍然保持世界科技人力资源第一大国的地位。截至 2016 年年底,我国累计培养符合"资格"定义的科技人力资源总量约为 9154 万人,其中符合"资格"定义的科技人力资源总量约为 8517 万人,不具备"资格"但符合"职业"定义的科技人力资源总量约为 637 万人。普通高等教育作为科技人力资源培养主渠道的地位不断增强。与普通高等教育相比,成人高等教育培养的科技人力资源所占比重具有较大波动性。网络高等教育和高等自学考试培养的科技人力资源数量逐步萎缩。工学仍然是我国科技人力资源的第一大来源学科,工学门类累计输送的科技人力资源数量超过 3000 万人;农学培养的科技人力资源占比不断下降,新增本科以上层次科技人力资源医学开始超越理学。

我国科技人力资源的学历层次分布呈现明显的金字塔结构。尽管近年来本科及硕士以上层次的科技人力资源增长迅速,占比也越来越高,但由于历史基础问题,专科层次科技人力资源比例仍然保持在半数以上。然而就整体而言,专科层次科技人力资源的增速有所下降,本科层次科技人力资源上升趋势明显,新增本科层次科技人力资源的比例持续超越专科层次,而研究生层次的科技人力资源起步虽晚却发展迅速,增速也在逐年上升,这使得我国科技人力资源的整体学历层次逐步提高,学历结构进一步改善。我国科技人力资源的年龄结构仍是以中青年人为主体。截至 2015 年,在本科与专科层次科技人力资源中,39 岁及以下的有 6182 万人,占总量的 77.3%。其中,29 岁及以下为 3412 万人,占 42.7%;30~39 岁 2770 万人,占 34.6%;40~49 岁的有 1134 万人,占总量的 14.2%;50 岁及以上的有 683 万人,占 8.5%。"39 岁及以下"的科技工作者是我国现有科技人力资源的主体。

女性科技人力资源比例上升很快且将继续上升。2015 年,高校女性毕业生占 52.0%,比 1990 年的 33.7% 提升了 18.3 个百分点,可以预计未来女性科技人力资源的比例将继续上升。以研究生层次的女性科技人力资源比例为例,1990 年,我国拥有研究生学历层次的女性科技人力资源达 3.1 万人,占研究生学历层次科技人力资源总量的 20.5%,到了 2015 年,人数达到 217.3 万人,比例上升至 46.3%。近年来,女性研究生招生比例仍在 50% 左右,未来研究生学历层次女性科技人力资源比例还会有一些提升。

从科技人力资源培养区域分布来看,科技人力资源培养总量超过 200 万的省份有16 个,超过平均值 259 万人的省份有 14 个。从科技人力资源培养总量的占比来看,东部省份科技人力资源培养总量较高,北京、山东、江苏等地科技人力资源占比加总超过 20%,北京高达 7.96%。从行业分布来看,我国公有经济企事业单位科技领域专业技术人员数量平稳增长,2014 年达到 2467.6 万人,比上年增长 12.3%。R&D 人员(全时当量)稳步提升,2014 年为 371.06 万人年,居世界第一。

工学培养的科技人力资源支撑了诸多重要领域的科学发现、技术创新和产业升级,是保障经济社会稳步发展的重要战略资源。据测算,截至 2014 年底,我国有 1139 所普通本科高校设立了工学专业,本科工学专业布点数达到 16 284 个,其中与"中国制造 2025"十大重点领域相关的本科专业布点数约为 8000 个。其中,机械类、电子类、土木类相关专业培养的科技人力资源人数一直保持领先。未来,需要进一步提升工学科技人力资源的培养质量,更好地服务国家战略。

在科技人力资源的国际流动方面,我国科技人力资源向境外流动数量持续增加,且呈现年轻化趋势。科技人力资源向国内流动数量和比例不断提高,人才外流逐步转变为人才回归。海外回国的高层次科技人力资源主要集中在理工类基础研究领域,主要分布在东部发达省份和北上广等经济科技实力强的城市。

在科技人力资源的国内流动方面,我国科技人力资源呈现出流动性低的总体特点,这不仅是与国际水平比较的结果,也体现在不同区域、不同创新主体间的流动。从研发经费执行部门来看,企业、研究与开发机构、高等学校科技人力资源流动性依次降低;从区域角度看,科技人力资源"孔雀东南飞"的态势依然明显,但中西部地区开始呈现出较大的人才吸引力,中心城市吸引力依然强大;从行业方面看,高新技术行业科技人力资源增幅明显高于各行业平均水平,已成为科技人力资源流入的重要领域。

我国科技人力资源在对创新驱动的科学和技术创新绩效产出和贡献方面,保持稳定增幅的国内论文、国际论文以及专利数据彰显了中国作为贡献大国的地位。但是,热点论文产出、CNS 高质量论文、PCT 专利、三方专利的世界份额较小,表明我国科技人力资源在科学和技术创新绩效产出和贡献方面与世界发达国家仍然有一段距离,但同时我们也观察到,这类数据近年来保持着稳定增长的趋势,这也表明中国未来发展成为科技强国的实力与潜力。从创造性人格、创新能力自我认知和创新能力思维倾向三个维度来分析,我国科技人力资源的创新能力稍显不足,还有较大的提升空间。

科技人力资源为重点产业发展提供了有力支撑。各重点产业科技人力资源总量均呈现上升趋势,教育部新增了很多与重点产业相关的专业,为重点产业发展储备和输送了大量高素质人才。科技人力资源的大量流入,增加了重点产业的科技人力资源供给。数量众多的科技人力资源有力支撑了产业的快速发展。数据显示,2010 年以来新一代信息通信技术产业、航空航天装备产业和生物医药及高性能医疗器械产业 5 年间营业收入分别增长 2.2 倍、1.3 倍和 1.9 倍。

重点产业科技人力资源存在地区间、产业间的分布差异。重点产业科技人力资源在空间地区分布上存在差异明显:由于产业基础、发展环境等差异,新一代信息通信技术产业呈现自东部、中部、西部、东北地区逐步减少的情况;航空航天装备产业科技人力资源分布体现了西部地区占绝对优势的特点;生物医药产业东部地区集聚效果明显。不同重点产业人才供给情况存在较大差异:生物医药及高性能医疗器械产业科技人力资源供给情况最为严峻,一般从业人员、创新创业型人才、海外高层次、科技领军人才、技能型人才均存在较为严重的人才供给缺口。

满足重点产业发展的科技人力资源需求旺盛。整体来看,未来十年重点产业科技人力资源需求旺盛。2020 年,重点产业人才需求总量将增加 0.6 倍,2025 年将约翻一番。不同产业均存在不同的人才需求增长,新一代信息技术产业、节能与新能源汽车产业表现最为明显。重点产业对复合型人才、科技领军人才的需求尤为迫切。

综观当前我国在激烈的国际人才竞争中所处的位置,总结发达国家在科技人力资源开发方面的经验,我国今后仍然需要从以下方面加以努力:

一是要加强教育体系改革,从源头上保障高质量和足够数量的科技人力资源供应。教育政策在创新中发挥着核心作用,它通过影响教育体系,满足创新技能的供给。各国通过选择恰当的教育政策,不断加强教育体系的改革,才能不断培养出符合劳动力市场需求的人才和技能。为保障科技人力资源的供应源源不断,我国今后尚需在教育改革方面做出诸多努力。在保证人才培养规模的同时,必须进一步提高人才培养质量,加强 STEM 集成教育战略的制定与实施,加强数字技术教育,提早布局相关技能的培育,满足未来社会需求。

二是要构建良好的科研生态环境,加强科研劳动力政策调整,充分调动和运用各类创新人才和技能人才。当务之急是探索出相对独立的公共领域管理模式,建立起良好的科研环境和文化,促进创新人才的不断涌现。对现有的青年研究人员支持计划进行改善,根据青年研究人员的科研背景,及其所处的职业发展阶段给予恰当的支持。借鉴国外的经验,建立与国际接轨的科技人力资源数据监测体系,结合未来社会对职业和技能的需求预测,适时调整相关教育和培训政策,更好地满足个人和社会发展的需求。

三是要统筹协调和完善各类人才引进计划,吸引、留住和用好人才。进一步完善各类人才计划的制度建设和管理工作。完善我国的移民制度,提升对来自国外的科技人才的服务和管理水平,吸引到国际一流的专家学者和潜在的创新人才。

我国科技人力资源
的总量与结构

　　科技人力资源是继土地、劳动资本之后最丰富、最宝贵的战略资源。科技人力资源的数量与质量是国家创新能力的重要基础,从根本上决定了国家的创新水平。截至 2016 年底,我国科技人力资源总量已达 9154 万,持续保持世界第一科技人力资源大国地位。本篇对截至 2016 年底我国科技人力资源总量以及学科(专业)、学历、年龄、性别、区域和行业分布等特征进行描述,并对占科技人力资源总量近半数的工科专业科技人力资源的发展状况及工科专业设置变化进行分析总结,全面刻画了当前我国科技人力资源的总量与结构状态。

第一章

我国科技人力资源的测算方法

　　自二十世纪中后期开始,科技对世界经济社会发展的促进作用与日俱增。科技人力资源已经成为继土地、劳动、资本之后最丰富、最宝贵的战略资源。我国是科技人力资源大国,积极开发和高效使用丰富的科技人力资源,加快释放科研生产力和科技创新活力,早日进入创新型国家和科技人力资源强国行列是我国"十三五"时期贯彻落实创新、协调、绿色、开放、共享发展理念的重要发展目标之一。

　　科技人力资源的数量与质量是一个国家创新能力的重要基础,从根本上决定了这个国家的创新水平。20世纪80年代,经济合作与发展组织(OECD)和欧盟统计局等联合编写了《科技人力资源手册》(以下简称《手册》),在国际上第一次比较系统地提出了科技人力资源的概念和定义,并探讨了科技人力资源统计的基本框架和方法。《手册》从资格(qualification)和职业(occupation)两个方面来界定科技人力资源,并对其概念内涵、测度指标以及存在问题进行了深入详细的分析,对推动科技统计的迅速发展产生了深远影响。此后,许多国家结合本国特点,纷纷开展科技人力资源的定量研究,如美国的《科学与工程指标》、日本的《科技促进白皮书》和韩国的《科技人力资源政策评估》等,均以年度报告的形式对本国的科技人力资源情况进行发布。一般而言,各国先对科技人力资源概念内涵和外延进行界定,继而对本国科技人力资源进行测度,并利用经济学、数学模型对相关数据进行定量分析或预测推算。

　　科技人力资源概念及量化研究进入我国的时间不长,与其他国家相比,我国以科技人力资源为主题的研究整体上仍处于起步阶段。科学技术部编辑出版的《中国科学技术指标》最早对科技人力资源进行了统计,但其统计科技职业的依据主要还是沿用了联合国教科文组织定义的"科技活动"的范畴,主要涵盖理工农医,其范围比《手册》所定义的科技人力资源要狭窄一些。参照OECD的定义和框架开展我国科技人力资源量化研究,实现科技人力资源国际间比较的尝试始于中国科协。2008年,中国科协推出了第一本《中国科技人力资源发展研究报告》(以下简称《研究报告》),开创了从国家层面研究我国科技人力资源总量和结构的先河。该报告首次发布了截至2005年底我国科技人力资源的总量,并从结构、流动、区域和行业分布等方面进行了系统、全面的阐述,为科技人力资源量化研究奠定了良好基础。其后以两年为周期共出版了四本报告。历经十年,伴随着对科技人力资源内涵理解的加深,中国科协组织的科技人力资源量化研究和数据采集、整理、分析工作渐趋成熟,每一本《研究报告》的统计测算方法都会根据实际情况的变化和有关专家的意见进行相应的调整和修正,至今已基本成型。本章将重点介绍十年来《研究报告》所采用的科技人力资源测算方法,并对其中所做的调整和修正进行回顾与总结。

第一节　总量测算方法的变化

各国对科技人力资源的定义不尽相同,一般而言,科技人力资源是指那些实际从事或有潜力从事系统性科学技术知识的产生、发展、传播和应用活动的人员,其外延超过了通常意义上的科技活动人员或研发人员,涉及自然科学、工程和技术、医学、农业科学、社会科学和人文科学等。多年来,由于不同国家的统计口径和指标存在差异,有关科技人力资源的统计并没有形成统一的界定和测算方法。因此,2008 年的《研究报告》参照了 OECD《科技人力资源手册》的相关标准和口径,并结合我国教育、科技和行业统计的实际情况,对科技人力资源的内涵和外延做了基本限定,确定了从"资格"和"职业"两个维度进行测算,即科技人力资源总量＝人口中符合"资格"条件的人员＋不具备"资格"但符合"职业"条件的就业人员,并以此为基础构建和制定了适应我国科技人力资源现状的理论分析框架和测度指标。经过 2008 年、2010 年、2012 年和 2014 年一系列《研究报告》的系统性研究,目前已经形成较为成熟的科技人力资源总量测算的基本原则与方法。

一、从资格角度进行测算的方法及其变化

根据定义,科技领域相关专业的高校毕业生是我国科技人力资源的主体。因此,从"资格"角度测算我国科技人力资源总量,可以通过将符合科技人力资源定义的相关学科毕业生数量换算为科技人力资源数量的方法来实现。

在 2008 年的《研究报告》中,科技人力资源总量的测算方法主要强调以下几点:第一,计算我国科技人力资源总量的时间跨度为 1949—2005 年;第二,遵循 OECD《科技人力资源手册》的界定,将大专以上且所学专业与科技活动相关的毕业生都纳入科技人力资源的范围;第三,除普通高校外,将具有与普通高校同等学历层次的成人高校,以及改革开放后兴起的高等自学考试、网络高等教育等相关专业的毕业生也纳入科技人力资源;第四,从"资格"角度测算的科技人力资源包括那些并不真正从事科技活动的人员,即潜在的科技人力资源。

在 2010 年、2012 年和 2014 年出版的《研究报告》中,我们延续了 2008 年的《研究报告》中所使用的科技人力资源总量的测算方法,即以普通高校、成人高校、高等自学考试及网络高校等四个渠道中与科技活动相关的学科的毕业生作为科技人力资源统计的主要对象,并以此为基础,对科技人力资源的学历、学科、年龄和性别等结构进行量化估算分析。为保证前后报告的延续性、可比性和科学性,经过多次讨论和咨询,我们对科技人力资源总量的测算方法做了以下限定:第一,《研究报告》的时间间隔确定为两年,每本《研究报告》在保持上一本总量数据的基础上,增加两年新增的科技人力资源数量;第二,在进行科技人力资源总量测算时,新增科技人力资源的测算方法可以根据实际情况或统计数据采集口径的变化进

行适当调整,但对之前已经正式发布的科技人力资源基础数据不再进行改动。

从 2012 年的《研究报告》开始,我们对前两本报告中"职业"角度的科技人力资源范围做了调整,将不具备"资格"但实际从事科技相关岗位工作的人群由"技师和高级技师"扩大为两类:技师和高级技师、乡村医生和卫生员。2014 年的《研究报告》仍延续了这一测算方法。这两类人员的统计数据主要根据《中国劳动统计年鉴》和《中国卫生统计年鉴》整理而来。

二、2016 年新增科技人力资源数量的测算方法

科技人力资源不是一个单一的统计指标,无法从现有统计数据中直接获得,因此,历年《研究报告》中的科技人力资源总量,主要根据每年教育部出版的《中国教育统计年鉴》数据测算而来。但是,由于 2016 年底正式出版的《中国教育统计年鉴 2015》的统计数据只截止到 2015 年底,因此,为了这本《研究报告》能够发布截至 2016 年底我国科技人力资源的总量,我们对 2016 年新增的科技人力资源数量进行了估算。经过多次讨论和咨询,我们最终确定,用《中国教育统计年鉴 2015》中的预计毕业生数作为基础数据,按照既定的测算方法,推算出 2016 年新增的科技人力资源数量。具体测算方法如下:

第一,根据历年普通高校和成人高校毕业生的实际毕业率的变化情况预测 2016 年高校的毕业生数,然后以学科为基础计算符合"资格"定义的科技人力资源系数,用系数乘以毕业生数,即可得到 2016 年普通高校、成人高校培养的科技人力资源数量。

第二,由于教育统计中没有收入网络高等教育和高自考的预计毕业生数,2016 年来自这两个渠道的新增科技人力资源数据以 2012—2015 年新增数量的平均数来代替。

第三,文史哲专业毕业的研究生数量的推算方法与前几本《研究报告》相同。

三、影响科技人力资源总量估算的若干因素

在进行科技人力资源总量估算的过程中,我们发现来自高等自学考试的数据比其他渠道的数据滞后一年,在 2012 年的《研究报告》中,科技人力资源总量数据缺失 1 年的高等自学考试毕业生数。为此,在 2014 年的《研究报告》中,我们将缺失的一年追加进来。本报告的高等自学考试数据与年份保持一致,不再顺延一年。

随着我国高等教育的快速发展,"专升本"的比重越来越大。为避免重复计算,在从"资格"角度统计科技人力资源总量时,需要剔除"专升本"的人数。对于如何剔除"专升本"的数据,我们经过认真研究,确立了从出口剔除的方法。在高等教育基层统计报表中,本科毕业生从来源上可以分为三类:一是高中起点本科;二是专科起点本科;三是第二学士学位。不仅"专升本"数据会影响科技人力资源总量的精确性,第二学士学位毕业生的数据也会产生一定影响,因此,应该从总量中减去这两类数据。这就需要获取历年高校分专业分来源的学生数据,而《中国教育统计年鉴》中没有以上数据。根据现有的 2006—2009 年全国高校分专业学生数据,我们对普通本科毕业生的三类来源进行统计比较,确定了专科起点和第二学士人数之和占总数的比例约为 7.45%[①]。

---

① 中国科协调研宣传部,中国科协创新战略研究院.中国科技人力资源发展研究报告(2014)[M].北京:中国科学技术出版社,2016.

第二节 学科与专业测算方法的变化

科技相关学科领域范围的确定涉及很多因素。世界各国统计部门和研究者对此尚无定论。联合国教科文组织的《科技活动统计手册》中,关于科技学科的范围是一个容纳了多国建议的产物,我国高等教育的所有学科(除了体育之外)几乎都包括在内。美国国家科学基金会只使用"科学与工程"一词,并有自己的一套学科体系,例如,把工商管理列在科学与工程范围之外,如金融、法律、商学等均不在科学与工程领域。此外,哲学、教育学(教育心理学除外)、历史学(考古和人类学除外)也不在科学与工程的范围之内。根据美国《科学与工程指标》,1998 年美国大学科学与工程领域学士学位占全部学士学位的比重仅为34.29%,硕士学位仅占 20.18%,但博士学位占 63.98%[①]。应该说,国内外管理机构和学术界对于科学技术领域范围的确定存在不同的理解和争议,确定广义科学技术领域的难点主要在于社会和人文科学领域的界定,一部分交叉学科的学科属性很难确定。

相比之下,我国有关科学技术学科的划分相对来说更加复杂。随着现代经济社会的发展,高等教育与经济社会之间的联系越来越紧密,特别是科学技术的变革与创新,对应用型、复合型、技能型人才培养要求的不断变化,高校作为科技人力资源供给侧的重要渠道之一,为回应经济社会发展的新要求,学科专业不断进行调整。我国科技人力资源涉及的学科主要参照 OECD《科技人力资源手册》的相关标准和口径,并充分结合我国具体国情,逐渐形成了一套具有我国特色的分析框架和测度指标体系。学科专业是以结构方式存在的,与科技、经济、社会之间有着千丝万缕的联系,受到诸多因素影响,学科专业的增设、删减在不断发生。为了便于读者了解《研究报告》中的科技人力资源所属学科的划分、指标的确定、测算方法的确定等,本节重点介绍和梳理 2008—2014 年《研究报告》中科技人力资源的学科专业测算方法的变化过程。

一、2008 年《研究报告》的学科界定与测算方法

我国科技人力资源概念的确立,一方面标志着我国科技人力资源研究领域的形成,另一方面也为相应的测度和国际比较分析提供了前提和基础。目前,人们经常将科技人力资源与科技活动人员、R&D 人员[②]、科学家、工程师等视为一个概念。导致这一现象的重要原因在于如上相关概念均有统计学的意义,可以为科技政策分析提供量化指标。不同的是,科技人力资源还具有资源的含义,能够更全面地反映一国实际的和潜在的投入到科技活动的人员情况,具有国际可比较的意义。相比较而言,科技人力资源所涵盖的范畴明显大于科技活动人员、R&D 人员、科学家和工程师。自 2008 年《研究报告》问世以来,有关科技人力资源领域的学科界定与测度指标,也在不断地发生着变化。

科技领域相关学科的界定涉及多方面因素,世界各国以及联合国教科文组织至今没有一个明确统一的规范定义,但许多国家都以高校培养的人才作为科技人力资源统计的重要

[①] 中国科学技术协会调研宣传部,中国科学技术协会发展研究中心.中国科技人力资源发展研究报告[M].北京:中国科学技术出版社,2008.

[②] R&D 人员是指参与研究与试验发展研究、管理和辅助工作人员。

依据,大多统计范畴聚焦在获得大专学历以上的毕业生。为了与我国教育部门现行政策和规范保持一致,保证数据的可比性,我们在对我国科技人力资源总量与结构进行测算和统计时,也遵循世界各国以及联合国教科文组织的基本原则,以高校大专学历及以上毕业生为主体对科技人力资源总量进行估算;根据我国高等教育的学科专业设置,把高校的学科领域划分为科技领域和非科技领域。在科技领域中,又进一步划分为核心学科与外延学科。以此为基础,对我们高校现有的学科进行分析,从"资格"角度对我国潜在的科技人力资源规模做出测算。

《研究报告》以《中国教育统计年鉴》11 个学科门类(不包含军事学科)的本专科毕业生数为基础,按照核心学科、外延学科和不纳入科技领域的学科三大类进行划分,以此估算我国具备"资格"的科技人力资源总量。

参照 OECD 和 EUROSTAT① 的《科技人力资源手册》,我们将科技核心领域的范围界定为自然科学、农业科学、医药科学和工程与技术。结合我国高等教育的专业设置情况,将普通高校、成人高校和网络高校三个渠道的工学、农学、理学、医学定为核心学科,将四个核心学科的本专科及以上学历的毕业生全部纳入科技人力资源的统计范畴。

外延学科的界定主要依据交叉学科、跨学科的特点,将普通高校、成人高校和网络高校的管理学、经济学、法学、哲学、历史学和教育学部分专业的本专科毕业生纳入科技人力资源统计范畴。在这七个学科中,除了教育学按比例(51.33%)折算以外,其他学科毕业生都纳入科技人力资源的统计范畴。非科技领域学科主要是指普通高校、成人高校和网络高校的文学类本专科毕业生,他们不被纳入科技人力资源的统计范畴。

需要补充说明的问题有两点:第一,本专科层次的文学类毕业生未纳入科技人力资源的统计范畴,但是根据《科技人力资源手册》的定义,具有研究生学历以上者都应该算作科技人力资源。因此,在计算时,我们将文学类专业的研究生(含硕博)纳入我国科技人力资源总量;第二,高等自学考试是我国独创的一种新型成人高等教育模式,专业设置也独立于其他高等教育形式。因此,根据高等自学考试专业设置的特点,我们把高等自学考试的学科分为三大类,即理工、经济、文法,并根据获得高等自学考试理工、经济、文法三大类的毕业生比例,即理工 17.3%,经济类 23.0%,文法类 59.7%,最终确定高自考毕业生纳入科技人力资源的比例为 40.3%。

二、2010 年《研究报告》对部分学科测算比例的调整

2008 年《研究报告》出版后得到政府有关部门和学术界的高度认可,并产生了较大影响。这是第一本以科技人力资源为主题的《研究报告》,它明确界定了科技人力资源的范畴,对如何构建适合我国现状的科技人力资源理论分析框架和测度指标体系做了开拓性的尝试,并初步确立了测算、分析我国科技人力资源总量、结构和分布的方法,为继续开展我国科技人力资源研究奠定了重要基础。为巩固已经取得的研究成果,更好地为国家战略服务,中国科协调研宣传部再次启动 2010 年《研究报告》的研究和编撰工作。其主要目的是:

---

① 　European Statistics,欧盟统计局。

第一,随着世界科学技术的迅猛发展,我国政府高度重视推动自主创新、科技创新的新政策出台,这就需要摸清家底,掌握我国科技人力资源的最新变化。

第二,我国高等教育的飞速发展使科技人力资源总量增速加快,每年新增数百万高等教育毕业生,其中相当大一部分都应该计入科技人力资源总量。几年之后的科技人力资源总量远远超过前一本报告发布的数据,因此有必要对我国科技人力资源总量与结构进行新的测算。

第三,2008年《研究报告》在科技人力资源总量测算和结构分析中分别使用了来自不同部门的多种数据,因而数据的一致性和准确性不可避免地受到了影响。启动新的《研究报告》力求进一步完善科技人力资源定量研究的指标体系和测算方法,使科技人力资源量化研究更为科学、准确,更准确地呈现我国科技人力资源总量与结构特征。

2010年《研究报告》基本沿用了2008年《研究报告》的思路和方法,但在具体研究和统计中发现,受高等教育大规模扩招的影响,一些学科专业的毕业生数量呈现超常规快速增长,而且与科技人力资源定义有较大距离。经过认真研究和咨询有关专家意见,在2010年的《研究报告》中,我们对部分学科专业毕业生纳入科技人力资源的比例做了较大调整,以期更符合科技人力资源的定义。对学科进行调整时,我们坚持了一个原则,即只对2006—2009年部分学科新增科技人力资源的测算方法进行调整,不对上一本《研究报告》所发布科技人力资源数据做任何变动。2010年《研究报告》在核心学科比例不变的前提下,对外延学科进行了一些调整,具体如下:

第一,核心学科专业与2008年《研究报告》保持一致,仍然为理、工、农、医四个学科门类,并且将普通高校、成人高校、网络高校三个渠道的核心学科本专科毕业生全部纳入科技人力资源的统计范畴。

第二,对外延学科专业门类重新进行了界定。首先,按照OECD《科技人力资源手册》的定义,参照《国际教育标准分类法1997》等文献,重新确定高等教育中科技类学科的界定标准;其次,参照教育部1998年和2004年颁布的《我国普通高等学校本科专业目录》,确定属于科技类专业的学科目录;最后,在咨询教育领域专家和科技领域专家意见的基础上,将经济学、法学、教育学和管理学等四个学科门类本专科毕业生按一定比例纳入科技人力资源的统计范畴。

第三,外延学科(经济学、法学、教育学和管理学)中的科技人力资源比例下调。在2010年《研究报告》中,普通高校外延学科纳入科技人力资源的比例分别降为41%、17%、20%、33%;成人高校和网络高校的外延学科纳入科技人力资源的比例分别降为10%、5%、5%、6%;而高等自学考试毕业生纳入科技人力资源比例没有变化,仍保持40.3%不变。

第四,与2008年《研究报告》不同,2010年《研究报告》将历史学、哲学两个学科门类界定为非科技人力资源领域。因此,自2010年《研究报告》开始,文学、历史学、哲学三大学科中的本专科毕业生不再纳入科技人力资源的统计范畴。

第五,根据《科技人力资源手册》定义,具有研究生(含硕博)学历以上者不论学科专业都应该纳入科技人力资源。2010年《研究报告》仍将文学、历史、哲学的研究生(含硕博)一并纳入科技人力资源总量,以期保持科技人力资源总量与学科结构数据的完整性。

三、2012 年《研究报告》外延学科测算比例继续下调

2012 年《研究报告》继续使用前两本报告确定的测算方法。在测算过程中,仍然按照学科分类和培养渠道进行了双重分析。学科方面,根据教育部 1998 年颁布的《普通高等学校本科专业目录》,将 11 个学科门类(不包括军事学科)分为核心学科和外延学科两大类,按不同比例进行测算;培养渠道方面,根据我国高等教育的四种形式,对普通高校、成人高校、高等自学考试和网络高校按不同的比例进行测算。现将 2012 年《研究报告》所使用的测算方法和调整之处阐述如下:

第一,核心学科保持不变,仍然是理学、工学、农学、医学,这四个学科门类及下设专业的本专科毕业生全部纳入科技人力资源的统计范围。因此,2012 年《研究报告》将毕业于普通高校、成人高校、高等自学考试和网络高校的理学、工学、农学、医学等学科的本专科毕业生全部纳入科技人力资源的范畴。

第二,外延学科的界定范围仍然是经济学、法学、管理学和教育学,但毕业生纳入科技人力资源的比例做了新的调整。由于高等教育大规模扩招,每年 800 多万本专科毕业生如果按以前确定的比例纳入科技人力资源总量,规模虽然稳居世界第一,但其质量难免会遭到质疑。考虑到普通高校、成人高校、高等自学考试和网络高校的生源及培养质量等方面的较大差异,我们在 2012 年《研究报告》中,根据最新获得的数据,在计算新增科技人力资源时,对经济学、法学、管理学和教育学等四个学科的本专科毕业生纳入科技人力资源的比例进行了修正,比 2010 年《研究报告》所确定的比例有所下调,且四个培养渠道下调的比例也各有不同。

第三,根据《科技人力资源手册》和前两本《研究报告》确定的原则,文学、历史学、哲学学科的硕士和博士毕业生,已经具备了从事科学研究和科技活动的能力,应纳入科技人力资源的统计范畴。按照我国研究生学制,博士研究生的生源绝大多数来自硕士研究生。因此,为避免重复统计,我们重新进行了调整,在计算 2010—2011 年新增科技人力资源数量时,只将文学、历史、哲学三个学科的硕士毕业生纳入新增科技人力资源的范畴。

最后,需要补充说明的是,从 2011 年起,我国高等教育专科层次的学科分类发生了较大变化。2004 年,教育部印发了《普通高等学校高职高专教育指导性专业目录(试行)》,将专科教育分设为农林牧渔、交通运输、生化与药品、资源开发与测绘、材料与能源、土建、水利、制造、电子信息、环保气象与安全、轻纺食品、财经、医药卫生、旅游、公共事业、文化教育、艺术设计传媒、公安、法律 19 个大类,下设 78 个二级类,共 532 种专业。然而在实际操作中,直到 2010 年,教育部专科毕业生的统计报表仍然按照 1998 年的《普通高等学校本科专业目录》进行统计。从 2011 年开始,其统计口径才从原有的 11 个门类变更为新的专科教育专用的 19 个大类。为了确保与前期统计方法相一致,2012 年的《研究报告》仍然采用原来的 11 个门类的预计毕业生数(当时进校时统计用)来代替 19 个门类的实际毕业生数,因此难免存在一定的误差。

四、2014 年《研究报告》中专科的专业界定与测算

2012 年《研究报告》对科技人力资源的测算方法日趋成型,因此,2014 年的《研究报告》

完全沿袭了 2012 年《研究报告》的测算方法。为了适应高等教育改革的现状,2014 年的《研究报告》将专科层次的科技人力资源进行独立测算。这么做的主要原因是高等教育专业结构出现了重大调整。

高等院校专业设置与调整历来都是我国政府十分重视的问题。每一次高校专业结构的调整都有其时代和现实背景。20 世纪 90 年代末期,我国经济社会发展正处于从计划经济向市场经济转轨,增长方式从外延式的粗放型向内涵式的集约型转变,发展模式从主要靠土地、能源等物质资源的消耗向主要依靠劳动力素质提高、科技创新能力增强转变的关键时期。与之相应,高等教育也处于新的发展阶段,日益成为推动经济社会发展的重要动力源。我国高等教育毛入学率由 1990 年的 3.4%、1998 年的 9.8% 提高到 2002 年的 15.0%。2015 年,我国高等教育毛入学率达到 40%,在校生规模达到 3700 万人,位居世界第一;各类高校共计 2852 所,位居世界第二;毛入学率高于全球平均水平[①]。

高等教育大众化虽给高校发展提供了契机,但也带来了一些问题,如"结构性失业"矛盾突出等。对这一系列问题进行的深层剖析,反映出高校专业内部结构不合理,以及与经济社会结构不相适应,比如高校专业结构失衡严重、专业设置盲目、随意性强、跨学科、交叉学科、新兴综合性专业比较缺乏等。很长一段时间以来,许多高校缺乏人才需求的科学预测和规划,专业设置与调整无法兼顾学科发展需要与市场需求,而是单纯立足于学校现有资源,导致毕业生专业知识结构不够系统,不能很好地适应社会需求。

为此,国家出台了一系列重要政策文件,推动高校专业结构调整。1998 年颁布的《中华人民共和国高等教育法》第三十三条就明确指出,高等学校依法自主设置和调整学科、专业。1999 年,教育部颁布了《高等学校本科专业设置规定》,对我国专业设置的条件、权限、程序、监督、检查等都做了明确而详细的规定。为了做好普通高等学校本科学科专业结构调整工作,2001 年 8 月教育部下发了《关于做好普通高等学校本科学科专业结构调整的若干原则意见》,对高校本科学科专业结构的调整做了进一步指导。2004 年,教育部印发《普通高等学校高职高专教育指导性专业目录(试行)》的通知,要求按照以职业岗位群的原则或"行业为主,兼顾学科分类"的原则划分专业。该专业目录将专科学历教育层次的学科门类分设为农林牧渔、交通运输、生化与药品、资源开发与测绘、材料与能源、土建、水利、制造、电子信息、环保气象与安全、轻纺食品、财经、医药卫生、旅游、公共事业、文化教育、艺术设计传媒、公安、法律 19 个大类,下设 78 个二级类,共 532 种专业。这种分类方式体现了职业性与学科性的结合,并兼顾了与本科目录的衔接。这在高校专科层次专业设置管理中还是第一次,也填补了我国缺少高职高专教育专业目录的空白。2010 年,教育部为了加大战略性新兴产业相关专业的人才培养力度,满足国家战略性新兴产业发展对高素质人才的迫切需求,发出《关于战略性新兴产业相关专业申报和审批工作》的通知。从国家颁布的以上各项教育政策和规定中可以看出,在专业设置自主权逐渐下放的同时,国家越来越重视高校专业结构调整问题,对战略性新兴产业相关专业进行的申报和审批工作就是为了使高校专业结构更加完善,培养更多社会所需要的人才。

为应对这一形势的变化,课题组决定从 2014 年《研究报告》开始,将专科层次科技人力资源进行独立测算,并确定了普通高校、成人高校、网络高校专科层次科技人力资源的测算

---

① 新华社. 高等教育质量报告[J/OL]. www.gov.cn.

方法。我们采取德尔菲法,将《高职高专教育专业目录》19类、78个二级类及532个专业,发放给中国科协、科技部和中国教科院等单位的十几位专家,征询预测意见。经过几轮征询,专家小组的预测意见趋于集中,最终确定如下测算方法:

(1)将交通运输、资源开发与测绘、材料与能源、水利四大类定为核心专业,其普通高校毕业生全部纳入科技人力资源,而成人高校、网络高校的同类毕业生则折半纳入。

(2)将农林牧渔、生化与药品、土建、制造、电子信息、医药卫生等六大类定为外延专业,并确定各自比例。

(3)环保气象与安全、轻纺食品、财经、旅游、公共事业、文化教育、艺术设计传媒、公安和法律等九大类不纳入科技人力资源统筹范围①。

(4)自2012年开始,专科层次科技人力资源按照新的专业目录进行统计,即2014年《研究报告》中2012—2014年间的专科层次科技人力资源正式开始使用新专业分类方法进行测算。

从严格意义上讲,自2011年开始,普通高校、成人高校和网络高校的专科学科已经开始采用《高职高专学科专业目录》来发布每年毕业生数量。但由于2012年《研究报告》的统计年限为2010年和2011年,而2010年的专科数据仍然是沿用普通高校11个学科门类进行统计的。为了能使2011年与2010年统计口径保持一致,课题组决定在2012年《研究报告》中暂不使用2011年发布的数据进行测算,而是采用2009年普通高校、成人高校、网络高校的专科学科的招生数来替代2011年各学科的专科毕业生数。因此,统计出来的数据与实际总量会存在一定的误差。

第三节 年龄与性别测算方法的变化

科技人力资源是不同特征的人群的集合,如年龄、性别、民族、国籍等人口统计学指标是科技人力资源的基本特征。众所周知,不同年龄、性别的人在融入科技活动过程中的表现会存在差异。科技人力资源总体的年龄、性别等结构对科技人力资源作用的实际发挥,以及未来发展潜力都会产生一定的影响。虽然大家都认识到了科技人力资源年龄和性别结构的重要性,但事实上,由于统计工作的限制,数据获取难以实现。尽管如此,2008—2014年,每一本《研究报告》都试图用各种可行的方式来估算我国科技人力资源的年龄与性别结构。

一、科技人力资源年龄结构的测算方法

科技人力资源是由来自不同年龄的人群共同组成的。通常来讲,年轻化的结构比年龄老化的结构更具有活力和创造力,同时,一国科技人力资源的年龄结构对总量变化趋势有很大影响。然而,有关我国科技人力资源年龄结构的统计数据不能从相关统计资料中直接获得,因此,2008年《研究报告》中提出,根据定义,对具有大专及以上学历的的人群的年龄结构进行估算,然后在此基础上,推算出符合"资格"条件的科技人力资源总体的年龄结构。

---

① 中国科协调研宣传部,中国科协创新战略研究院.中国科技人力资源发展研究报告(2014)——科技人力资源与政策变迁[M].北京:中国科学技术出版社,2016.

具体推算方法如下：一是普通高等学校本科毕业生的年龄范围界定为22岁，专科毕业生的年龄范围界定为21岁；二是将成人高校、网络高校、高自考的本科毕业生的年龄范围界定为25岁，专科毕业生界定为24岁[①]。按照这个原则，可以根据不同渠道的科技人力资源数量大致推算出1949—2015年间大专及以上学历层次科技人力资源总体的年龄分布情况。相对而言，研究生层次科技人力资源的年龄结构比较复杂，存在不连续接受学历教育、硕博连读、2年制硕士和提前毕业等多种情况，年龄分布离散程度更大，并且随着政策灵活性的增加，未来年龄分布离散程度会进一步加大。例如，相关规定报考研究生年龄上放宽到硕士不超过40岁，博士不超过45岁，委托培养和自筹经费的考生不限年龄，而且从2015年起，部分高校进一步取消了对博士研究生报考的年龄限制。这就导致研究生尤其是博士研究生的年龄不能继续采用指定毕业年龄的估算方法。根据2011—2014年硕士在校生各年龄分布，课题组计算当年毕业的硕士研究生中各年龄段的人数，并以此为比例类推，估算出1964—2015年间各年研究生层次科技人力资源的年龄分布。因此，分析结果与实际情况可能存在一定的误差。

此外，考虑到科技人力资源是一种动态资源，有生命周期，因此，原有的科技人力资源总量并不是一成不变的，需要根据实际情况的变化加以修正。这些改变首先是年龄的变化。OECD的《科技人力资源手册》建议，"将70岁以上年龄的科技人力资源数据的收集放在次要位置"。这项建议主要是考虑到科技人力资源的期望寿命的特征，一部分人由于死亡或年事已高而不再从事科技相关活动，理应从科技人力资源的存量中剥离出去。经过课题组研究和专家组讨论，认为应该根据中国人口平均寿命和我国法定的退休年龄对原有的科技人力资源存量进行适当调整。按照《2008年世界卫生报告》公布的结果，我国人均寿命为72.5岁。此外，我国法定的退休年龄为男性60岁、女性55岁。考虑到不少科技人员在退休之后仍然参与科技相关活动，极少数高龄科学家和工程技术人员仍在积极工作，课题组把需要剥离的人员年龄上限定在72岁，认为大多数72岁以上的科技人员已经离开了科技相关岗位。根据我国高等教育的一般规律推算，到2009年科技人力资源中已经年满72岁的人大多是1958年以前毕业的本专科学生（当年约为22岁）。因此，在进行科技人力资源总量测算时，不再将1958年以前毕业的科技人力资源纳入统计范畴。依此类推，自2010年《研究报告》开始，每新增一年科技人力资源总量，就必须减去当年已超过72岁以上的科技人力资源数量。

二、女性科技人力资源的测算方法

长期以来，男性在科技领域中占主导地位，相比之下，科技领域对女性的低估使得女性科技人力资源对社会发展的潜在贡献未能得到应有的体现。当前国际上科技人力资源竞争日益激烈，科技的发展需要女性更有效的参与。同时，女性的双重角色使她们既联系着科技事业的发展，又联系着支撑社会发展的家庭。正如联合国教科文组织1996年度的《世界科技报告》中指出的，更多的女性参与科技活动，将会给一个基本上是男人主宰的世界注入多样性，因而会加快科技的发展。因此，我国政府十分关注有关女性科技人力资源的特

---

① 中国科协调研宣传部，中国科协技术研究协会发展研究中心.中国科技人力资源发展研究报告[M].北京：中国科学技术出版社，2008.

点、就业与生存状况的研究,分析其中深层的社会、经济和制度等原因。只有这样,才能给有关部门制定相关政策提供必要的参考和依据。但是,由于整体统计数据不足,对我国女性科技人力资源的总体状况进行测算的难度比较大。2008 年、2010 年的《研究报告》中都在努力尝试寻找合理有效的测算方法对我国女性科技人力资源的基本情况进行统计。

第一,从"职业"角度估算女性科技人力资源总量。2008 年《研究报告》中对女性科技人力资源总量测算时,采用的是人口普查和 2004 年经济普查的数据,从"职业"角度测算出科技人力资源总量 4360 万人,其中女性科技人力资源总量为 1437 万人,约占 33%。另外,在 215 万"不具备教育资格但从事相关科技活动"的人群中,女技师和高级技师的人数分别为 23 万人和 7.7 万人,约占我国技师和高级技师总量的 14.8% 和 14.1%[①]。在缺少总体数据的情况下,暂时选用这部分人群的相关指标来表示女性科技人力资源的总量。

第二,从"资格"角度估算女性科技人力资源总量。与 2008 年《研究报告》相比,2010 年《研究报告》中对女性科技人力资源数量的测算方法截然不同,不再从"职业"角度测算我国女性科技人力资源数量,而是改为从"资格"角度测算我国女性科技人力资源数量。虽然从"资格"角度对女性科技人力资源数量进行测算是可行的,但遗憾的是《中国教育统计年鉴》只是笼统地公布了各学历层次的女性毕业生总数,并没有细化到学科专业,因此,难以按照定义从"资格"角度准确计算科技相关学科专业专科以上女性科技人力资源的数量。经过研究和讨论,课题组认为在目前统计数据缺失的实际状况下,可以通过以下方法来估算女性科技人力资源的总量。

(1) 年限、渠道、学历的确定。2010 年《研究报告》把估算女性科技人力资源的时间节点确定为 2006—2009 年,培养渠道和学历基本上与科技人力资源总量和结构保持一致。根据《中国教育统计年鉴》的数据,用 2006—2009 年普通高校、成人高校、网络高校和高自考四个渠道的专科、本科、研究生(硕士、博士)中的女性毕业生占毕业生总量的比例作为估算女性科技人力资源数量的近似比例[②]。

(2) 女性科技人力资源估算方法。2010 年《研究报告》的估算方法是用 2006—2009 年各渠道、层次的科技人力资源数量与同年女性毕业生比例相乘得到女性科技人力资源数量。这种方法可以粗略得到近似的数据,但需要做三点补充说明:①由于《中国教育统计年鉴》中没有高等自学考试的女性毕业生的准确数量,因此,没有将来自这一渠道的女性科技人力资源数量纳入统计。②由于《中国教育统计年鉴》中没有各学科专业的女性毕业生的准确数量,而事实上,各学科性别分布情况差异较大,特别是核心学科中理、工、农的女性科技人力资源所占比例一般来讲要低于其他学科。因此,测算出的女性科技人力资源的数量可能会大于实际情况。③由于没有新增高级技师中女性科技人力资源的统计数据(考虑到女性所占比例不会太大,因此没有计入这部分人员),因此得到的测算结果可能会略小于实际女性科技人力资源的总量。

(3) 女性科技人力资源比例的修正。2012 年《研究报告》中对女性科技人力资源数量

① 中国科协调研宣传部,中国科协技术研究协会发展研究中心.中国科技人力资源发展研究报告[M].北京:中国科学技术出版社,2008.

② 中国科协调研宣传部,中国科协技术研究协会发展研究中心.中国科技人力资源发展研究报告(2010)[M].北京:中国科学技术出版社,2010.

的测算方法大体上沿用了 2010 年《研究报告》的方法。但在研究确定 2010—2011 年间各渠道、层次的女性科技人力资源的比例时,课题组发现了三个现象①:一是从各个渠道来看,女性毕业生所占比例不断扩大,已接近 50%;二是专科女性毕业生占比超过了 50%;三是成人、网络等渠道女性毕业生本科、专科所占比例均高于普通高校。为此,课题组选取了以理工农医为代表的六所高校,按核心学科、外延学科、非科技人力资源学科的分类对其招生数量做了样本分析,及时修正了 2010 年《研究报告》所确定的女性科技人力资源的比例。随后在 2014 年的《研究报告》中沿用了这一比例。

第四节　区域科技人力资源估算方法

根据本报告的总体要求,课题组尝试从"资格"角度对 31 个省(自治区、直辖市)的科技人力资源存量进行估算。为此,本报告以《中国教育统计年鉴》(2005—2015 年)发布的三个渠道,即普通高校、成人高校和网络高校的毕业生作为估算各省科技人力资源数据来源的基础,采取以下方法来估算各省科技人力资源的存量。

(1) 确立省域普通高校本专科层次科技人力资源的估算方法。由于《中国教育统计年鉴》(2005—2015 年)"高等教育普通本、专科学生数"表中,按地区统计的毕业生数中没有对各学科毕业生进行分类统计,因此,在计算各地区科技人力资源数量时,难以沿用测算总量时学科毕业生数乘以比例的方法。为此,课题组分别用普通本、专科科技人力资源数量除以普通本、专科毕业生数,得出普通本、专科毕业生纳入科技人力资源的比例,然后将全国整体的比例,作为各个地区普通本、专科毕业生纳入科技人力资源的比例,再乘以各个地区普通本、专科毕业生数,得出各个地区普通本、专科科技人力资源数量。各省成人高校和网络高校的本专科层次科技人力资源的估算方法与普通本专科科技人力资源的估算方法一致。

(2) 确立省域研究生层次科技人力资源的估算方法。按照科技人力资源的定义,研究生层次毕业生全部纳入科技人力资源,因此,在对各省研究生层次科技人力资源估算时将所有硕士和博士毕业生纳入其中。本报告将在第六章中详细分析 2005—2015 年十年间各省科技人力资源增量的分布情况。

需要说明一点,由于《中国教育统计年鉴》没有对通过高等自学考试的本专科毕业生进行省域统计,故《研究报告》中各省估算科技人力资源存量时没有计算来自高自考的科技人力资源数量。

历经十年不断探索和完善,我国科技人力资源总量与结构的定量研究统计方法逐渐成熟,现已正式出版了四本《研究报告》。伴随着对科技人力资源内涵理解的加深,定量研究也在向前推进。但从统计学研究角度而言,目前我国科技人力资源的定量研究还有许多需要不断修订、改进和完善的地方。科技人力资源测算方法、数据获取渠道以及互联网时代背景下的科技人力资源数据库建设等有待进一步突破和创新。

---

① 中国科协调研宣传部,中国科协技术研究协会发展研究中心.中国科技人力资源发展研究报告(2012)[M].北京:中国科学技术出版社,2013.

第二章

我国科技人力资源的总量

随着我国科技的不断发展,科技人力资源的需求也在不断增大。在全球竞争日益依赖于科技实力的今天,特别是在互联网经济、人工智能和新材料技术应用日益成熟的今天,科技人力资源的培养、建设和发展情况,决定着一个国家在世界性竞争中能否处于有利位置,决定着一个国家在世界技术分工体系和产品价值链中的发展状况。全方位的国家科技实力的比拼,首先要有一批高层次拔尖创新人才,占据科学发现和技术创新的领先位置,成为国家尖端实力的体现;其次,必须有一大批高层次的科技人力资源储备,能够将基础研究领域的发现和创新转化为实际的标准、专利和产品,成为整个产业链、价值链竞争力的基础。摸清科技人力资源的总体状况,是制定科技政策和产业政策的重要基础,是科技发展的重要前提之一。

为了测算出截至 2016 年底我国科技人力资源的总量,在缺少实际数据来源的情况下,课题组经过多次讨论后确定,用 2015 年《中国教育统计年鉴》的预计毕业生数替代 2016 年实际发生的数据,从而测算截至 2016 年底我国科技人力资源的总量。

第一节　2015—2016 年新增科技人力资源数量

课题组在测算 2015 年科技人力资源数量时,沿用前四本确定的科技人力资源计算方法进行统计。但测算 2016 年科技人力资源数量时,由于目前为止尚未有正式发布的 2016 年数据,为此在估算 2016 年新增科技人力资源时采取了如下方法:一是根据历年普通高校、成人高校毕业生的实际毕业率的变化趋势,结合 2015 年普通高校、成人高校预计毕业生数,计算得到 2016 年这两个培养渠道的毕业生数量,然后再按照之前确定的计算方法,得到 2016 年来自普通高校、成人高校的新增科技人力资源数量。并按同样方法计算得到 2016 年新增文史哲研究生数量。二是对于网络教育和高自考,则以 2012—2015 年新增科技人力资源数量的年平均数作为 2016 年新增的科技人力资源数量。因为这两个渠道的统计没有"预计毕业生数"这一指标。三是本报告关于科技人力资源总量的计算时间范围,普通高校科技人力资源调整为 1965—2016 年,成人高校科技人力资源调整为 1967—2016 年,因此剔除了 41 万科技人力资源数。由于 2016 年的数量为估算,故本章未能进一步分析新增科技人力资源的学科专业结构。

综合测算结果显示,2015—2016 年新增具备"资格"的科技人力资源 969 万人。其中,普通高校新培养科技人力资源 703 万人,占 73%;成人高校新培养科技人力资源 160 万人,占 17%;高自考新培养科技人力资源 31 万人,占 3%;网络新培养科技人力资源 75 万人,占 8%(见图 2-1)。

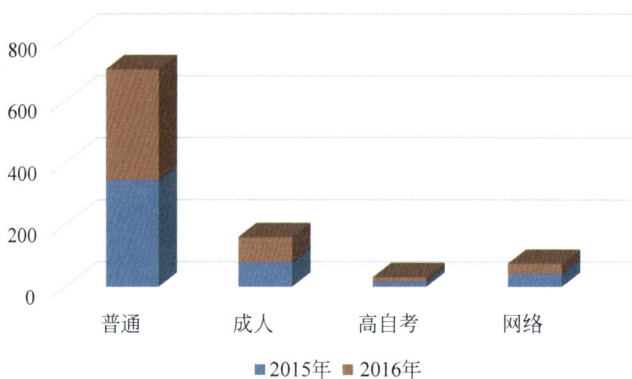

图 2-1　2015—2016 年新增科技人力资源数量(单位:万人)

第二节　截至 2016 年底的科技人力资源总量

截至 2016 年底,我国拥有科技人力资源 9154 万人,其中符合"资格"的科技人力资源 8517 万人,不具备"资格"但符合"职业"科技人力资源 637 万人。我国科技人力资源总量仍稳居世界第一,这为实现我国创新驱动发展战略目标奠定了坚实基础。

一、符合"资格"的科技人力资源总量

根据我国高等教育各种渠道科技人力资源的培养数量、分布情况以及不同层次科技人力资源的统计数据,计算得出截至 2016 年底我国累计培养符合"资格"定义的科技人力资源总量为 8517 万人。从培养渠道来看,普通高校 5340 万人,成人高校 2267 万人,网络 422 万人,高自考 488 万人。可以看出,普通高校仍是科技人力资源输送的主渠道,达到 63%,成人高校占比由半壁江山下降到 26%(见图 2-2)。

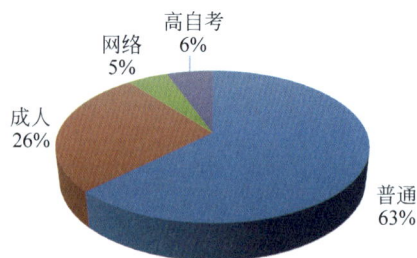

图 2-2　截至 2016 年底各渠道科技人力资源占比情况

近年来,我国高等教育的发展趋势在悄然变化,普通高校发展势头依然强劲,网络高校也借互联网的优势在上升,而曾经盛极一时的成人高校和高自考呈现出下滑趋势。表 2-1 列出了截至 2016 年底各渠道科技人力资源变化的详细数据。在新的时代背景下,越来越需要构建更加灵活多样、优质个性、覆盖终身教育的庞大学习体系,来提升我国科技人力资源水平。

表 2-1　截至 2016 年底各渠道科技人力资源变化情况　　　（单位：万人）

年　　代	普　通	成　人	高自考 （始于 1984 年）	网络 （始于 2003 年）
1980 年以前	122.3	115	—	—
1980—1989 年	288.9	228.3	17	—
1990—1999 年	591.5	515.2	87.2	—
2000—2009 年	2017.5	870.1	275.8	188.2
2010—2016 年	2319.5	538.2	108.1	234.1

二、不具备"资格"但符合"职业"的科技人力资源总量

根据本系列研究报告所确定的原则标准，课题组将技师和高级技师、乡村医生和卫生员两类作为不具备资格但实际从事科技活动相关职业的实际就业人员纳入科技人力资源统计范畴。职业角度的科技人力资源作为资格角度科技人力资源的补充，共同纳入我国科技人力资源总量的范畴。技师和高级技师、乡村医生和卫生员这两大类统计数据可以根据《中国劳动统计年鉴》和《中国卫生统计年鉴》的相关指标进行统计。

我国各省市技师和高级技师评审中，以 45 岁作为技师和高级技师参评的平均年龄。考虑到获得技师和高级技师认定资格，一般是在本岗位具有较高的专业知识和操作技能并工作满 15 年及以上工龄的人，因此以此年龄推算，截至 2016 年底，2001 年及之前评聘的技师和高级技师应该均已达到退休年龄并离开工作岗位。且技师与高级技师与符合资格角度的科技人力资源有所不同，他们离开工作岗位后，往往不再从事相关技术工作，课题组将 2001 年以后年份的技师和高级技师进行统计，即可得到目前在岗技师和高级技师的总体数量。2001—2016 年全国技师和高级技师评定人数变化如图 2-3 所示。

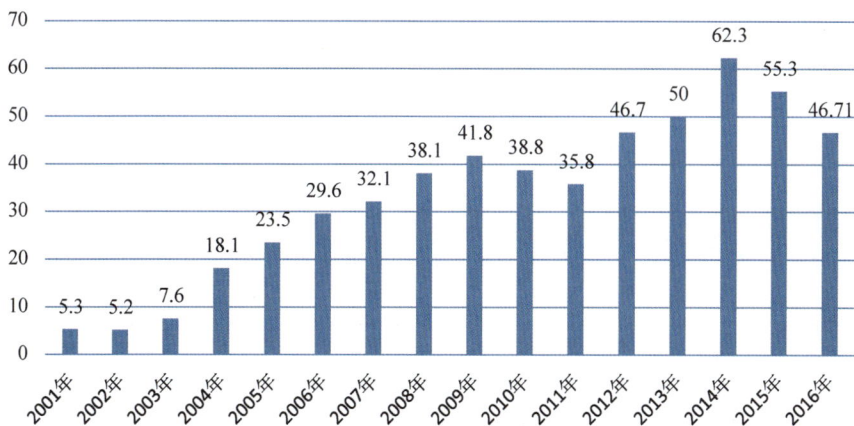

图 2-3　2001—2016 年全国技师和高级技师评定人数（单位：万人）

注：数据来源于《2016 年度人力资源和社会保障事业发展统计公报》，因数据取整原因，合计与前两项加和结果略有差异。

根据人力资源和社会保障部 2017 年 6 月发布的《2016 年度人力资源和社会保障事业发展统计公报》，2016 年底全国共有职业技能鉴定机构 8224 个，职业技能鉴定考评人员 28

万人。全年共有 1755 万人参加了职业技能鉴定,1446 万人取得不同等级职业资格证书,其中取得技师、高级技师职业资格的有 47 万人。由此可知,2016 年,我国不具备"资格"但符合"职业"定义的新增技师和高级技师达到 47 万人。

表 2-2 为我国技师和高级技师评定数量,2001—2016 年间,共评定技师 536.9 万人。从数据表中可以看到,2003 年以前我国技师评定人数均保持在 10 万人以下;2004—2009 年间持续快速增长,并于 2009 年首次突破 40 万人;2010—2011 年间略有下滑,但仍然保持在 35 万人以上;从 2012 年开始,我国技师和高级技师的认定数据继续快速增长,并于 2014 年突破 60 万人。2015 年、2016 年认定技师和高级技师数量连续下降。近年来受产业转型升级影响,许多传统行业退出,新兴行业迅猛发展,技师技能人才认定的职业技能标准在不断调整。如 2016 年 11 月 23 日,取消临时导游、餐厅服务员、保洁员等 114 项职业资格。迄今为止,我国已经取消了 433 项职业资格。

表 2-2　2001—2016 年全国技师和高级技师评定人数　　　　（单位：万人）

年　份	技　师	高级技师	合　计
2001 年	5	0.4	5.3
2002 年	4.9	0.3	5.2
2003 年	7	0.6	7.6
2004 年	14.4	3.7	18.1
2005 年	19.6	3.9	23.5
2006 年	26.1	3.5	29.6
2007 年	27.4	4.7	32.1
2008 年	31.8	6.3	38.1
2009 年	33.7	8.1	41.8
2010 年	31.7	7.2	38.8
2011 年	28.7	7.2	35.8
2012 年	33.6	13.1	46.7
2013 年	37.6	12.4	50
2014 年	42.9	19.4	62.3
2015 年	—	—	55.3
2016 年	—	—	46.71

随着《全国乡村医生教育规划(2011—2020)》在全国各地的贯彻执行,乡村医生逐步在向职业医生转化,数量持续减少。根据《中国卫生统计年鉴 2015》统计,2004—2014 年间我国乡村医生和卫生员数量呈现增长趋势,在 2011 年达到峰值 113 万人,近几年随着对乡村医生的规范核定,乡村医生人数开始逐渐回落。根据国家卫生和计划生育委员会 2017 年 8 月发布的《2016 年卫生和计划生育事业发展统计公报》,2016 年我国乡村医生和卫生员规模为 100 万人,较上一年减少 3.2 万人(见图 2-4)。

综上所述,截至 2016 年底,符合职业资格的科技人力资源规模为 637 万人。其中,来自技师和高级技师的规模为 537 万人,乡村医生和卫生员为 100 万人。

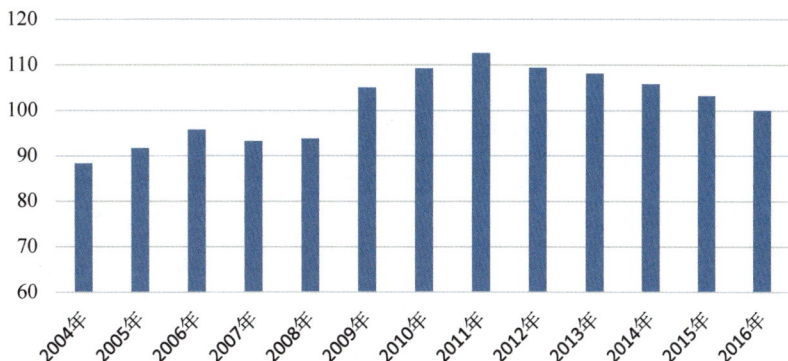

图 2-4　2004—2016 年全国乡村医生和卫生员人数（单位：万人）

三、截至 2016 年底我国科技人力资源总量

根据前面科技人力资源总量的测算公式，可以计算出截至 2016 年底，我国科技人力资源总量为 9154 万人（不含流失人数），数量规模仍位居世界第一位。在全部 9154 万科技人力资源总量中，具备"资格"的潜在科技人力资源为 8517 万人，占比 93％；符合"职业"角度的科技人力资源为 637 万人，占比 7％。

本 章 小 结

当前，知识经济时代已经全面到来，我国加快实施创新驱动发展战略，必须重视人力资源的积累。习近平总书记专门指出，创新驱动实质上是人才驱动，人力资本是最重要的资本，一切的创新活动、科技活动都是人做出来的。作为国家科技发展最宝贵的战略资源，科学测度和了解我国科技人力资源的规模和结构，分析当前和未来一段时间我国科技人力资源发展的基本特征和规律，研究探讨科技人力资源建设中可能存在的问题与不足，是科学制定国家科技、产业、经济发展战略的前提和基础。通过前面部分的研究，我们可以得到如下结论：

一、我国科技人力资源总量继续保持世界第一，增速略有下降

截至 2016 年，我国科技人力资源总规模为 9154 万，继续保持着世界上最大规模科技人力资源的优势。国家统计局网站数据显示，2016 年底中国大陆总人口达到 13.8 亿人。结合本研究测算结果，截至 2016 年我国每万人口科技人力资源约为 660 人。课题组之前研究显示，截至 2011 年，我国每万人口科技人力资源为 498 人。过去 5 年间，我国每万人口科技人力资源数增加了 162 人，年均增幅达到 5.8％。而 2005—2011 年间，我国每万人口科技人力资源从 325 人增长到 498 人，增加 173 人，年均增幅为 7.37％。这意味着，我国科技人力资源密度的增速在下降。

同时我们还是要清醒地看到，我国科技人力资源密度还远远落后于发达国家。2005 年的欧盟、美国和日本每万人口科技人力资源数分别为 1169 人、909 人和 828 人，而这些国家

往往都是典型的创新型国家。同时由于年龄老化、积极引进高层次科技人才政策等因素的影响,这些国家的科技人力资源密度还在持续提高,与我国科技人力资源的密度差距有可能再次拉大。

我们要高度重视这一趋势,做好科技人力资源的培养和储备工作。2016 年党中央颁布的《国家创新驱动发展战略纲要》明确提出,到 2020 年使我国进入创新型国家行列,到 2030 年使我国进入创新型国家前列,到新中国成立 100 年时使我国成为世界科技强国。今天我们培养的科技人力资源就是未来科技研发的主力军。尽管科技人力资源的密度与科技创新生产力之间并不一定具有强相关性,但众多的科技人力资源是贯彻落实大众创业、万众创新,提升科技创新能力,提高国家科技竞争力的重要基础。因此,不能仅仅满足于拥有世界上最大规模的科技人力资源规模,还需要持续发力,着力提升我国科技人力资源的密度。

二、现阶段我国科技人力资源规模基本符合科技与产业发展需要

从已有研究来看,在新增符合"资格"定义的科技人力资源中,普通高校培养的科技人力资源所占比例在持续提升,本科层次科技人力资源所占比例也在持续提升,但整体上专科层次科技人力资源仍然是我国科技人力资源的主体,占 55.8%。

当前,我国经济发展已步入工业化中后期阶段,产业结构逐步向中高端转变,价值链、创新链逐步向中高端迈进。产业结构的升级和发展动力的转换,对科技人力资源的需求也在发生变化,需要更多高素质、高能力的科技人力资源。与此对应的,普通高校在科技人力资源培养中的作用进一步凸显,具备灵活性的网络教育的优势进一步显现,新增科技人力资源的学历层次也在逐步提高。与此同时,由于我国区域发展差距大,经济、科技发展水平参差不齐,所以仍然有大量的低技术含量产能存在。与发达国家直接从工业 3.0 向工业 4.0 迈进不同,我国的科技进步和产业发展,实际上是从工业 1.0、2.0 和 3.0 同时向更高层次迈进,这就要求我们的科技人力资源供给照顾到多方面的需要,不能盲目地进行"跨越式"调整。专科层次科技人力资源仍然是当前产业发展的主要需求。

此外,《中国制造 2025》和《制造业人才发展规划指南》也要求培养大批技能型科技人力资源。从研究来看,以技师和高级技师、乡村医生和卫生员为代表的符合职业角度的科技人力资源在科技人力资源总量中的比例也在提升。

三、构建创新型国家需要更加重视发挥科技人力资源的作用

科技人力资源是国家创新的潜能,只有将潜能充分发挥出来,才能提升国家科技实力和国家竞争力。

从科技人力资源规模变化情况来看,我国科技人力资源爆发式增长的阶段已经结束,进入到稳定增长阶段。受益于高等教育规模的扩张,我国年新增科技人力资源的规模从 20 世纪末的不足 160 万人/年,发展到 2016 年的 490 万人/年,增长超过 200%,新增科技人力资源的规模及速度在世界上都是少有的。受学龄人口规模、学额供给等因素影响,未来一段时间我国高等教育规模将继续保持 1%～2% 的速度增长,这使得我国每年新增科技人力资源的规模也将保持高位稳定。另外,在之前科技人力资源大规模增长的同时,国家经济发展也在高位运行,为这些科技人力资源的发展创造了良好机遇和环境。

　　在创新型国家建设过程中,经济发展和产业升级将更加依赖科技创新,更加依赖科技人力资源发挥作用。现有情况表明,现行的科技管理、评价等制度不利于激发科技人员创新活力的弊病逐渐凸显,逐步成为阻碍科技创新活力的重要因素,特别在培养造就拔尖创新人才、激励青年科技人才等方面。必须加快完善我国科技创新管理制度,结合科技开发工作的特点和现实需求,在中央重视科技创新的总体思路下,统筹考虑拔尖创新人才的培养选拔、青年科技工作者的培养路径、晋升通道和激励机制,继续将科技人力资源,特别是青年科技人力资源的作用充分发挥出来,为建设科技创新强国打下坚实基础。

第三章

科技人力资源的学科专业结构

科技人力资源的学科专业结构既是一个国家高等教育自身发展的结果,也能够反映出一定时期国家在经济建设、科技进步、文化发展、社会分工等方面对高级专门人才种类、层次、规格的要求,以及对人才培养的知识、能力和素质的需求。在今日人类社会进入精细化、专业化分工的时代,培养科技人力资源的主渠道,即高等教育领域中学科与专业的内涵区别越来越凸显。学科强调根据知识分类定向培养人才,学科发展的核心是加强基础科学研究,新学科的产生依赖学科知识体系的成熟与完善;而专业强调根据社会分工对人才进行定向培养,专业发展的核心是加强实践教学,新专业的产生主要取决于对该专业人才的社会需求的数量与能力标准。由于学科与专业人才培养方向的不同,进入 21 世纪以来,教育管理部门逐步将学科与专业进行了分化,将专科层次高等教育的专业设置独立出来,形成了 19 大类专业的人才培养目录。这种变化给我们界定专科层次科技人力资源的比例带来一定困难。经过研究和咨询专家,在 19 大类专业中确定了与科技人力资源密切相关的十个专业,其中四个为核心专业,六个为外延专业。本章主要分析截至 2015 年我国科技人力资源的学科和专业分布及发展状况。

第一节　2015 年新培养科技人力资源的学科专业结构

学科专业结构是科技人力资源形成的基础,它与社会行业结构、人才市场结构密切相关,同时,经济结构、产业结构与人才市场结构的发展变化又反过来影响着科技人力资源学科专业的设置和调整变化。自 2014 年《研究报告》开始,我们开始对科技人力资源的学科门类和专业大类分别进行统计。本节主要介绍 2015 年新培养科技人力资源在不同学科门类与专业大类方面的数量及分布情况。

一、2015 年八大学科门类新培养科技人力资源数量

学科门类主要是针对我国高等院校的本科和研究生教育设置的,一般分为三个层次,即"学科门类""学科大类(一级学科)"和"专业(二级学科)"。按照国家 2011 年颁布的《授予博士、硕士学位和培养研究生的学科、专业目录》,学科门类分为哲学、经济学、法学、教育

学、文学、历史学、理学、工学、农学、医学、军事学、管理学和艺术学 13 个门类,每个门类下设若干一级学科,如理学门类下设数学、物理、化学等 14 个一级学科。

如前所述,通过从学科门类来确定新培养科技人力资源的数量。2015 年,核心学科新培养科技人力资源 240 万人,外延学科新培养 18.5 万人,新培养科技人力资源中属于核心学科的比例高达 93%。表 3-1 显示了 2015 年八个学科门类新培养科技人力资源的具体数量。

表 3-1　2015 年八个学科门类新培养科技人力资源数量

学 科 门 类		科技人力资源(万人)
核心	理学	28.4
	工学	156.2
	农学	8.1
	医学	47.3
外延	经济学	0.3
	法学	1.5
	教育学	0.6
	管理学	16.1
合计		258.5

在八个学科门类中,2015 年工学新培养的科技人力资源数量最多,达 156 万人,占八个学科门类新培养总量的 60% 以上,其后依次是医学 18.3%、理学 11.0%、管理学 6.2%。具体占比分布如图 3-1 所示。

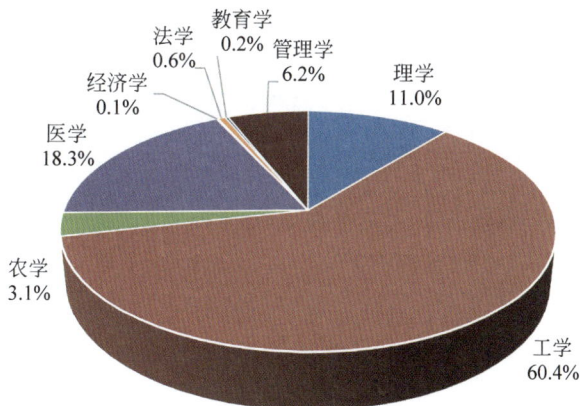

图 3-1　2015 年八个学科类新培养科技人力资源占比分布

理工农医培养的毕业生是科技人力资源中最核心、创新动力最强的资源。伴随着新型计算机技术、移动互联网、高速数据传输等新兴技术的突破及广泛应用,以智能化为特征的信息产业的发展日新月异,并加速与各领域技术深度融合,全球新一轮科技革命和产业变革正在孕育兴起,引发了经济社会发展的深刻变革。党的十八大以来,我国政府综合分析国内外形势,提出实施创新驱动发展战略,确定把科技创新作为提高社会生产力和综合国力的战略支撑,并摆在国家发展全局的核心位置。2014—2016 年,国务院陆续发布了《关于深化中央财政科技计划(专项、基金等)管理改革的方案》《关于深化体制机制改革加快实施创新驱动发展战略的若干意见》和《国家创新驱动发展战略纲要》等文件,党中央通过了"科技创新——2030重大项目"的建议。这一系列重大部署都明确提出,坚持把人才作为科技创新的核心要素。科技人力资源是实现科技创新驱动战略的第一资源,必将成为综合国力竞争的核心资源之一。为此,未来我国还需要培养大量以理、工、农、医学科为背景的科技人力资源,共同建设世界科技强国。

二、2015 年十个专业大类新培养科技人力资源数量

从专科层次的专业大类来看,2015 年核心专业大类新培养科技人力资源 34 万人,外延专业大类新培养 166.8 万人。从各专业大类所占比例来看,与本科层次不同,新培养科技人力资源中外延专业大类的比例明显高于核心专业大类,达到 83%。表 3-2 显示了 2015 年十个专业大类新培养科技人力资源的具体数量。

表 3-2　2015 年十个专业大类新培养科技人力资源数量

专 业 大 类		科技人力资源（万人）
核心	交通运输	19.3
	资源开发与测绘	7.9
	材料与能源	4.8
	水利	2.0
外延	农林牧渔	8.3
	生化与药品	7.8
	土建	46.0
	制造	50.8
	电子信息	35.4
	医药卫生	18.5
合计		200.8

在十个专业大类中,制造和土建两个专业大类新培养的科技人力资源数量最多,分别为 50.8 万人和 46.0 万人,占比分别约 25.3% 和 22.9%;其次是电子信息、交通运输、医药卫生大类,占比分别为 17.6%、9.6% 和 9.2%。具体占比分布如图 3-2 所示。

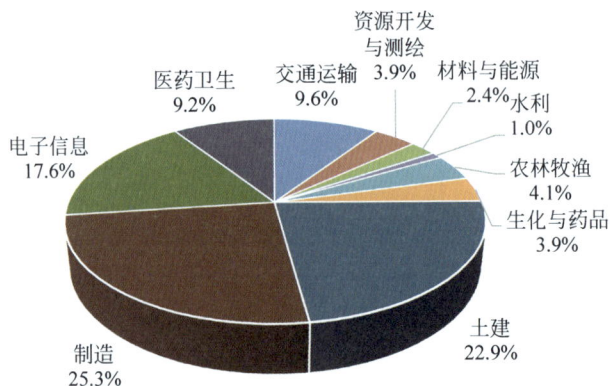

图 3-2　2015 年十个专业门类新培养科技人力资源占比分布

十个专业大类培养的科技人力资源主要以高技能人才为主，他们分布在各行各业的产业一线，在加快产业优化升级、提高企业竞争力、推动技术创新和科技成果转化等方面具有不可替代的重要作用。随着经济全球化趋势深入发展，科技进步日新月异，我国经济结构调整不断加快，科技人力资源能力建设的要求不断提高。但是，我国高技能人才培养体系不完善，评价、激励、保障机制不健全，轻视技能劳动和技能劳动者的传统观念仍然存在，这就导致目前高技能人才的总量、结构和素质还不能适应经济社会发展的需要，特别是在制造、加工、建筑、能源、环保等传统产业和电子信息、航空航天等高新技术产业以及现代服务业领域，高技能人才严重短缺，已成为制约我国经济社会持续发展和阻碍产业升级的"瓶颈"。

2015年，国务院发布《中国制造2025》，提出"创新驱动、质量为先、绿色发展、结构优化、人才为本"的基本方针，要求"建立健全科学合理的选人、用人、育人机制，加快培养制造业发展急需的专业技术人才、经营管理人才、技能人才"。2017年2月，教育部牵头制定的《制造业人才发展规划指南》，出台了一系列举措，加强多层次制造业人才培养，助力实现制造强国战略目标。可以预见，在今后一段时期，十个专业大类科技人力资源的数量与质量都将会得到进一步的提升。

第二节　截至 2015 年底科技人力资源学科专业结构

在2014年的《研究报告》中，按照学科门类和专业大类将科技人力资源分别进行统计，是基于学科和专业基本内涵的研究。学科与专业两个概念内涵和外延不同，但又密切相关，相辅相成，处于不断的动态平衡和调整适应状态。学科专业结构设置及调整的主要目的是要适应社会发展的需求，满足社会经济发展对人才所具备能力的需要，从而实现科技人力资源引领和促进社会发展的作用。因此，学科专业结构调整蕴含着一定的规律，是社会发展变化的缩影。

一、截至 2015 年底八个学科门类科技人力资源数量

一般而言，学科是指相对独立的知识体系，与知识的生产与增长密切相关。科学与学科的关系十分密切。学科是科学领域的划分制度，即科学的分支或部门，是科学发展中不断分化与整合的产物。按照不同的基础与标准，科学可以分为不同的类别。一般科学分为自然科学、社会科学和人文科学三大类，每类下面再分为若干类别，比如，自然科学下面分为数理科学、物理学、化学、生物学、地理学、地质学、计算机科学、医学、农学、工程科学等；社会科学下面分为法律学、经济学、人口学、政治学、社会学、教育学等。本书中的学科门类主要关注与科技人力资源相关的自然科学与部分社会科学，从学科门类看科技人力资源存量的结构。统计显示，截至2015年，属于核心学科的科技人力资源有4711.9万人，属于外延学科的有1767万人，核心学科占比高达73%（见表3-3）。

表 3-3　截至 2015 年八个学科门类科技人力资源存量分布　　（单位：万人）

学 科 门 类		本科科技人力资源	专科科技人力资源	科技人力资源
核心	理学	449.7	104.5	554.2
	工学	1664.9	1441.1	3106
	农学	133	95.7	228.7
	医学	444.3	378.7	823
外延	经济学	150.1	463.5	613.6
	法学	102	160	262
	教育学	117	189.1	306.1
	管理学	230.9	354.4	585.3
合计		3305.6	3201.4	6507

注：①由于高自考没有与普通高校、成人高校、网络高校使用相同的学科进行统计，故没有将来自高自考的科技人力资源纳入学科门类中估算；②由于 1987 年之前成人高校没有学科分类统计数据，故没有纳入学科门类中估算；③文史哲研究生未纳入学科门类中估算；④尽管 2005 年之前历史、哲学本专科毕业生纳入科技人力资源总量，但本章不进行分析。

在八个学科门类中，属于核心学科的工学培养的科技人力资源存量最多，有 3106 万人，占比 48%；其次是医学，其培养的科技人力资源有 823 万人，占比 13%。在外延学科中，经济学和管理学并列第一，占比均为 9%（见图 3-3）。管理学的快速发展与我国经济社会、科技进步的迅猛发展对科学管理人才的需求增大密切相关。

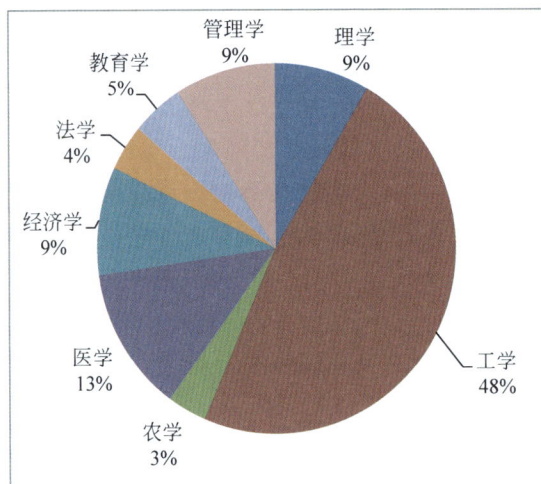

图 3-3　截至 2015 年八个学科门类科技人力资源占比分布

理工农医是科技人力资源的核心学科，在科技创新中发挥着重要作用。从历史发展角度看，20 世纪 80、90 年代理工农医科技人力资源数量的增长速度比较平稳，分别为 236 万人、595 万人；进入 21 世纪后，理工农医科技人力资源数量迅猛增长，2000—2009 年十年间达到 2069 万人，是 20 世纪近 50 年间科技人力资源总量的 2 倍。未来科技人力资源增长速度还将继续加快，2010—2015 年仅六年的时间里，理工农医科技人力资源就已高达 1708 万人，若是继续以这样的速度增长，到 2020 年将会突破 4000 万人。理工农医科技人力资源的历史增长变化的具体情况如图 3-4 所示。

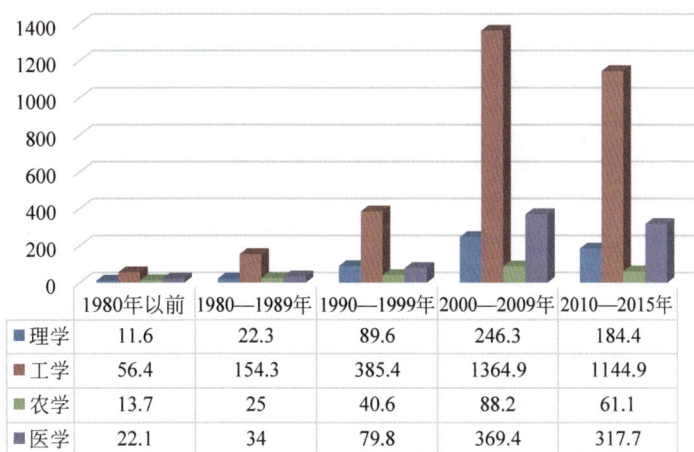

	1980年以前	1980—1989年	1990—1999年	2000—2009年	2010—2015年
理学	11.6	22.3	89.6	246.3	184.4
工学	56.4	154.3	385.4	1364.9	1144.9
农学	13.7	25	40.6	88.2	61.1
医学	22.1	34	79.8	369.4	317.7

图 3-4   理工农医科技人力资源历史增长变化情况(单位:万人)

二、截至 2015 年底十个专业大类科技人力资源数量

从广义而言,专业指的是社会职业的领域。社会职业中的一个专业可以是多个学科综合或者是一个学科在不同社会职业领域的应用。从教育领域的狭义概念而言,专业就是指普通高等院校(或者中等专业学校)根据社会分工需要而划分的学业门类。《实用教育大词典》对专业的定义是"高等学校或中等专业学校根据社会分工、经济和社会发展需要以及学科的发展和分类状况而划分的学业门类。高等学校和中等专业学校设置的各种专业,体现各自不同的培养目标和规格,制定各自不同的教学计划和课程体系"。本《研究报告》中所用的"专业"一词主要采用狭义概念,是指我国高等学校中所采用的专业定义,即"高等学校根据社会分工、经济和社会发展需要以及学科的发展和分类状况而划分的专业门类"。

从专业大类看,2012—2015 年科技人力资源存量中,属于核心专业大类的有 126 万人,外延专业大类的有 652 万人,其中外延专业大类科技人力资源占比高达 84%。核心专业大类中人数最多的是交通运输,达到 69.5 万人;其次是资源开发与测绘,为 28.5 万人。外延专业大类中,人数最多的是制造,有 203.4 万人;其次是土建,有 159.8 万人;排在第三位的是电子信息,有 154.5 万人(见表 3-4)。

表 3-4   截至 2015 年底各专业大类科技人力资源存量   (单位:万人)

专 业 大 类		科技人力资源
核心	交通运输	69.5
	资源开发与测绘	28.5
	材料与能源	21
	水利	7.2
外延	农林牧渔	33.9
	生化与药品	34.1
	土建	159.8
	制造	203.4
	电子信息	154.5
	医药卫生	66.2
合计		778.1

十个专业大类中,科技人力资源数量最多的是制造,占比 26.1%;其后依次是土建(20.5%)、电子信息(19.9%),交通运输与医药卫生占比为 8.9% 和 8.5%(见图 3-5)。我国是制造业大国,随着我国经济发展进入新常态,制造业、土木基建等领域依然是我国社会经济发展的重要支柱,亟须大批量、高质量的科技人力资源。

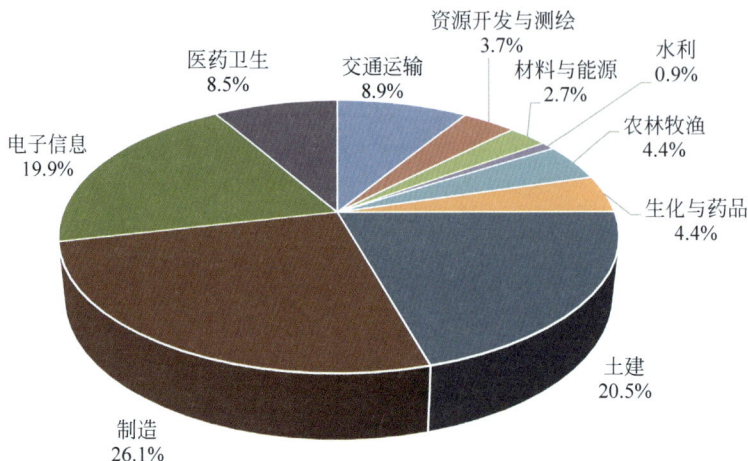

图 3-5 截至 2015 年底十大专业大类科技人力资源占比

当今社会已经步入知识经济时代,传统产业正面临着改造和升级。近十九年,我国制造业实现了持续快速发展,总体规模大幅提升,综合实力不断增强,不仅对国内经济和社会发展做出了巨大贡献,而且成为支撑世界经济的重要力量。随着企业自身能力的增强和竞争压力的加大,我国初步形成了以企业为主导、联合高校和科研院所的产业创新体系,科技创新能力得到大幅提升。但是,我国产品质量基础相对薄弱,总体标准水平不高,技术标准存在缺失、交叉重复、老化滞后等问题,与国外先进标准差距较大,高技能人才严重短缺。近年来,许多企业抢技师的现象屡屡出现,高薪诚聘却又聘不到高技能人才的新闻不绝于耳。此种现象并非炒作,实为我国高技能人才严重短缺的真实反映。据统计,我国技术工人总数约为 7000 万人,其中高级工、技师、高级技师只有 280 多万人,仅占 4% 左右,与发达国家 20%~40% 的比例相差甚远[1]。人才强国,高技能人才队伍是一个重要支柱。目前高技能人才的短缺状况势必影响我国的国际竞争能力。未来一段时期,需要大力培养高技术技能人才,十大专业科技人力资源的规模需要进一步扩大。

第三节 2012—2015 年核心与外延学科专业科技人力资源数量

2014 年《研究报告》将科技人力资源按照学科门类和专业大类分别进行了统计。近四年,我国高等教育持续稳步发展,每年新培养数以百万计的科技人力资源。本节从核心学科与外延学科两个维度分析新培养科技人力资源的学科与专业结构,了解四年间我国科技人力资源学科与专业结构的变化情况。

---

① 我国高级技工总量不足 复合型人才出现断层[R]. 中国质量报,2013.

一、2012—2015 年核心学科门类与专业大类科技人力资源规模增长

2012—2015 年间,核心学科门类和核心专业大类共输送了科技人力资源 997 万人,其中来自学科门类的为 871 万人,占比 87%;来自专业大类的为 126 万人,占比仅为 13%(见表 3-5)。可以看出,理工农医仍是科技人力资源的重要组成部分。

表 3-5　核心学科门类与专业大类科技人力资源数量　　　　　（单位：万人）

学科门类/专业大类		2012 年	2013 年	2014 年	2015 年	科技人力资源
学科门类	理学	32.9	28.0	28.4	28.3	117.6
	工学	120.9	133.8	146.7	156.2	557.6
	农学	6.8	7.5	7.8	8.2	30.3
	医学	36.0	39.0	42.9	47.3	165.2
专业大类	交通运输	15.4	16.8	18.0	19.3	69.5
	资源开发与测绘	6.2	6.9	7.4	8.0	28.5
	材料与能源	5.5	5.5	5.3	4.7	21.0
	水利	1.5	1.7	2.0	2.0	7.2
小计		225.2	239.2	258.5	274.0	996.9

2012—2015 年间,核心学科和核心专业大类新培养科技人力资源数量逐年稳步上升,从 2012 年的 225 万人增加到 2015 年的 274 万人,每年增加 10 余万人(见图 3-6)。

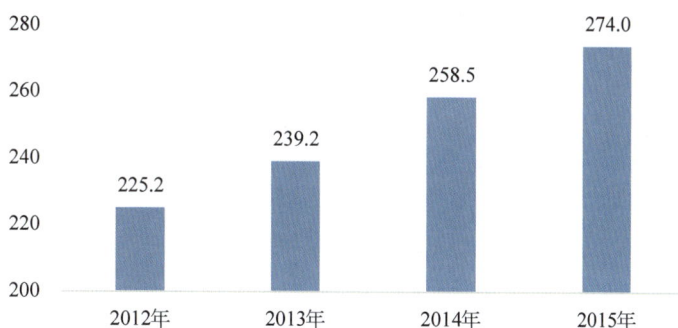

图 3-6　2012—2015 年核心学科与专业新培养科技人力资源数量(单位：万人)

2012—2015 年间,核心学科门类中医学、工学、农学输送的科技人力资源数量稳步增长,年均增长率高于 6%,其中增长最多的是医学,而来自理学的科技人力资源则为负增长。核心专业大类中,来自水利、资源开发与测绘、交通运输等专业的科技人力资源年均增长率均在 8% 以上,其中增长率最高的是水利专业,而材料与能源专业则为负增长(见图 3-7)。

2012—2015 年间,虽然医学年均增长率最高,但是在绝对数量上,来自工学的科技人力资源遥遥领先,远远高于其他学科门类输送的科技人力资源数量之和,在四个学科门类中占比达到了 64%(见图 3-8)。

2012—2015 年间,交通运输专业呈现快速增长态势,其培养的科技人力资源数量也远远高于其他三个专业,在四个专业大类中占比达到了 55%(见图 3-9)。

无论是科技人力资源数量还是持续快速增长态势,工学和交通运输专业大类都大幅领

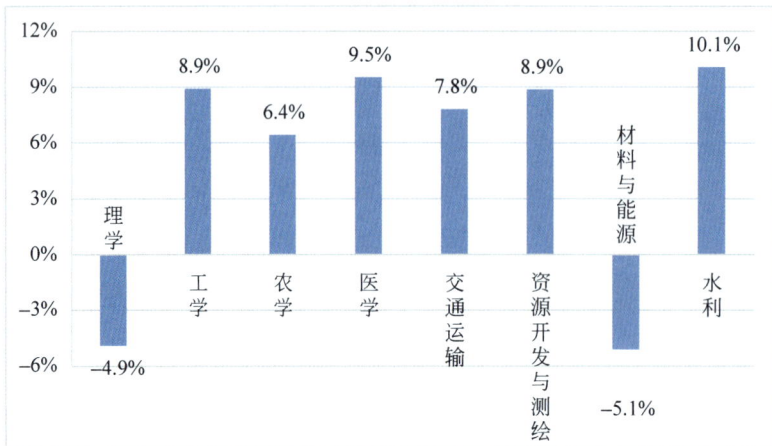

图 3-7　2012—2015 年核心学科与专业科技人力资源年均增长率

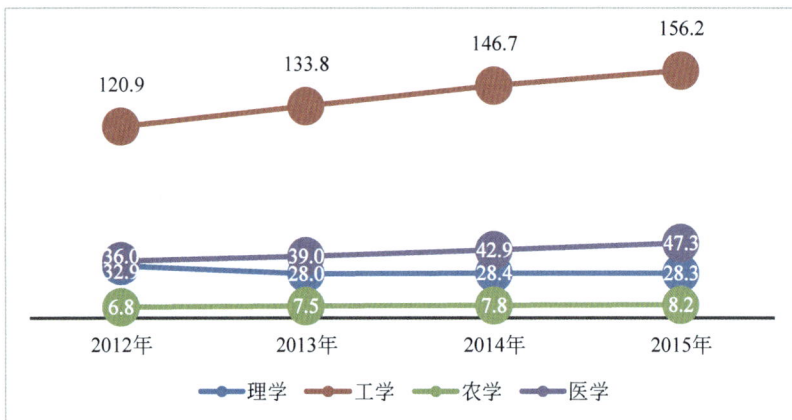

图 3-8　2012—2015 年理工农医科技人力资源新培养数量增幅情况（单位：万人）

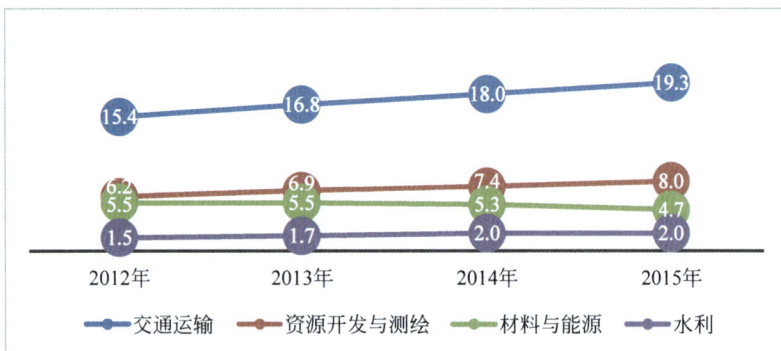

图 3-9　2012—2015 年四个核心专业大类科技人力资源数量增幅情况（单位：万人）

先于其他学科和专业大类。可以看出，我国经济快速发展以及产业结构转型升级对这两类人才有比较强劲的需求。首先，国家工信部最早提出工业强基的规划。在 2011 年发布的《机械基础件基础制造工艺和基础材料产业"十二五"发展规划》中，工信部提出"机械基础件、基础制造工艺和基础材料"("三基")概念。随后在 2013 年发布的《关于开展工业强基专项行动的通知》中，进一步将"三基"扩展为"四基"——关键基础材料、核心基础零部件/元器件(包括机械基础零部件、电子元器件、仪器仪表元器件)、先进基础工艺和产业技术基础。2015 年 5 月国务院正式印发《中国制造 2025》，指出工业基础能力薄弱是制约我国制造业创新发展和质量提升的症结所在，强调要坚持问题导向、产需结合、协同创新、重点突破的原则，着力破解制约重点产业发展的瓶颈。

为配合《中国制造 2025》目标的实现，教育部也积极开展调研，提出发挥多途径厚植工科人才培养优势，重点建设并适度扩大工科院校占比，逐步将理工科与文科比例从 6∶4 提高到 7∶3；调整专业目录，统一专科、本科、研究生和专业学位四类学科目录，把数控机床和机器人列入专业目录；招生倾斜，提前招生批次、降低报考分数、吸引女生报考；专业转换，鼓励其他专业学生转入；经费倾斜，在基数标准加大工科学科专业。与此同时，还提出完善制造业职业教育体系、培养多层次人才的发展方向。积极推进形成中职、高职、应用型本科和研究生相贯通的人才培养体系，力争使应用型技术技能人才培养比例占到 80% 左右，完善和推广高等职业教育"技能＋知识"考核方式，提高人才培养的质量。

随着我国经济建设、科学技术的不断发展，交通运输业发生了很大变化。进入 21 世纪以来，我国综合交通运输网络系统日臻完善，已呈现出以下特征：一是交通运输业广泛采用新技术以实现交通工具和运输设备的现代化；二是整个运输过程逐渐系统化、合理化和高效化，并形成能够发挥各种运输优势的综合运输体系；三是为适应不断扩大的全球性经济贸易的发展，国际运输设备管理形式已日趋标准化和规范化。此外，我国高校已实行市场化就业，市场对人才配置起到基础性作用。为此，教育部在交通运输专业配给上对就业市场的需求给予了积极回应。

二、2012—2015 年外延学科与专业大类科技人力资源规模增长

2012—2015 年间，外延学科门类和外延专业大类共输送了科技人力资源 717.4 万人，其中来自外延学科门类的有 65.5 万人，占比 9.1%；来自外延专业大类的有 651.9 万人，占比为 90.9%(见表 3-6)。外延专业大类是专科层次科技人力资源的主要来源。

表 3-6　外延学科门类与专业大类科技人力资源数量　　(单位：万人)

学科门类/专业大类		2012 年	2013 年	2014 年	2015 年	科技人力资源
学科门类	经济学	0.3	0.3	0.3	0.3	1.2
	法学	1.4	1.4	1.5	1.5	5.8
	教育学	0.5	0.5	0.5	0.6	2.1
	管理学	12.2	13.3	14.8	16.1	56.4
专业大类	农林牧渔	8.7	8.5	8.4	8.3	33.9
	生化与药品	9.0	8.9	8.4	7.8	34.1
	土建	32.2	37.8	43.8	46.0	159.8
	制造	51.7	50.9	50.0	50.8	203.4
	电子信息	44.1	39.1	35.6	35.7	154.5
	医药卫生	14.5	16.3	16.9	18.5	66.2
小计		174.6	177.0	180.2	185.6	717.4

2012—2015 年间,外延学科和专业大类新培养的科技人力资源数量逐年平稳上升,但增幅不大。2012 年,新培养科技人力资源 174.6 万人,到 2015 年达到 185.6 万人,每年增加人数仅为数万人(见图 3-10)。

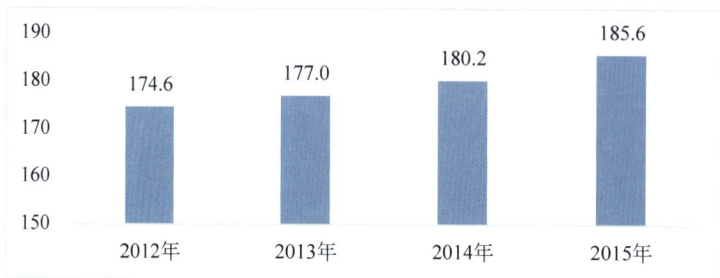

图 3-10　2012—2015 年外延学科与专业大类新培养科技人力资源数量(单位:万人)

2012—2015 年间,外延学科门类中,经济学、法学、教育学、管理学培养的科技人力资源数量均为正增长,其中年均增长率较高的是管理学(9.7％)和教育学(6.3％)。外延专业大类中,土建和医药卫生专业大类在四年间保持增长,年均增长率分别为 12.6％和 8.5％,但农林牧渔、生化与药品、制造与电子信息等专业大类都呈现出负增长态势,其中年均负增长率较高的是电子信息(－6.8％)和生化与药品专业大类(－4.7％)(见图 3-11)。

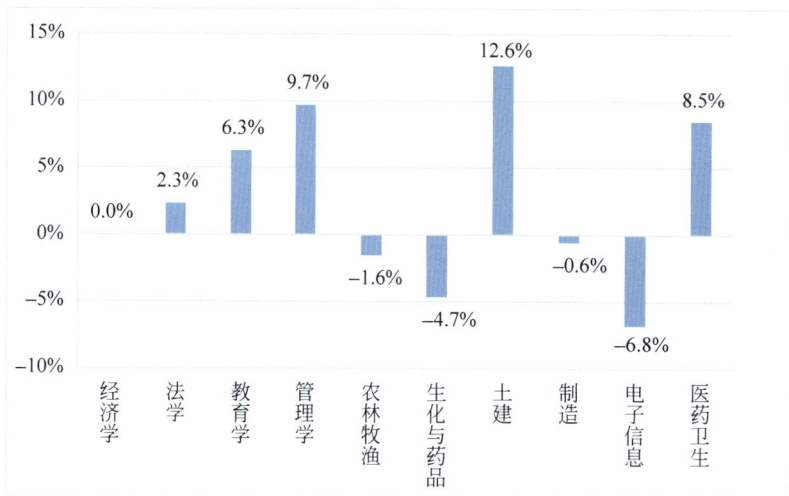

图 3-11　2012—2015 年外延学科与专业大类科技人力资源年均增长率

2012—2015 年间,在学科门类中,管理学发展速度较快,其培养科技人力资源的数量远远多于其他学科门类,占比高达 86.1％;而教育学、法学和经济学变化不大,基本保持平稳状态(见图 3-12)。

2012—2015 年间,在外延专业大类中,土建大类培养的科技人力资源呈现明显增长态势,数量在六大外延专业大类中占 24.5％。虽然制造和电子信息专业大类的增长率下滑,但数量在六大专业大类所占比重仍然很大,分别为 31.2％和 23.7％,这两个专业大类仍是外延专业大类科技人力资源的重要来源(见图 3-13)。

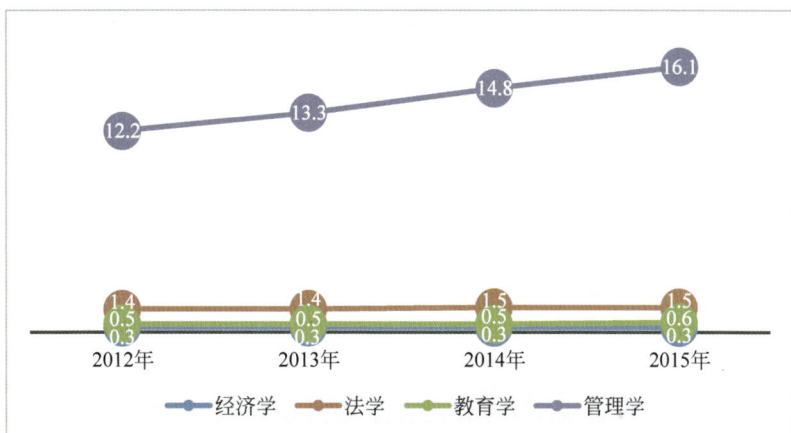

图 3-12　2012—2015 年外延学科新培养科技人力资源增幅情况（单位：万人）

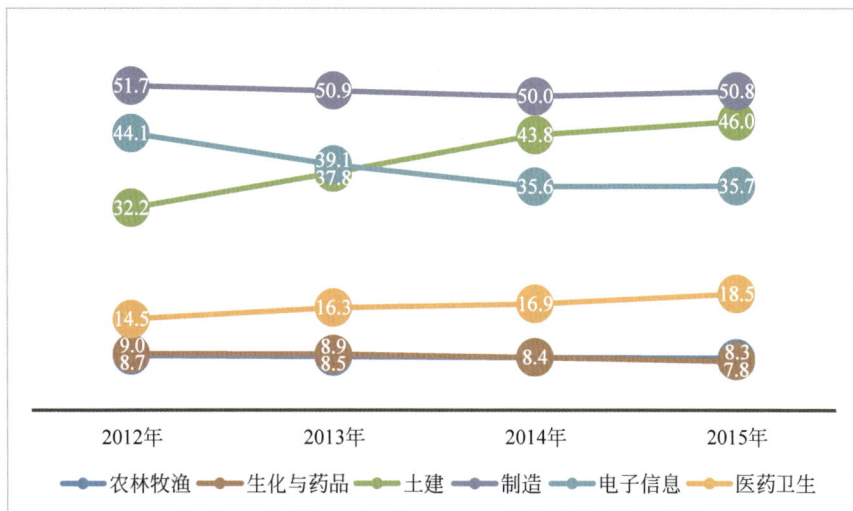

图 3-13　2012—2015 年外延专业大类新培养科技人力资源增幅情况（单位：万人）

2012—2015 年间，来自农林牧渔、生化与药品、制造与电子信息等四个专业大类的科技人力资源数量逐年减少，总体上呈现负增长趋势。造成这种现象的原因比较复杂，众说不一。但是需要清醒地看到，金融危机以后，一些发达国家总结和反思金融危机的教训，纷纷实施"再工业化"和"制造业回归"战略，大力发展先进制造业，部分高端制造业出现"逆转移"现象，我国制造业传统竞争优势赖以保持的多种要素约束日益趋紧，粗放式的发展道路越走越窄。经济发展新常态下，在原有比较优势逐步削弱、新的竞争优势尚未形成的新旧交替期，我国制造业必须加快转型升级步伐。为此，农林牧渔、生化与药品、制造与电子信息等领域的知识内容及人才培养方案等也需要做出相应调整，以适应新的发展要求。

本 章 小 结

我国科技人力资源的学科与专业结构近几年来发生了不小的变化,其演变及数量规模的变化与我国社会经济发展紧密相关,总体上呈现出以下特征:

一、工学输送科技人力资源数量最大

自新中国成立以来,我国政府十分重视工科院校的建设,"985 工程""211 工程""2011 协同创新中心"等工程的实施,为我国培育大量科技人力资源奠定了坚实的基础。科技人力资源总量快速增长,其中工学科技人力资源数量最多,截至 2015 年存量已高达 3106 万人,几乎占据科技人力资源总量的半壁江山。进入 21 世纪以来,工程科技在人类社会发展中的作用越来越凸显,工程科技进步和创新对经济社会发展的主导作用更加突出,对推动社会生产力发展和劳动生产率提升起到决定性作用。新一轮工业革命正在全球范围内进行,工业智能化转型是此轮工业革命的核心主题,这是一次经济社会系统变革,其全方位、多层次的演进特征将对国际产业分工和竞争格局产生深远影响。为了迎接这一轮工业革命,各国相继推出了国家层面的发展战略,如德国的"工业 4.0"、美国的"再工业化"、英国的"高价值制造"、日本的机器人产业等。

我国已经进入全面建设小康社会的发展阶段,大量高新技术产业迅猛涌现,特别是智能化设计、智能化制造、智能化供应链和智能化服务等关键领域的发展,对工科人才数量与质量的要求发生了重大变化。工科院校亟须通过建立具有关联性、层次性和差异性特征的跨学科的"专业群",以实现学科与学科、专业与专业的协同创新,以使专业顶层设计、教学模式与效果评价等关键环节处于良性循环中,兼容并蓄培养高质量的科技人力资源。

二、管理学输送的科技人力资源数量持续快速增长

虽然管理学科门类的设立始于 21 世纪初期,但是自该学科成立以来培养的科技人力资源增长速度最快,截至 2015 年已达 585 万人。虽然在科技人力资源总量中所占比例仅为 9%,但是管理学的增长速度远远高于其他学科,2012—2015 年间年均增长高达 9.7%。"管理学"门类下设五个一级学科[①]:管理科学与工程、工商管理、农林经济管理、公共管理、图书情报与档案管理。管理学虽然是一门新设的学科门类,但发展速度迅猛。工业革命带来了社会化大生产和科学技术的进步,为管理学的产生和发展奠定了重要基础。广义的管理学科(包括工商管理学、公共管理学、军事管理学、教育管理学等)经过一个多世纪的演进发展,已经成为一个包容上百门分支学科、边缘分支学科的交叉科学学科门类。管理学于 20 世纪 70 年代末引入我国,改革开放带来的学术勃兴和繁荣,营造了各种新兴学科生长、发育、成长的良好生态环境。由域外移植而来的现代管理学科,40 多年来在中国已经获得了令世界瞩目的发展。

在我国高等教育的学科门类中,管理学的规模位列第二,仅次于工学,这一切从无到有

---

① 王续琨,宋刚.关于中国管理学科发展对策的思考[J].管理学报.2013(8).

只用了大约四十年。从正式列入学科门类算起,始于 2001 年的管理学门类至今只有十五年历史。管理学之所以能迅速崛起并快速扩张,并最终成为独立的学科门类,同管理学科的启蒙者和早期领军人物的贡献密切相关。几代科学精英共同推动了管理学科的建立和发展,如数理经济与管理方向的代表人物乌家培、于光远、钱学森;运筹学领域方向的代表人物钱学森、许国志;优选法与统筹法领域方向的代表人物华罗庚;技术经济与管理方向的代表人物于光远;系统工程和控制论领域的代表人物钱学森、许国志、宋健、关肇直;质量管理领域的刘源张等,他们在引领相关领域的发展过程中带动了管理学科的发展与壮大①。

在对管理学门类毕业生统计时,我们发现,普通高校、成人高校、网络高校、高等自学考试等渠道中管理学的人数增长速度均为最快,毕业生规模在 11 个学科门类中仅次于工学。

三、水利、资源开发及交通运输三类专业科技人力资源保持高增长率

四年间,作为核心专业大类的水利、资源开发与测绘、交通运输培养的科技人力资源数量增长很快,年均增长率分别达到 10%、9%、8%,呈现较快增长态势。这些专业大类主要集中在我国土木工程领域,土木工程的发展一定程度上反映出一个国家的发展水平。改革开放 30 多年来,我国土木工程飞速发展,几乎整个中国都成了一个大的建设工地,新的高楼大厦、展览中心、高速公路、高铁、地铁、桥梁、港口航道及大型水利工程等在全国各地如雨后春笋般涌现。随着各类工程建设高速发展的要求,人们需要建造大规模、大跨度、高耸、轻型、大型、精密、设备现代化的建筑物,从而推动了现代土木工程向多元化发展,越来越需要通过科技创新,研究开发和应用好新结构、新材料、新技术。特别是在改善和提高人民生活水平的同时,人们对良好生态环境的要求越来越迫切,绿色发展成为我国重要国策,如何实现"低投入、低消耗、低排放、可循环、高效益、可持续",改造和提升传统的土木工程将成为未来探讨的重要课题。因此,未来这一领域不仅对科技人力资源需求数量大,而且对质量要求也会越来越高,更强调要具有广博的、多学科的、实践动手的综合科技素质的科技人力资源。

---

① 蔺亚琼. 管理学门类的诞生:知识划界与学科体系[J]. 北京大学教育评论.2011(2).

第四章

CHAPTER 4

我国科技人力资源的学历结构

科技人力资源学历层次的高低、学历结构的合理性是衡量科技人力资源总体质量的重要指标,深入分析我国科技人力资源群体的学历层次、结构及动态变化,有助于考察我国科技人力资源的质量。

第一节　学历结构的基本内涵

科技人力资源的主体是具有高等教育学历的人。由于学历层次的不同,不同教育背景的人群在科技人力资源总体中所起的作用和发展的潜力具有显而易见的差别。对照 OECD 有关科技人力资源教育层次的定义,与科技人力资源有关的教育层次属于国际标准教育分类中的第三层次教育,它包括国际标准教育分类的第 5 类~第 7 类。第 5 类是"第三层次第一级教育,可获得不同于学士学位的证书",与我国的专科学历基本相当;第 6 类属于"第三层次第一级教育,可获得学士学位或同等学位",基本等同于我国的本科教育;第 7 类属于"第三层次第二级教育,可获得研究生学位或同等学位",在我国,这个层次应该包括硕士、博士学位获得者,以及具有研究生学历的各类毕业生。

目前我国国民教育系列中的高等教育学历,可分为专科、本科、硕士研究生和博士研究生四个层次。根据第一章所述科技人力资源的测算方法,符合"资格"标准的科技人力资源是指具有大专以上学历、自然科学相关专业毕业的高校毕业生,同时包括文、史、哲专业的硕士毕业生(为避免重复统计,文史哲专业博士毕业生未计入)。一般而言,科技研发工作通常需要拥有较高学历层次的人员来承担,学历层次越高意味着从事科技相关工作的可能性越大。对于科技人力资源总体学历结构的了解和分析,有助于了解我国科技人力资源的总体质量,并且有助于国际比较研究,从而总结出我国科技人力资源的特点,以及存在的差距和不足。

第二节　2015 年新培养科技人力资源的学历结构

2015 年我国新培养科技人力资源 530 万,其中,本科层次人数最多,为 271 万人,占 51.1%;专科层次人数次之,为 204 万人,占 38.5%;硕士研究生层次人数位居第三,为

49.8 万人,占 9.4％；博士研究生层次人数最少,总数为 5.4 万人,占 1％(见图 4-1)。总体而言,2015 年我国新培养科技人力资源的总体学历层次以本科为主,专、本、研的比例接近 4：5：1。

需要说明的是,这里所指的新培养的科技人力资源与第二章新增的科技人力资源有一些区别。一般来说,自然科学相关专业的硕士和博士毕业生已经具有自然科学相关专业专科或本科学历,在需要计算科技人力资源总量时,为避免重复统计,2015 年新增科技人力资源的计算仅考虑专科、本科加上文史哲硕士生,不包括自然科学相关专业毕业的硕士生和博士生。因此,新培养的科技人力资源数据会比第二章中新增符合"资格"的科技人力资源 479 万人高。

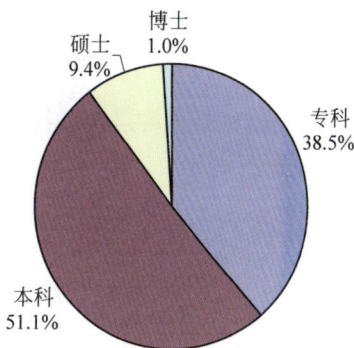

图 4-1 2015 年新培养科技人力资源的学历结构

注：数据根据《中国教育统计年鉴 2015》高等教育毕业生数据折算得到。

一、新培养专科层次科技人力资源情况

普通高校是专科层次科技人力资源的最主要培养渠道。2015 年,新培养专科层次科技人力资源 204 万人。其中,普通高校培养了 155 万人(核心学科 26 万人,外延学科 129 万人),占 76.0％；成人高校培养了 28 万人(核心学科 5 万人,外延学科 23 万人),占 13.7％；网络高校培养了 17 万人(核心学科 2.5 万人,外延学科 14.5 万人),占 8.3％。此外,由于高自考毕业生的统计数据滞后,按照惯例,我们把 2014 年的数据顺延至 2015 年,根据计算结果,高自考培养的专科层次科技人力资源 17 万,占 2.0％(见图 4-2)。

从不同培养渠道新培养科技人力资源数量及专科层次所占比例来看,网络高校培养的科技人力资源中专科层次占比最高。2015 年普通高校新培养科技人力资源 395 万人,其中专科层次 155 人,占 39.2％；成人高校新培养科技人力资源 78 万人,其中专科层次 28 万人,占 35.9％；高自考新培养科技人力资源 16 万人,其中专科层次 4 万人,占 25％；网络高校新培养科技人力资源 41 万人,其中专科层次 17 万人,占 41.5％(见表 4-1)。

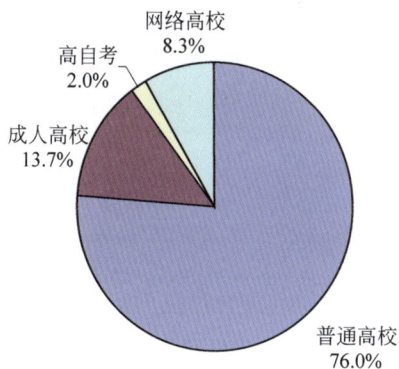

图 4-2 2015 年不同渠道培养的专科层次科技人力资源比例

注：数据根据《中国教育统计年鉴 2015》专科层次毕业生数据折算得到。

表 4-1 2015 年不同培养渠道的专科层次新培养科技人力资源数量

培养渠道	总计(万人)	专科(万人)	该渠道专科所占比例(％)
普通高校	395	155	39.2
成人高校	78	28	35.9
高自考	16	4	25
网络高校	41	17	41.5
合计	530	204	38.5

注：数据根据《中国教育统计年鉴 2015》不同渠道专科层次毕业生数据折算得到。

二、新培养本科层次科技人力资源情况

普通高校是本科层次科技人力资源的最主要培养渠道。2015 年，新培养本科层次科技人力资源 271 万人。其中，普通高校培养了 185 万人（核心学科 172 万人，外延学科 13 万人），占 68.2％；成人高校培养了 50 万人（核心学科 47 万人，外延学科 3 万人），占 18.5％；网络高校培养了 24 万人（核心学科 21 万人，外延学科 3 万人），占 8.9％。高自考培养了 12 万人，占 4.4％（见图 4-3）。

从不同培养渠道新培养科技人力资源数量及本科层次所占比例来看，高自考培养的科技人力资源中本科层次占比相对最高。普通高校新培养科技人力资源 395 万人，其中本科层次 185 万人，占 46.8％；成人高校新培养科技人力资源 78 万人，其中本科层次 50 万人，占 64.1％；高自考新培养科技人力资源 16 万人，其中本科层次 12 万人，占 75％；网络高校新培养科技人力资源 41 万人，其中本科层次 24 万人，占 58.5％（见表 4-2）。

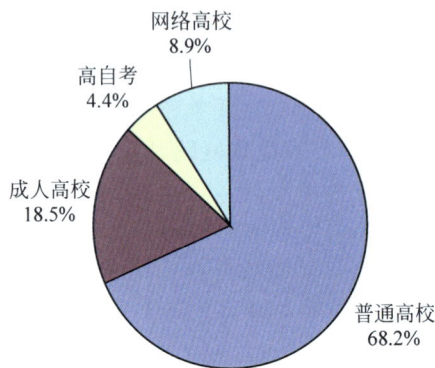

图 4-3　2015 年不同渠道培养的本科
层次科技人力资源比例

注：数据根据《中国教育统计年鉴 2015》不同渠道本科层次毕业生数据折算得到。

表 4-2　2015 年不同培养渠道的本科层次新培养科技人力资源数量

培养渠道	总计（万人）	本科（万人）	该渠道本科所占比例（％）
普通高校	395	185	46.8
成人高校	78	50	64.1
高自考	16	12	75
网络高校	41	24	58.5
合计	530	271	51.1

注：数据根据《中国教育统计年鉴 2015》不同渠道本科层次毕业生数据折算得到。

三、新培养研究生层次科技人力资源情况

2015 年，我国研究生毕业生 55.2 万人，其中硕士毕业生 49.8 万人，博士毕业生 5.4 万人。按照关于科技人力资源"资格"标准的定义，这部分人应该全部纳入科技人力资源测算范围。

根据我国学位制度，我国学位类别分为学术型学位与专业学位。学术型学位按照学科门类授予，分别为哲学、经济学、法学、教育学、文学、历史学、理学、工学、农学、医学、军事学、管理学、艺术学学士学位/硕士学位/博士学位。专业学位虽也分为学士、硕士和博士三级，但一般只设置硕士一级。各级专业学位与对应的我国现行各级学位处于同一层次。

从学位类型来看，2015 年研究生层次新培养的科技人力资源取得学术型学位的较多，为 35.1 万人，占 63.6％；其中，博士层次学术型学位占比高达 96.3％，硕士层次学术型占比为 60％。

从学科来看，2015 年新培养研究生层次科技人力资源中，来自核心学科的共有 32.7 万

人,占 59.2%,其中,核心学科培养的博士层次科技人力资源 4.1 万人,占比高达 75.9%,核心学科培养的硕士层次科技人力资源 28.6 万人,占 57.4%(见表 4-3)。

表 4-3　2015 年研究生层次新培养科技人力资源数量　　　（单位:万人）

类　别	总　计	按学科分		按学位类型分	
		核心学科	外延学科	学术型	专业型
硕士	49.8	28.6	21.2	29.9	19.9
博士	5.4	4.1	1.3	5.2	0.2
合计	55.2	32.7	22.5	35.1	20.1

注:数据根据《中国教育统计年鉴 2015》研究生毕业生数据计算得到。

第三节　截至 2015 年底科技人力资源的学历结构

根据第二章的测算结果,截至 2015 年底,我国符合"资格"标准的科技人力资源总量为 8043 万人。由于数据来源的限制,分析截至 2015 年底科技人力资源的学历结构,主要就是分析这些符合"资格"标准的 8043 万科技人力资源的学历结构。

一、以专科层次为主,学历结构呈金字塔形分布

由于获得研究生学历的毕业生绝大多数都已获得过本科学历,因此在分析科技人力资源学历层次结构时,不能将各学历层次的科技人力资源简单求和,计算专科层次科技人力资源时,应将其中升学成本科的科技人力资源剔除,但由于缺乏专升本分学科人员的相关数据,这里只能忽略不计。同理,计算本科层次科技人力资源比例时,应将其中攻读了研究生学位的科技人力资源数剔除,计算硕士研究生科技人力资源比例时,应将其中攻读了博士学位的科技人力资源数剔除。

1964—2015 年,我国获得高等教育学历的科技人力资源累计达到 8043 万人,其中博士层次科技人力资源 64.6 万人,占总量的 0.8%;硕士层次科技人力资源 408.8 万人,占总量的 5.1%;剔除研究生层次的人数后,本科层次的科技人力资源约为 3093.4 万人,占总量的 38.5%;专科层次的科技人力资源 4476.4 万人,占总量的 55.7%。由此可见,截至 2015 年底,我国科技人力资源依然以专科层次为主,本科层次次之,研究生层次最少,学历结构呈金字塔形分布(见图 4-4)。这是由于尽管近年来本科及硕士以上层次的科技人力资源增长迅速,占比也越来越高,但由于专科历史基数较大,因此专科层次的科技人力资源比例仍然最高。

二、科技人力资源整体学历层次在逐步提高

从历史来看,我国科技人力资源的整体学历层次正在不断提高,尤其是研究生层次科技人力资源增长最为迅速。专科层次科技人力资源占比由 2000 年的 60.2%下降至 2015 年的 55.7%,下降了 4.5 个百分点;本科层次科技人力资源占比由 2000 年的 37.4%提高至 2015 年的 38.5%,提高了 1.1 个百分点;研究生层次科技人力资源占比由 2000 年的 2.4%提高至 2015 年的 5.9%,提升了 3.5 个百分点(见图 4-5)。

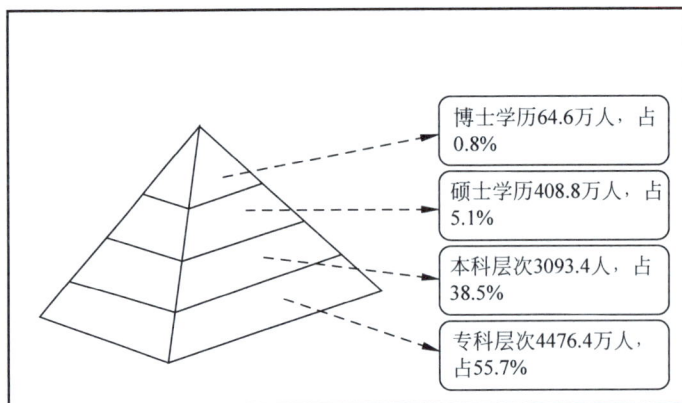

博士学历64.6万人，占0.8%

硕士学历408.8万人，占5.1%

本科层次3093.4人，占38.5%

专科层次4476.4万人，占55.7%

图 4-4　截至 2015 年底我国科技人力资源学历结构

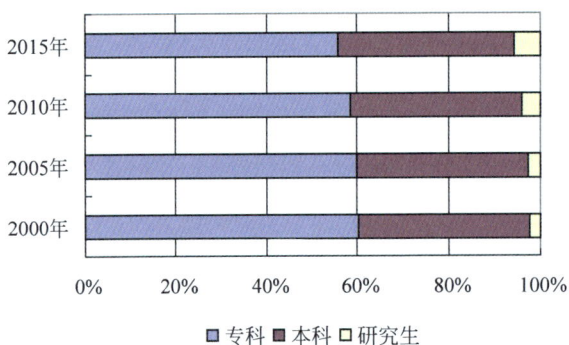

■专科　■本科　□研究生

图 4-5　我国科技人力资源学历结构带来历史变化

近年来每年新培养的本科及硕士以上层次科技人力资源数量及比例仍在稳定增长，考虑到科技岗位入职学历门槛的逐步提高，专科层次毕业生纳入科技人力资源的比例仍在下降（见图 4-6），例如，2006 年新培养的专科、本科和研究生科技人力资源分别占 49.6%、42.7%和 7.7%，而 2015 年新培养的专科、本科和研究生科技人力资源分别占 38.6%、51.0%和10.4%，未来我国科技人力资源的学历层次将进一步提升。

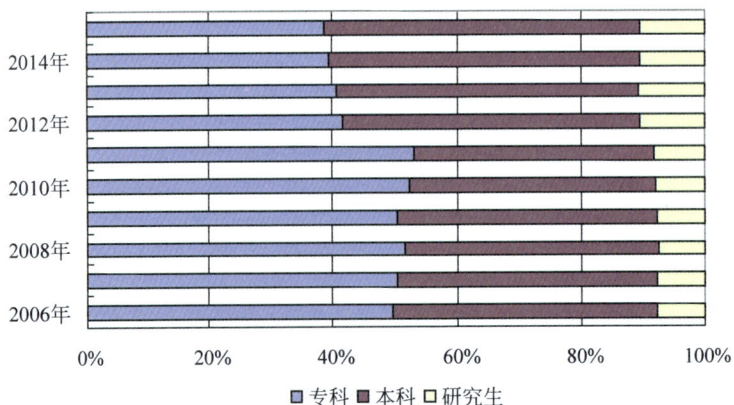

■专科　■本科　□研究生

图 4-6　符合资格条件的每年新培养的科技人力资源学历结构（2006—2015 年）

本 章 小 结

从本章的分析可以看出,我国科技人力资源的学历结构存在以下特点:

(1) 总体呈金字塔结构,专科层次科技人力资源仍占半数以上。

1964—2015 年间,我国获得高等教育学历的科技人力资源累计达到 8043 万人,其中研究生层次科技人力资源 473.4 万人,占总量的 5.9%;本科层次科技人力资源 3093.4 万人,占总量的 38.5%;专科层次的科技人力资源 4476.4 万人,占总量的 55.7%,呈现专科占主体、金字塔形分布的特点。

(2) 科技人力资源整体学历层次在逐步提高。

从历史来看,我国科技人力资源的整体学历层次正在不断提高,尤其是研究生层次科技人力资源增长最为迅速。15 年来,专科层次科技人力资源占比下降了 4.5 个百分点;本科层次科技人力资源占比提高了 1.1 个百分点;研究生层次科技人力资源占比提升了 3.5 个百分点。未来,我国科技人力资源的学历层次将进一步提升。

第五章

CHAPTER 5

我国科技人力资源的年龄与性别

科技活动是一种复杂的创造性活动,需要从业者保持旺盛的精力和卓越的创造力。大量研究表明,科技工作者的年龄与创造力之间存在着明显的倒 U 形关系,科技工作者存在产生重大创新成果的黄金时期。此外,研究表明,性别差异对科技人力资源的思维方式、个性特征、生活经历等有一定的影响,科技人力资源性别的平衡有助于为科技发展提供新的增长点,性别比例也是联合国妇女赋权的重要评估指标之一。对科技人力资源的年龄和性别结构进行研究,有助于了解我国科技人力资源的整体创造潜力,从而为调整科技政策和人才政策提供支撑。

第一节　截至 2015 年底科技人力资源的年龄结构

本节根据 1964—2015 年高等教育毕业生的年龄数据,通过对高等教育毕业生年龄的推算,近似地推算出截至 2015 年底我国科技人力资源的年龄结构。研究发现,我国科技人力资源总体上呈现出明显的年轻化态势,且未来一段时间内将继续保持年轻化趋势。

一、科技人力资源呈现年轻化趋势

如前所述,科技人力资源的年龄结构是通过对符合"资格"定义的高校毕业生年龄推算得到的。因此,截至 2015 年底的科技人力资源年龄结构,是对 1964—2015 年我国高校毕业生的年龄推算得到的(见表 5-1)。

表 5-1　截至 2015 年底本专科层次科技人力资源毕业时间和年龄估算表

各 年 龄 段	普 通		成 人	
	本 科	专 科	本 科	专 科
60 岁及以上	1964—1977 年	1964—1976 年	—	1969—1979 年
50～59 岁	1978—1987 年	1977—1986 年	1981—1990 年	1980—1989 年
40～49 岁	1988—1997 年	1987—1996 年	1991—2000 年	1990—1999 年
30～39 岁	1998—2007 年	1997—2006 年	2001—2010 年	2000—2009 年
29 岁及以下	2008—2015 年	2007—2015 年	2011—2015 年	2010—2015 年

续表

各年龄段	网络		高自考	
	本　科	专　科	本　科	专　科
60 岁及以上	—	—	—	—
50～59 岁	—	—	1984—1990 年	1984—1989 年
40～49 岁	—	—	1991—2000 年	1990—1999 年
30～39 岁	2003—2010 年	2003—2009 年	2001—2010 年	2000—2009 年
29 岁及以下	2011—2015 年	2010—2015 年	2011—2015 年	2010—2015 年

结果显示,我国科技人力资源仍以中青年为主。在本科与专科层次科技人力资源中,39 岁及以下有 6182 万人,占 77.3％,其中,29 岁及以下有 3412 万人,占 42.7％;30～39 岁有 2770 万人,占 34.6％。40～49 岁有 1134 万人,占 14.2％;50 岁及以上有 683 万人,占 8.5％。需要说明的是,这里的本科层次科技人力资源没有扣除研究生层次科技人力资源数量,而且为便于计算,对历年统计数据采用了四舍五入的方法,因而此处所使用的数据与科技人力资源总量略有出入。

在专科层次科技人力资源中,60 岁及以上有 115 万人,占专科层次科技人力资源总量的 2.6％;50～59 岁有 236 万人,占 5.3％;40～49 岁有 792 万人,占 17.7％;30～39 岁有 1520 万人,占 34.0％;29 岁及以下有 1814 万人,占 40.5％(见图 5-1)。

由于普通高校和成人高校、高自考、网络高校培养的专科毕业生在年龄上有一定差异,且近年来各渠道专科毕业生计入科技人力资源的比例有所调整,因而各渠道培养的科技人力资源的年龄结构存在一定差异。在普通高校培养的专科层次科技人力资源中,29 岁及以下比例最高,达 1466 万人,占 62.3％;其次是 30～39 岁,有 643 万人,占 27.3％;再次是 40～49 岁,有 243 万人,占 10.3％。在成人高校培养的专科层次科技人力资源中,30～39 岁的人群比例最高,有 630 万人,占 38.1％;其次是 40～49 岁,有 470 万人,占 28.4％;再次是 29 岁及以下和 50～59 岁,均为 219 万人,分别占 13.2％;60 岁及以上为 115 万人,占 7.0％。在高自考培养的专科层次科技人力资源中,30～39 岁比例最高,达 149 万人,占 55.0％;其次是 40～49 岁,有 79 万人,占 29.2％;再次是 29 岁及以下,有 26 万人,占 9.6％;50～59 岁,有 17 万人,占 6.3％。在网络高校培养的专科层次科技人力资源中,29 岁及以下有 103 万人,占 51.2％;30～39 岁有 98 万人,占 48.8％(见表 5-2)。

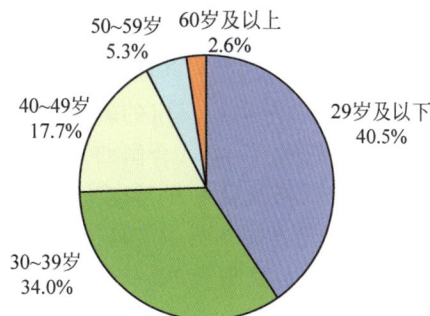

图 5-1　1964—2015 年专科层次科技人力资源的年龄分布

表 5-2　1964—2015 年分渠道专科层次科技人力资源的年龄分布　(单位:万人)

专　科	60 岁及以上	50～59 岁	40～49 岁	30～39 岁	29 岁及以下	小计
普通	0	0	243	643	1466	2352
成人	115	219	470	630	219	1653

续表

专　　科	60岁及以上	50～59岁	40～49岁	30～39岁	29岁及以下	小计
高自考	0	0	0	98	103	201
网络	0	17	79	149	26	271
小计	115	236	792	1520	1814	4477

注：由于数据按照逐年计算，与其他部分相关数据相比较存在细微出入。

在本科层次科技人力资源中，60岁及以上有118万人，占3.4％；50～59岁有214万人，占6.1％；40～49岁有342万人，占9.7％；30～39岁有1250万人，占35.5％；29岁及以下有1598万人，占45.4％（见图5-2）。

与专科层次科技人力资源一样，不同渠道培养的本科层次科技人力资源的年龄结构也存在一定差异。在普通高校培养的本科层次科技人力资源中，29岁及以下的人数最多，达1251万人，占48.1％；其次是30～39岁，有754万人，占29.0％；再次是40～49岁，有278万人，占10.7％；50～59岁有201万人，占7.7％；60岁及以上有118万人，占4.5％。

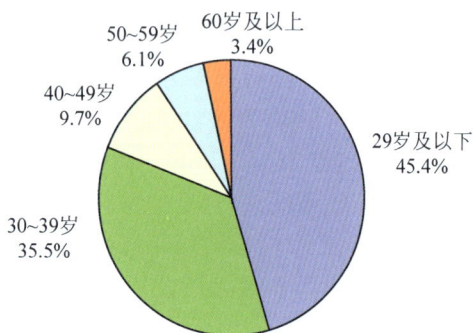

图5-2　1964—2015年本科层次科技人力资源的年龄分布

在成人高校培养的本科层次科技人力资源中，30～39岁的人数最多，有265万人，占49.8％；其次是29岁及以下，有203万人，占38.2％；再次是40～49岁，有51万人，占9.6％；50岁及以上只有13万人，仅占2.4％。在高自考培养的本科层次科技人力资源中，30～39岁的人数最多，有131万人，占65.2％；其次是29岁及以下，有57万人，占28.4％；再次是40～49岁，有13万人，占6.5％。在网络高校培养的本科层次科技人力资源中，30～39岁有100万人，占53.5％；29岁及以下有87万人，占46.5％（见表5-3）。

表5-3　1964—2015年分渠道本科层次科技人力资源的年龄分布　（单位：万人）

专　　科	60岁及以上	50～59岁	40～49岁	30～39岁	29岁及以下	小计
普通	118	201	278	754	1251	2602
成人	0	13	51	265	203	532
高自考	0	0	0	100	87	187
网络	0	0	13	131	57	201
小计	118	214	342	1250	1598	3522

注：由于数据按照逐年计算，与其他部分相关数据相比较存在细微出入。

就科技人力资源的年龄结构来看，本科与专科层次科技人力资源在最近几十年出现了明显年轻化的趋势，39岁以下的人数占本专科科技人力资源总量的四分之三左右。其中，本科层次的科技人力资源在30～39岁和29岁以下这两个年龄段中的比例更高，分别比专科层次科技人力资源的比例高4.9％和1.5％，专科层次的科技人力资源在40～49岁这个年龄段的比例高于本科层次，在50岁以上的科技人力资源中，本、专科层次所占比例相差不大。最近十年间,本科层次科技人力资源的规模增速高于专科层次,因而在年龄结构上 29 岁以下科技人力资源的比例更高。

前文提及的本科层次科技人力资源没有扣除研究生层次的科技人力资源数量,为了考察其中研究生层次科技人力资源的年龄结构,课题组根据 2011—2014 年的调查数据,对截至 2015 年底的研究生层次科技人力资源的年龄结构进行推算,结果显示:29 岁以下约有 221 万人,占总量的 47.7%;30～39 岁约有 190.6 万人,占 41.3%;40～49 岁约有 33 万人,占 7.0%;50 岁以上有 19 万人,占 4.0%(见表 5-4)。

表 5-4　截至 2015 年底研究生层次科技人力资源年龄分布　　（单位：万人）

60 岁以上	50～59 岁	40～49 岁	30～39 岁	29 岁以下	小计
0	19	33	195	225	472

注:这里没有将博士学位研究生从硕士学位研究生中剔除,仅以获得硕士学位或博士学位的科技人力资源进行分析。

二、青年科技人力资源的发展需要更多政策支持

年轻化趋势对提高科技人力资源群体的创造性是有利的。大量研究表明,科技人力资源的年龄结构与科技人力资源群体的创造性存在着密切关系。赵红洲等人通过统计分析,指出杰出科学家做出贡献的最佳年龄区间在 25～45 岁之间,其最佳峰值年龄和成名年龄随着时代的变化而逐渐增大。李侠等人经过统计分析,指出科学家发表学术著作的年龄在逐渐提前,即年轻化趋势在加强[1](见表 5-5)。哈里特的研究表明,280 名诺贝尔奖获得者从事获奖成果研究的平均年龄为 38.7 岁,其中,35 岁以下占 44%,45 岁以下占 77%。Frosch 综述了 Schneider 等利用德国企业数据对雇员平均年龄的增加与企业推出新产品的概率进行的系列研究,得到的结果进一步表明:企业有市场创新和新产品上市的概率在员工平均年龄为 40 岁时达到最大,而后会逐渐降低[2]。

表 5-5　杰出科学家的社会年龄与发表重要学术著作的平均年龄表

年　　份	成名年龄 赵红洲(岁)	最佳峰值年龄 赵红洲(岁)	平均年龄 李侠等(岁)
1501—1600 年	22	25	50.1
1601—1700 年	26	28	40.8
1701—1800 年	29	32	38.6
1801—1900 年	31	35	36.5
1901—1960 年	33	37	34.9

当前,我国在国家层面已经出台了一系列支持青年科技人力资源发展的扶持政策,例如国家高层次人才特殊支持计划、国家杰出青年科学基金项目、国家百千万人才工程、长江

---

① 姜莹,韩伯棠,张平淡.科学发现的最佳年龄与我国科技人力资源的年龄结构[J].科技进步与对策,2003(12).
② 李和风.年龄结构分析对科技人才工作的管理学意义[J].政策与管理研究,2007(4).

学者奖励计划、国家自然科学基金青年科学基金项目等等,推动了青年科技人力资源的发展。然而,这一部分科技政策的受众很小,对于技术创新主体——企业中的大部分科技人力资源尚未涉及。一方面,近年高等教育的迅速扩张,使得本专科毕业生未来从事高层次科技工作的可能性大幅下降;另一方面,技术的日新月异也使得广大科技人力资源需要继续学习深造,因而无论是新增的科技人力资源还是存量的科技人力资源都需要相关科技人力资源政策的进一步支持。

第二节 截至 2015 年底科技人力资源的性别结构

本节对截至 2015 年底的科技人力资源性别结构进行分析,研究发现,女性科技人力资源占比逐步提升,尤其是研究生层次更为明显,但职业成就还需要进一步提升,需要相关政策的扶持。

一、女性科技人力资源尤其是高学历女性科技人力资源比例不断提升

由于缺乏本专科分学科女性毕业生数据,而各学科性别分布差异较大,尤其是核心学科中理、工、农的女性科技人力资源所占比例一般低于其他学科,所以直接采用所有学科女性毕业生比例来估算女性科技人力资源,会过高地估计女性科技人力资源的数据。2012年,科技人力资源研究课题组选取了以理工农医为代表的六所高校,按核心学科、外延学科、非科技人力资源学科的分类对其招生数量做了样本分析,运用各学科招收女学生的比例来推算女性科技人力资源的比例,最后推算出这些女学生毕业后成为科技人力资源的人数大约占据总量的 30%。1990 年,普通高校女性毕业生占 33.7%,自高校扩招以后,女性毕业生比例迅速增长,2010 年,女性毕业生所占比例超过 50%,2015 年继续提升到 52.0%(见图 5-3)。尽管理工农医这些核心学科的女性毕业生增长没有这么快,但根据这样的发展趋势,可以预计未来女性科技人力资源的比例将不断上升。

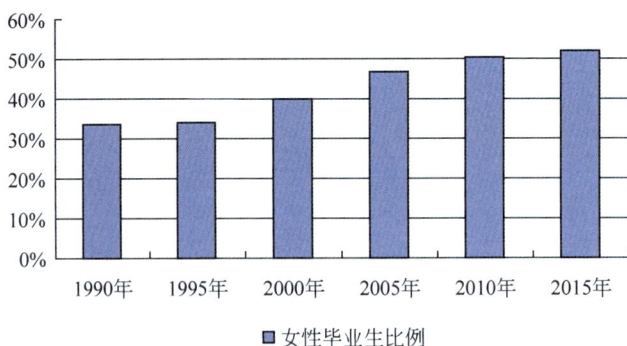

图 5-3 部分年份当年普通高校女性毕业生占比

由于研究生毕业生全部纳入科技人力资源统计范畴,因此这里可以准确地计算研究生学历女性科技人力资源的比例。通过计算发现,研究生层次的女性科技人力资源比例不断提升,已逐步接近 50%。1990 年,我国拥有研究生学历层次的女性科技人力资源 3.1 万人,占研究生学历层次科技人力资源总量的 20.5%;到了 2015 年,我国拥有研究生学历层次的女

性科技人力资源达 217.3 万人,占研究生学历层次科技人力资源总量[①]的 46.3%(见图 5-4)。近年来,女性研究生招生比例仍在 50% 左右,未来研究生学历层次女性科技人力资源比例还会有一些提升。

图 5-4　部分年份女性科技人力资源占比

总体而言,我国女性科技人力资源的比例正在不断提升,尤其是研究生层次的女性科技人力资源数量已越来越接近男性科技人力资源。

二、女性科技人力资源的职业成就还需要进一步提升

女性科技人力资源的数量和比例一直在增长,但总体而言,我国女性科技人力资源在科学职业成就和地位上相对落后。例如,截至 2014 年,中科院院士中女性比例仅为 5.6%,工程院院士中女性比例仅为 4.8%。在 2011—2014 年国家科技进步奖、国家技术发明奖和国家自然科学奖三大奖 1061 项通用获奖项目中,女性作为第一完成人的获奖项目约占总数的 5.6%[②]。

科技人力资源中的性别比例是联合国妇女赋权的重要评估指标之一,加大对女性科技人力资源群体的支持,体现了罗尔斯"补偿弱势群体"的正义。研究表明,男女性别不同的思维方式、研究兴趣,有助于创新。比如,通过对 1983 年诺贝尔奖获得者遗传学家芭芭拉麦克林托克的研究方法和职业经历的分析,有关研究者认为,她成功的重要原因在于她使用了与传统的以男性视角为基础的研究方法不同的方法,强调对研究对象的直觉,追求人与自然的和谐[③]。

自 2008 年起,我国已开始注重并调整相关科技政策,以促进和保障女性科技人力资源的职业发展和科技地位。例如,《科技进步法(修订案)》明确提出女性科技人员应享有平等权利。中国青年科技奖、国家自然科学基金委对女性申请者的年龄都做出了更宽的规定。2011 年《中国妇女发展纲要(2011—2020)》中首次出现了针对女性科技人才成长的专门阐述:"加大女性技术技能人才培养力度,完善科技人才政策,探索建立多层次、多渠道的女性科技人才培养体系。"同年 11 月,科技部和全国妇联联合发布了《关于加强女性科技人才队

---

① 由于缺乏 1970—1986 年的女性研究生毕业生数据,这里的科技人力资源总量也未计入 1970—1986 年的研究生毕业生数据。考虑到 1970—1986 年间毕业的研究生很少,这样的处理方式对总体计算结果的影响很小。

② 董丽,娟徐飞. 中国女性科技人才政策的若干评价与思考[J]. 科学学研究,2016(2).

③ 马缨. 促进女性科技人员发展的意义及相关措施[J]. 中国科技论坛. 2011(11).

伍建设的意见》，对科研院所、高等学校女性科技人才增长的比例、女性生育后回归科研项目、高级专家自愿选择退休年龄等方面做出了突破性和保障性的规定。研究数据表明，这些科技政策取得了一定的效果[1]，但与美国、欧盟国家相比，我国女性科技人力资源在培养层次、职业发展及相关政策方面还存在不足，需要进一步改善[2]。

本 章 小 结

从本章的分析可以看出，我国科技人力资源的年龄和性别结构存在以下特点：

（1）中青年是我国科技人力资源的主体。

近十几年来，我国高等教育规模在迅速扩大后进入稳中有升的发展阶段，为科技人力资源注入了新鲜力量。从我国专科与本科层次科技人力资源的年龄结构来看，39岁及以下的科技人力资源是我国科技人力资源的主体，占总量的77.3%。专科与本科层次科技人力资源在这一年龄段的比例分别为74.5%和80.9%。60岁以上的专科与本科层次科技人力资源分别占2.6%和3.4%。

（2）未来一段时期我国科技人力资源将继续保持年轻化。

随着我国高等教育规模的进一步扩大，未来高等教育毛入学率仍将继续提高。2015年，我国高等教育毛入学率达到40%，提前实现了国家教育规划纲要提出的"到2020年，高等教育毛入学率达到40%"的目标，超过中高收入国家的平均水平。但相较于发达国家，我国高等教育毛入学率还有相当大的上升空间。高等教育毕业生是科技人力资源的最主要来源，因此我国每年新增的科技人力资源规模还会进一步扩大。截至2015年底，我国科技人力资源中50岁以上的约有683万人，仅占本专科层次科技人力资源总量的8.5%。按照目前我国新增科技人力资源的增长速度，可以预计，未来相当长一段时间里，我国科技人力资源的年龄结构还将进一步年轻化。

（3）女性科技人力资源尤其是研究生学历女性科技人力资源比例不断提升。

随着高等教育的扩张，高等学校女性毕业生比例增长十分迅速，2015年达到了52%。尽管理工农医这些核心学科的女性毕业生比例相对低一些，但可以预计未来女性科技人力资源的比例将不断提升。2015年，我国拥有研究生学历层次的女性科技人力资源达217.3万人，占研究生学历层次科技人力资源总量的46.3%。并且，近年来，普通高校女性研究生招生比例仍在50%左右，这意味着我国未来研究生学历层次女性科技人力资源比例还会有一些提升。

（4）女性科技人力资源的职业成就还需要进一步提升。

我国女性科技人力资源在数量和比例上均发展很快，但是女性高层次科技人力资源在科学职业成就和地位上仍相对落后，目前国家已经出台了一些推动女性科技人力资源发展的相关政策，在一定程度上推动了女性科技人力资源的发展，但与美国、欧盟等国家相比还存在一定差距，需要进一步完善。

---

[1] 马缨. 促进女性科技人员发展的意义及相关措施[J]. 中国科技论坛. 2011(11).
[2] 吕科伟，韩晋芳. 美国、欧盟与中国女性科技人力资源发展状况的比较研究[J]. 中国人力资源开发，2015(3).

第六章

我国科技人力资源的分布

许多学者认为,科技人力资源与区域创新能力存在显著正相关关系。近年各地区的"抢人大战"正是"人才是发展的关键"的集中反映。本章的研究内容聚焦于我国科技人力资源的分布,鉴于数据的可得性,主要从我国科技人力资源培养区域分布和岗位分布的视角出发,尝试从不同的角度解析我国科技人力资源的分布特征。

第一节　我国科技人力资源培养区域分布

从既有研究和统计情况来看,区域科技活动人员的数量能较好地体现实际从事科技工作的人力资源现状,但囿于数据限制,2009 年及其后相关科技统计年鉴不再发布此类信息,其他相关统计数据亦不能较好地反映我国科技人力资源的区域分布情况。本节拟从科技人力资源培养的视角,利用教育统计数据对我国科技人力资源培养的区域分布情况进行估算。

一、我国科技人力资源培养规模的区域分布

为全面系统地反映我国科技人力资源培养的区域分布情况,鉴于数据的可得性,主要从截至 2015 年我国科技人力资源培养的区域分布、2015 年新增科技人力资源培养的区域分布、2005—2015 年各省科技人力资源培养增量累计情况等三个方面进行分析,具体的测算方法在第一章已经有所介绍。

1. 截至 2015 年底我国科技人力资源培养的区域分布

近年来,我国高等教育规模持续扩张、质量不断提升,为科技人力资源的培养和开发提供了强大的支撑,我国科技人力资源规模也实现了高速增长。本节利用我国历年科技人力资源总量的数据及各省高校毕业生的相关数据,对我国截至 2015 年各省市科技人力资源培养的区域分布情况进行估算,并利用 2015 年我国各省市普通高校毕业生的数据,延续上文所述测算方法,估算了我国 2015 年各省市新增科技人力资源的数量(仅包含普通高校毕业生),具体结果如下:

东部地区科技人力资源培养数量普遍较多,北京、山东、江苏位列前三。从估算结果来看,东部地区科技人力资源培养量显著高于中部和西部地区,其中,北京地区培养的科技人力资源总数达到 639 万人,位列第一名;山东省和江苏省紧随其后,分别为 556 万人和 548 万人。河南、广东和湖北省科技人力资源培养数量相差不大。科技人力资源累计培养数量超过 200 万人的省市有 16 个,超过平均值 259 万人的省市达到 14 个,新疆、海南、宁夏、青海、西藏等省份的科技人力资源培养数量较少,均低于 100 万人,特别是青海和西藏,累计数量少于 20 万人。从科技人力资源培养数量的占比情况来看,北京、山东、江苏等地占比加总超过 20%,北京高达 7.96%(见图 6-1 和图 6-2)。

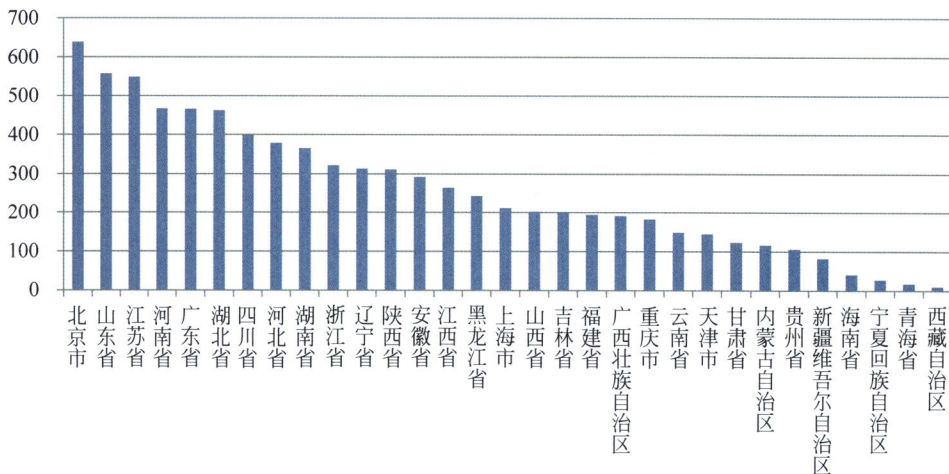

图 6-1　截至 2015 年我国各省市科技人力资源培养总量(单位:万人)

注:各省市科技人力资源培养总量分布估算主要分为如下几个步骤:一是沿用前文测算的截至 2014 年底科技人力资源总量;二是分别用普通本、专科科技人力资源数量除以普通本、专科毕业生数,得出普通本、专科毕业生纳入科技人力资源的比例,测算各省市各年新增科技人力资源数;三是将各省市新增科技人力资源培养数作为各省市分布的比例基础,测算各省市科技人力资源培养的存量分布情况。

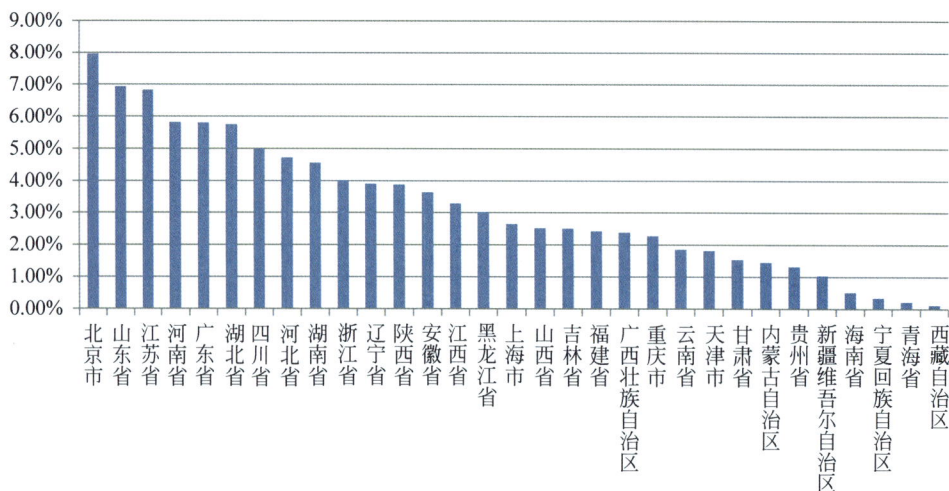

图 6-2　截至 2015 年底我国各省市科技人力资源培养的占比

2. 2015 年新增科技人力资源的培养区域分布

测算结果显示,2015 年新增科技人力资源培养数量排名前五位的省市分别为江苏(31.2 万人)、山东(26.7 万人)、河南(23.6 万人)、湖北(23.4 万人)和广东(22.8 万人),四川、陕西、河北、湖南、辽宁、安徽和北京市培养数量也较多,均在 15 万人以上,新疆、海南、宁夏、青海、西藏等地培养数量则相对较低,均在 5 万人以下。由此可见,我国传统高等教育大省市仍然肩负着培养科技人力资源的重任,在科技人力资源培养和开发过程中发挥着非常重要的作用(见图 6-3)。

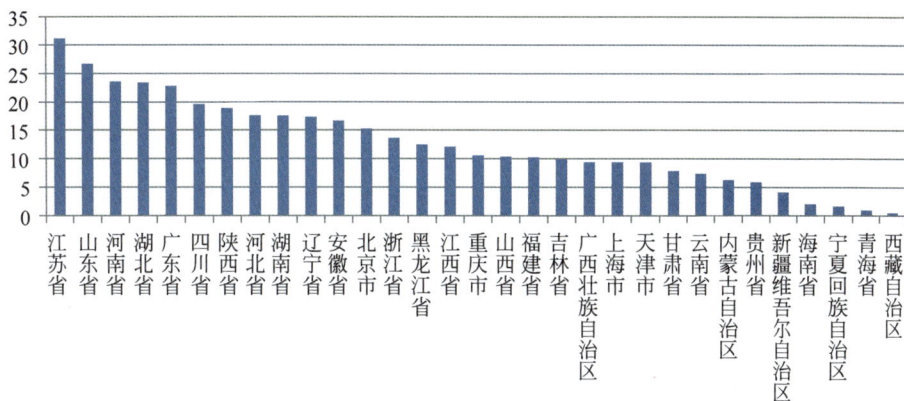

图 6-3　2015 年我国各省市新增科技人力资源培养数(单位:万人)

从整体来看,2015 年新增科技人力资源培养数量在区域之间存在较大差异,东部沿海地区和中部部分省份培养数量相对较大,而西部地区、东北地区,特别是少数民族地区培养数量则相对较小。相关研究显示,随着我国经济社会的发展,东部发达地区将继续领跑高等教育,在科技人力资源培养方面的优势难以被其他地区超越,这进一步加剧了区域科技人力资源培养的不平衡。

由于高校毕业生流动的日趋频繁,科技人力资源培养的区域分布不能实际反映各省市科技人力资源的总量分布,但从科技人力资源的集聚和"溢出"效应来看,科技人力资源培养的密度可以在一定程度上体现出培养地的人才优势,而且我国高等教育发达地区也是经济社会发展水平较高的区域。本研究运用下面所示公式对我国各省新增科技人力资源培养的密度进行测算。

$$新增科技人力资源培养的密度 = \frac{新增科技人力资源培养的数量}{人口总数}$$

研究结果显示:在 2015 年新增的科技人力资源中,北京(0.71%)、天津(0.62%)、陕西(0.50%)、湖北(0.40%)和辽宁(0.40%)等地的培养密度较高,特别是北京、天津和陕西显著高于其他省市,而新疆(0.18%)、贵州(0.17%)、青海(0.16%)、云南(0.16%)和西藏(0.13%)的培养密度则相对较低,其余多数省份的差异不大,分布在 0.2% 和 0.3% 之间(见图 6-4)。

为进一步反映我国新增科技人力资源培养区域的分布情况,我们采用如下公式对每万人新增科技人力资源培养密度测算公式进行测算:

$$每万人新增科技人力资源培养密度 = \frac{新增科技人力资源培养数量}{10000}$$

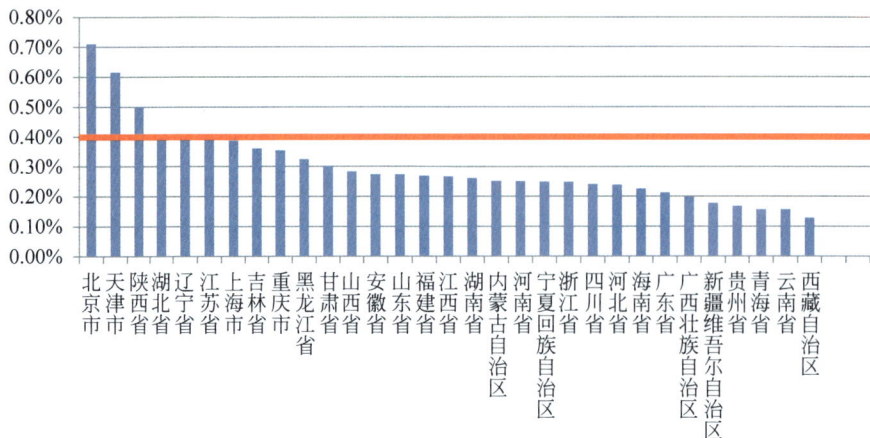

图 6-4　2015 年各省市新增科技人力资源培养密度

研究结果显示：排名位列前五的省份分别为江苏（31 人）、山东（27 人）、河南（24 人）、湖北（23 人）和广东（23 人）等，这些都是传统的高等教育大省，而新疆（4 人）、海南（2 人）、宁夏（2 人）、青海（1 人）和西藏（少于 1 人）等地区则相对较低（见图 6-5）。

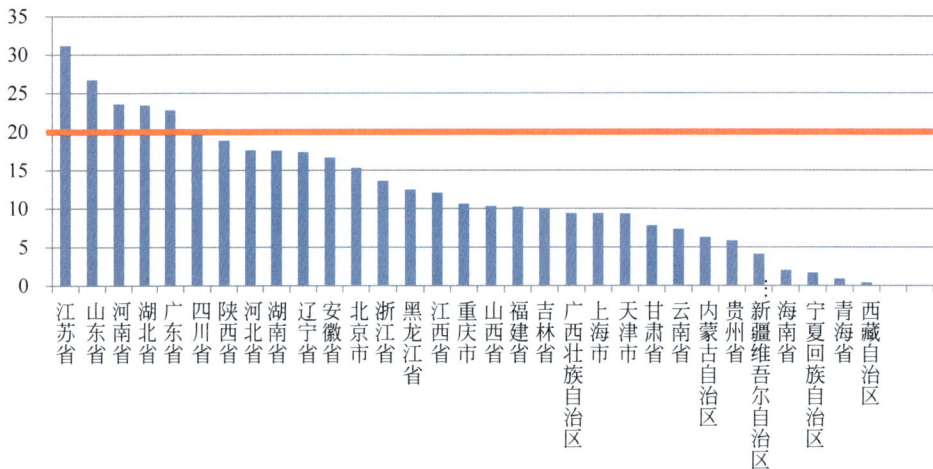

图 6-5　2015 年各省市每万人新增科技人力资源培养数（单位：人）

3. 2005—2015 年科技人力资源培养增量的区域分布

利用本书第一章所述测算方法，课题组对 2005—2015 年各省培养的科技人力资源的增量进行了估算，具体分布情况显示如下：

从绝对数量来看，2005—2015 年，培养本科层次科技人力资源数量最多的五个省市分别为北京、江苏、山东、湖北、广东，其中北京高达 183.2 万人，排名靠后的五个省份分别为新疆、海南、宁夏、青海和西藏，其中西藏仅为 3.2 万人，与排名第一的北京市差距高达 180 万人（见图 6-6）。

2005—2015 年培养专科层次科技人力资源数量最多的五个省市分别为北京、山东、江苏、河南、广东，与本科层次相比较而言，排名前五位的省市之间差距不大，排名第一的北京

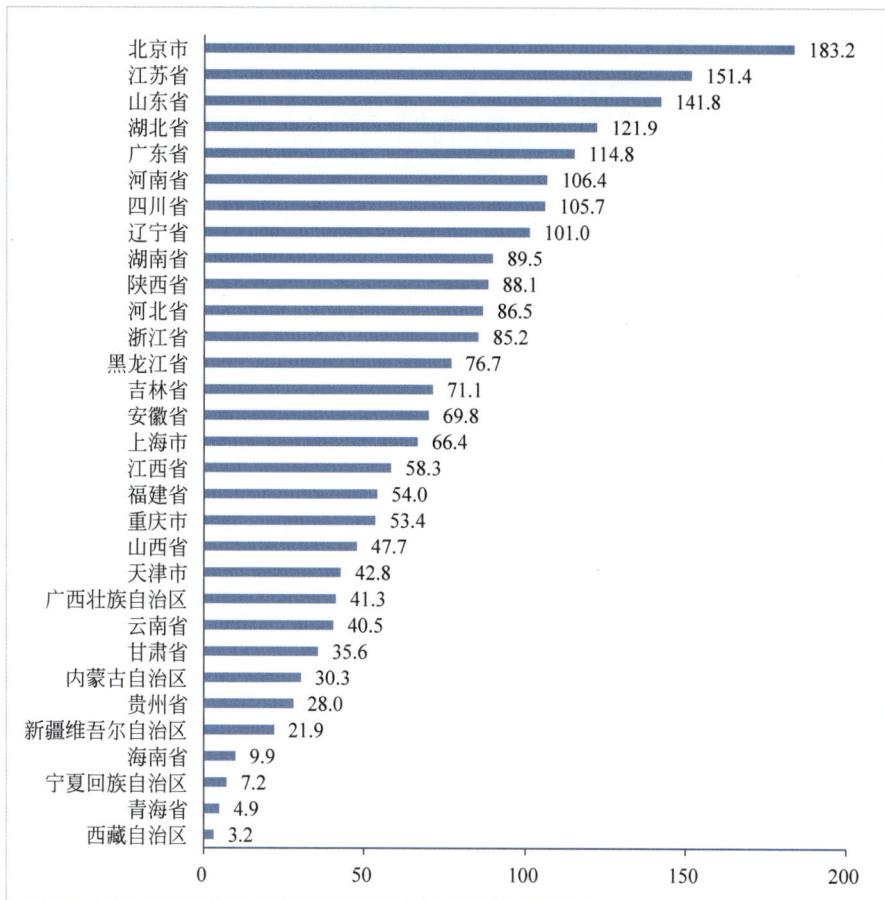

北京市 183.2
江苏省 151.4
山东省 141.8
湖北省 121.9
广东省 114.8
河南省 106.4
四川省 105.7
辽宁省 101.0
湖南省 89.5
陕西省 88.1
河北省 86.5
浙江省 85.2
黑龙江省 76.7
吉林省 71.1
安徽省 69.8
上海市 66.4
江西省 58.3
福建省 54.0
重庆市 53.4
山西省 47.7
天津市 42.8
广西壮族自治区 41.3
云南省 40.5
甘肃省 35.6
内蒙古自治区 30.3
贵州省 28.0
新疆维吾尔自治区 21.9
海南省 9.9
宁夏回族自治区 7.2
青海省 4.9
西藏自治区 3.2

图 6-6　2005—2015 年本科层次累计培养科技人力资源地区分布（单位：万人）

为 174.5 万人，排名第五的广东为 146.0 万人。排名靠后的省份为新疆、海南、宁夏、清华和西藏，其中西藏仅为 2.3 万人（见图 6-7）。

　　2005—2015 年培养研究生层次科技人力资源数量最多的五个省市分别为北京、江苏、上海、湖北和辽宁。与本科、专科层次相比较而言，研究生层次的科技人力资源培养呈现出更为明显的区域性特征，北京居于首位，其培养规模远远高于其他省份，是排名第二位江苏省的 2 倍；江苏、上海、湖北等省份则差距不大，均在 30 万人以上；宁夏、海南、青海、西藏等地排名最后，均未超过 1 万人（见图 6-8）。

二、我国科技人力资源培养类型的区域分布

　　科技人力资源的培养类型是一个很难定量化测度的指标，从我国目前的实际统计情况来看，高等院校的学校类型在一定程度上代表了科技人力资源的培养类型，鉴于数据的可得性，本研究尝试从我国高等院校类型的省域分布情况来近似地反映我国科技人力资源培养的区域类型分布。

　　（1）普通高等教育资源呈阶梯状分布，西部地区明显落后。

　　从我国普通高等院校的数量来看，东部地区集中了 43.3％的高校，特别是江苏省，高校

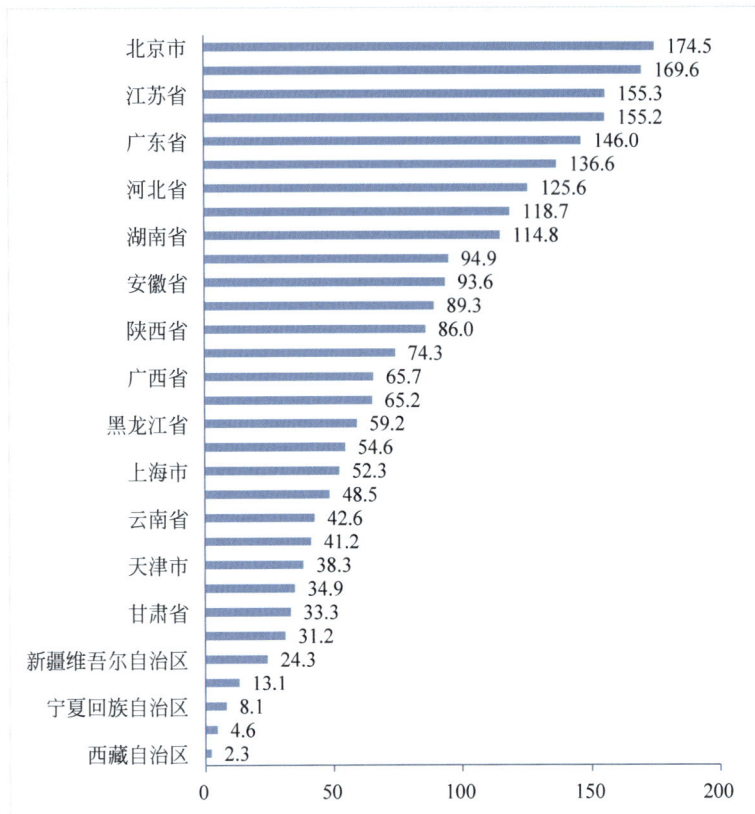

图 6-7　2005—2015 年专科层次累计培养科技人力资源地区分布（单位：万人）

数量达到 159 所,位列全国第一位,山东和广东省的高校数量也高达 141 所;中部地区的高等院校数量占比为 31.9％,河南、湖南、湖北等省份的高等院校数量也相对较高,均超过 120 所;相比较而言,西部地区的高等院校数量则显著低于东部和中部地区,占比仅为 24.8％,宁夏、青海、西藏等少数民族地区的高校数量均低于 20 所(见图 6-9)。

　　(2) 优质高等教育资源集中于东部地区,区域内部资源分布相对均衡。

　　在教育部直属高校中,东部地区的高校数量占比高达 66.7％,远远高于中部地区和西部地区,中部地区和西部地区分别为 17.3％和 16.0％;在 211 和 985 院校中,东部地区集中占比约为 58.0％,中部地区约为 20.5％,西部地区约占 21.4％。可见,高等院校数量的空间分布,尤其是重点院校分布严重不均衡,有超过 2/3 的优质教育资源集中于东部地区,而中部和西部地区优质高等教育资源差距不大。进一步对东中西区域内部进行分析,从东部地区中普通高校总数来看,江苏为高等教育资源大省,普通高等院校数量最多,达 159 所,广东次之,为 141 所;从教育部直属高校、211 高校和 985 高校数量来看,北京、上海、江苏等省市分居前三,尤其是北京,教育部直属高校的数量约占东部地区总量的 1/2。另外,山东、河北、辽宁普通高等院校数量较多,但国内一流院校的数量却寥寥无几。中部地区的河南、湖南、湖北普通高等院校数量居前三位,其中,教育部直属高校、211 和 985 高校主要集中在湖南和湖北。西部地区,四川和陕西普通高等学校的数量远高于同区域内其他省份,且教育部直属高校、211 和 985 高校也主要集中于这两地。经东中西地区内部比较,区域内部普

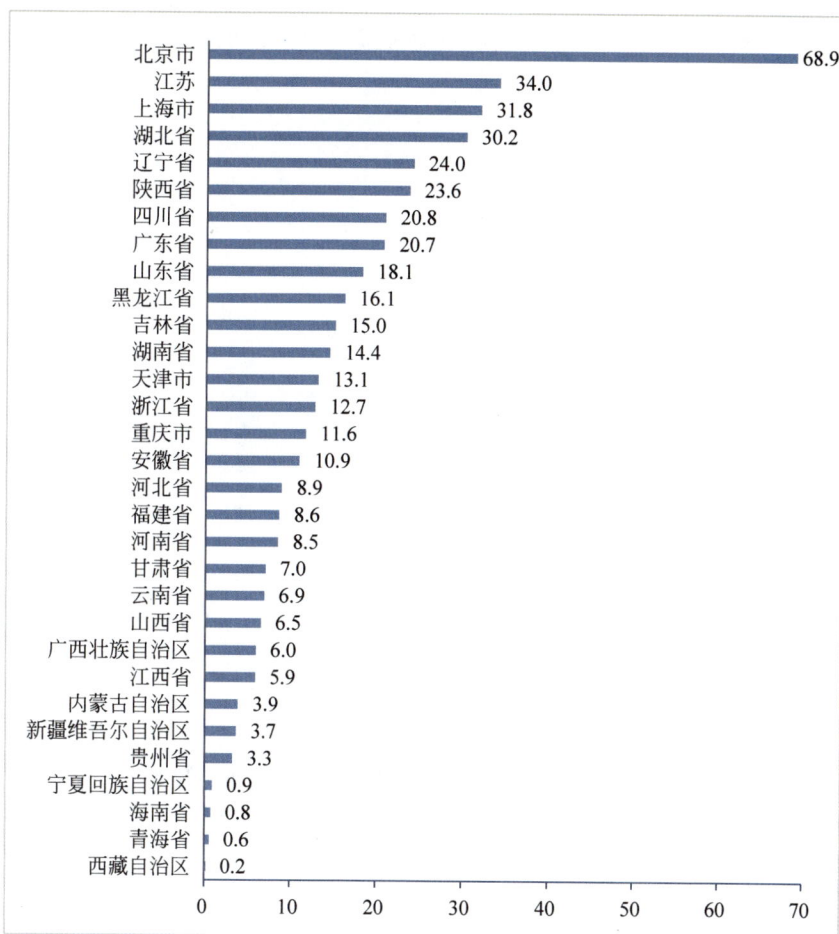

图 6-8　2005—2015 年研究生层次累计培养科技人力资源地区分布（单位：万人）

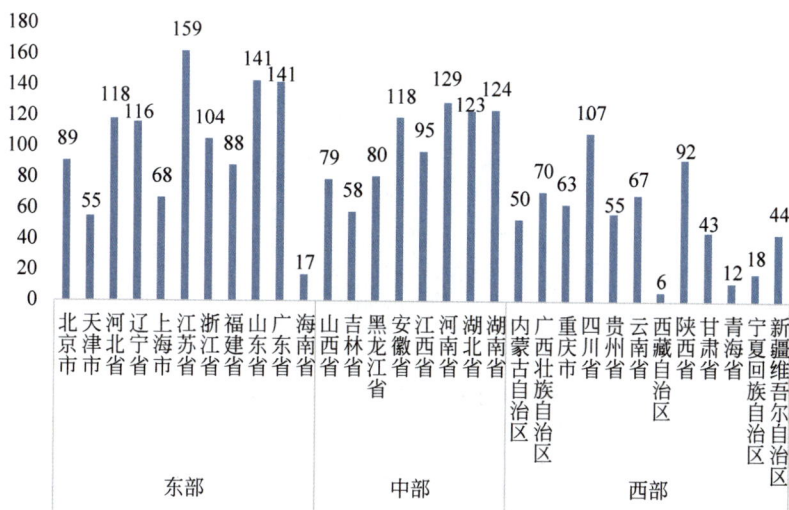

图 6-9　2014 年我国普通高等院校区域分布（单位：所）

注：数据来源于教育部网站公布的高等学校名单。

通高等教育资源分布相对均衡,其中,经济效益好或人口众多的省份,普通高等院校数量比较多(见图 6-10)。

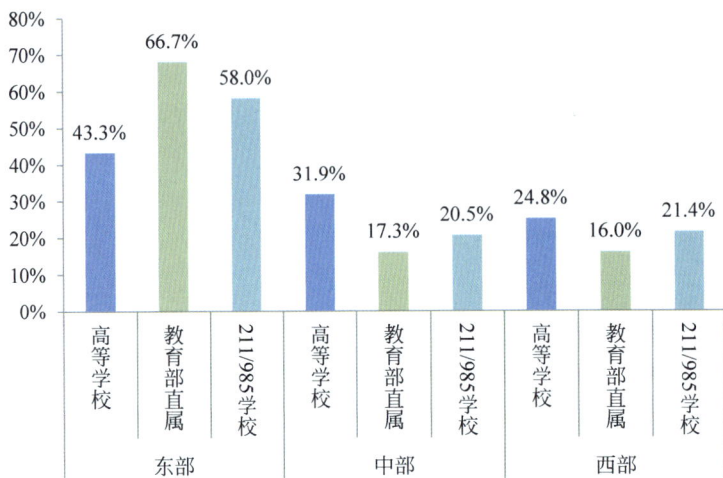

图 6-10　2014 年东中西三大区域高等院校布局情况

注:数据来源于教育部网站公布的高等学校名单。

(3)高等职业院校分布较为均衡,东部省市相对较多。

高等职业教育是高等教育的重要组成部分,是当前京津冀区域协同发展、长江经济带、"一带一路"、城镇化等发展战略中扩大智力资源、保障人力资源的重要支撑。截至 2014 年底,全国共有高职院校 1327 所,占普通高等院校的半壁江山,约为 52%,其中,东部地区占比 41%,有 544 所;中部地区占比 33%,有 444 所;西部地区占比 26%,有 339 所。从具体分布来看,东部地区的高职院校数量多于本科院校,而西部和中部地区则相反(见图 6-11)。

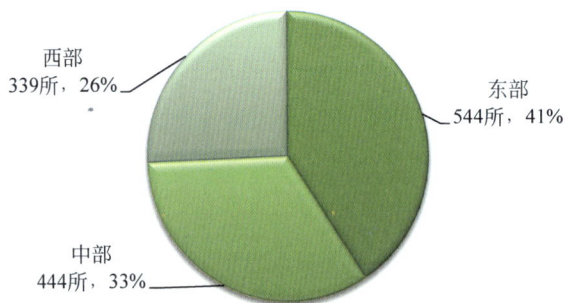

图 6-11　截至 2014 年底高等职业院校数量区域分布及占比情况

注:数据来源于教育部网站公布的高等学校名单。

三、我国科技人力资源培养的学历层次区域分布

从 2015 年我国各区域新培养的科技人力资源的学历层次来看,省份之间存在较为明显的差异,本文测算了各省新培养的科技人力资源学历层次的占比情况,主要得出以

下结论：

（1）不同区域培养的科技人力资源学历分布差异显著。

总体来看，2015年各省培养的科技人力资源的学历分布呈现出了较为明显的区域差异，北京、上海等直辖市培养的硕博研究生层次的科技人力资源占比显著高于其他省份，传统高等教育强省也出现了培养层次的提升，吉林、湖北、江苏等省份培养硕博研究生层次的比例相对较高；而经济相对落后地区以及高等教育发展较为落后的地区新培养科技人力资源的学历层次则相对较低，专科层次的科技人力资源占有相当大的比例（见图6-12）。由此可见，优化经济落后地区、高等教育发展落后地区的科技人力资源培养的层次结构是实现我国科技人力资源区域均衡的关键环节。

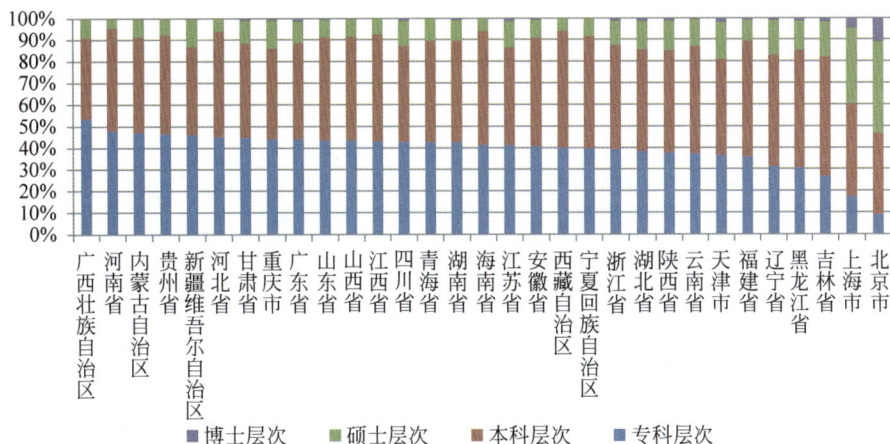

图 6-12　2015 年我国各省市培养的科技人力资源学历层次占比情况（单位：％）

（2）北京、上海等地培养的专科层次科技人力资源比例较低。

从整体上看，2015年培养的专科科技人力资源占科技人力资源培养总量的不大，但是北京、上海等地占比显著低于其他省市。专科层次科技人力资源培养占比较高的省市分别为广西（53.3％）、河南（47.8％）、内蒙古（46.9％）、贵州（46.6％）和新疆（46.1％），占比较低的省市分别为辽宁（31.4％）、黑龙江（30.5％）、吉林（26.6％）、上海（17.3％）和北京（8.8％）（见图6-13）。可见专科层次科技人力资源的培养仍然是我国大部分省市高等教育的重要任务，特别是经济相对落后地区，依旧需要大量技术技能人才的支撑。

（3）本科层次科技人力资源培养占比区域分布相对均衡。

本科层次的科技人力资源是我国科技人力资源的主要部分，在各省科技人力资源培养中占据着重要位置。总体来看，培养的本科层次人力资源占科技人力资源培养总量的比例区域差异不大，多数保持在45％左右。占比较高的省份分别为吉林（55.3％）、黑龙江（54.3％）、西藏（54.0％）、福建（53.6％）和海南（52.6％），占比较低的省市分别为上海（43.0％）、重庆（42.0％）、新疆（40.6％）、广西（37.7％）和北京（37.6％）（见图6-14）。

（4）北京、上海培养的硕博研究生层次科技人力资源显著高于其他省市。

硕博研究生层次科技人力资源培养的区域分布反映出我国各地高等教育发展的基本状况，也可以在一定程度上反映我国区域产业的发展状况。从我国经济社会发展的现实情

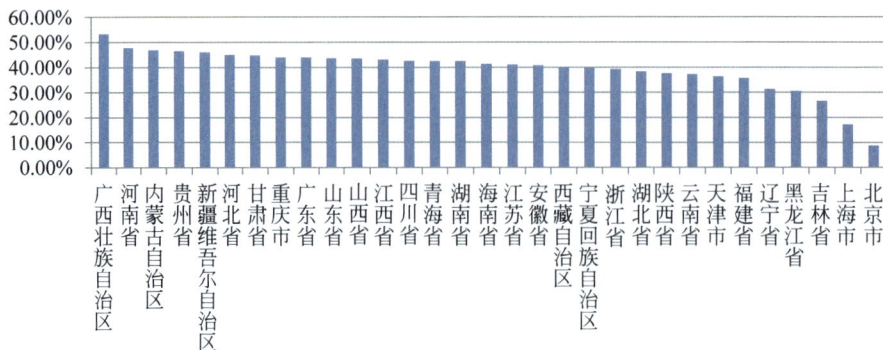

图 6-13   2015 年我国各省市培养的科技人力资源专科层次占比情况（单位：％）

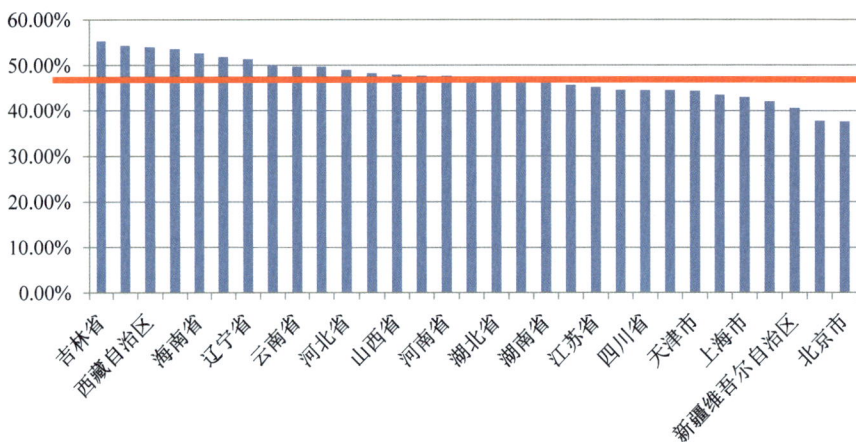

图 6-14   2015 年我国各省市培养的科技人力资源本科层次占比情况（单位：％）

况来看，高端产业主要集中在北京、上海等地，大量的高层次科技人力资源也聚集于此。测算结果与现实情况保持高度一致。从 2015 年硕士层次科技人力资源培养占科技人力资源培养总量的比例来看，区域差距明显，占比最高的省市分别为北京（42.5％）、上海（34.9％）、天津（17.4％）、吉林（16.3％）和辽宁（16.3％），占比最低的省份分别为江西（7.2％）、西藏（5.9％）、海南（5.9％）、河北（5.8％）和河南（4.4％）（见图 6-15）。

从博士层次科技人力资源培养占科技人力资源培养总量的比例来看，北京（11.0％）的优势更为明显，占比遥遥领先，显著高于其他省市，上海（4.8％）的占比也相对较高，天津（1.9％）、吉林（1.8％）和湖北（1.5％）紧随其后。相比之下，少数民族地区则显现出了较为明显的劣势，贵州和青海等地培养的新增博士层次科技人力资源占比过低（见图 6-16）。

四、我国科技人力资源培养的学科（专业）区域分布

我国科技人力资源的学科（专业）分布与我国高等教育的学科设置之间有着非常紧密的联系，高校毕业生的学科（专业）分布可以在很大程度上反映我国科技人力资源培养的学科（专业）分布情况，并且也可以在一定程度上反映我国产业的区域分布特征。根据科技人

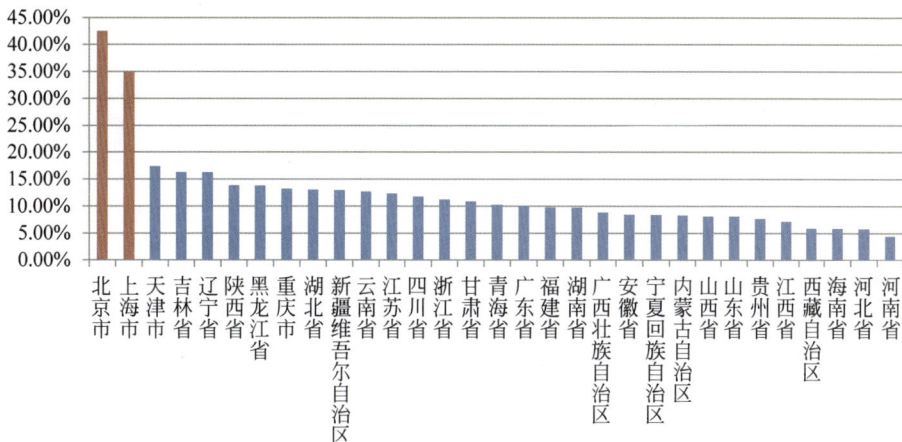

图 6-15　2015 年我国各省市培养的科技人力资源硕士层次占比情况

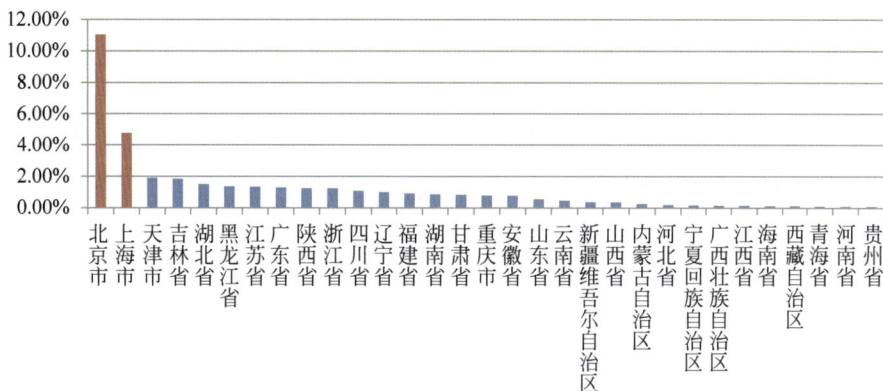

图 6-16　2015 年我国各省市培养的科技人力资源博士层次占比情况

力资源的定义,在 12 个学科门类中,核心学科包括理学、工学、农学和医学等四个学科,简称理工农医,理工农医四个学科是与科技发展关系最为密切的四个学科。本研究通过测算 2015 年我国普通高校毕业生的学科分布来反映我国新培养的科技人力资源的学科(专业)区域分布情况。

(1) 核心学科新培养本科层次科技人力资源的培养主要集中在传统高等教育大省。

2015 年,我国培养本科毕业生最多的省份分别为江苏、山东、广东、河南和湖北。通过计算这几个省份本科层次核心学科的毕业生数在本省毕业生总数中的占比情况可以发现,工学毕业生的占比占据着第一的位置,其中江苏的占比高达 40.9%,广东占比相对较低 (25.7%);理学毕业生在各省毕业生中的占比分别为江苏 6.5%、山东 8.7%、广东 7.6%、河南 7.2%、湖北 6.3%;医学毕业生在各省毕业生中的占比分别为江苏 5.0%、山东 7.9%、广东 6.2%、河南 6.3%、湖北 5.9%;农学占比则相对较低,分别为江苏 1.3%、山东 1.8%、广东 1.3%、河南 2.0%、湖北 1.4%,如表 6-1 所示。

表 6-1　2015 年部分省市普通本科毕业生的核心学科分布情况

理　学		工　学		农　学		医　学	
省市	占比	省市	占比	省市	占比	省市	占比
江苏省	6.5％	江苏省	40.9％	江苏省	1.3％	江苏省	5.0％
山东省	8.7％	山东省	34.3％	山东省	1.8％	山东省	7.9％
广东省	7.6％	广东省	25.7％	广东省	1.3％	广东省	6.2％
河南省	7.2％	河南省	31.6％	河南省	2.0％	河南省	6.3％
湖北省	6.3％	湖北省	36.1％	湖北省	1.4％	湖北省	5.9％

（2）核心学科硕士层次科技人力资源的培养主要分布在北京、上海等地。

2015 年我国培养硕士毕业生最多的省市分别为北京、江苏、上海、湖北和辽宁。通过计算这几个省市核心学科硕士研究生毕业生数在本省毕业生总数中的占比可以发现，江苏的工学（44.7％）和医学（12.0％）占比相对较高，北京的农学（2.6％）和医学（4.3％）占比相对较低，上海的农学（1.1％）在这五个省市中占比最低，湖北的农学（4.0％）占比相对较高，辽宁的医学（15.6％）占比则显著高于其他省市（见表 6-2）。

表 6-2　2015 年部分省市硕士毕业生核心学科分布情况

理　学		工　学		农　学		医　学	
省市	占比	省市	占比	省市	占比	省市	占比
北京市	6.7％	北京市	39.1％	北京市	2.6％	北京市	4.3％
江苏省	7.7％	江苏省	44.7％	江苏省	3.7％	江苏省	12.0％
上海市	6.2％	上海市	34.3％	上海市	1.1％	上海市	6.8％
湖北省	6.9％	湖北省	37.3％	湖北省	4.0％	湖北省	5.6％
辽宁省	6.2％	辽宁省	37.7％	辽宁省	1.9％	辽宁省	15.6％

（3）核心学科博士层次科技人力资源的培养在主要分布在经济发达地区。

2015 年我国培养博士毕业生最多的省市分别为北京、上海、江苏、湖北和广东。与其他四个省市相比，北京的理学（27.3％）占比显著高于其他省市，医学（10.0％）则显著低于其他省市；上海的农学（0.6％）占比最低，其他学科占比则相对均衡；江苏的工学（40.8％）占比最高，湖北的核心学科博士毕业生的分布则较为均衡，广东的医学博士毕业生的占比最高，达到了 40.7％（见表 6-3）。

表 6-3　2015 年部分省市博士毕业生核心学科分布情况

理　学		工　学		农　学		医　学	
省市	占比	省市	占比	省市	占比	省市	占比
北京市	27.3％	北京市	35.1％	北京市	4.1％	北京市	10.0％
上海市	17.1％	上海市	30.7％	上海市	0.6％	上海市	25.2％
江苏省	16.0％	江苏省	40.8％	江苏省	7.3％	江苏省	15.4％
湖北省	16.5％	湖北省	32.0％	湖北省	4.7％	湖北省	15.0％
广东省	15.3％	广东省	21.5％	广东省	2.7％	广东省	40.7％

（4）核心学科专科层次科技人力资源的培养主要分布在广东、山东等省份。

通过前述科技人力资源总量的测算方法可知,在专科层次的 19 个专业大类中,交通运输、资源开发与测绘、材料与能源、水利专业是核心学科。2015 年我国培养专科层次毕业生最多的省市分别为广东、山东、河南、江苏和四川。总体来看,五个省份之间的差异较小,广东和四川这四个专业的毕业生占比分布与其他省份差异不大。山东的交通运输专业(4.5%)占比相对较高,河南的资源开发与测绘专业(1.8%)占比最高,江苏的交通运输专业(4.4%)占比与山东接近,而水利专业的占比几乎为 0(见表 6-4)。

表 6-4   2015 年主要省市专科毕业生核心学科分布情况

交 通 运 输		资源开发与测绘		材 料 与 能 源		水 利	
省市	占比	省市	占比	省市	占比	省市	占比
广东省	3.7%	广东省	0.4%	广东省	0.4%	广东省	0.2%
山东省	4.5%	山东省	0.7%	山东省	0.7%	山东省	0.4%
河南省	3.1%	河南省	1.8%	河南省	1.1%	河南省	0.5%
江苏省	4.4%	江苏省	0.3%	江苏省	1.0%	江苏省	0.0%
四川省	3.6%	四川省	0.6%	四川省	1.0%	四川省	0.5%

第二节   我国科技人力资源的岗位分布

从岗位的角度来看,科技人力资源主要是指实际从事科技活动的科技人员。目前我国关于这部分人员主要有三个统计指标来表示:科技活动人员、专业技术人员、研究与试验发展人员。其中,科技活动人员是指直接从事或参与科技活动的人员,包括参加科技项目人员、从事科技活动管理和为科技活动提供直接服务的人员;专业技术人员主要指人力资源与社会保障部的 17 类专业技术人员中的工程技术人员、农业技术人员、科学研究人员、卫生技术人员和教学人员;研究与试验发展(R&D)人员指从事研究与试验发展活动的人员,包括直接从事研究与试验发展课题活动的人员,以及研究院、所等从事科技行政管理、科技服务的工作人员。为保持与上一本《研究报告》的连续性,并考虑数据的差异性和可得性,我们拟从专业技术人员的总量和结构、R&D 人员的总量与结构以及区域分布等方面对我国科技人力资源的岗位分布进行分析。

一、我国专业技术人员的总量与结构

如上所述,专业技术人员是指事业单位和企业单位中具有中专及以上学历或取得初级及以上专业技术职称的就业人员。科技相关领域的专业技术人员是指国家统计的 17 类专业技术人员中的五类人员,包括工程技术人员、农业技术人员、科学研究人员、卫生技术人员和教学人员。公有经济企事业单位中科技领域专业技术人员的情况可以在一定程度上反映出我国公有制企事业单位的科技人力资源情况,其变化和发展可以从侧面反映我国科技人力资源的开发利用情况。

（1）科技领域专业技术人员总量保持小幅平稳增长。

我国公有经济企事业单位科技领域专业技术人员数量总体上平稳缓慢增长。2014 年

我国公有经济企事业单位中科技领域专业技术人员达到 2467.6 万人,比 2005 年(2197.9 万人)增加 269.7 万人,增长 12.3%,年均增长率为 1.3%。平均每万名职工中科技领域专业技术人员的数量可以反映出我国科技劳动力的整体水平。2014 年我国公有经济企事业单位平均每万名职工中科技领域专业技术人员数达到 4795 人,比 2005 年增加 537 人,增长 12.6%,年均增长率为 1.3%,高于我国公有经济企事业单位科技领域专业技术人员总量年均增长率为 0.1%(见图 6-17)。

图 6-17　科技领域专业技术人员情况

注:数据来源于国家统计局、科学技术部《中国科技统计年鉴(2006—2015 年)》。

(2)科技领域科学研究人员总量持续增长。

2014 年我国公有经济企事业单位科技领域科学研究人员达到 44 万人,比 2005 年的 31 万人增加 13 万人,增长 41.0%,年均增长率为 3.9%,我国公有经济企事业单位科技领域科学研究人员不仅数量快速增长,其占科技领域专业技术人员的比例也在快速增长,这反映出我国科技研究领域近年来的快速发展。2014 年我国公有经济企事业单位科学研究人员占科技领域专业技术人员比例为 1.78%,比 2005 年的 1.42%增加了 0.36%。近十年来,我国公有经济企事业单位科学研究人员占科技领域专业技术人员比例除在 2010 年出现下降外,2011 年迅速反弹,其占比总体呈现稳步上升态势。这说明我国公有经济企事业单位科学研究劳动力的比例持续增长(见图 6-18)。

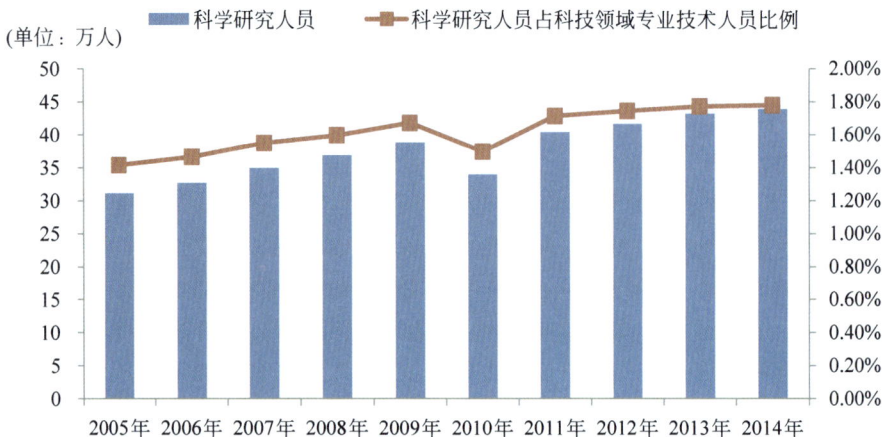

图 6-18　科技领域科学研究人员情况

注:数据来源于国家统计局、科学技术部《中国科技统计年鉴(2006—2015 年)》。

（3）科技领域工程技术人员总量小幅提升，占比增长较快。

我国公有经济企事业单位科技领域工程技术人员数量总体上平稳快速增长，2014年我国公有经济企事业单位科技领域工程技术人员达到634.1万人，比2005年的479.1万人增加155万人，增长32.3％，年均增长率为3.2％。工程技术人员占科技领域专业技术人员的比例可以反映出我国科技工程领域劳动力的整体水平。2014年我国公有经济企事业单位工程技术人员占科技领域专业技术人员比例为25.7％，比2005年的21.8％增加3.9个百分点。近十年来，我国公有经济企事业单位工程技术人员占科技领域专业技术人员的比例呈现稳步上升态势。这说明我国公有经济企事业单位工程技术劳动力比例在持续增长（见图6-19）。

（单位：万人）

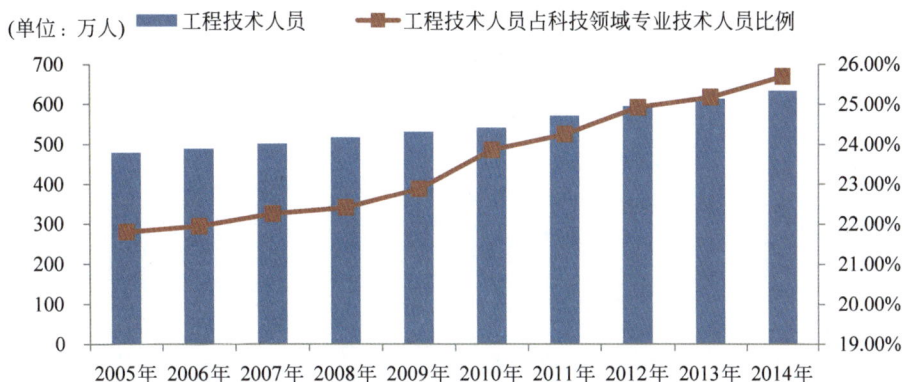

图 6-19　科技领域工程技术人员情况

注：数据来源于国家统计局、科学技术部《中国科技统计年鉴（2006—2015年）》。

（4）科技领域农业技术人员总量保持稳定，占比小幅下降。

我国公有经济企事业单位科技领域农业技术人员数量总体上增长缓慢，2014年我国公有经济企事业单位科技领域农业技术人员达到73万人，仅比2005年的71万人增加了2万人，增长3.4％，年均增长率为0.4％。农业技术人员占科技领域专业技术人员的比例较低，一定程度上是我国现阶段以工业为主的经济发展模式所决定的。2014年我国公有经济企事业单位农业技术人员占科技领域专业技术人员的比例为3.0％，比2005年的3.2％减少0.2％。近十年来，我国公有经济企事业单位农业技术人员占科技领域专业技术人员比例占比呈现逐步下降的态势（见图6-20）。

（5）科技领域卫生技术人员总量及占比均保持平稳微幅增长。

2014年我国公有经济企事业单位科技领域卫生技术人员达到429万人，比2005年的358万人增加了71万人，增长19.9％，年均增长率为2.0％，高于我国科技领域专业技术人员的平均年增长率。近十年来，我国公有经济企事业单位卫生技术人员占科技领域专业技术人员比例总体上呈现波动上升态势。2014年我国公有经济企事业单位卫生技术人员占科技领域专业技术人员比例为17.4％，比2005年的16.29％增加1.11％（见图6-21）。

（6）科技领域教学人员总量平稳，占比小幅下降。

2014年我国公有经济企事业单位科技领域教学人员达到1287万人，比2005年的1259万人增加28万人，增长2.24％，年均增长率为0.25％，低于我国科技领域专业技术人员的平均年增长率。近十年，我国公有经济企事业单位教学人员占科技领域专业技术人员的比

（单位：万人）　■ 农业技术人员　—■— 农业技术人员占科技领域专业技术人员比例

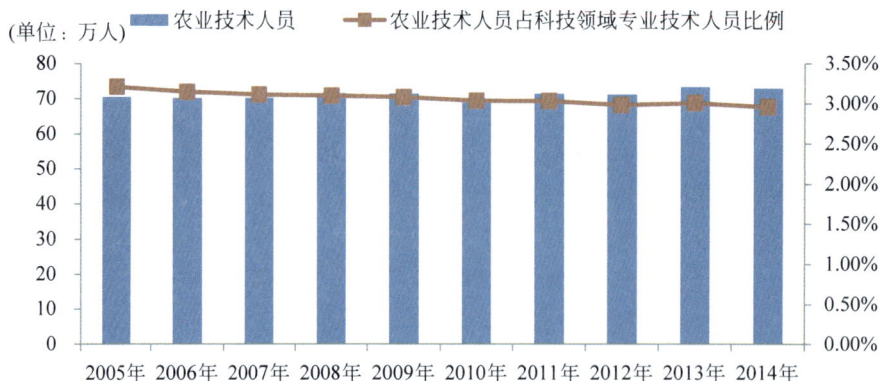

图 6-20　科技领域农业技术人员情况

注：数据来源于国家统计局、科学技术部《中国科技统计年鉴（2006—2015 年）》。

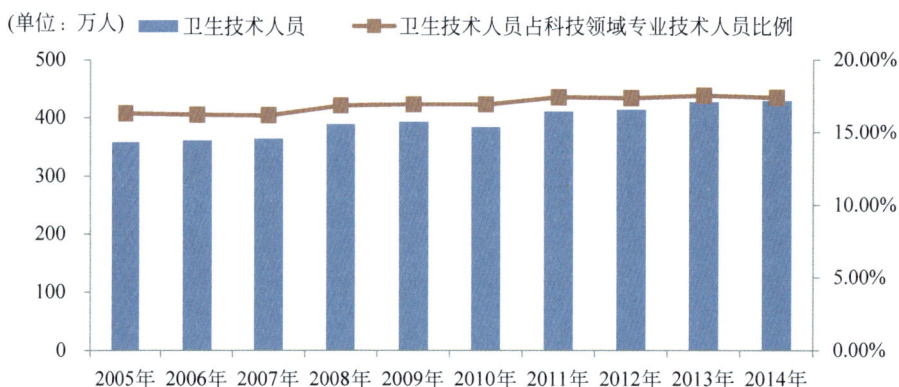

（单位：万人）　■ 卫生技术人员　—■— 卫生技术人员占科技领域专业技术人员比例

图 6-21　科技领域卫生技术人员情况

注：数据来源于国家统计局、科学技术部《中国科技统计年鉴（2006—2015 年）》。

例总体上保持稳定，近几年略有下降。2014 年我国公有经济企事业单位教学人员占科技领域专业技术人员的比例为 52.16%，是我国科技领域最为重要的组成部分。2014 年这一比例比 2005 年的 57.28% 减少 5.12%（见图 6-22）。

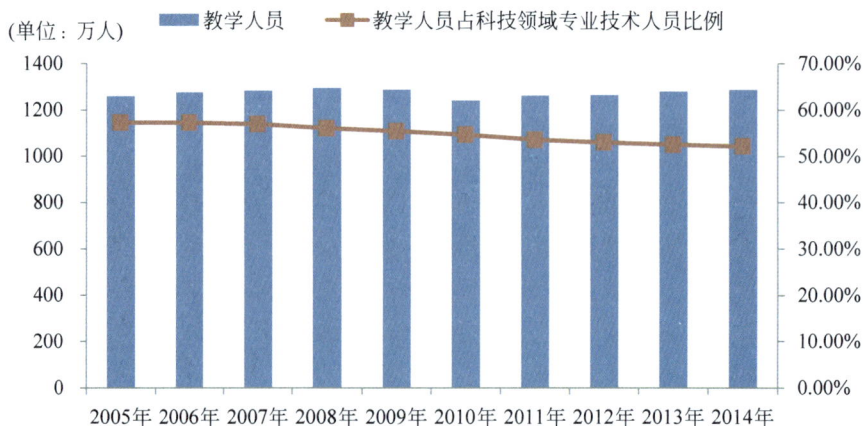

（单位：万人）　■ 教学人员　—■— 教学人员占科技领域专业技术人员比例

图 6-22　科技领域教学人员情况

注：数据来源于国家统计局、科学技术部《中国科技统计年鉴（2006—2015 年）》。

二、我国 R&D 人员的总量与结构

（1）R&D 人员全时当量（指全时人员数加非全时人员按工作量折算为全时人员数的总和）稳步提升，增长速度明显减缓。

作为科技人力资源大国，近年来我国 R&D 人员总量亦呈现逐年稳步增长的态势。2014 年，我国 R&D 人员全时当量达 371.06 万人年，比 2000 年增加 278.85 万人年（全时当量单位），增幅超过 300％。2000 年以来，R&D 人员增速始终保持在 10％左右，其中 2000年、2005 年、2007 年和 2009 年，R&D 人员出现大幅增长，尤其在 2005 年增速达到最高的18.4％，2001 年增速最低，为 3.7％。2010 年以来，总量仍然保持增长，但增幅较之前明显放缓（见图 6-23）。

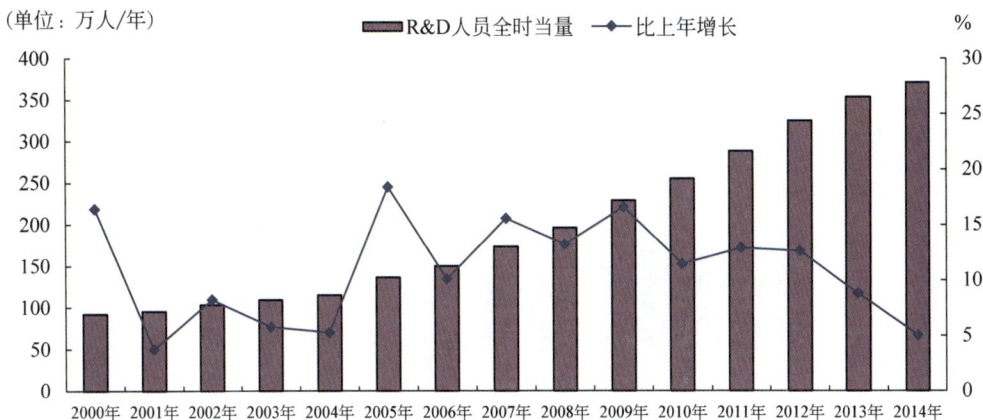

图 6-23 R&D 人员（全时当量）及增长情况（2000—2014 年）

注：数据来源于国家统计局、科学技术部《中国科技统计年鉴（2001—2015）》。

（2）我国 R&D 活动人员总量优势明显，人均则呈现较大劣势。

从各国从事 R&D 活动人员的总量来看，我国数量优势明显，占据绝对领先的位置。如图 6-24 所示，2014 年我国从事 R&D 活动的人员数量达到 535.15 万人，超过了日本、俄罗斯联邦、英国、法国等图中其他所有国家之和（381.89 万人）。2013 年俄罗斯联邦的该数据为 82.7 万人，日本为 86.6 万人，法国为 40.1 万人。

从各国每万人就业人员中从事 R&D 活动人员的数量来看，情况则出现了较为明显的变化，我国的数量优势明显削弱。从目前的统计数据来看，丹麦、瑞士、韩国、法国和奥地利的优势明显，每万人就业人员中从事 R&D 活动人员分别为 213 人、174 人、160 人、156 人和 154 人，而中国仅为 69 人。由此可见，我国 R&D 活动人员绝对数量的庞大与人口基数密切相关，事实上就业人员中从事 R&D 活动人员的比例并不高，仅为 0.69％（见图 6-25）。

（3）R&D 人员按执行部门分布变化明显，企业和大中型工业企业占比提升。

2000—2014 年间，我国 R&D 人员在总体数量增长的同时，按执行部门分布的数量和比例也产生了较为明显的变化。总体来看，各部门的 R&D 人员总量均呈现持续上涨的

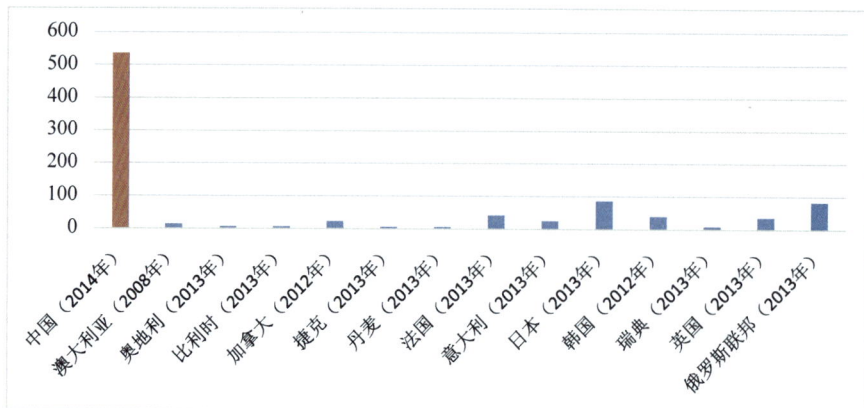

图 6-24　部分国家从事 R&D 活动人员数量（单位：万人）

注：数据来源于国家统计局、科学技术部《中国科技统计年鉴（2015）》。

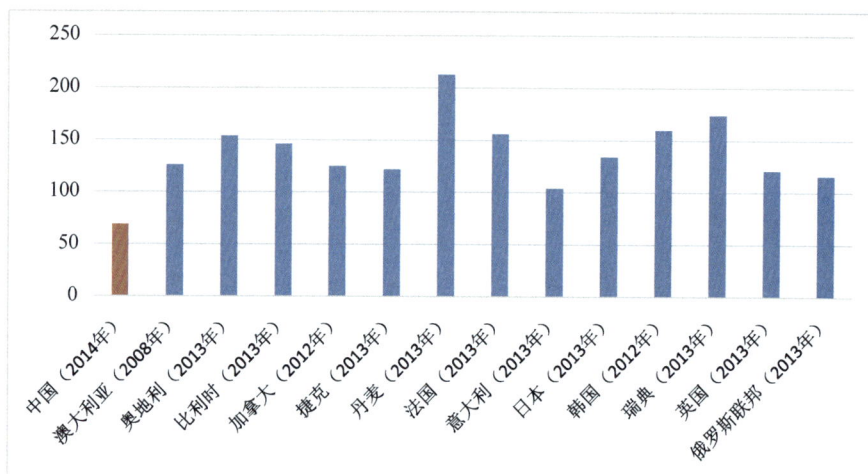

图 6-25　部分国家每万人就业人员中从事 R&D 活动人员数量（单位：人）

注：数据来源于国家统计局、科学技术部《中国科技统计年鉴（2015）》。

态势，研究与开发机构、高等学校的 R&D 人员总量一直平稳增长，从 2000 年的 22.88 万人年和 15.92 万人年分别达到 2014 年 37.38 万人年和 33.48 万人年。企业和大中型工业企业 R&D 人员的增幅较大，分别从 2014 年的 48.08 万人年和 32.94 万人年增长到 2014 年的 289.69 万人年和 264.16 万人年。按执行部分的分布比例来看，企业和大中型工业企业 R&D 人员所占比例逐年增大，其他部门所占比例则呈现逐年缩小的态势（见图 6-26）。

（4）我国企业 R&D 活动人员比例显著高于其他国家。

从各国从事 R&D 活动人员在各执行部门的分布比例来看，大多数 R&D 活动人员集中在企业部门和高等教育部门，但是如果从内部结构细分，不同国家之间存在着较大的差异。俄罗斯联邦政府部门从事 R&D 活动人员的比例相对较大，达到了 34.1%，远高于其

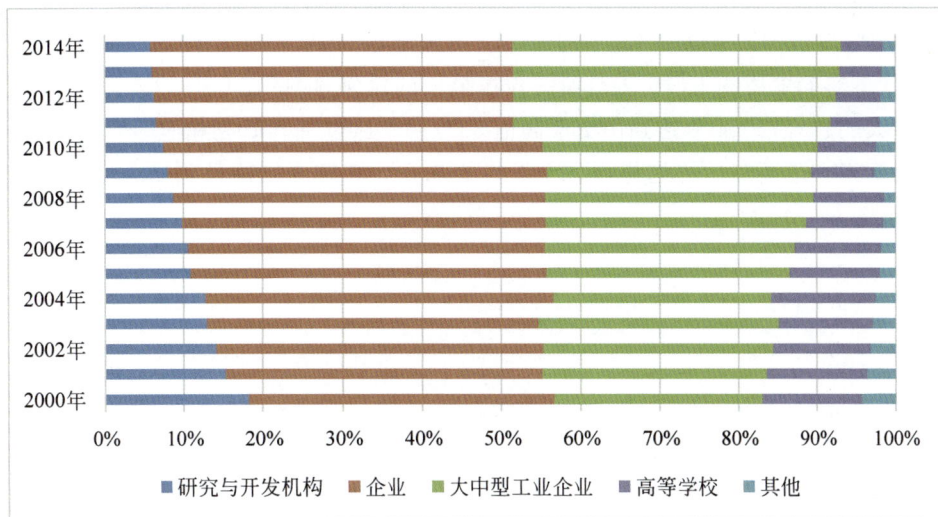

图 6-26   R&D 人员按执行部门分布比例(2000 年—2014 年)

注:数据来源于国家统计局、科学技术部《中国科技统计年鉴》(2001—2015 年)。

他国家;英国和澳大利亚高等教育部门从事 R&D 活动人员的比例相对较大,分别为 47.9%和 44.9%;我国从事 R&D 活动的人员则主要集中于企业,高达 78.1%,韩国和日本这一比例也比较高,分别为 71.1%和 67.5%(见图 6-27)。

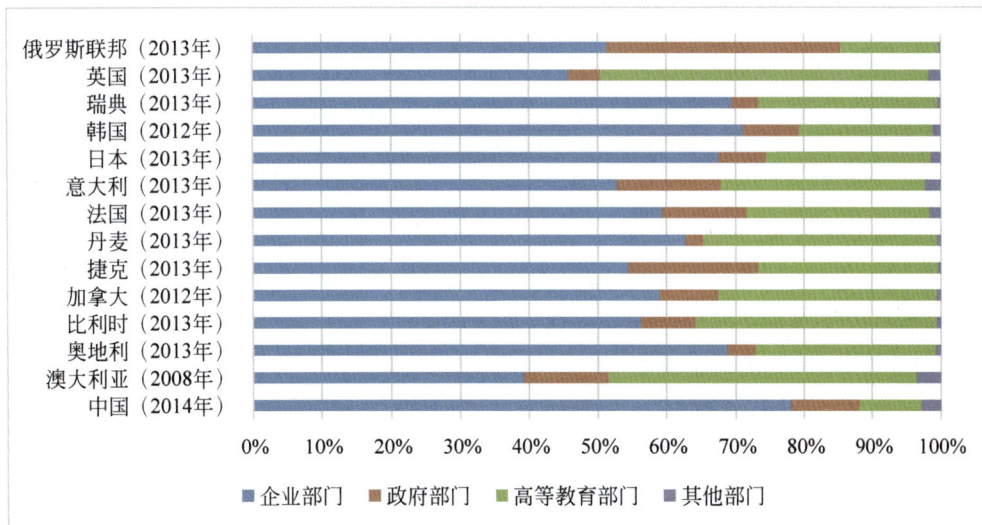

图 6-27   部分国家从事 R&D 活动人员按执行部门分布比例

注:数据来源于国家统计局、科学技术部《中国科技统计年鉴(2015)》。

(5) R&D 人员按活动类型分布变化显著,实验发展比例持续上升。

2001—2014 年,R&D 人员在总体数量增长的同时,按活动类型分布的 R&D 人员数量和比例也有所变化。其中,从事基础研究的人数从 2001 年的 7.88 万人年增长到 2014 年的

23.54万人年;从事应用研究的人数从2001年的22.6万人年增长到2014年的40.7万人年;从事实验发展的人数从2001年的65.17万人年增长到2014年的306.82万人年。可以看出,从事实验发展的R&D人员始终占据最大的比例,保持在60%以上,并且近年来还有逐年扩大的趋势,2014年达到历史最高值82.7%。从事基础研究和应用研究的R&D人员所占比例则有逐渐缩小的趋势,从2001年的8.2%和23.6%降低到2014年的6.3%和11.0%(见图6-28)。

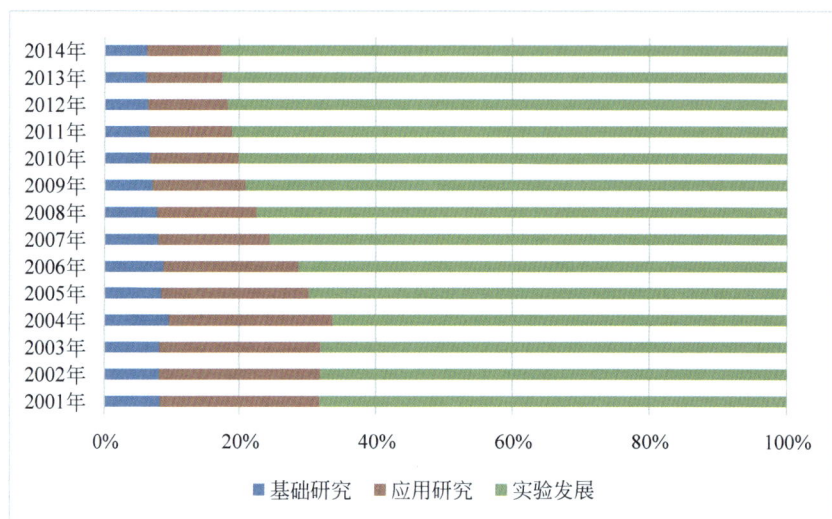

图6-28　R&D人员按活动类型分布比例(2001—2014年)

注:数据来源于国家统计局、科学技术部《中国科技统计年鉴》(2002—2015)。

三、岗位角度我国科技人力资源的区域分布

与"科技活动人员"和"研究与试验发展人员"相比,"专业技术人员"在与其他国家科技人力资源进行比较时,缺少可比性,但这一指标能从整体上反映出我国科技人力资源的状况,体现我国科技人力资源的特征。因此,本节将以"专业技术人员"作为岗位视角的科技人力资源代理变量,这主要源于研究的可追溯性和延续性,《中国科技人力资源发展研究报告》2010年版和2014年版曾以"专业技术人员"作为科技人力资源的代理变量,分析了实际从事科技工作的科技人力资源的岗位分布。为保证研究报告的延续性,以及研究上的可操作性,本报告保留将"专业技术人员"作为衡量岗位视角的科技人力资源的方法,以此来分析我国科技人力资源的区域分布特征。

(1)我国科技人力资源区域分布差异较大,东部地区优势明显。

本研究延续上一本科技人力资源发展报告的研究方法,以专业技术人员作为科技人力资源的代理变量。研究结果显示,2014年,我国不同区域专业技术人员占比具有较大差异,东部地区占比最高,为39%;中部和西部地区的比例分别为24%和28%;东北地区占比最低,仅为9%(见图6-29)。

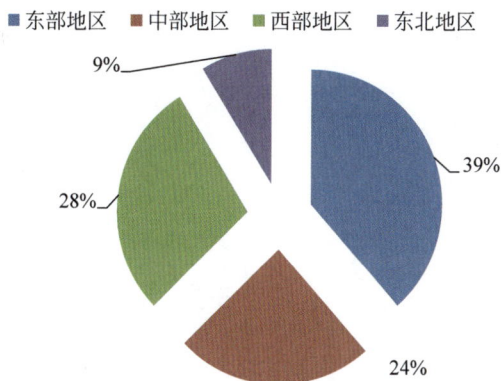

图 6-29　2014 年我国专业技术人员区域占比情况①

（2）东部地区科学研究人员占比最高，西部地区农业技术人员占比最高。

如前所述，专业技术人员主要指人力资源与社会保障部的 17 类专业技术人员中的工程技术人员、农业技术人员、科学研究人员、卫生技术人员和教学人员。从相关统计来看，除农业技术人员外，其他类型的专业技术人员多数分布在东部地区，而农业技术人员在西部地区所占的比例较大，中部地区的各类专业技术人员比例相对较为均衡，总体来看东北地区的各类专业技术人员在全国的占比都相对较低，中部地区的占比也低于西部地区（见图 6-30）。

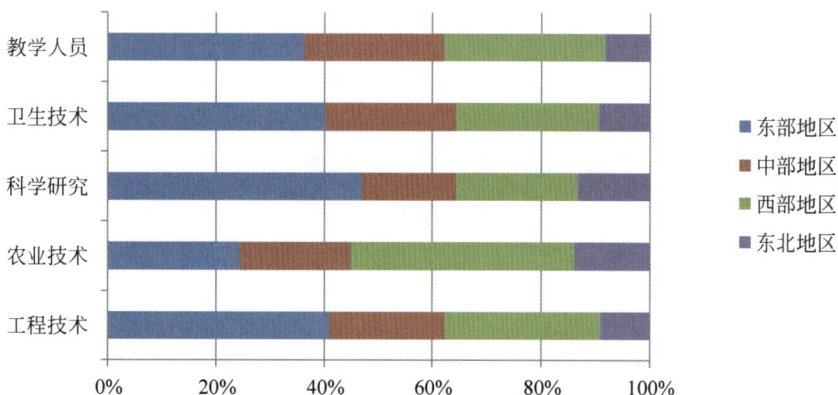

图 6-30　2015 年五类专业技术人员区域分布情况

注：数据来源于国家统计局、科学技术部《中国科技统计年鉴（2016）》。

（3）专业技术人员省域分布差别较大，全国占比情况较为均衡。

从 2015 年我国专业技术人员的省域分布情况来看，山东（180 万人）、广东（149 万人）、河南（137 万人）、江苏（118 万人）、河北（117 万人）的专业技术人员规模较大，天津（40 万人）、海南（15 万人）、青海（13 万人）、宁夏（13 万人）、西藏（7 万人）的专业技术人员总量则相对较少（见图 6-31）。从专业技术人员的全国占比情况来看，总体较为均衡，山东占比最高为 7.77％，西藏占比最低为 0.3％，多数省市的占比在 2％～4％之间。

———————————

① 借鉴国家统计局 2011 年 6 月 13 号的划分办法，将我国的经济区域划分为东部、中部、西部和东北地区。

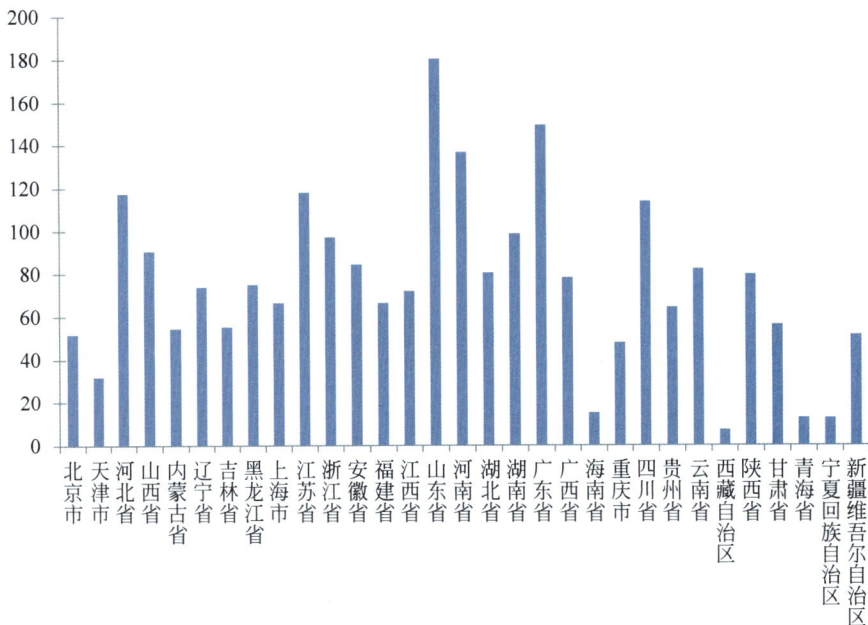

图 6-31　2015 年我国专业技术人员省市分布情况（单位：万人）

注：数据来源于国家统计局、科学技术部《中国科技统计年鉴（2016）》。

本 章 小 结

根据国际经济合作与发展组织（OECD）对科技人力资源的两种定义：一是"资格"定义，即接受过自然科学相关专业的高等教育；二是"职业"定义，即虽没有接受过相关专业高等教育，但在科技岗位从事相关工作。本章从培养和岗位的视角对我国科技人力资源的分布情况进行了分析。研究主要分为两个部分：其一，从培养的角度分析科技人力资源的区域分布；其二，从岗位的视角分析科技人力资源的区域分布。具体的研究发现主要包括如下内容：

（1）东部省市科技人力资源培养总量较高，北京占比高达 7.96%。

从总量来看，北京培养的科技人力资源总量达到 639 万人，科技人力资源培养总量超过 200 万人的省市为 16 个，超过平均值 259 万人的省市达到 14 个，新疆、海南、宁夏、青海、西藏等省份的科技人力资源培养总量较少，均低于 100 万人。从科技人力资源培养总量的占比来看，北京、山东、江苏等地科技人力资源占比加总超过 20%，北京高达 7.96%。

（2）我国 2015 年之后培养的科技人力资源区域分布差异显著，北京、上海等地培养科技人力资源培养密度高于其他省市。

我国 2015 年培养的科技人力资源主要集中于传统高等教育大省，总量排名前五位的省份分别为江苏省、山东省、河南省、湖北省和广东省，新疆、海南、宁夏、青海、西藏的培养总量则相对较低。与此同时，相关研究显示，经济发达地区强大的科技人力资源吸附能力进一步加剧了区域科技人力资源的分布不均，因此加大经济落后地区的科技人力资源培养力度和增强科技人力资源吸引力是当务之急。从科技人力资源的培养密度来看，省市之间的差异显著,北京、天津等地的科技人力资源培养密度远远高于其他省市,而多数省市之间差别不大。

(3) 2005—2015年各省培养科技人力资源增量分布呈现明显的区域差异,北京、山东、江苏等省市总量居前列。

从2005—2015年各省市科技人力资源培养的总量来看,传统的高等教育大省仍然承担着重任,在本专科层次科技人力资源培养方面居于前列。研究生层次科技人力资源的培养则表现出较为明显的差异,北京、江苏、上海培养研究生层次的科技人力资源总量较大,值得一提的是上海在本科和专科层次科技人力资源培养方面位置居中,但是在研究生层次科技人力资源培养方面则位列前三。

(4) 我国优质高等教育资源集中于东部地区,北京、上海等地培养科技人力资源层次高于其他省市。

从我国科技人力资源培养的源头即高等教育资源分布情况来看,我国普通高等教育资源呈现区域阶梯状分布,东部地区集中了43.3%的高校,中部地区次之,西部地区资源最为稀缺。从高等教育资源的质量来看,优质高等教育资源主要集中于东部地区,教育部直属高校中,东部地区占比高达66.7%,远远高于中部地区和西部地区。从区域内部来看,省份之间差异不大。从高等职业院校的分布情况来看,东部地区高职院校数量多于本科院校,而西部和中部地区则相反。从2015年我国培养科技人力资源的学历层次来看,各省市之间存在较为明显的差异,北京、上海等直辖市的硕博层次科技人力资源占比显著高于其他省份,传统高等教育强省也出现了科技人力资源层次的提升,吉林、湖北、江苏等省份硕博层次的科技人力资源比例也相对较高,而经济相对落后地区以及高等教育发展较为落后的地区新培养科技人力资源的学历层次则相对较低,专科层次的科技人力资源占有相当大的比例。

(5) 2015年培养的普通本科层次核心学科科技人力资源主要分布在传统高等教育大省,硕博层次核心学科科技人力资源主要分布在北京、上海等地。

2015年我国培养本科毕业生最多的省份分别为江苏省、山东省、广东省、河南省和湖北省。通过计算这几个省份普通本科核心学科的毕业生数在本省毕业生总数中的占比可以发现,工科毕业生的占比占据着第一的位置。2015年我国培养硕士毕业生最多的省市分别为北京市、江苏省、上海市、湖北省和辽宁省。2015年我国培养博士毕业生最多的省市分别为北京市、上海市、江苏省、湖北省和广东省。与其他四个省市相比,北京市的理学占比显著高于其他省市。2015年我国培养专科毕业生最多的省市分别为广东省、山东省、河南省、江苏省和四川省。总体来看,五个省份之间的差异较小,广东省和四川省的这四个专业的毕业生占比分布与其他省份差异不大。

(6) 我国专业技术人员总量平稳增长,R&D人员(全时当量)稳步提升、增长率下降明显。

我国公有经济企事业单位科技领域专业技术人员数量总体上呈平稳缓慢增长,2014年我国公有经济企事业单位科技领域专业技术人员达到2467.6万人,年均增长率为1.3%。科技领域科学研究人员总量在波动中持续增长;科技领域工程技术人员总量小幅提升,占比较快增长;科技领域农业技术人员总量保持稳定,占比小幅下降;科技领域卫生技术人员总量及占比均保持平稳;科技领域教学人员总量微调,占比微小下降。作为科技人力资源大国,近年来我国 R&D 人员总量亦呈现逐年稳步增长的态势。2014 年,我国 R&D 人员全时当量达 371.06 万人年,比 2000 年增加 278.85 万人年,增幅超过 300%。我国从事 R&D 活动人员的总量优势明显,人均则出现较大劣势,R&D 人员按执行部门分布变化明显,我国企业从事 R&D 活动人员的比例显著高于其他国家。R&D 人员按活动类型分布,实验发展比例持续上升。

(7)专业技术人员区域分布差别较大,全国占比情况较为均衡。

研究结果显示不同区域专业技术人员占比具有较大差异,东部占比最高为 39%,中部和西部地区分别为 24% 和 28%,东北地区占比最低为 9%。除农业技术人员外,其他类型的专业技术人员多数分布在东部地区,农业技术人员分布在西部地区的比例加大,中部地区的各类专业技术人员比例相对较为均衡。总体来看东北地区的各类专业技术人员在全国的占比都相对较低,中部地区的占比也均低于西部地区。从省域分布来看,全国占比情况较为均衡,多数省市的占比在 2%~4% 之间。

第七章

我国工学专业科技人力资源发展状况

工学是培养和储备科技人力资源最主要的学科领域。工学科技人才队伍支撑了诸多重要领域的科学发现、技术创新和产业升级，是保障经济社会稳步发展的重要战略资源。2015年国务院印发的《中国制造2025》，对全面推进实施制造业强国战略做出了重要部署，其中涉及的十大制造业领域均与工学专业有直接联系。据测算，截至2014年底，我国有1139所普通本科高校设立了工学专业，本科工学专业布点数达到16 284个，其中与《中国制造2025》十大重点领域相关的本科专业布点数约为8000个[①]；截至2014年，本科工学专业科技人力资源占全部科技人力资源总数的48%。因此，有必要对工学专业科技人力资源的发展状况进行详细的研究分析。本章将从工学专业的视角出发，对这些专业的发展趋势、1986至2014年的工学毕业生规模等数据进行分析，以此展现我国工学专业科技人力资源的发展状况。

本章沿用前文对科技人力资源的概念界定和操作性定义，同时根据《普通高校本科专业目录》，将工学科技人力资源的分析范围限定在工学类别的本科专业。由于1986年之前工学专业大类没有分类数据，因此本文所使用的统计数据均取自1986—2014年的《中国教育统计年鉴》。

第一节 截至2014年底工学专业毕业生规模

截至2014年，本科以上层次工学科技人力资源有1969.9万人，占本科以上层次科技人力资源总量的48%。按照前文科技人力资源定义，工学毕业生100%折合成科技人力资源，因此，分析工科毕业生的专业分布和年度分布，即可得出工学科技人力资源的专业结构和发展趋势。

---

① 《中国制造2025》与工程技术人才培养研究课题组.《中国制造2025》与工程技术人才培养[J]. 高等工程教育研究,2015.

一、1986—2014 年工学专业科技毕业生总量分析

1986—2014 年间,我国工学专业共培养本科毕业生 1969.9 万人,其中电气信息类、机械类、土建类 3 个学科培养的毕业生人数最多,分别为 665.3 万人、335.6 万人和 172.9 万人,分别占工学毕业生总数的 33.8%、17% 和 8.8%。此外,交通运输类、化工与制药类、材料类、轻工纺织食品类这 4 个学科的毕业生人数也都超过了 50 万人,分别为 72.3 万人、71.7 万人、56.4 和 56.4 万人;另有 18 个学科毕业生人数在 10 万人以上(见图 7-1 和图 7-2)。

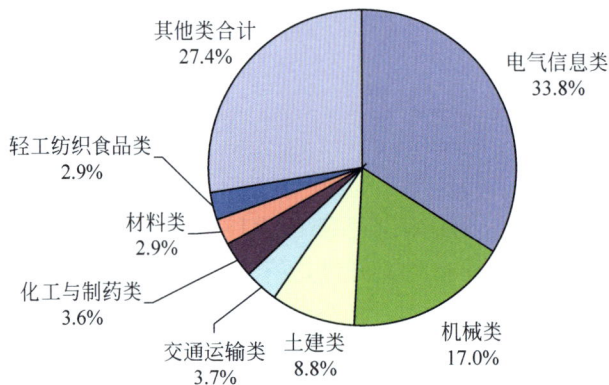

图 7-1　1986—2014 年工学专业毕业生总量百分比

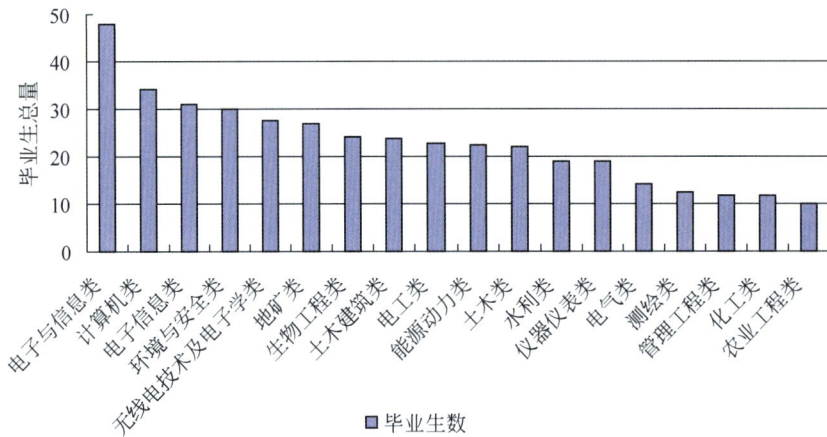

图 7-2　1986—2014 年工学毕业生总量 10 万至 50 万的专业(单位:万人)

《中国制造 2025》提出重点发展新一代信息技术、高档数控机床和机器人、海洋工程装备及高技术船舶、节能与新能源汽车、农业机械装备等十大领域。在《制造业人才发展规划指南》中,把机械类、电子信息类作为重点发展的专业。1986—2014 年间,电子信息类及机械类的毕业生人数占据前两位,这充分体现了国家对这些专业人才的需求。

二、按年度分析 1986—2014 年工学专业毕业生规模

1986 年至 2014 年间的工学类专业毕业生按年度统计的折线图如图 7-3 所示。从 1986

年到 2010 年,除了 1993 年的人数略微有小幅度下降外,其余年份每年的毕业生人数逐年增加,到 2010 年达到最大值,为 212 万人。2011 年毕业生人数减少到 88.4 万人。2011 年至 2014 年,毕业生人数不断增长,2014 年的毕业生人数为 113.2 万人。

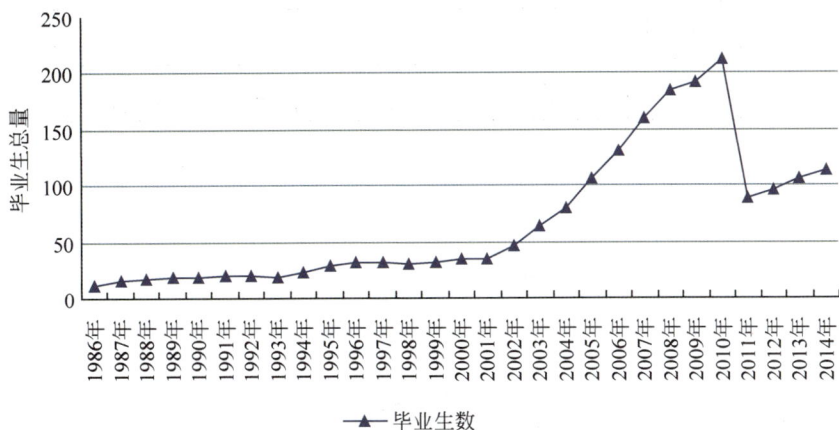

图 7-3　1986—2014 年工学专业毕业生总量的年度统计(单位:万人)

高等教育的发展与社会生产及科技的发展是密切相关的。张维等人的研究显示,工学教育中的毕业生数量与工业在"三大产业"中所占比重之间存在着正相关关系[①]。从表 7-1 可以看出,第二产业在"三大产业"中一直占据着很大的比重,表明国家对工学人才的需求一直处于首位,同时工学毕业生人数也在不断增加。

表 7-1　三大产业结构占国内生产总值比率(%)

年　　份	第一产业	第二产业	第三产业
1990 年	27.05	41.59	31.34
1995 年	20.59	48.36	31.06
2000 年	15.9	44.3	39.8
2005 年	12.4	47.3	40.4

注:数据来源于《中国工业发展报告》中国社会科学院工业经济研究所。

1986—1993 年工学类专业共有毕业生 143.9 万人,期间的工学专业毕业生总人数如图 7-4 所示,工学专业人数百分比饼图如图 7-5 所示。工学专业共有 15 类,毕业生人数排名第一的是机械类,共有毕业生 35.1 万人,占总人数的 24.4%;排名第二的是无线电技术及电子学类,共有毕业生 27.5 万人,占总人数的 19.2%;土木建筑类、化工类的毕业生总数也超过了 10 万人,测绘、水文类毕业生人数最少,只有 1.2 万人。

1994 年至 2000 年工学类专业共有毕业生 214.3 万人,分为 22 个专业大类。期间的工学专业毕业生总人数如图 7-6 所示,专业人数百分比饼图如图 7-7 所示。排名第一的是电子与信息类,共有毕业生 47.9 万人,占总人数的 22.3%;排名第二的是机械类,共有毕业生 40.8 万人,占总人数的 19%;土建类、电工类、化工与制药类、管理工程类的毕业生人数超过了 10 万人,兵器类毕业生人数最少,只有 1643 人。

---

① 张维、王孙禺等.工程教育与工业竞争力[M].北京:清华大学出版社,2003.

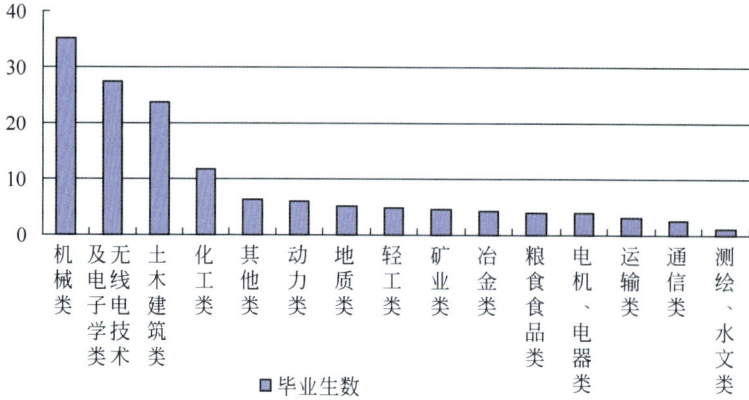

图 7-4　1986—1993 年工学专业毕业生总人数（单位：万人）

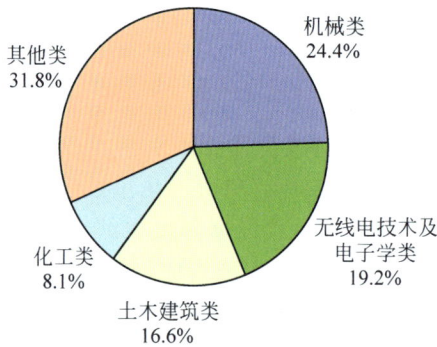

图 7-5　1986—1993 年工学专业毕业生总人数百分比

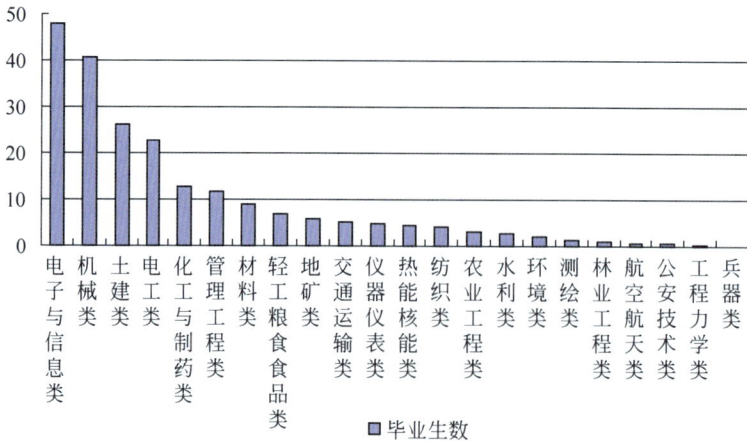

图 7-6　1994—2000 年工学专业毕业生总人数（单位：万人）

2001 年至 2012 年工学类专业共有毕业生 1394.5 万人，分为 21 个专业大类。其中的工学专业毕业生总人数如图 7-8 所示，工学专业人数百分比饼图如图 7-9 所示。排名第一的是电气信息类，共有毕业生 665.3 万人，占总人数的 47.7％；排名第二的是机械类，共有

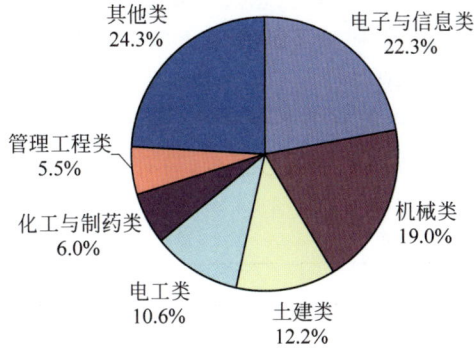

图 7-7　1994—2000 年工学专业毕业生总人数百分比

毕业生 225.4 万人，占总人数的 16.2%。毕业生超过 50 万人的专业还有土建类、交通运输类和轻工纺织食品类。海洋工程类毕业生人数最少，只有 2.15 万人。

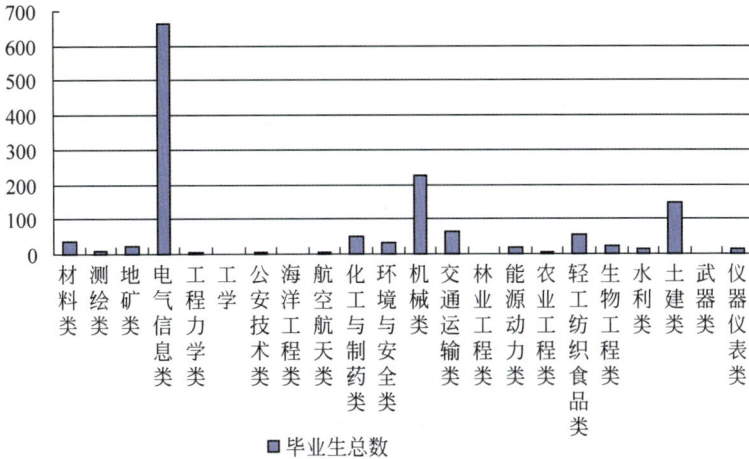

图 7-8　2001—2012 年工学专业毕业生总人数（单位：万人）

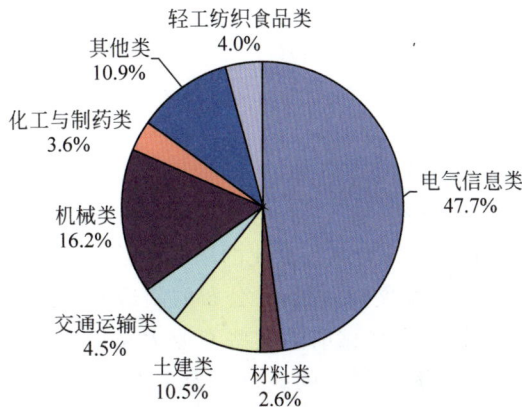

图 7-9　2001—2012 年工学专业毕业生总人数百分比

2013 年、2014 年工学类专业的毕业生总人数如图 7-10 及图 7-11 所示,共有毕业生 219 万人,共有 31 类专业大类。排名第一的是机械类,共有毕业生 34.3 万人,占总人数的 15.7%；排名第二的是计算机类,共有毕业生 34.1 万人,占总人数的 15.6%。毕业生超过 10 万人的专业还有电子信息类、土木类、电气类和材料类,毕业生人数分别为 31 万人、22.2 万人、14.1 万人和 11.1 万人。核工程类毕业人数最少,只有 5213 人。

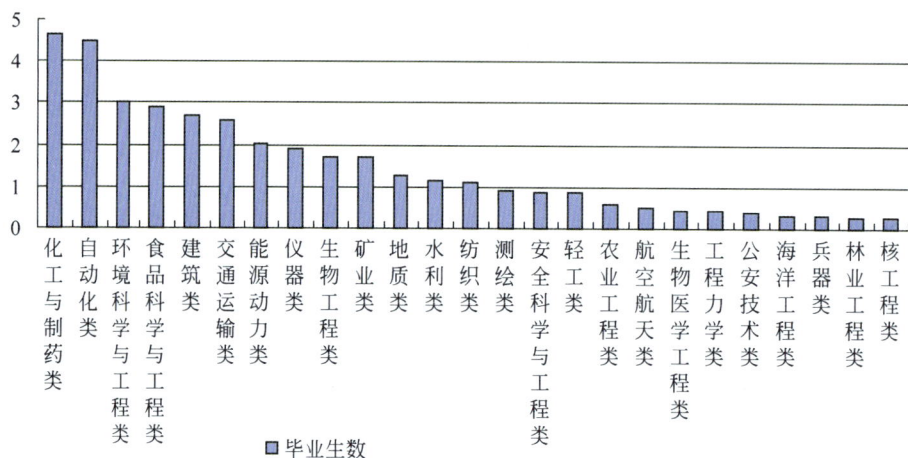

图 7-10　2013—2014 年工学专业毕业生总人数(单位：万人)

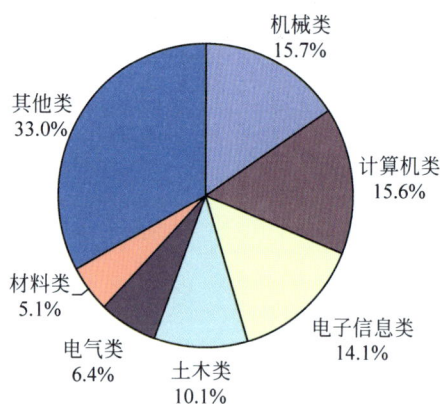

图 7-11　2013—2014 年工学专业毕业生总人数百分比

根据四个阶段的毕业生人数统计结果,可以看出电子与信息类、机械类、电工类、化工与制药类、无线电技术及电子学类、化工类、电气信息类、交通运输类、轻工纺织食品类、计算机类、电子信息类、电气类和材料类这些专业的毕业生数量排名比较靠前。

表 7-2 列出了《制造业人才发展规划指南》公布的制造业十大重点领域及未来人才需求预测。通过比较发现,毕业数量排名靠前的这些专业大类均与十大重点领域相关,而且未来这些专业人才需求数量仍然面临很大的缺口。未来不仅需要这些专业继续培养更多的人才,而且需要对这些专业进行新的整合,实行跨专业培养,使其更加适应未来新兴产业的需要。

表 7-2　制造业十大重点领域人才需求预测　　　（单位：万人）

十大重点领域	2015 年	2020 年		2025 年	
	人才总量	人才总量预测	人才缺口预测	人才总量预测	人才缺口预测
新一代信息技术产业	1050	1800	750	2000	950
高档数控机床和机器人	450	750	300	900	450
航空航天装备	49.1	68.9	19.8	96.6	47.5
海洋工程装备及高技术船舶	102.2	118.6	16.4	128.8	26.6
先进轨道交通装备	32.4	38.4	6	43	10.6
节能与新能源汽车	17	85	68	120	103
电力装备	822	1233	411	1731	909
农机装备	28.3	45.2	16.9	72.3	44
新材料	600	900	300	1000	400
生物医药及高性能医疗器械	55	80	25	100	45

三、按专业分析 1986—2014 年工学专业毕业生规模

1986 年至 2014 年间，机械类专业共存续了近 29 年，各年度的毕业人数统计见图 7-12。从 1986 年到 2010 年，除个别年份出现少量波动外，毕业人数总体上呈上升趋势。从 2006 年开始增幅明显，在 2010 年达到最大值，共有近 39 万的毕业生。2011 年毕业生人数减少为 14.6 万人，之后又开始逐年稳步增长。

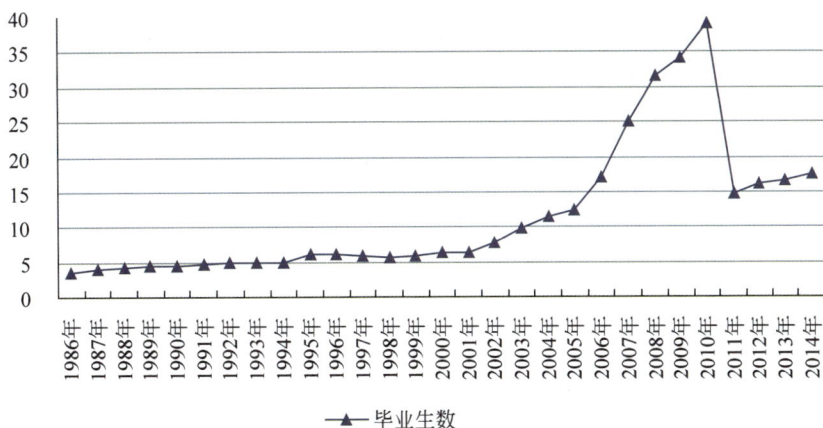

图 7-12　1986—2014 年机械类专业毕业生总人数（单位：万人）

"十二五"规划特别强调了机械产业在国民经济中的重要地位，未来我国机械行业要朝着自主创新的方向发展，完成从机械大国到机械强国的转变。装备制造业是国家工业化发展的原动力，装备制造业的发展需要大批机械类专业人才，机械类本科生具有非常突出的专业优势，这些人才是我国装备制造业发展的支撑人才。可以预见，在不久的将来，机械行业将迎来新一轮的发展高潮。这些都为机械类专业的毕业生提供了有利的外部就业环境和更多更好的就业机会。

目前我国机械类专业的毕业生数量众多,就业率也很高,但总体上就业质量不高、就业满意度偏低。有些企业不注重技术改造和设备更新,机械制造工艺与技术陈旧落后,导致许多机械类专业的毕业生不能发挥自身的专业优势。除此之外,还存在着机械类专业课程设置落后、学生实际操作能力欠缺、毕业生工资待遇偏低等问题。这些问题都会影响机械类专业的发展。如何找准专业发展方向和形成人才培养特色,使培养的学生获得行业、企业的肯定,是目前教育机构一个亟须解决的问题。

电子信息产业是新兴的高科技产业,有巨大的潜力和发展前景。随着工业经济向知识经济的转化,电子信息产业成为世界第一大产业。在美国,IT人才短缺也是一个严峻的问题,现有的程序员、工程师满足不了IT企业需求,很多企业需要雇用外国员工。美国发布的研究报告显示,美国信息技术的空缺职位大约相当于这一行业总劳动力的10%。此外,据英国电子工业联盟调查,英国信息技术行业至少有5万个专业岗位的空缺,德国信息产业每年也需要新增专业人才两万名左右。我国也非常重视电子信息产业的发展,将其列为国家支柱产业和新的经济增长点。电子信息类专业是未来重点发展的专业之一。

目前,电子信息类专业毕业生就业情况良好,不仅工资高而且就业机会多,这类人才也是各高新企业争夺的对象,尤其是计算机、微电子、通信工程、无线电技术、电气工程及自动化和电子信息工程等专业的需求更加旺盛。电子信息产业的迅猛发展使得众多高校纷纷开办相关专业,培养不同层次的电子信息专业人才。原来设有电子信息类专业的院校,为了适应经济的发展,不断扩大招生规模,抢占大学生就业市场的制高点;原来没有开设电子信息相关专业的高校也相继开设电子信息类专业。由于各高校教学的软硬件条件差别较大,也产生了培养的电子信息人才专业水平参差不齐的问题。

受高等教育管理和改革等因素的影响,电子信息类相关专业在各个时期曾以不同名称出现。在学科专业分类目录中,无线电技术及电子学类、电子与信息类、电气信息类、电气类、电子信息类,自动化类,计算机类等专业大类名称不完全相同,但均与电子信息相关。自二十世纪八十年代以来,这些专业无论在哪个时期,其毕业生人数均遥遥领先于其他专业。电子信息类毕业生人数及其在工学毕业生总数中所占比例如表7-3所示。电子信息类相关专业1986年至1993年共有毕业生27.6万人,占工学毕业生总数的19.2%;1994年至2000年共有毕业生47.9万人,占工学毕业生总数的22.3%;2001年至2012年共有毕业生66.5万人,占工学毕业生总数的47.7%;2013年至2014年共有毕业生87.9万人,占工学毕业生总数的40.1%。1986年至2014年间,电子信息相关专业的毕业生人数在不断增加。

表7-3　1986—2014年电子信息相关专业毕业生人数

年　　份	专　业　大　类	总人数(万人)	比　　例
1986—1993年	无线电技术及电子学类	27.6	19.2%
1994—2000年	电子与信息类	47.9	22.3%
2001—2012年	电气信息类	66.5	47.7%
2013—2014年	电气类,电子信息类,自动化类,计算机类	87.9	40.1%

土木建筑类也是毕业生人数比较多的专业。与土木建筑相关的专业在1986—1993年叫做土木建筑类,1994—2012年叫做土建类,2013—2014年叫做土木类,其毕业生总人数

统计如表 7-4 所示。这类专业的毕业生数量一直排在工学类毕业生的前列,而且呈增长趋势。

表 7-4　1986—2014 年土建类相关专业毕业生人数

年　份	专业大类	总人数(万人)	比　例	工科排名
1986—1993 年	土木建筑类	23.8	16.6%	3
1994—2000 年	土建类	26.6	12.2%	3
2001—2012 年	土建类	146.8	10.5%	3
2013—2014 年	土木类	22.2	10.1%	4

随着国民经济的持续稳定增长和城镇化进程的加快,旧城改造、小城镇化和新农村建设、房地产业的发展和基础设施投入的不断加大,我国建筑业获得了良好的发展机遇。建筑业已成为国民经济的重要支柱产业,建筑类专业人才的需求量也不断增长。多年来,土建类专业一直是我国高校的热门专业,毕业生是建筑企业的"宠儿"。近年来建筑行业的迅猛发展,也为建筑类专业人才创造了大量的就业机会。

土建类专业人才的培养也存在一些问题。自国家实施高校扩招政策以来,土建类专业学生人数连续多年持续增长,加上目前国家加强对房地产产业的宏观调控,导致建筑行业人才市场供大于求,而且用人单位也在不断提高用人标准,致使土建类专业毕业生的就业境况逐年下降。随着我国建筑、房地产以及基础设施建设市场的日趋成熟,用人单位更加青睐具备复合型和技术应用型的土建类专业人才,这对学生的素养提出了更高的要求。然而,一些毕业生缺乏吃苦耐劳、爱岗敬业、团队协作的精神,且专业知识面狭窄、创新意识不足及适应能力较差,达不到用人单位的要求。此外土建类行业的自身特点使土建类专业女大学生在求职过程中屡屡受到性别歧视,部分女生不得不选择与专业无关的职业,造成了人力资源的浪费。

化工类也是工学类专业毕业生人数较多的一个专业。化工类相关专业在 1986—1993 年间叫做化工类,1994—2014 年间叫做化工制药类,其毕业生总数统计如表 7-5 所示。这类专业的毕业生数量在工学毕业生总数中所占比例一直位于前列。

表 7-5　1986—2014 年化工类相关专业毕业生人数

年　份	专业大类	总人数(万人)	比　例	工科排名
1986—1993 年	化工类	11.7	8.1%	4
1994—2000 年	化工制药类	12.9	6%	5
2001—2012 年	化工制药类	49.9	3.4%	6
2013—2014 年	化工制药类	8.9	4%	7

交通运输类是国家发展过程中比较重要的专业。截至 2013 年,我国公路总里程从 176.52 万公里增长到 410.64 万公里,其中高速公路里程由 2.51 万公里增至 9.6 万公里,居世界第一位;全国铁路运营里程从 7.2 万公里增长到 9.8 万公里,居世界第二位;高铁运营里程达 9356 公里,居世界第一位。此外,沿海港口共有千吨级以上生产性泊位 4020 个,其中万吨级以上泊位 1876 个,综合通过能力 61.1 亿吨。定期航班机场达到 182 个,拥有民航飞机 3000 多架,运输规模居全球第二。全国邮政局(所)达 5.4 万个,邮路总长

402.8万公里,快递最高日业务量突破1800万件①。我国已经成为交通基础设施和交通运输大国。但应该看到的是,发展方式粗放的问题尚未得到根本解决,资源环境的制约也越来越突出。加快转变发展方式,推动交通运输结构调整和产业转型升级,要靠科技创新特别是信息化、智能化来带动。从根本上来讲,现代交通运输业的发展要依靠人才。

目前交通运输类专业在各高校的发展也很迅速。交通运输类专业在1986—1993年间叫做运输类,1994—2014年间叫做交通运输类,其毕业生总数统计如表7-6所示。

表7-6　1986—2014年交通运输类相关专业毕业生人数

年　　份	专业大类	总人数(万人)	比　　例	工科排名
1986—1993年	运输类	3.3	2.3%	13
1994—2000年	交通运输类	5	2.4%	10
2001—2012年	交通运输类	62.2	4.5%	4
2013—2014年	交通运输类	5.1	2.3%	11

测绘与水利相关的专业在1986—1993年间叫做测绘、水文类,在此期间共有毕业生1.2万人;1994—2014年间叫做测绘类、水利类,其毕业生总数分别为4.1万人、23.2万人及3.8万人(见表7-7)。

表7-7　1986—2014年测绘水利类相关专业毕业生人数

年　　份	专业大类	总人数(万人)	比　　例	工科排名
1986—1993年	测绘、水文类	1.2	0.8%	15
1994—2000年	测绘类、水利类	4.1	1.9%	10、12
2001—2012年	测绘类、水利类	23.2	1.7%	14、13
2013—2014年	测绘类、水利类	3.9	1.8%	20、18

地矿类相关专业在1986—1993年及2013—2014年叫做地质类、矿业类,在此期间共有毕业生9.7万人及5.7万人;1994—2000年及2001—2012年叫做地矿类,其毕业生总数分别为5.7万人、20.8万人(见表7-8)。

表7-8　1986—2014年地矿类相关专业毕业生人数

年　　份	专业大类	总人数(万人)	比　　例	工科排名
1986—1993年	地质类、矿业类	9.7	6.7%	7、9
1994—2000年	地矿类	5.7	2.7%	9
2001—2012年	地矿类	20.8	1.5%	10
2013—2014年	地质类、矿业类	5.7	2.6	17、16

轻工纺织食品类相关专业在1986—1993年间叫做粮食食品类、轻工类,在此期间共有毕业生8.7万人;1994—2000年间叫做轻工粮食食品类、纺织类,其毕业生总数为10.9万人;2001—2012年间叫做轻工纺织食品类,其毕业生总数为56.4万人;2013—2014年叫做纺织类、轻工类、食品科学与工程类,共有毕业生9.5万人(见表7-9)。

---

① 周海涛. 依托行业 加强合作 加快发展现代交通运输 高等教育[J]. 中国大学教学,2013(11):22.

表 7-9　1986—2014 年轻工粮食食品类相关专业毕业生人数

年　　份	专　业　大　类	总人数（万人）	比　　例	工　科　排　名
1986—1993 年	粮食食品类、轻工类	8.7	6％	8、11
1994—2000 年	轻工粮食食品类、纺织类	10.9	5.1％	8、13
2001—2012 年	轻工纺织食品类	56.4	4％	5
2013—2014 年	纺织类、轻工类、食品科学与工程类	9.5	4.3	19、21、10

　　兵器武器类相关专业从 1994 年开始设立，其毕业生人数一直比较少。1994—2000 年间叫做兵器类，毕业生总数为 0.16 万人；2001—2012 年间叫做武器类，毕业生总数为 2.2 万人；2013—2014 年间又改为兵器类，共有毕业生 0.6 万人（见表 7-10）。

表 7-10　1986—2014 年兵器武器类专业毕业生人数

年　　份	专　业　大　类	总人数（万人）	比　　例	工　科　排　名
1994—2000 年	兵器类	0.16	0.07％	22
2001—2012 年	武器类	2.2	0.15％	20
2013—2014 年	兵器类	0.6	0.27％	28

　　环境类相关专业从 1994 年开始设立。1994—2000 年间叫做环境类，其毕业生总数为 2.1 万人；2001—2012 年间叫做环境与安全类，其毕业生总数为 30.1 万人；2013—2014 年间叫做环境科学与工程类，共有毕业生 5.9 万人（见表 7-11）。

表 7-11　1986—2014 年环境类相关专业毕业生人数

年　　份	专　业　大　类	总人数（万人）	比　　例	工　科　排　名
1994—2000 年	环境类	2.1	0.97％	16
2001—2012 年	环境与安全类	30.1	2.2％	15
2013—2014 年	环境科学与工程类	5.9	2.7％	9

　　公安技术类、农业工程类、林业工程类、航空航天类、工程力学类和材料类这些专业均存续了 21 年，从 1994 年存续到 2014 年，其各年的毕业人数发展趋势如图 7-13 及图 7-14 所示。

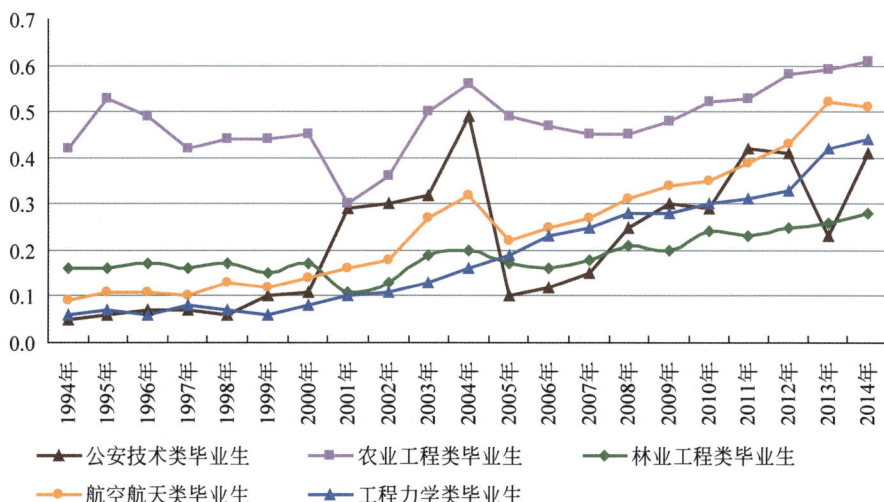

图 7-13　公安技术类等五类专业毕业生总人数（单位：万人）

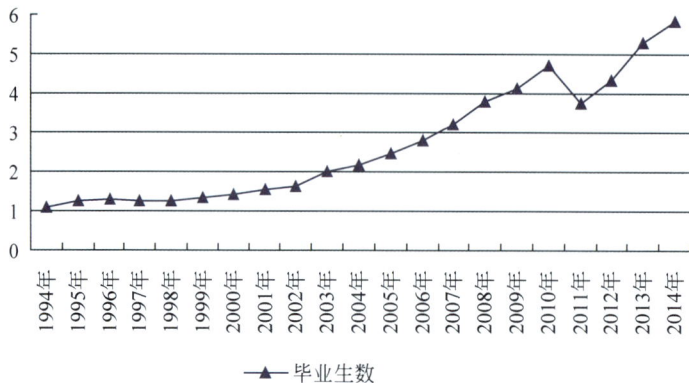

图 7-14　材料类专业毕业生总人数(单位:万人)

农业工程类毕业生 2001 年达到最小值 2950 人,2014 年达到最大值 6105 人。航空航天类毕业生人数基本呈上升趋势,2013 年人数最多为 5191 人。林业工程类毕业生人数变化比较平稳,2014 年达到最大值 2763 人。公安技术类毕业人数在 2004 年达到最大值 4872 人。工程力学类毕业生数量逐年上升,在 2014 年达到最大值 4401 人。材料类毕业生人数从 1994 年到 2010 年稳步上升,2011 年有所减少,2014 年达到最大值。

航空航天类专业从 1994 年设立,一直持续到 2014 年,在《制造业人才发展规划指南》中被列为未来重点发展专业。在《国家中长期科技发展规划纲要》(2006—2020 年)的 16 个重大专项中,大型飞机、载人航天与探月工程被列入其中,显示出国家对航空、航天在国家科技及经济发展中战略性地位的重视。进入新世纪以来,我国在航空航天领域取得了惊人的成绩,给航空航天专业的发展提供了更大的机遇。

由于航空航天类专业对高校的软件和硬件要求比较高,能够设立此专业的高校比较少,目前设立航空航天专业的高校有北京航空航天大学、南京航空航天大学、哈尔滨工业大学、西北工业大学等。同时这类专业毕业生的就业面针对性比较强,造成这类人才的毕业生总量不大。在此专业设置的 21 年里,其毕业生人数不断增加,这些专业人才为我国航空航天事业的快速发展发挥了重要作用。

仪器仪表类专业均存续了 19 年,从 1994 年到 2012 年,其各年的毕业人数发展趋势如图 7-15 所示。仪器仪表类毕业生人数从 1994 年到 2012 年整体呈上升趋势,2012 年达到最大值。

生物工程类、能源动力类、海洋工程类专业均存续了 14 年,从 2001 年到 2014 年,其各年的毕业人数发展趋势如图 7-16 所示。海洋工程类毕业生人数变化比较平稳,2012 达到最大值 4112 人。能源动力类从 2001 年到 2010 年基本保持增长,但 2011 年后出现波动。生物工程类毕业生人数变化起伏较大,2008 年达到最大值 3 万人(见图 7-16)。

冶金类、电机电器类、其他类和动力类专业从 1986 年存续到 1993 年,共 8 年,其各年的毕业生人数发展趋势如图 7-17 及图 7-18 所示。这些专业的毕业生人数均在万人以下。

热能核能类、管理工程类专业,从 1994 年存续到 2000 年,共 7 年,其各年的毕业生人数发展趋势如图 7-19 所示。

安全科学与工程类、电气类、电子信息类、核工程类、环境科学与工程类、计算机类、建

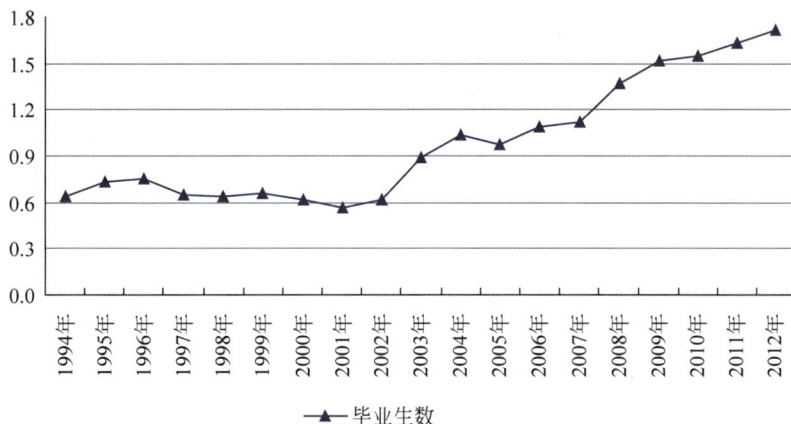

图 7-15　仪器仪表类专业毕业生总人数（单位：万人）

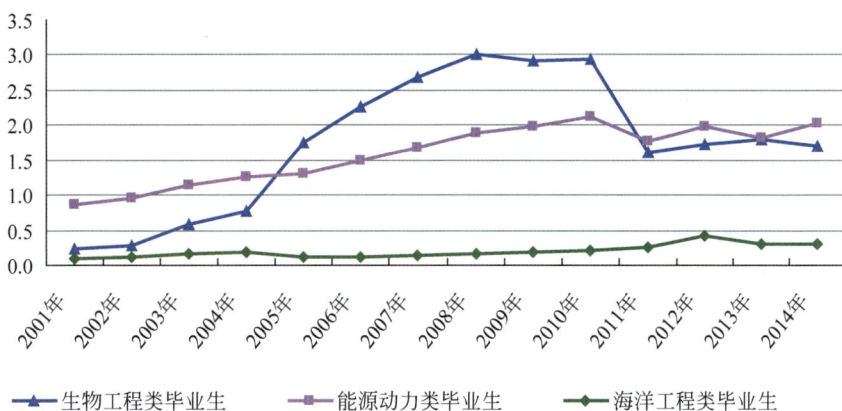

图 7-16　生物工程类、能源动力类、海洋工程类专业毕业生总人数（单位：万人）

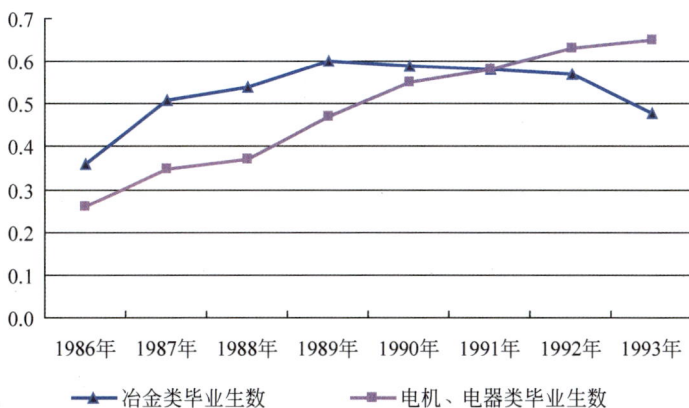

图 7-17　电机、电器类、冶金类专业毕业生总人数（单位：万人）

筑类、生物医学工程类、食品科学与工程类、土木类、仪器类、自动化类专业，均从 2013 年开始设置，其各年的毕业人数发展趋势如图 7-20 所示。计算机类、电子信息类及土木类的毕

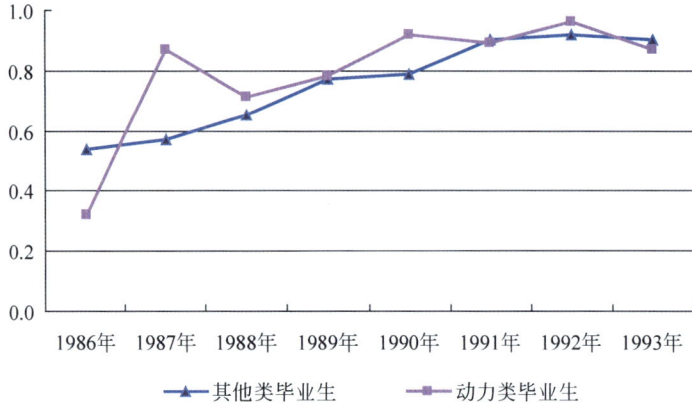

图 7-18　动力类、其他类专业毕业生总人数（单位：万人）

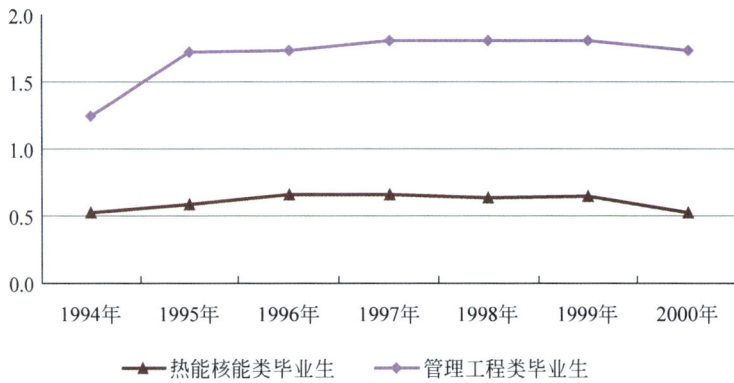

图 7-19　热能核能类、管理工程类专业毕业生总人数（单位：万人）

业生人数排在前三名，毕业生人数最少的为核工程类。对于每类专业来说，2014 年的毕业生人数与 2013 年的毕业生人数相比均有所降低。

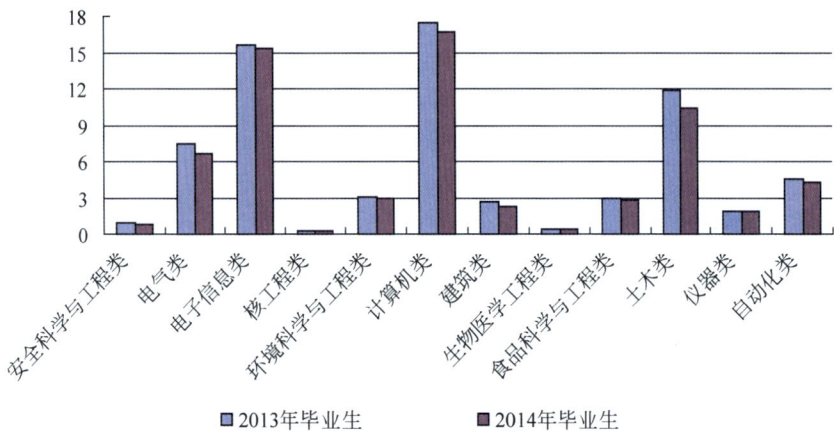

图 7-20　存续时间为 2 年的专业毕业生人数（单位：万人）

第二节　工学类专业设置变化分析

从 1986 年到 2014 年,工学类专业设置的调整共经历了四个时期,分别为 1986—1993 年、1994—2000 年、2001—2012 年、2013—2014 年。在这四个时期内,根据国际经济社会发展的形势及市场经济发展的需要,工学类专业的设置发生了相应的变化。

一、1986—2014 年工学类专业的设置

随着国家发展战略重点的转移和政治经济环境的演变,为满足不同时期社会发展对工程人才提出的要求,我国工程教育改革经历了结构调整、体制改革、质量提升三个重要阶段。工学专业目录几经变化,经过了减少专业数、拓宽专业面、增强本科毕业生的适应性等数次调整。随着新型产业的大量涌入,特别是为了满足信息化社会和经济全球化对工程人才提出的新要求,新增新设专业不断出现。

1986—2014 年间,工学按照学科类型统计,共有 56 个专业大类,如表 7-12 所示,表中专业大类对应的行与年份对应的列的交叉点有符号的表示当年设置这个专业大类,交叉点空白的表示当年没有设置此专业大类。

表 7-12　1986—2014 年工学专业大类变化表

专　　业	1986—1993 年	1994—2000 年	2001—2012 年	2013 年、2014 年
无线电技术及电子学类	*			
武器类			*	
冶金类	*			
仪器类				*
仪器仪表类		*	*	
运输类	*			
自动化类				*
水利类		*	*	*
通信类	*			
土建类		*		
土木建筑类	*			
土木类				*
能源动力类			*	*
农业工程类		*	*	*
其他类	*			
轻工纺织食品类			*	
轻工类	*			*
轻工粮食食品类		*		
热能核能类		*		
生物工程类		*		*

专　　业	1986—1993 年	1994—2000 年	2001—2012 年	2013 年、2014 年
生物医学工程类			*	*
食品科学与工程类				*
交通运输类		*	*	*
矿业类	*			
粮食食品类	*			
林业工程类		*	*	*
环境科学与工程类				*
环境类		*		
环境与安全类			*	
机械类	*	*	*	
计算机类				*
建筑类				*
公安技术类		*	*	
管理工程类		*		
海洋工程类			*	*
航空航天类		*	*	*
核工程类				*
化工类	*			
化工与制药类		*	*	*
安全科学与工程类				*
兵器类		*		*
材料类		*	*	*
测绘、水文类	*			
测绘类		*	*	*
地矿类		*	*	
地质类	*			*
电工类		*		
电机、电器类	*			
电气类				*
电气信息类			*	
电子信息类				*
电子与信息类		*		
动力类	*			
纺织类		*		*
工程力学类		*	*	*
工学类			2001—2004 年	

注：表中工学大类比较特殊，只存续 4 年，本章不予讨论。

　　1986—2014 年间的专业设置可以划分为四个阶段，1986—1993 年为第一阶段，共有专业大类 15 类；1994—2000 年为第二阶段，共有专业大类 22 类；2001—2012 年为第三阶段，共有专业大类 21 类；2013—2014 年为第四阶段，共有专业大类 31 类，具体大类见表 7-13。

表 7-13 1986—2014 年工学专业大类统计

年 份	专业大类总数	专业大类名称	
		保持不变（与上一时期比较）	有变化（与上一时期比较）
1986—1993	15	机械类,地质类,矿业类,电机、电器类,无线电技术及电子学类,化工类,粮食食品类,轻工类,测绘、水文类,土木建筑类,运输类,通信类,冶金类,动力类,其他类	
1994—2000	22	机械类	地矿类,化工与制药类,轻工粮食食品类,测绘类,水利类,土建类,交通运输类,材料类,仪器仪表类,航空航天类,工程力学类,农业工程类,林业工程类,公安技术类,纺织类,兵器类,电工类,电子与信息类,环境类,热能核能类,管理工程类
2001—2012	21	机械类,地矿类,化工与制药类,工程力学类,测绘类,水利类,土建类,交通运输类,材料类,仪器仪表类,航空航天类,农业工程类,林业工程类,公安技术类	轻工纺织食品类,武器类,电气信息类,环境与安全类,能源动力类,海洋工程类,生物工程类
2013—2014	31	机械类,化工与制药类,工程力学类,测绘类,水利类,交通运输类,材料类,航空航天类,农业工程类,林业工程类,生物工程类,公安技术类,能源动力类,海洋工程类	地质类,矿业类,土木类,仪器类,电气类,电子信息类,自动化类,计算机类,纺织类,轻工类,兵器类,核工程类,环境科学与工程类,生物医学工程类,食品科学与工程类,建筑类,安全科学与工程类

　　表 7-14 比较了 1994 年前后的工学专业大类。1986—1993 年期间的工学专业分得很细、口径很窄,主要适应计划经济的发展需要。但随着市场经济的发展,工学专业培养出的人才不能适应市场经济的发展,专业设置的问题凸显出来。针对存在的问题,需要对工学专业进行变更,遵循的原则为:结合国民经济和社会发展对人才的需求;学科专业划分以学科自身内涵为主,适当考虑业务部门的特殊需要;划分过细偏窄的专业要适当归并,专业名称要规范、准确,能够科学反映学科内涵;增加一些比较成熟的新兴、边缘学科与反映当代科学技术和文化发展趋势的专业;处理好与本科生专业设置的关系,凡是不适宜于培养研究生的学科专业均不列入。

　　在此次工学专业的变更中,机械类专业保持不变,其余专业均有所调整。增加航空航天类、兵器类、材料类、热能核能类、纺织类、环境类、林业工程类、农业工程类、仪器仪表类、公安技术类和管理工程类。测绘、水文类变更为测绘类及水利类,地质类及矿业类变更为地矿类,无线电技术及电子学类与通信类变更为电子与信息类,电机电器类变更为电工类,动力类变更为工程力学类,化工类变更为化工与制药类,运输类变更为交通运输类,粮食食品类与轻工类合并为轻工粮食食品类,土木建筑类变更为土建类。

表 7-14　1994 年前后工学专业大类比较

保持不变专业大类	新增专业大类	取消专业大类	合并或拆分专业大类	
			变化前专业大类	变化后专业大类
机械类	航空航天类 兵器类 材料类 热能核能类 纺织类 环境类 林业工程类 农业工程类 仪器仪表类 公安技术类 管理工程类	冶金类 其他类	测绘、水文类	测绘类,水利类
			地质类,矿业类	地矿类
			无线电技术及电子学类,通信类	电子与信息类
			电机电器类	电工类
			动力类	工程力学类
			化工类	化工与制药类
			运输类	交通运输类
			粮食食品类,轻工类	轻工粮食食品类
			土木建筑类	土建类

表 7-15 比较了 2001 年前后的工学专业大类。1994 年到 2000 年这段时间,市场经济体制更加完善,经济发展迅速,因此对高等教育工学的人才培养提出了更高的要求,在 1998 年再次对工学专业目录进行修订。修订的主要原则是:科学、规范、拓宽。修订的目标是:逐步规范和理顺一级学科,拓宽和调整二级学科。

表 7-15　2001 年前后工学专业大类比较

保持不变专业大类	新增专业大类	取消专业大类	合并或拆分专业大类	
			变化前专业大类	变化后专业大类
机械类,地矿类,化工与制药类,工程力学类,测绘类,水利类,土建类,交通运输类,材料类,仪器仪表类,航空航天类,农业工程类,林业工程类,公安技术类	海洋工程类 能源动力类 生物工程类	管理工程类 电工类 热能核能类	轻工粮食食品类,纺织类	轻工纺织食品类
			兵器类	武器类
			电子与信息类	电气信息类
			环境类	环境与安全类

保留航空航天类、测绘类、水利类、林业工程类、材料类、机械类、工程力学类、地矿类、土建类、化工与制药类、农业工程类、公安技术类、仪器仪表类和交通运输类等专业类。轻工粮食食品类与纺织类合并为轻工纺织食品类,兵器类更名为武器类,电子与信息类变更为电气信息类,环境类更名为环境与安全类。增加海洋工程类、能源动力类、生物工程类专业大类。取消管理工程类、电工类、热能核能类专业大类。

表 7-16 比较了 2014 年前后的工学专业大类。2000 年之后,我国经济、科技飞速发展,对工学人才提出了更高的要求,必须改变工学的专业设置以适应社会的发展。此次增设了一些知识体系必须重新划分的学科、与国家产业发展和改善民生有关的国家亟需学科、具有前瞻性且有较大社会需求的学科和国家特殊需要的学科,并且给人才培养和学科交叉留有空间。

表 7-16　2014 年前后工学专业大类比较

保持不变专业大类	新增专业大类	合并或拆分专业大类	
		变化前专业大类	变化后专业大类
机械类,化工与制药类,工程力学类,测绘类,水利类,交通运输类,材料类,航空航天类,农业工程类,林业工程类,生物工程类,公安技术类,能源动力类,海洋工程类	核工程类,生物医学工程类	仪器仪表类	仪器类
		电气信息类	电气类,电子信息类,自动化类,计算机类
		轻工纺织食品类	纺织类,轻工类,食品科学与工程类
		武器类	兵器类
		土建类	土木类,建筑类
		地矿类	地质类,矿业类
		环境与安全类	环境科学与工程类,安全科学与工程类

仪器仪表类变更为仪器类,电气信息类变更为电气类、电子信息类、自动化类、计算机类,武器类变更为兵器类,轻工纺织食品类分为纺织类、轻工类与食品科学与工程类,土建类变更为土木类、建筑类,地矿类变更为地质类和矿业类,环境与安全类变更为环境科学与工程类、安全科学与工程类,增加核工程类、生物医学工程类。其余保持不变。

表 7-17 统计了 1986—2014 年工学专业的专业大类及专业数目。一级学科(学科类)的数量逐渐增加,二级学科(专业)的数量逐渐减少。根据中国改革开放以来的高等教育学科专业目录修订的原则可知,增加一级学科(学科类)的目的基本上是力求达到规范。根据英、美、德等国家学科专业目录调整的发展演变历史和国内经济社会发展的趋势,中国的学科专业目录中一级学科(学科类)还会增多。因为,随着更多的新的学科门类增列到我国的学科专业目录中,更多的新的一级学科(学科类)也必将增列到学科专业目录中。二级学科(专业)的减少基本上都是为了拓宽和调整专业口径。

表 7-17　1986—2014 年工学专业大类及专业数目

年　　份	专业大类个数	专业个数
1986—1993 年	15	255
1994—2000 年	22	181
2001—2012 年	21	70
2013—2014 年	31	169

二、工学专业大类存续时间分析

1986 年至 2014 年的工学专业存续时间分析见图 7-21 及表 7-18。存续时间最长的是机械类,从 1986 年至今,已有 30 年的时间;此外,材料类、测绘类、工程力学类、公安技术类、航空航天类、化工与制药类、交通运输类、林业工程类、农业工程类和水利类等 10 个学科自 1994 年(出现以来)至今已有 20 多年了,这些专业大类均从 1994 年设立,一直存续到 2014 年;存续时间仅 2 年的有安全科学与工程类、电气类、电子信息类、核工程类、环境工程与科学类、计算机类、建筑类、生物医学工程类、食品科学与工程类、土木类、仪器类、自动化类等 12 个学科,均为 2013 年新增加的学科。

表 7-18　工学专业存续年份统计表

专业大类名称	总年数	具体存续年份
机械类	29	1986—2014 年
材料类、测绘类、工程力学类、公安技术类、航空航天类、化工与制药类、交通运输类、林业工程类、农业工程类、水利类	21	1994—2014 年
地矿类、土建类、仪器仪表类	19	1994—2012 年
海洋工程类、能源动力类、生物工程类	14	2001—2014 年
电气信息类、环境与安全类、轻工纺织食品类、武器类	12	2001—2012 年
地质类、矿业类、轻工类	10	1986—1993 年,2013 年,2014 年
兵器类、纺织类	9	1993—2000 年,2013 年,2014 年
测绘水文类、电机电器类、动力类、化工类、粮食食品类、通信类、土木建筑类、冶金类、运输类、无线电技术及电子学类、其他类	8	1986—1993 年
电工类、电子与信息类、管理工程类、环境类、轻工粮食食品类、热能核能类	7	1994—2000 年
安全科学与工程类、电气类、电子信息类、核工程类、环境科学与工程类、计算机类、建筑类、生物医学工程类、食品科学与工程类、土木类、仪器类、自动化类	2	2013 年,2014 年

　　此外,地矿类、土建类、仪器仪表类等专业存续了 19 年,这些专业从 1994 年设置,存续到 2012 年;海洋工程类、能源动力类、生物工程类存续 14 年,这些专业从 2001 年设置,一直存续到 2014 年。电气信息类、环境与安全类、轻工纺织食品类、武器类专业存续 12 年,这些专业从 2001 年设置,一直存续到 2012 年。地质类、矿业类、轻工类专业存续 10 年,这些专业从 1986 年设置,1994 年进行了取消或更名,2013 年这些专业又重新被恢复。兵器类、纺织类专业存续 9 年,这两类专业 1993 年设置存续到 2000 年,2001 年兵器类更名为武器类,纺织类合并到轻工纺织食品类,2013 年武器类又变更为兵器类,纺织类又从轻工纺织食品类分割出来。测绘水文类、电机电器类、动力类、化工类、粮食食品类、通信类、土木建筑类、冶金类、运输类、无线电技术及电子学类、其他类专业存续了 8 年,这些专业 1986 年设置,1994 年进行了取消或更名。电工类、电子与信息类、管理工程类、环境类、轻工粮食食品类、热能核能类等专业存续 7 年,这些专业 1994 年设置,2000 年进行了取消或更名(见图 7-21)。

三、工学专业面临新的挑战

　　1986 年到 2014 年间,伴随着经济、科技、社会发展,工学专业经过了三次调整,高等学校的工学专业培养的人才基本满足了社会的需求,为国家的建设奠定了基础。但是其中也存在着相应的问题,有待于未来修订工学专业时进行改进。

　　据预测,2020 年我国经济结构将发生很大变化,第一产业、第二产业、第三产业的比例将变为 6.8%、48.4%、44.8%,三种产业的从业人员的结构比例将变为 25%、31%、44%。[①]当前,需要高质量的工学教育去支持我国的新型工业化发展的道路,这就要求我国必须培

---

　　① 张文雪等.工程教育专业认证制度的构建及其对高等工学教育的潜在影响[J].清华大学教育研究,2007.

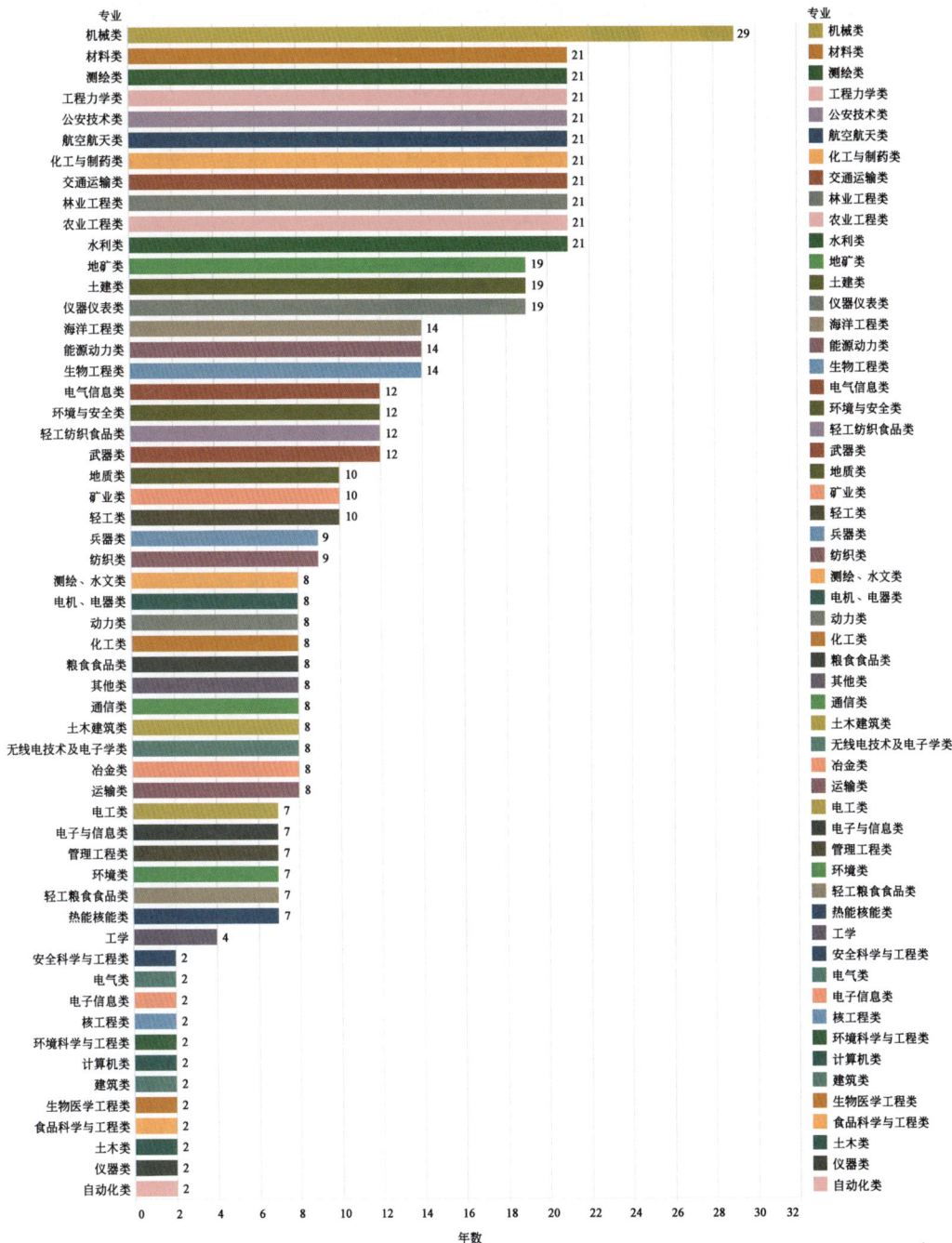

图 7-21　1986—2014 年工学专业存续年数比较图

养一批适应新型工业化需求和经济全球化发展的工学人才。工学人才将承担起建设创新型国家的主要任务,因此要求高等工学教育能够与时俱进,培养出合格的人才。

　　由教育部、人力资源社会保障部、工业和信息化部等部门共同编制的《制造业人才发展规划指南》中指出,"面对新的形势和挑战,必须把制造业人才发展摆在更加突出的战略位置,加强顶层设计、发挥资源优势、抓好体制机制改革、强化人才队伍基础、补齐人才结构短板、优化人才发展环境,充分发挥人才在制造强国建设中的引领作用。"指南要求"到2020年,形成与制造业发展需求相适应的人力资源建设格局,培养和造就一支数量充足、结构合理、素质优良、充满活力的制造业人才队伍,基本确立建设制造强国的人才优势,为实现中国制造'三步走'战略目标奠定坚实的人才基础"。未来,工学毕业生作为制造业人才的主力军,承担着国家制造业发展的重要任务,国家制造业的发展也将为工学毕业生的发展带来新的机遇。

由于国内外经济形势和环境的变化,亟须通过科技进步和产业升级实现转型发展。传统的工学学科专业如纺织类、仪表类、轻工类、冶金类等专业的地位将不断下降,同时这些专业的人才培养目标要向价值链高端发展。电子信息类、计算机类、机械类、材料类、海洋工程类、生物工程类、航空航天类、自动化类等专业将成为未来发展的重点专业大类,国家制造业的发展需要大批这类技术人才,尤其是要培养航空航天及动力装备、海洋工程装备、先进轨道交通装备、电力装备、集成电路/高端元器件/专用仪器设备、农机装备等领域的专业人才。指南中指出"推动高校探索建立跨院系、跨学科、跨专业交叉培养新机制"。跨专业人才培养将成为未来专业发展的趋势。

未来培养的工学人才要具有扎实的理论基础和工程实践能力,要有多学科的背景及多方面的能力,同时有良好的职业道德及社会责任感。因此对工学培养模式提出了更高的要求。根据经济发展的需要,未来应密切结合区域经济发展的需要,设置"互联网+""中国制造2025"等战略亟需的新兴产业专业。

本 章 小 结

从本章对我国现有工学毕业生人数及工学专业设置变化的分析,可以得出以下几点结论:

(1)机械类、电子相关类、土木相关类毕业生人数一直保持领先。

1986年至1993年机械类、无线电技术及电子学类、土木建筑类毕业生人数排名前三;1994年至2000年电子与信息类、机械类、土建类毕业生人数排名前三;2001年至2012年电气信息类、机械类、土建类毕业生人数排名前三;2013年、2014年机械类、计算机类、电子信息类、土木类毕业生人数排名前四。

(2)工学科技人力资源培养水平有待提高。

截至2014年,本科以上层次工学科技人力资源有1969.9万人,占本科以上层次科技人力资源总量的47.51%,位居各学科之首。但目前我国制造业中高层次的研发人才和技术技能人才十分匮乏,尤其是高档数控机床和机器人、先进轨道交通装备、海洋工程装备及高技术船舶、农机装备、电力装备、节能与新能源汽车等重点领域的人才十分匮乏。世界各国均把发展制造业作为参与国际竞争的战略之一,制造业的发展需要大量工学人才。我国如果要实现制造强国的目标,必须加大工学人才的培养。《制造业人才发展规划指南》提出,到2020年,形成与制造业发展需求相适应的人力资源建设格局,培养和造就一支数量充足、结构合理、素质优良、充满活力的制造业人才队伍,基本确立建设制造强国的人才优势,为实现中国制造"三步走"战略目标奠定坚实的人才基础。

高等教育需要调整办学思路,提高人才培养质量。2015年11月,教育部、国家发展改革委、财政部发布了《关于引导地方普通本科高校向应用型转变的指导意见》，要求高校明确类型定位和转型路径，引导高校把办学思路转到培养应用型技术技能人才、服务当地社会经济发展上来。未来我国高等教育结构将进一步调整，培养的科技人力资源将更加符合社会经济发展的需求。

（3）工学科技人力资源在国家制造业的发展中将承担更加重要的角色和任务。

《制造业人才发展规划指南》中强调"引导高校招生计划向本科电子信息类、机械类、材料类、海洋工程类、生物工程类、航空航天类和高职装备制造大类、电子信息大类、生物与化工大类、能源动力与材料大类中对应制造业十大重点领域的相关专业倾斜"，"重点培养先进设计、关键制造工艺、材料、数字化建模与仿真、工业控制及自动化、工业云服务和大数据运用等方面的专业技术人才"。电子信息类、计算机类、机械类、材料类、海洋工程类、生物工程类、航空航天类、自动化类等专业将成为未来发展的重点产业，这也意味着工学专业的科技人力资源将在国家制造业发展过程中发挥更加重要的作用。

（4）应不断提高我国工程教育的质量，实现我国工程教育与国际接轨，得到国际认可。

2016 年 6 月，《华盛顿协议》全票通过中国科协（CAST）代表我国由《华盛顿协议》预备会员转正，成为该协议第 18 个正式成员，这是我国科技组织在国际舞台上取得重要话语权的标志。通过中国科协所属中国工程教育专业认证协会（CEEAA）认证的中国大陆工程专业本科学位将得到美、英、澳等所有该协议正式成员的承认。加入《华盛顿协议》有利于提高我国工程教育质量、促进我国按照国际标准培养工程师、提高工程技术人才的培养质量，是推进我国工程师资格国际互认的基础和关键，对于我国工程技术领域应对国际竞争、走向世界具有重要意义。

我国科技人力资源
支撑创新驱动发展状况

　　创新驱动，人才为本。创新驱动的目标是实现经济发展方式的转变，促进经济的快速稳定增长。科技创新是创新驱动的核心，也是实现经济社会快速发展、提升综合国力的内生驱动力。科技人力资源是科技创新的主导力量与关键要素，作为科技和知识的有效载体，是创新驱动的源动力。充分发挥科技人力资源的重要作用，是实施创新驱动发展战略的必然要求。本篇以区域经济发展和重点产业发展为主线，从创新能力、绩效产出、流动配置、供需情况等方面探讨了在创新驱动战略实施背景下我国科技人力资源的开发利用的现状与主要问题，提出未来更加适应创新驱动发展战略、更好发挥科技人力资源潜力的政策建议。

第八章

科技人力资源支撑创新驱动发展的相关研究与分析框架

第一节　相关概念与内涵分析

一、科技人力资源的界定

科技人力资源是指实际从事或有潜力从事系统性科学和技术知识的产生、发展、传播和应用活动的人力资源,即包含实际从事科技活动(或科技职业)的劳动力,也包含可能从事科技活动(或科技职业)的劳动力[①]。作为国家创新体系最重要的资源投入,科技人力资源是一个既具有统计学意义又具备政策含义的概念。实际研究过程中,由于不同研究目的和数据获取的原因,与科技人力资源相关的概念使用较多,如"科技人才""科技工作者""研发人员(R&D人员)"等。实际上,这些概念在某些角度较客观地反映了科技人力资源的情况,但不能反映科技人力资源的全貌,或仅具备政策意义,而不具有国际可比性。本篇相关研究也存在类似问题,文中所指科技人力资源大多是指实际从事科技活动的人员,但在具体章节中所使用的科技人力资源的内涵也有所不同,我们在后面会明确给出每个章节中所涉及的科技人力资源相关概念的具体内涵。

二、创新的概念与内涵

在《现代汉语词典》中,对"创新"的解释一是作为动词,指抛开旧的,创造新的;二是作为名词,指有创造性[②]。人们往往把凡是新的而且属于正面的事物或者现象,以及达到这种现象的过程都称之为"创新"。

在学术界尤其是国外学术文献中,与汉语"创新"一词相对应的"Innovation"则是一个

---

① 中国科学技术协会调研宣传部,中国科学技术协会发展研究中心. 中国科技人力资源发展研究报告[M].
1版. 北京:中国科学技术出版社,2008.

② 中国社会科学院语言研究所. 现代汉语词典[M]. 第6版. 上海:商务印书馆,2012.

具有特定内涵、边界相对清楚的概念。从原始字面意思看，"Innovation"有两层意思：一是新观念、新方法、新发明的"导入"（The introduction of new ideas，methods or inventions），二是新观念、方法、发明本身[1]。从词面意义看与汉语"创新"有相通的地方，但是，"Innovation"强调了新观念、方法、发明的"导入"（Introduction），强调了实践性和生产力属性，这一点与汉语"创新"的涵义有一定区别。

在经济学领域，熊彼特（Joseph Alois Schumpeter）提出了"创新理论"并对"创新"进行了明确完整地定义。熊彼特认为，"创新"是一个经济概念，而不是技术概念，是经济生活中生产要素和生产条件的重新组合，是将技术等要素引入生产体系使其技术体系发生变革的过程，是对现存生产要素进行的创造性破坏。因此，它是指改变一种生产函数，或者建立一种新的生产函数[2]。熊彼特认为"创新"包含了两个不可分割的基本过程：一是发明，二是把发明成果引入商业应用领域，形成一种新的生产能力，并且后者比前者更重要。这意味着创新突出的是原始创新，突出的是创新成果的应用。在此基础上，熊彼特把"创新"分为产品创新、工艺创新、市场创新、原材料创新和组织创新五种类型。

20世纪60年代，新技术革命迅猛发展，美国经济学家华尔特·罗斯托（Walt Whitman Rostow）提出了"起飞"六阶段理论，把"创新"的概念发展为"技术创新"，认为"技术创新"在"创新"中居主导地位。1962年，伊诺思（J. L. Enos）首次直接明确地给出了技术创新的定义："技术创新是几种行为综合的结果，这些行为包括发明的选择、资本投入保证、组织建立、制定计划、招用工人和开辟市场等"。1969年，迈尔斯（S. myers）和马奎斯（D. G. Marquis）将技术创新定义为技术变革的集合，认为技术创新是一个复杂的活动过程，从新思想、新概念开始，通过不断地解决各种问题，最终使一个有经济价值和社会价值的新项目得到实际的成功应用。20世纪70到80年代开始，有关创新的研究进一步深入，开始形成系统的理论。厄特巴克（J. M. UMerback）认为："与发明或技术样品相区别，创新就是技术的实际采用或首次应用"。缪尔赛（R. Mueser）在80年代中期对技术创新概念作了系统的整理分析，认为"技术创新是以其构思新颖性和成功实现为特征的有意义的非连续性事件"。1982年，弗里曼（Freeman）明确指出技术创新就是指新产品、新过程、新系统和新服务的首次商业性转化[3]。

改革开放以后，西方创新理论逐渐被引进到国内，清华大学傅家骥（1998）在国内率先创建技术经济理论，他认为："技术创新是企业家抓住市场的潜在盈利机会，以获取商业利益为目标，重新组织生产条件和要素，建立起效能更强、效率更高和费用更低的生产经营方法，从而推出新的产品、新的生产（工艺）方法、开辟新的市场、获得新的原材料或半成品供给来源或建立新的企业组织，它包括科技、组织、商业和金融等一系列活动的综合过程"[4]。彭玉冰和白国红（1999年）也从企业的角度为技术创新下了定义："企业技术创新是企业家对生产要素、生产条件、生产组织进行重新组合，以建立效能更好、效率更高的新生产体系，

① Addison Wesley Longman Limited. Longman Dictionary of American English［M］. New York：Pearson Education，2000.

② 熊比特. 经济发展理论［M］. 2版. 邹建平译. 北京：中国画报出版社，2012.

③ 弗里曼克，苏特罗. 工业创新经济学［M］. 1版. 华红勋，华宏慈译. 北京：北京大学出版社，2004.

④ 傅家骥等. 技术创新学［M］. 1版. 北京：清华大学出版社，1998.

获得更大利润的过程"[①]。

在党的十八大报告中,"创新"一词出现 55 次,被广泛应用于经济、社会、文化、外交、军事等各个领域,诸如"社会创新理论""创新型社会""文化创新""思想创新""科技创新""改革创新""创新驱动"以及"协同创新"等[②]。

三、创新驱动的内涵与发展

迈克尔·波特(Michael Porter)(1996 年)最早把创新驱动作为一个发展阶段提出来:第一阶段是要素驱动阶段,第二阶段是投资驱动阶段,第三阶段是创新驱动阶段,第四阶段是财富驱动阶段。创新驱动指的是创新成为推动经济增长的主动力,与其他阶段相区别,不是说创新驱动不需要要素和投资,而是说要素和投资由创新来带动[③]。综合而言,创新驱动可以理解为:就是利用知识、技术、企业组织制度和商业模式等无形要素,对现有资本、劳动力、物质资源等有形要素进行组合,以创新的知识和技术改造物质资本,提高劳动者素质和科学管理水平,进而形成内生性的增长。

创新驱动发展是相对于生产要素驱动发展而言的。首先,创新是各个生产要素的整合,从而避免了单一生产要素的消耗,实现了各生产要素的可持续发展;其次,创新本身是可再生资源,创新一旦成为发展的原动力,就会源源不断地发展壮大;最后,创新可以产生高附加值,由创新转化的生产力呈现级数效应,相对于生产要素的加数效应和乘数效应,具备超乎预测的放大功能。因此,创新驱动发展就是依赖创新,使生产要素高度整合、集聚、可持续地创造财富,从而驱动经济社会健康、稳步地向前发展[④]。

改革开放 30 多年来,我国经济的快速发展主要源于发挥了劳动力和资源环境的低成本优势。进入发展新阶段以来,我国在国际上的低成本优势逐渐消失。党的十八大报告中明确指出,要实施创新驱动发展战略,强调科技创新是提高社会生产力和综合国力的战略支撑,必须把科技创新摆在国家发展全局的核心位置。创新驱动将成为我国未来经济、社会及生态文明和谐发展的主要引擎。这是我国经济发展进入新阶段后的重大发展战略,同时也是我国经济发展转向新的发展方式的重要标志。

第二节　科技人力资源与创新驱动的相关研究

创新驱动的目标是转变经济增长方式。由要素与投资驱动转向创新驱动,就是利用知识、技术、企业组织制度和商业模式等创新要素对现有的资本、劳动力、物质资源等有形要素进行新的组合,以创新的知识和技术改造物质资本,提高劳动者素质和科学管理。各种物质要素经过新知识和新发明的介入及组合提高了创新能力,形成了内生性增长。显然,创新驱动可以在相对减少物质资源投入的基础上实现经济增长。经济学家阿瑟·刘易斯(William Arthur Lewis)认为,经济发展的基础要素包括自然资源、资本、智力和技术等,在

---

①　彭玉冰,白国红. 谈企业技术创新与政府行为[J]. 经济问题, 1999(7): 35-36.

②　吴金希. "创新"概念内涵的再思考及其启示[J]. 学习与探索, 2015(4): 123-127.

③　迈克尔·波特. 国家竞争优势[M]. 1 版. 北京: 天下文化出版公司, 1996.

④　洪银兴. 关于创新驱动和协调创新的若干重要概念[J]. 经济理论与经济管理, 2013(5): 5-12.

边际效益递减规律的作用下,自然资源和资本对经济发展的贡献度是递减的,所以从长期看,经济发展取决于人的智力和技术[①]。理论上对于人力资本与经济增长的研究已经证明,在农业经济时代,土地和劳动力资源是引领经济增长的主要因素;在工业经济时代,物质资本(资金、机器和设备等)、自然资源和劳动力是引领经济增长的主要来源;在当今的知识经济时代,资本进一步丰富为人力资本和物质资本,而越来越多的学者把构成人力资本的诸多要素纳入经济增长模型,从而使得不同国家和地区的经济增长及其差异得到了更为合理的解释[②]。作为科技资源的核心,也是支撑科技创新产生、扩散和应用的重要载体,科技人力资源在创新的各个环节、各个方面都发挥着举足轻重的作用[③]。

一、人力资本支撑经济增长的理论基础

早期的经济增长理论强调资本积累对经济增长产生的决定性作用。"哈罗德-多马模型"作为该时期的代表,将经济增长归结为资本的增加、劳动力的增加和劳动生产率的提高,并首次用经济模型的形式揭示了该经济增长机制。20 世纪 50 年代,以"索洛-斯旺"(Solow-Swan)模型为代表的新古典增长理论对资本决定论提出了挑战,强调物质资本、劳动力和外生技术进步是影响经济增长的最主要因素,并指出技术进步是经济长期增长的源泉。20 世纪 80 年代,罗默(Paul M. Romer)(1986,1990)和卢卡斯(Robert E. Lucas, Jr.)(1988)等学者创立了内生增长理论,试图利用技术进步、知识积累和人力资本等内生化的要素来解释经济增长问题。不难看出,随着经济增长理论的日益完善,人力资本对经济增长的重要作用已得到了学术界的一致肯定。

人力资本作为经济增长的主要源泉,在内生增长理论中得到了充分体现。罗默的内生增长模型指出,研发部门通过人力资本投入促进技术进步,并由此促进经济增长;地区间人力资本存量差异是导致不同地区经济增长差异的重要原因(邵琳,2014)[④]。卢卡斯的内生增长模型将人力资本作为内生变量引入到经济增长模型中,揭示了经济持续增长的源泉在于人力资本积累。卢卡斯认为,劳动力可以分为纯体力的"原始劳动"和技能性的人力资本两个部分,只有人力资本才能真正促进经济增长(林晓言等,2014)[⑤]。人力资本在经济增长中表现出内部效应和外部效应:"内部效应"是指劳动者脱离生产,从学校正规或非正规教育中积累获得的人力资本对经济增长的积极作用;"外部效应"是指通过"干中学"获得的人力资本所具有的扩散性和传递性,可以提高所有生产要素的生产效率,从而使产出呈现边际收益递增特点,进而使人力资本成为经济长期稳定增长的动力来源(付宇,2014)。实际上,西奥多·舒尔茨(Theodore W. Schultz)在构建现代人力资本理论时便指出,人力资本是经过慎重投资后体现在人身上的一种资本形态,表现为人所具备的有用的经验、知识、技能等。人力资本可以产生"知识效益"和"非知识效应",直接或间接地促进经济增长;与此同时,人力资本可以产生递增效益,消除常规资本与劳动的边际递减收益,保持经济稳定增

① 威廉·阿瑟·刘易斯. 二元经济论[M]. 1 版. 北京:北京经济学院出版社,1989.
② 邵琳. 人力资本对中国经济增长的影响研究[D]. 吉林:吉林大学,2014.
③ 中国科学技术协会调研宣传部,中国科学技术协会发展研究中心. 中国科技人力资源发展研究报告[M]. 北京:中国科学技术出版社,2008.
④ 邵琳. 人力资本对中国经济增长的影响研究[D]. 吉林:吉林大学,2014 年.
⑤ 林晓言,陈娟,王红梅,郭丽华. 技术经济学[M]. 1 版. 北京:北京交通大学出版社,2014.

长(林晓言等,2014)。

罗默的内生增长模型指出新知识的产生依赖于研发人员对已有知识存量的有效利用,突出了人力资本对知识生产和创新产出的重要作用。经典的格里利谢斯—贾菲(Griliches-Jaffe)知识生产函数同样强调知识产出源于研发经费投入和研发人员投入[①]。由此可见,人力资本是创新过程中重要的投入要素,其投入的数量和质量将直接影响一个地区和国家的创新水平。

二、我国人力资本与经济增长的研究实践

人力资本作为经济增长的主要源泉已经成为学术界的普遍共识,我国学者从不同角度验证了人力资本对中国经济增长的积极作用,形成了丰富的积累。宋佳乐和李秀敏(2010)基于卢卡斯的内生增长模型实证检验人力资本同经济增长的关系,结果表明自20世纪90年代以来,人力资本成为我国经济增长的最主要来源[②]。杜伟等(2014)进一步探究了人力资本推动经济增长的作用机制,研究发现,就我国整体而言,人力资本对经济增长的直接作用效果并不明显,主要是通过技术创新、技术模仿等间接途径作用于经济增长[③]。梁润等(2015)具体测算了我国1983—2011年人力资本对经济增长的贡献,研究发现劳动力质量的贡献高于劳动力数量,且质量的贡献在不断增加。在未来我国劳动力数量可能持续减少的宏观背景下,劳动力质量的持续上升对推动中国经济增长具有重要意义[④]。

产业结构调整是经济增长的内在要求,人力资本在产业结构调整过程中发挥着显著的推动作用。我国学者张国强等(2011)在增长回归框架下利用中国各省1978—2008年面板数据从国家和区域层面考察了人力资本及其结构对产业结构升级的影响。结果发现人力资本水平提升及结构优化将会加速我国产业结构转型与升级,形成未来我国持续、稳定发展的强大动力[⑤]。考虑到人力资本对产业结构的重要意义,学者们就人力资本与产业结构的匹配性问题也开展了大量有益探索。如靳卫东(2010)分别从就业、增长和收入分配三个角度探讨了人力资本与产业结构转化的动态匹配效应,指出人力资本的数量、结构和类型如果与产业结构转化不匹配将会造成失业人数增加、经济波动和收入差距扩大等问题[⑥]。周少甫等(2013)则进一步关注了人力资本与产业结构的适应性对经济增长的作用,结果表明与人力资本相适应的产业结构转化可以优化人力资本的配置,提高人力资本的产出效率,促进经济持续、快速地增长[⑦]。

---

① 知识生产函数的概念最早是由Griliches(1979)提出来的,他将知识产出或创新产出看作是研发投入的函数。随后,Jaffe(1989)对Griliches提出的知识生产函数进行了改进和完善,认为投入变量应该包括研发经费投入和人力资源投入。Griliches-Jaffe知识生产函数提出之后,成为学者们研究知识产出或创新产出相关内容的一个强有力的经验模型。

② 宋家乐,李秀敏. 中国经济增长的源泉:人力资本投资[J]. 中央财经大学学报,2010(12):56-61.

③ 杜伟,杨志江,夏国平. 人力资本推动经济增长的作用机制研究[J]. 中国软科学,2014(8):173-183.

④ 梁润,余静文,冯时. 人力资本对中国经济增长的贡献测算[J]. 南方经济,2015,33(7):1-14.

⑤ 张国强,温军,汤向俊. 中国人力资本、人力资本结构与产业结构升级[J]. 中国人口·资源与环境,2011,21(10):138-146.

⑥ 靳卫东. 人力资本与产业结构转化的动态匹配效应:就业、增长和收入分配问题的评述[J]. 经济评论. 2010(6):137-142.

⑦ 周少甫,王伟,董登新. 人力资本与产业结构转化对经济增长的效应分析——来自中国省级面板数据的经验证据[J]. 数量经济技术经济研究. 2013(8):65-77.

实施创新驱动发展战略关键在于"人",现有文献也从不同层面对人力资本对创新的积极作用给予了有力支持。苏屹等(2017)在地区层面讨论了人力资本投入对区域创新绩效的影响,结果表明,创新人力资本投入对以专利授权量和新产品销售收入表征的区域创新绩效具有显著的促进作用[①]。孙文杰和沈坤荣(2009)对人力资本积累与中国制造业企业技术创新效率的关系进行了计量检验,研究发现人力资本积累不足是我国企业提升自主创新能力的瓶颈,从而从产业层面证实了人力资本对创新的重要性[②]。胡凤玲和张敏(2014)从微观企业入手,对人力资本异质性与企业创新绩效之间的关联性以及其中的作用机理进行了分析和阐释,结果表明人力资本异质性通过知识创造的中介作用对企业创新绩效产生显著的正向影响[③]。

三、科技人力资源与创新驱动关联性研究

由要素与投资驱动转向创新驱动,就是利用知识、技术、企业组织制度和商业模式等创新要素对现有的资本、劳动力、物质资源等有形要素进行新的组合,以创新的知识和技术改造物质资本,提高劳动者素质和科学管理。各种物质要素经过新知识和新发明的介入及组合提高了创新能力,形成了内生性增长。显然,创新驱动可以在相对减少物质资源投入的基础上实现经济增长,使经济增长更多地依靠科技进步、劳动者素质提高和管理创新驱动[④]。与要素驱动和投资驱动相比,创新驱动强调通过智力资源去开发丰富的、尚待利用的自然资源,逐步取代已经面临枯竭的自然资源,节约并更合理地利用已开发的现有自然资源(张来武,2013)[⑤]。

创新驱动主要依靠科技创新。科技创新的成果表现为原始创新成果的产出与应用,并驱动产业发展。随着世界范围内科学技术的迅猛发展,创新对每个国家经济社会发展的深刻影响日益凸显,并逐渐被提升到国家发展战略的重要地位。创新的内涵和外延也不断丰富,如甘文华(2013)提出"软创新"的概念,强调创新的非技术要素[⑥]。过去所强调的技术创新侧重源于生产经验的技术改进,而随着知识经济时代的到来,创新的着重点已经转向科技创新,科技创新相比技术创新,突出科学发现转化为生产力的效率,更加重视创新的经济效益和市场价值,即科技相较于技术强调了科学知识的生产力转化,遵循的是科学-技术-市场路径。

知识创新是科技创新的源头。现代社会明显的趋势是科学创造的知识直接与经济结合,直接成为生产和经济增长的要素,从而决定经济增长的决定性因素由技术转向知识。经济发展直接依赖于知识的创新、传播和应用,知识密集型产品的比例大大增加,知识型产业取代传统产业占据主导地位,生产知识并把知识转化为技术和产品的效率即知识生产率,取代了劳动生产率成为衡量经济增长能力的主要指标[⑦]。

————————————

① 苏屹,安晓丽,王心焕,雷家骕. 人力资本投入对区域创新绩效的影响研究——基于知识产权保护制度门限回归[J]. 科学学研究. 2017(5):771-781.

② 孙文杰,沈坤荣. 人力资本积累与中国制造业技术创新效率的差异性[J]. 中国工业经济,2009(3):81-91.

③ 凤玲,张敏. 人力资本异质性与企业创新绩效——调节效应与中介效应分析[J]. 财贸研究,2014(6):121-128.

④ 洪银兴. 论创新驱动经济发展战略[J]. 经济学家,2013(1):5-11.

⑤ 张来武. 论创新驱动发展. 中国软科学[J]. 2013(1):1-5.

⑥ 甘文华. 创新驱动的四重维度——基于方法论视角的分析[J]. 党政干部学刊,2013,(1):49-52.

⑦ 洪银兴. 关于创新驱动和协调创新的若干重要概念[J]. 经济理论与经济管理,2013(5):5-12.

长期以来,我国经济实现了高速增长,经济总量跃居世界第二,外汇储备、出口、制造业跃居世界第一,但这些成绩是依靠低成本、低技术、低价格、低利润、低端市场换来的,而且付出了高能耗、高物耗、高排放和高污染的代价①。随着经济发展方式和要素结构的转变,原有的人口红利、包括土地在内的资源红利和资本红利优势开始减弱,劳动报酬及其预期的提升使得劳动力不再无限供给,资源和环境的不可持续问题已经非常突出,基于大规模投资和技术设备改善的传统增长模式也难以为继②。当经济发展与人口、土地、资源、环境的矛盾日益凸显的时候,就必须转变经济发展的方式,走向创新驱动发展战略③。

创新驱动的根本目的是要带动经济增长,科技人力资源所掌握的知识、技能、创新精神以及创造能力逐渐成为当今经济发展最为重要的生产力资源和经济社会发展的原动力。科技人力资源的数量、质量、结构、配置与创新能力等决定了创新的绩效,也对区域经济的发展具有重要影响。已有研究发现,科技人力资源聚集状况和区域的创新能力以及经济发展具有相关关系。如王奋和韩伯棠(2006)发现,科技人力资源集聚指数与创新能力之间呈正相关关系④。王奋和赵宏宇(2006)也发现科技人力资源集聚指数与区域人均 GDP 具有较强的相关性⑤。董雅楠(2009)通过选取国内三项专利授权量及全国科学家和工程师数量作为衡量创新能力和水平的代理指标,发现国内三项专利申请授权量和科学家与工程师数量之间存在单向显著的因果关系⑥。杨继明等(2010)通过建立一个区域创新机制模型验证了人力资源对创新吸收能力的重要影响⑦。李国富和汪宝进(2011)的研究结果发现科技人力资源密度与区域创新能力两者相关性显著⑧。总体上看,科技人力资源的聚集度、密度和质量等都与区域创新能力以及区域经济发展有密切关系,科技人力资源密集且质量较高的区域,其创新能力较强,经济发展也较好。

由此可见,科技人力资源与创新驱动之间存在相互协调、相互促进的互动关系。对于一个国家或地区经济的持续增长、技术进步、管理创新、商业模式升级和相关制度的日益完善都是不可或缺的重要因素。但是,要使以上这些要素都达到一个较高的水平,这其中一定数量和质量的科技人力资源是最为关键的基础。从科技人力资源角度看,科技创新是实现经济社会快速发展、提升综合国力的内生驱动力,而人才是科技创新的主导力量,要靠科技人才来实现科技创新。以人才为主导的科技创新机制是人才和科技创新关系的集中体现,人才在科技创新中的地位和作用则体现出"以人为本"的特征⑨。人才是科技创新的基础,也是科技创新的灵魂,更是科技创新的引擎。从创新驱动的角度看,随着人口红利的消失,资源和环境问题的凸显,必然要求转变发展方式,通过科技创新带动产业发展。这不仅在科技人力资源的规模上,更在科技人力资源的结构和质量方面提出了新的要求。

① 辜胜阻. 变"投资引擎"为"创新引擎"[C]. 中国经济转型期的战略机遇与政策选择学术研讨会,2012.
② 辜胜阻. 创新驱动与打造中国经济升级版[J]. 唯实(现代管理),2013(7):37.
③ 李东兴. 创新驱动发展战略研究[J]. 中央社会主义学院学报,2013(2):101-104.
④ 王奋,韩伯棠. 科技人力资源区域集聚效应的实证研究[J]. 中国软科学,2006(3):91-99.
⑤ 王奋,赵宏宇. 科技人力资源区域集聚能力的实证研究[J]. 中国科技论坛,2006(2):137-140.
⑥ 董雅楠. 我国创新产出与科技人力资源的协整分析[J]. 经营管理者,2009(10):145-146.
⑦ 杨继明,冯俊文,李永忠. 人力资源配置与区域创新有效性研究——技术吸收能力视角科学[J]. 管理研究,2010,28(1):95-102.
⑧ 李国富,汪宝进. 科技人力资源分布密度与区域创新能力的关系研究[J]. 科技进步与对策. 2011,28(1):144-148.
⑨ 路明华. 创新驱动发展战略视域下的人才与科技创新[J]. 黑河学刊,2015(7):75-76.

第三节　创新驱动与科技人力资源分析框架

创新驱动的目标是实现经济发展方式转变,促进经济的快速稳定增长。科技创新是创新驱动的核心,也是实现经济社会快速发展、提升综合国力的内生驱动力。科技人力资源是科技创新的主导力量与关键要素,作为科技和知识的有效载体,是创新驱动的源动力,从源头上保证创新成果的涌现,其创新能力是基础。科技人力资源对创新驱动的贡献主要体现在创新绩效的表现。通过科技人力资源国家间、区域间流动情况和产业中的需求情况体现科技人力资源的配置和利用状态。

一支规模宏大、结构合理的科技人力资源队伍是我国创新驱动发展战略实施的前提与基础,其中,我国科技人力资源自身创新能力的水平如何,在很大程度上是影响创新驱动发展战略实施的关键因素。一方面,创新驱动需要我们相关领域的研究工作从跟踪到并行再到领跑,对科技人力资源自身的创新能力提出了更高的要求,另一方面,创新驱动发展战略实施过程中催生出的新知识、新技术、新成果也为科技人力资源发展提供了广泛的自组织学习内容和平台。在此背景下,需要加速科技人力资源自身的创新能力、基础素质、知识技能的持续更新升级,提高科技人力资源自身知识向现实生产力的转化能力。

科技人力资源为创新驱动发展战略的实施提供智力支持。科技人力资源在科学方面以解决重大科学问题以及开辟新的学科领域方向为主,为迎接新的科技革命挑战与未来的产业变革奠定基础;在技术方面以突破关键技术瓶颈以及综合系统集成解决我国经济社会发展中的关键问题为主,直接支撑我国经济社会经济快速发展的战略需求。科技人力资源在科学、技术以及经济方面的创新绩效贡献状况如何,是直接影响创新驱动发展战略成功与否的关键因素。

实施创新驱动发展战略需要科技人力资源有更好的资源配置方式。一方面,吸引国际高水平科技人力资源为我所用,以及保障国内现有科技人力资源能够在我国不同创新主体之间顺畅合理地流动,是实施创新驱动发展战略的重要条件;另一方面,科技人力资源的开发、培养、使用以及相关评价激励的政策环境能否充分调动科技人力资源的积极性,也是创新驱动发展战略顺利实施的关键保障。

我国科技人力资源在总量上已居世界第一位,但是在结构和质量方面还是不尽合理,实施创新驱动发展战略也对我国科技人力资源的未来发展提出了更高的要求。不仅在科技人力资源的规模上,更是在科技人力资源的结构、类型以及质量方面有新的需求。实施创新驱动发展战略必然要求深入了解我国在不同领域、产业和区域间对科技人力资源的紧迫需求,集中引进和培养高精尖缺人才,这对于未来我国创新驱动发展战略的深入实施有重要影响。

基于此,本篇以产业发展(包括区域间)为主线,重点讨论在特定阶段创新驱动过程中,科技人力资源自身禀赋(主要是创新能力)以及不同群体的状况,和在此基础上科技人力资源的创新表现或绩效(在科学、技术、经济三方面);探讨科技人力资源在开发利用过程中在区域和产业间的流动状况,用以阐述科技人力资源的有效利用和配置情况;结合目前科技人力资源在重点产业中的供需情况,对未来做出推断。在上述基础上,分析科技人力资源及其开发利用的主要问题；提出未来能够更加适应创新驱动发展战略、更好发挥科技人力资源潜力的建议（见图 8-1）。

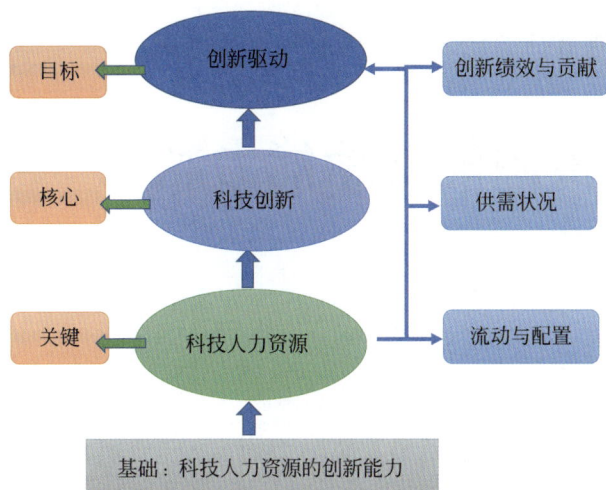

图 8-1 创新驱动与科技人力资源逻辑框架图

第九章

科技人力资源的创新能力状况

创新能力是科技人力资源的自身禀赋,也是科技人力资源开展创新活动、取得创新绩效的基础。本章在全面梳理创新能力及相关概念的基础上,提出测量科技人力资源创新能力的指标体系和综合指标,并定量分析了我国典型地区不同群体科技人力资源创新能力的现状与特征。

第一节　创新能力及相关概念

一、创新能力的内涵

创新能力是指个体具有发现、发明或创造新事物的能力。创新能力是一种特殊的心理品质,它是指个体或群体在前人发现或发明的基础上,通过自身努力,创造性地提出新的发现、新的发明和新的改进革新方案的能力。创新能力从主体出发,强调在主观作用推动下,个体产生的所有以前没有的设想、技术、文化、商业或者社会方面的关系。

创造力与创新意识是创新能力的两个重要方面。创造力是指产生新颖和有用的产品、过程和服务的构想[1],是个体产生新思想、新发现和创造新事物的能力。它是成功地完成某种创造性活动所必需的心理品质,包括创造性思维倾向与创造能力。创造力为创新提供了基础,并可以视为创新的理念基础和第一个步骤[2]。创造力既可以是结果,也可以是过程。作为结果,是获得创造性成果;作为过程,是持续发现问题、解决问题并实施新的解决方案。创造力强调新颖且实用的想法,包括适当的创意、过程和程序;因个体和情境的独特性而产生的新颖的结果。

吉尔福特(Guilford)作为现代创造力研究的提出者,强调从有创造特征者的思考过程

---

① Shalley, C. E. Effects of coaction, expected evaluation, and goal setting on creativity and productivity[J]. Academy of Management Journal, 1995, 38: 483-503.

② Scott, R. K. Creative employees A challenge to managers[J]. Journal of Creative Behavior, 1995, 29: 64-71.

入手①。从认知的观点来看,创造力包含聚敛思维和发散思维②。沃德和科洛密茨(Ward & Kolomyts,2010)提出创造性想法的产生取决于大量认知因素的相互作用,不仅包括联系性思考或者概念和影像的融合(发散性思维的某个方面),同时也包括以诸如精确地表征并回忆信息,对备选项进行评估和对最优选项做出选择等问题为代表的复合思维过程。

创新意识是人们对创新及其价值性、重要性的认识水平、认识程度以及由此形成的对待创新的态度,并能以这种态度来规范和调整行为的一种稳定的心理品质。它包括创造倾向,创造动机,创造兴趣、创造情感和创造意志。创新意识与创造性思维的关系密切,创新意识是引起创造性思维的前提和条件,创造性思维是创新意识的必然结果。创新意识是创造型人才所必需具备的心理品质。创新意识的开发是培养创造型人才的起点。

二、创新能力指标体系

心理能力的发展与人格特质、认知风格和行为倾向密切相关。个体层面创新能力的测量主要通过与创造力有关的创造性人格特质、自我认知、思维倾向来获得。

创造性人格是指个体在任务中能以开放式的思维解决问题,产生许多替代性答案,坚持原创想法的行为倾向。积极的心境对于创造力有积极的促进作用,消极的心境对于创造力会产生不可避免的消极影响③。

创新能力自我认知包括创新自我效能④和创新自我认同⑤两个方面。创新自我效能是指个体对自己具备创造创新成果能力的信心或信念,具体是指个体对自己能够在特定的任务或者工作中做出创造性行为所表现的主观评价,从本质上来讲它是指人们对自己创造能力的觉察和认知。创新自我认同是指人们对于创造性角色的自我概念的认可与身份认同程度⑥,是人们所持角色中对于创新行为的反映。

创造性思维活动是发散思维和聚敛思维的有机结合、循环往复的思维过程。吉尔福特(1950,1967)首次提出创造力包括发散思维与聚敛思维。这两种思维是两种方向相反的认知过程,但都非常重要。发散思维是产生多个答案,而聚敛思维是产生唯一的、正确的答案。个体层面的创新能力思维倾向测验主要集中在认知方向上的发散式思维和聚敛式思维的测量。发散思维(divergent thinking)是创造性思维的核心,是指在已有信息的基础上,产生新的信息,从同一信息中,产生沿着不同方向、不同范围的各种信息的输出。发散式思维测验要求人们根据形象或者言语的提示给出多种回答。发散思维从思维的流畅性、灵活

① Guilford, J. P. Creativity research: Past, present and future[J]. American Psychologist, 1950, 5: 444-454.

② Michael, W. B. Zimmerman, W. S., & Guilford, J. P. An Investigation of Two Hypotheses Regarding The Nature of the Spatial-Rlations and Visualization Factors[J]. Educational and Psychological Measurement. 1950, 10(2): 187-211.

③ Kaufmann, G. Expanding the Mood-Creativity Equation[J]. Creativity Research Journal, 2003, 15(2-3): 131-135.

④ Tierney, P., & Farmer, S. M. Creative self-efficacy: Its potential antecedents and relationship to creative performance[J]. Academy of Management journal, 2002, 45(6): 1137-1148.

⑤ Farmer, S. M., Tierney, P., & Kung-McIntyre, K. Employee creativity in Taiwan: An application of role identity theory[J]. Academy of Management Journal, 2003, 46(5): 618-630.

⑥ Zhang, X., Bartol, K. M. Linking empowering leadership and employee creativity: The influence of psychological empowerment, intrinsic motivation, and creative process engagement[J]. Academy of management journal, 2010, 53(1): 107-128.

性、独创性、精细性四个方面进行评估。聚敛思维是指个体以某个思考对象为中心，从不同角度和方面，将思维指向这个中心点，并从众多意见中引出一个最佳答案，以达到解决问题的目的。它是一种有方向、有范围、有条理的思维方式，能够产生唯一且最佳答案。聚敛思维具有同一性、程序性和比较性三个特点。创新能力思维倾向是指个体在任务中采用发散思维的行为方式或者聚敛思维的行为方式。

基于以上分析，从创造性人格、创新能力自我认知和创新能力思维倾向三个层面构建创新能力测量指标体系，对科技人力资源个体的创新能力进行测量和评价，如表 9-1 所示。

表 9-1　创新能力指标体系

一级指标	二级指标	三级指标	指标说明
创新能力	创造性人格	—	以开放式的思维解决问题，产生许多替代性答案，坚持原创想法的行为倾向
	创新能力自我认知	创新自我效能	个体对自己具备创造创新成果能力的信心或信念强度
		创新自我认同	人们对于创造性角色的自我概念的认可与身份认同程度
	创新能力思维倾向	发散思维倾向	在已有信息的基础上，产生新的信息；从同一信息中，产生沿着不同方向、不同范围的信息输出
		聚敛思维倾向	个体以某个思考对象为中心，从不同角度和方面，将思维指向这个中心点，并从众多意见中引出一个最佳答案，以达到解决问题的目的

三、创新能力指标的测量方法

本研究综合运用自主开发的和国际通用的心理学量表设计创新能力调查量表，开展我国科技人力资源创新能力调查，按照指标体系测量并统计我国典型地区科技人力资源的创新能力得分。

此次调查通过中国科协调查站点的数据采集网络平台，分别向北京、江苏、湖北、辽宁、山西、广西六省（市、自治区）发放问卷，发放对象为一线科技工作者，也就是科技人力资源概念中实际从事科研活动的群体，并基于不同机构类型进行取样，其中高等院校 42.3%，科研机构 22.4%，企业 33.8%。每个地区发放问卷 1000 份，共 6000 份，回收有效问卷 5795 份，回收率为 96.6%。

1. 创造性人格测量

早期人格理论的观点认为，创造力作为一种人格特质或特征[1]，在个体早期得到发展并随着时间的流逝保持着相对稳定的状态[2]。这一观点将创造力看作个体差异变量。自从创造力的人格理论被提出，许多创造性人格相关的测量工具应运而生。常用的创造性人格量

---

①　Guilford，J. P. Creativity research：Past，present and future[J]. American Psychologist，1950，5：444-454.

②　Van der Molen，P. P. Adaption-innovation and changes in social structure. In M. Kirton(Ed.)，Adaptors and innovators：Styles of creativity and problem solving. New York：Routledge，1989.

表有高夫（Gough）的加利福尼亚个性调查表（CPI）[①]和科顿（Kirton）的创造力风格[②]。本次研究采用的是高夫的 30 条目创造性人格量表。样本分析显示，内部一致性系数为 0.89，量表可靠性较高[③]。

2. 创新能力自我认知测量

本次研究采用蒂尔尼和法默（Tierney 和 Farmer）在 2002 年开发的创造力自我效能量表来测量创新自我效能，量表有 5 个条目，内部一致性系数为 0.83。采用法默和蒂尔尼（Farmer 和 Tierney）在 2003 年开发的创造性角色认同量表来测量创新自我认同，量表有 3 个条目，内部一致性系数为 0.80。

3. 创新能力思维倾向测量

创新能力思维倾向的测量包括发散思维倾向测验和聚敛思维倾向测验。发散思维倾向测验是最有代表性的测量工具，包括吉尔福特的智力结构产生测验（Structure of Intellect，SOI）[④]和托兰斯创造性思维测验（Torrance Tests of Creative Thinking，TTCT）[⑤]。聚敛思维倾向测验最有代表性的测量工具是远距离联想测验（RAT）[⑥]，它常用来评估聚敛式创造性思维[⑦]和创造性顿悟[⑧]。沈汪兵等人（Shen，Yuan，Liu，Yi 和 Dou）在 2016 年修订了中文版远距离联想测验（CRA-Chinese）[⑨]。但 TTCT 和 RAT 测验并不适用于大规模的问卷式测量。因此在本次典型地区科技人力资源创新能力测量中采用自主开发的测量工具——创造性思维倾向量表。该量表的内部一致性系数为 0.959；两个子维度发散思维倾向和聚敛思维倾向的内部一致性系数分别为 0.918 和 0.945。

第二节　我国科技人力资源的创新能力

一、我国科技人力资源的创新能力综合指标

本研究在创新能力指标体系（见表 9-1）的基础上提出科技人力资源创新能力综合指

---

① Gough，H. G. California Psychological Inventory administrator's guide. Palo Alto，CA：Consulting Psychologists Press，1987.

② Kirton，M. J. Adaptors and innovators：A description and measure[J]. Journal of Applied Psychology，1976，61：622-629.

③ 在心理测量中，如果某个量表的内部一致性系数超过 0.7，则表明该量表具有较高的可靠性，否则则是可靠性较低，下同。

④ Guilford，J. P. Creativity：Yesterday，today，and tomorrow[J]. Journal of Creative Behavior，1967，1：3-14.

⑤ Torrance，E. P. Guiding creative talent. englewood Cliffs，NJ：Prentice-Hall，1962.

Torrance，E. P. Torrance Tests of Creative Thinking：Norms technical manual. Bensenville，IL：Scholastic Service，1974.

⑥ Mednick，S. A. The Remote Associates Test[J]. Journal of Creative Behavior，1968，2(3)：213-214.

⑦ Chermahini，S. A.，Hickendorff，M.，& Hommel，B. Development and validity of a Dutch version of the Remote Associates Task：An item-response theory approach[J]. Thinking Skills and Creativity，2012，7(3)：177-186.

⑧ Ansburg，P. I. Individual differences in problem solving via insight[J]. Current Psychology，2000，19(2)：143-146.

⑨ Shen，W. B.，Yuan，Y.，Liu，C.，Yi，B. S.，& Dou，K. The Development and Validity of a Chinese Version of the Compound Remote Associates Test[J]. The American Journal of Psychology，2016，129(3)：245-258.

标。该综合指标反映了我国科技人力资源个体创新能力的平均水平。综合指标计算公式为：

$$ICI = (CP + ICS + ICM)/3 \tag{9-1}$$

$$ICS = (ISE + ISI)/2 \tag{9-2}$$

$$ICM = (DM + CM)/2 \tag{9-3}$$

$$CP = \frac{CP_{avg} - CP_{min}}{CP_{max} - CP_{min}} \tag{9-4}$$

$$ISE = \frac{ISE_{avg} - ISE_{min}}{ISE_{max} - ISE_{min}} \tag{9-5}$$

$$ISI = \frac{ISI_{avg} - ISI_{min}}{ISI_{max} - ISI_{min}} \tag{9-6}$$

$$DM = \frac{DM_{avg} - DM_{min}}{DM_{max} - DM_{min}} \tag{9-7}$$

$$CM = \frac{CM_{avg} - CM_{min}}{CM_{max} - CM_{min}} \tag{9-8}$$

其中，ICI 表示科技人力资源创新能力综合指标（Innovation Capacity Indicator），CP 表示创造性人格（Creative Personality），ICS 表示创新能力自我认知（Innovation Capacity Self-awareness），ICM 表示创新能力思维倾向（Innovation Capacity Mindset），ISE 表示创新自我效能（Innovative Self-efficiency），ISI 表示创新自我认同（Innovative Self-identity），DM 表示发散思维倾向（Divergent Mindset），CM 表示聚敛思维倾向（Convergent Mindset），avg 表示全部测量样本得分的平均值，max 表示全部测量样本得分的最大值，min 表示全部测量样本得分的最小值。

二、我国科技人力资源创新能力综合指标得分和特征

按照上述公式，计算得到我国科技人力资源创新能力各项指标的得分情况，并按照指标得分排序，分别将得分在前 30％、30％～70％、后 30％的样本标记为高分段群体、中分段群体和低分段群体（见表 9-2）。

可以看出，我国科技人力资源创新能力综合指标平均得分为 0.486，说明整体上我国科技人力资源的个体创新能力得分大部分集中在平均水平稍低的位置，创新能力略显不足，还有很大的提高潜力。具体来说，我国科技人力资源大多数具备创新能力自我认知和创新能力思维倾向，但创造性人格特质对创新能力的积极影响还有待增强。

在创造性人格方面，我国科技人力资源平均得分不高，但高分段群体的比例为 42.2％，分别比中间分数段和低分数段高出 8.3％和 18.2％，这表明在人格特质方面，绝大多数科技人力资源的得分集中在中等或较低水平的平均值附近，创造性人格较为欠缺。

在创新能力自我认知方面，我国科技人力资源得分整体上居于中等水平。其中，我国科技人力资源的创新自我效能得分存在两极分化现象，高分段群体（34.4％）平均得分比低分段群体（25.6％）的平均得分高 2.4 倍；创新自我认同方面低分数段群体较多（40.7％），表明我国科技人力资源群体中多数对自我创新能力的认同感偏低，认为自己缺乏科技创新的能力，对自我作为创造性角色的信心不足。

表 9-2 我国科技人力资源创新能力综合指标得分情况

一级指标	二级指标	三级指标	群体划分	总 体 样 本			
				M	最大值	最小值	%
创新能力 ICI 0.486			高	0.671	0.970	0.574	30.1
			中	0.477	0.573	0.386	40.1
			低	0.311	0.385	0.050	29.8
	创造性人格 CP 0.388		高	0.509	1.000	0.409	42.2
			中	0.340	0.364	0.318	33.9
			低	0.240	0.273	0.000	24.0
	创新能力自我认知 ICS 0.521		高	0.767	1.000	0.650	30.6
			中	0.517	0.641	0.384	40.0
			低	0.269	0.375	0.000	29.4
		创新自我效能 ISE 0.539	高	0.811	1.000	0.700	34.4
			中	0.497	0.650	0.350	40.0
			低	0.239	0.300	0.000	25.6
		创新自我认同 ISI 0.503	高	0.753	1.000	0.668	29.8
			中	0.534	0.583	0.500	29.5
			低	0.295	0.418	0.000	40.7
	创新能力思维倾向 ICM 0.549		高	0.803	1.000	0.686	30.4
			中	0.548	0.684	0.415	39.7
			低	0.291	0.413	0.000	29.9
		发散思维倾向 DM 0.545	高	0.815	1.000	0.715	30.3
			中	0.555	0.678	0.428	36.9
			低	0.284	0.393	0.000	32.8
		聚敛思维倾向 CM 0.553	高	0.826	1.000	0.750	26.8
			中	0.585	0.723	0.445	40.1
			低	0.293	0.418	0.000	33.1

备注：M 为均值；% 为样本百分比。

相对来说,科技人力资源的创新能力思维倾向得分较高,其三个不同水平的得分段分布均衡,表明我国科技人力资源群体在发散思维倾向和聚敛思维倾向方面都呈现较高水平,这也符合前人相关研究,即聚敛思维是以发散思维为基础,发散思维强,聚敛思维不一定强,但聚敛思维强,发散思维也强。

三、不同科技人力资源群体创新能力综合指标分析

为更全面详细地描述我国不同科技人力资源群体的创新能力状况,按照机构类型、留学经历、受教育程度、科研活动类型、年龄与性别等七个方面,分析了创新能力指标体系的测量结果,以及科技人力资源个体创新能力不同方面的现状。

(1)科研院所中的科技人力资源创新能力综合指标得分较高。

目前我国最有创新能力的群体集中在高等院校和科研机构,企业中科技人力资源的创新能力综合指标得分相对较低(见表 9-3)。具体来说,高等院校的创造性人格指标得分最高;而科研机构科技人力资源的创新能力自我认知和创新能力思维倾向得分相对较高,表明在科研工作中,科研院所的科技人力资源有更多的新想法并且能很好地让创新想法变为

现实；企业中的科技人力资源创新自我认同指标得分最高，表明其更加认同自我的创新角色，但在创造型人格、对实现创新想法的信心上表现略低于科研院所的科研人力资源。

表9-3　按机构类型分科技人力资源创新能力指标得分

机 构 类 型	样本量	创造性人格	创新能力自我认知		创新能力思维倾向		创新能力综合指标
			创新自我效能	创新自我认同	发散思维倾向	聚敛思维倾向	
科研机构	1297	0.364	0.555	0.501	0.555	0.561	0.483
高等院校	2451	0.408	0.532	0.500	0.543	0.550	0.490
企业	1961	0.371	0.537	0.506	0.542	0.552	0.480
其他	86	0.348	0.525	0.499	0.502	0.505	0.455

（2）有海外经历的科技人力资源在创新能力自我认知和发散思维倾向上得分较高。

对于有海外工作或6个月以上访问学者经历的科技人力资源，其创新能力综合指标得分明显高于其他群体。具体表现在，有海外工作经历的科技人力资源在创造性人格、发散思维倾向和聚敛思维倾向指标上的得分明显高于其他群体；无海外经历的科技人力资源在创新自我认同和发散思维倾向指标上的得分明显低于有海外经历的群体（见表9-4）。

表9-4　按海外经历分科技人力资源创新能力指标得分

海 外 经 历	样本量	创造性人格	创新能力自我认知		创新能力思维倾向		创新能力综合指标
			创新自我效能	创新自我认同	发散思维倾向	聚敛思维倾向	
无海外经历	4645	0.385	0.535	0.498	0.539	0.550	0.482
海外获得学位	305	0.362	0.560	0.527	0.578	0.531	0.487
海外博后经历	179	0.303	0.568	0.529	0.574	0.569	0.474
6个月以上访问学者	459	0.410	0.555	0.511	0.564	0.570	0.503
海外工作经历	224	0.420	0.598	0.533	0.602	0.596	0.528

（3）科技人力资源的创新能力指标得分与受教育程度高度相关。

科技人力资源的受教育程度与其创新能力综合指标得分成正比例关系（见表9-5）。博士研究生学历的群体创新能力综合指标得分（0.505）明显高于硕士（0.470）和学士（0.469）学历群体，特别是博士群体的创造性人格得分较高，表明该群体的人格特质对其创新能力具有积极的影响，这可能是其创新能力得分较高的重要原因之一。但是在创新自我认同以及创新能力思维倾向方面，不同学历群体得分差异不大。

表9-5　按受教育程度分科技人力资源创新能力指标得分

受教育程度	样本量	创造性人格	创新能力自我认知		创新能力思维倾向		创新能力综合指标
			创新自我效能	创新自我认同	发散思维倾向	聚敛思维倾向	
博士	1517	0.415	0.553	0.506	0.568	0.576	0.505
硕士	2020	0.356	0.531	0.500	0.537	0.540	0.470
学士	1821	0.344	0.536	0.504	0.538	0.550	0.469
其他	437	0.376	0.537	0.491	0.534	0.535	0.475

（4）从事应用研究工作的科技人力资源的创新能力综合指标得分高于其他群体。

我国从事应用研究的科技人力资源在创新能力综合指标上得分略高于基础研究、科技服务、生产性活动等工作类型的群体（见表9-6），从事应用研究的群体在创造性人格指标和创新能力思维倾向指标方面得分更高。此外，由于有明确的成果产出预期，因此从事应用研究工作的群体对自我创造新成果的能力和自我的创造性角色更加认同。

表 9-6　按工作类型分科技人力资源创新能力指标得分

| 工 作 类 型 | 样本量 | 创造性人格 | 创新能力自我认知 | | 创新能力思维倾向 | | 创新能力综合指标 |
			创新自我效能	创新自我认同	发散思维倾向	聚敛思维倾向	
基础研究	1977	0.377	0.522	0.497	0.532	0.543	0.475
应用研究	2367	0.396	0.556	0.514	0.565	0.569	0.499
科技服务	613	0.348	0.528	0.495	0.529	0.531	0.463
生产性活动	756	0.358	0.541	0.486	0.535	0.554	0.472
其他	82	0.369	0.482	0.473	0.407	0.429	0.421

（5）科技人力资源创新能力双峰值出现在中青年阶段。

我国科技人力资源的创新能力综合指标得分在年龄分布上出现两个峰值：36～40岁群体表现出第一个高峰值，51～55岁年龄段群体表现出第二个高峰值。具体来说，36～40岁的科技人力资源虽然创新能力各项指标得分都不是最高，但综合得分最高；而51～55岁群体创新自我效能、创新能力思维倾向上得分最为突出（见表9-7）。

表 9-7　按年龄分科技人力资源创新能力指标得分

| 年　　龄 | 样本量 | 创造性人格 | 创新能力自我认知 | | 创新能力思维倾向 | | 创新能力综合指标 |
			创新自我效能	创新自我认同	发散思维倾向	聚敛思维倾向	
≤30	1453	0.323	0.525	0.497	0.532	0.550	0.458
31～35	1461	0.386	0.538	0.498	0.546	0.546	0.484
36～40	1156	0.407	0.550	0.523	0.556	0.564	0.501
41～45	712	0.338	0.533	0.495	0.537	0.551	0.466
46～50	541	0.411	0.536	0.491	0.540	0.548	0.489
51～55	384	0.397	0.562	0.498	0.564	0.562	0.497
56～60	77	0.270	0.558	0.532	0.556	0.547	0.456
>60	11	0.298	0.351	0.437	0.382	0.414	0.363

（6）男性科技人力资源的创新能力综合指标得分略高于女性。

整体来看，男性科技人力资源的创新能力综合指标得分高于女性。其中，在创新自我效能、创新自我认同、发散思维倾向和聚敛思维倾向等指标中，男性的得分均高于女性，只是在创造性人格方面，女性得分高于男性（见表9-8）。

表 9-8　按性别分科技人力资源创新能力指标得分

性　别	样本量	创造性人格	创新能力自我认知		创新能力思维倾向		创新能力综合指标
			创新自我效能	创新自我认同	发散思维倾向	聚敛思维倾向	
男	3355	0.373	0.550	0.510	0.556	0.567	0.488
女	2440	0.386	0.523	0.492	0.529	0.534	0.475

本 章 小 结

当今时代是科学研究充满挑战的时代——学科互相交叉、融合、渗透，科学不断地走向综合化，科研逐渐从"小科学"走向"大科学"，因此需要不同学科之间相互协作，共通有无。[①]知识经济时代，科技人力资源的创新能力左右着一个国家经济与社会发展的主观能动性。了解科技人力资源的创新能力特点，有助于提高科研的集约化，充分发挥我国的科研创新能力[②]。

创新能力是创造性工作输出的保证。Kurt[③]指出"知识表现为持续交换的信息的相互依赖过程，随着时间的推移，信息的流动导致了知识基础的改变。"只有不断地吸收新知识、不断更新已有的分析框架，才能提升自己的创新能力[④][⑤][⑥]。在探讨创新能力相关概念的基础上，我们从创造性人格、创新能力自我认知和创新能力思维倾向三个维度构建科技人力资源创新能力指标体系。其中创新能力自我认知包含创新自我效能和创新自我认同两个三级指标；创新能力思维倾向包含发散思维倾向和聚敛思维倾向两个三级指标。通过设计并发放量表，得到我国典型地区科技人力资源创新能力指标的得分数据，分析结果显示：

我国科技人力资源的创新能力稍显不足，还有较大的提升空间。具体来说，在创造性人格方面，绝大多数科技人力资源的得分集中在较低水平的平均值附近，表明他们以开放式思维解决问题的能力和坚持原创想法的行为倾向有所欠缺。在创新能力自我认知方面，我国科技人力资源得分表现为中等水平，个体对自己具备创新能力的信心差异较大，对自己创造性角色身份的认同较为保守。在创新能力思维倾向方面，我国科技人力资源的表现有亮点，大多善于综合运用发散思维和聚敛思维来解决问题，为提高创新能力提供了可能性。

从 2011 年起，Nature 每年 5 月推出"自然出版指数——中国"，并以此评价中国的科研情况。2014 年采用了全新评分 WFC[⑦]。范赟等对比了中日韩三国科研人员的创新能力，结果发现中国在科学研究和专利成果数量与增长率上均处于领先地位，但是在科研成果转化

---

① 陈春华等. 科研创新团队运作管理[M]. 北京：科学出版社，2004(01)：54.
② 谢霍坚等. 团队组织模型[M]. 上海：上海远东出版社，2003(04)：116-117.
③ 库尔特·多普菲. 演化经济学：纲领与范围[M]. 贾根良，刘辉锋，崔学锋，译. 北京：高等教育出版社，2004：11.
④ 全国科技工作者状况调查课题组. 第二次全国科技工作者状况调查报告[M]. 北京：中国科学技术出版社，2010.
⑤ 吴秀芳，张东辉. 培养科技人员创新能力探析[J]. 胜利油田党校学报，2008，21(4)：127-128.
⑥ 曹茂兴，王端旭. 企业研发人员胜任特征研究[J]. 技术经济与管理研究，2006(2)：38-40.
⑦ 周大海. 高新技术企业创新能力与创新绩效系统评价[J]. 现代经济，2015(5)：15-18.

率上低于日韩两国[①]。这表明,对我国科技人力资源来说,提升创新实践能力比获取知识具有更广泛的意义。

科研人员的年龄、性别等人口学个体差异可能影响科技人力资源的创新能力[②],学历与其创新活动参与程度密切相关[③]。这表现在不同群体的创新能力各有其特点和优势。我国的科学研究工作共有五大体系:科学院体系、国防科研体系、高等院校体系、各部委科研体系以及地方和企业科研体系[④]。科技人力资源的创新能力是这些体系科研创新能力的基础资源,对不同工作机构类型的创新能力分析显示,高等院校目前是我国创新能力最强的地方,企业的创新主体作用尚未充分发挥。

从海外留学经历看,海外工作和学习经历有利于提升创新能力,在塑造创造性人格、提升创新能力自我认同和创新能力思维倾向方面都有帮助,大力吸引海外人才是对提高我国创新能力很好的补充。从受教育程度看,学历越高的科技人力资源其创造性人格得分越高。高层次学历教育的科研训练有助于培养以开放式的思维解决问题的能力,有利于形成创造性人格,因此适度扩大高等教育规模对提高我国科技人力资源整体创新能力有帮助。在研究性质类型方面,由于有明确的成果产出预期,因此从事应用研究类工作的群体对自己创造新成果的能力更加认同。目前我国最有创新能力的群体不在基础研究领域,一定程度上阻碍了我国科学研究的原始创新。从年龄上看,创新能力的提高需要后天科研活动的积累,并且表现出双峰或多峰现象,但到60岁以后的顶峰后会出现下降,这与对科研人员论文产出的相关研究结果有一定的一致性[⑤][⑥]。一方面,我们应更多地发挥创新能力最强的青年科技人力资源群体的创新作用,注重加强对青年科研人员加强引导和激励,创造有利他们职业发展的条件和环境,最终达到提高他们综合能力和创新绩效的目的;另一方面,对于步入职业生涯中后期的科研人员,由于其在事业家庭各个方面趋于稳定,也对自我创新的信心更强,对该群体应探索持续和稳定的支持机制,鼓励其开展高风险的变革性研究,以产出更多的原创性科研成果。从性别上看,虽然女性的创造性人格特质更有利于发挥创新能力,但整体上男性的创新能力得分较高于女性,主要体现在男性的创新能力自我认知和创新能力思维倾向得分要高于女性。

① 范赟,刘俊. 中日韩科研人员创新能力与创新绩效评价比较研究[J]. 科学管理研究. 2015(6):117-120.

② 蔡启通,高泉丰. 动机取向、组织创新气候与员工创新行为之关系:Amabile 动机综效模型之验证[J]. 管理学报[台],2004,21(5):571-592.

③ Tierney P, Farmer S M, Graen G B. An examination of leadership and employ creativity: the relevance of traits and relationships[J]. Personnel Psychology, 1999,52(3):591-619.

④ 胡启俊. 管理科学与高校科研管理[M]. 北京:北京师范大学出版社,1988:90.

⑤ 林曾. 夕阳无限好——从美国大学教授发表期刊文章看年龄与科研能力之间的关系[J]. 北京大学教育评论,2009(1):108-121.

⑥ 方锦清,刘强,李永. 自然科学家的创作多峰现象及创新能力[J]. 复杂系统与复杂性科学,2014,V11(1):12-22.

第十章

科技人力资源的绩效产出与贡献

　　创新驱动的本质是指依靠创新,充分发挥科技对经济社会的支撑和引领作用,大幅提高科技进步对经济社会的贡献,实现经济社会全面协调可持续发展和综合国力不断提升。从创新价值链过程来看,创新可以分成三个阶段:科学创新、技术创新以及应用创新。从全链条创新的结果看,科技人力资源对创新驱动的绩效产出和贡献,主要体现在科技人力资源在科学创新、技术创新和应用创新方面的绩效产出和贡献。

　　在科学创新,即满足科学需求方面,科技人力资源的贡献主要体现在通过科学研究活动实现的科学知识的积累与增加,如解决重大科学问题、开辟新的方向,提出原创的理论与方法等。在目前技术条件下,从可统计数据以及可测量指标的典型性和重要性考虑,科技人力资源在科学创新方面的绩效产出主要表现为期刊论文等;在技术创新,即满足技术需求方面,科技人力资源的贡献主要体现在通过科技成果的转移转化带来的技术进步,如突破关键核心技术、形成系统解决方案等。在目前技术条件下,从可统计数据以及可测量指标的典型性和重要性考虑,科技人力资源在技术创新方面的绩效产出主要表现为专利和新产品等;应用创新,即满足经济社会发展需求方面,科技人力资源的贡献主要体现在国民经济发展或国防建设上获得的显著的经济或社会效果,从可统计数据以及可测量指标的典型性和重要性考虑,一般采用科技人力资源对区域或行业的经济增长贡献率等指标来进行测算。

　　需要说明的是,本部分研究中期刊论文的统计对象指目前实际从事科技活动(或科技职业)的一线活跃科技人员(含在读硕士博士及博士后)。专利的统计对象包括实际从事科技活动(或科技职业)的活跃科技人员(含高校科研机构和企业等的在读硕士博士及博士后),也包括未在科技岗位任职的无职务人员,如在其他工作岗位的人力资源,他们也可能会申请专利或获得专利授权,从而对技术创新做出贡献。在经济贡献率测算过程中,测算数据来源于现有的统计年鉴。目前我国各类统计年鉴中对科技人力资源量化的指标包括科技活动人员、R&D 科技人员折合全时当量等。相比较而言,R&D 人员折合全时当量更好的反映了投入到生产活动中的科技人力资源,因而选择 R&D 人员全时当量作为衡量科技人力资源的量化指标。需要指出的是,这三类人群都是科技人力资源的重要组成部分。

考虑到常规的数据统计口径和数据可获取性，在文中涉及数据分析及测算时，用上述人群表征科技人力资源进行测算。

第一节　科技人力资源对科学创新的绩效产出与贡献

重点利用可统计和可测量的论文等数据和指标，考察科技人力资源在科学创新方面的绩效产出与贡献状况。目前，国内外关于科技论文和著作的统计口径多种多样。从质量和影响力考虑，本节将以《中国科技论文统计》①和《中国科技统计年鉴》为基础，刻画"十二五"时期科技人力资源对创新驱动科学创新方面的绩效产出与贡献状况。前者由中国科学技术信息研究所发布，后者由国家科学技术部和国家统计局出版，两份报告都定期向社会公布，被科技管理部门和学术界广泛应用，具有较强的系统性和权威性。本节将吸收并提炼该两份报告中的相关内容，对"十二五"期间科技人力资源对科学创新的绩效产出与贡献状况进行描述与分析。

一、国内论文数量呈增长趋势，机构和学科间差异显著

2011 至 2015 年间，以中国科技人员为第一作者的国内论文总数是 275 万篇，年增长幅度为 2.2 %②。从机构类型分布看，2011 至 2015 年间，来自高等院校的科技人员对中文论文数的贡献占据压倒性优势，年均贡献量是 35 万篇中文论文数。其次是研究机构、医疗机构③和公司企业（见表 10-1）。

表 10-1　2011—2015 年中国国内论文数绩效产出情况　　　（单位：篇）

类　　型	2011 年	2012 年	2013 年	2014 年	2015 年
高等院校	335 907	337 909	330 605	392 875	383 021
医疗机构	91 793	78 694	78 387	76 989	78 152
研究机构	58 160	55 732	60 148	63 749	61 881
公司企业	21 164	33 521	24 968	26 090	22 452
其他类型	22 976	21 844	19 092	25 497	52 994
合　　计	530 000	527 700	513 200	585 200	598 500

注：数据来源于《中国科技论文统计结果（国内部分）》（2011—2016 年）。

从学科分布看，2011 至 2015 年间中国科技人员在临床医学的中文论文贡献最大，其次是农学、电子通信与自动控制、计算技术、中医学和预防医学与卫生学（见图 10-1）。

从地区分布看，如图 10-2 所示，十大地区的科技人员对 2011 年至 2015 年间中文论文数的贡献更为显著。其中，排名第一的北京地区科技人员对中文论文数的年均贡献量是排名第十的辽宁地区的 4 倍之多。可以看出，在人口密集区或长江三角区等经济发达地区，科技人员对创新驱动的科学贡献能力较为突出。

---

① http://www.360doc.com/content/15/1028/04/22135375_508864273.shtml.
② 本节数据和图表根据 2011—2016 年《中国科技论文统计结果（国内部分）》统计整理得出。
③ 注：医疗机构论文数不包含高等院校附属医院发表的论文。

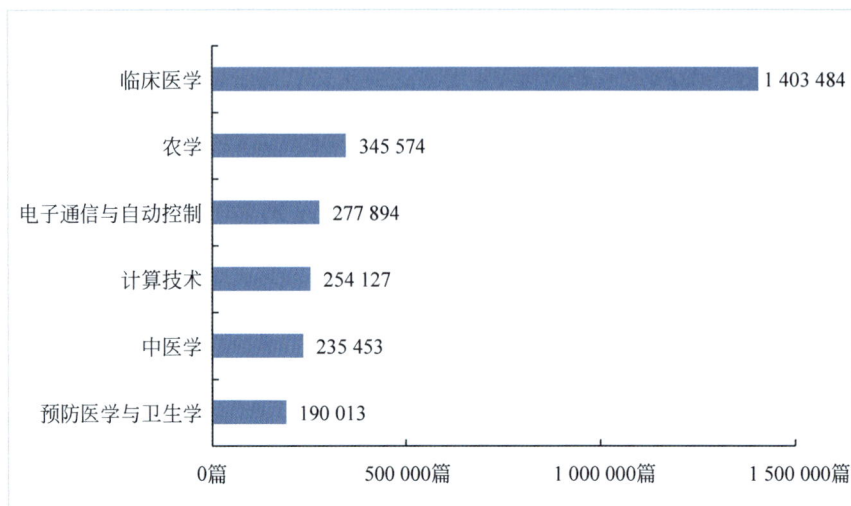

图 10-1　2011—2015 年中国科技人员中文论文数产出较大的六个学科

注：数据来源于《中国科技论文统计结果（国内部分）》（2011—2016 年）。

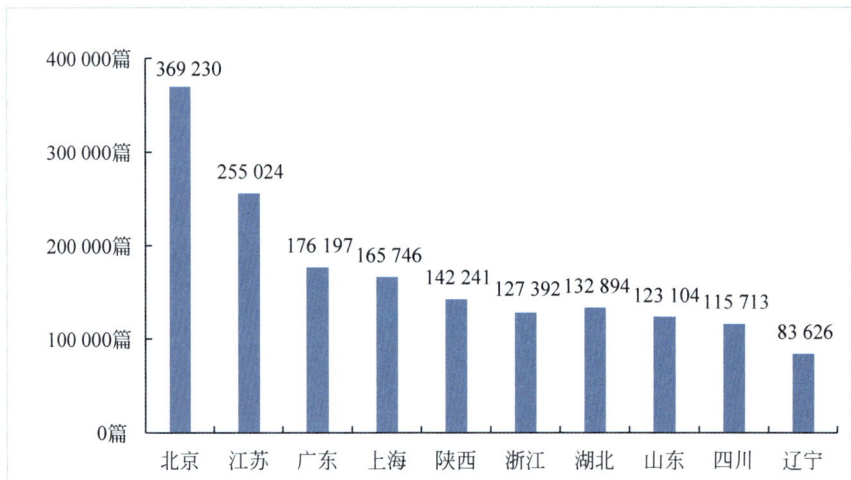

图 10-2　2011—2015 年中国科技人员对中文论文数贡献较大的十个地区

注：数据来源于《中国科技论文统计结果（国内部分）》（2011—2016 年）。

二、国际论文（SCI）数量和影响力稳步提升

2011 年至 2015 年间，全球科技人员对 SCI 论文数的贡献量是 840.6 万篇，年增长幅度为 4.6 ％[①]。其中，中国科技人员对 SCI 论文数的贡献量是 114.9 万篇（占世界份额的 13.7％），年增长幅度为 15.4％，是世界增长水平的 3 倍多，连续第六年排在世界第 2 位。

---

① 本节数据和图表根据 2011—2016 年《中国科技论文统计结果（国际部分）》统计整理得出。

排在第一位的美国,其 SCI 论文数量约为 230 万篇,是我国的 2 倍,占世界份额的 27.4%(见图 10-3)。

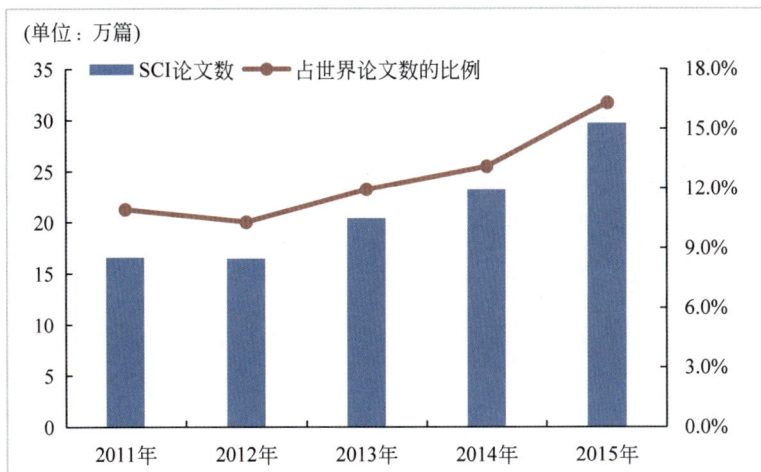

图 10-3　2011—2015 年中国科技人员对 SCI 论文数贡献量及变化趋势

注:数据来源于《中国科技论文统计结果(国际部分)》(2011—2016 年)。

从学科分布看,2011 年至 2015 年间中国科技人员在以下七个学科的 SCI 论文贡献最大,分别是化学、临床医学、物理学、生物学、材料科学、基础医学和数学。其中,中国科技人员在化学学科平均每年新增近 3.8 万篇 SCI 论文,是基础医学的三倍之多(见图 10-4)。

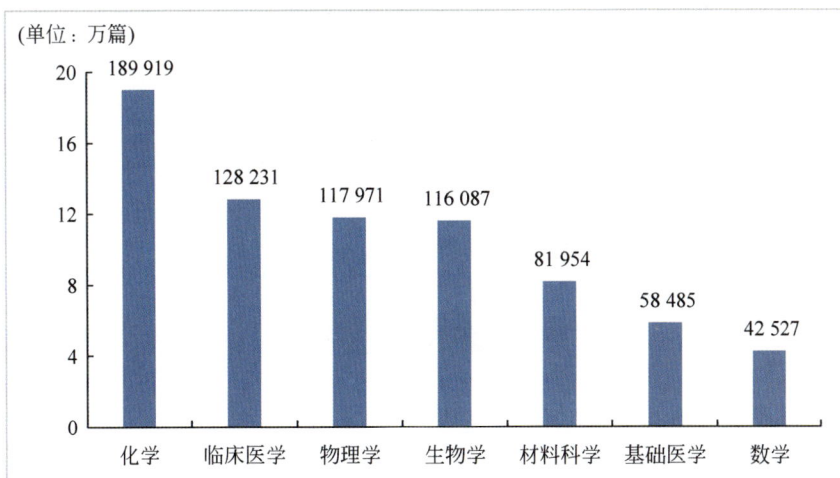

图 10-4　2011—2015 年中国科技人员对 SCI 论文数贡献较大的七个学科

注:数据来源于《中国科技论文统计结果(国际部分)》(2011—2016 年)。

从地区分布看,2011 年至 2015 年间以下十大地区的科技人员对 SCI 论文数的贡献较为显著,分别是北京、上海、江苏、广东、浙江、湖北、陕西、山东、四川和辽宁。其中,排名第一的北京地区科技人员对 SCI 论文数的年均贡献量(27 万篇)是排名第十辽宁地区的 4 倍之多。同样地,在人口密集区或长江三角区等经济发达区,科技人员对创新驱动的科学贡献能力较为突出(见图 10-5)。

(单位：万篇)

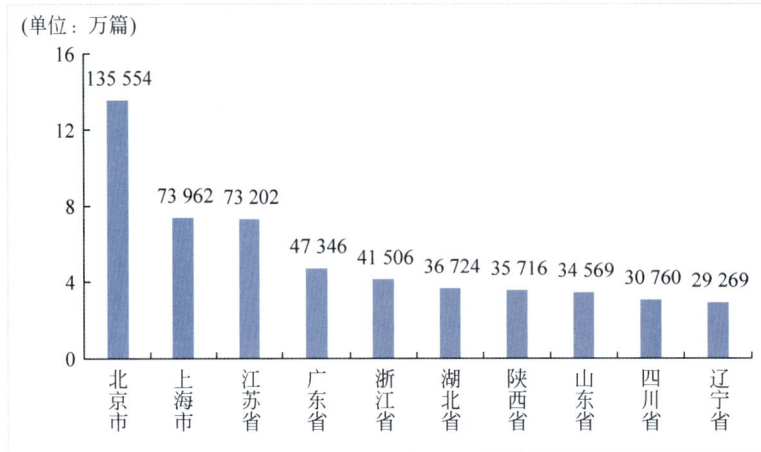

图 10-5 2011—2015 年中国科技人员对 SCI 论文数贡献较大的十个地区

注：数据来源于《中国科技论文统计结果（国际部分）》（2011—2016 年）。

从论文作者单位机构类型分布看，2011 年至 2015 年间，来自高等院校的科技人员对 SCI 论文数的贡献占据压倒性优势，年均贡献量是 16.8 万篇 SCI 论文数。其次是研究机构、医疗机构[①]和公司企业。这与不同机构的定位和机构规模及科研人员数量也相符（见图 10-6）。

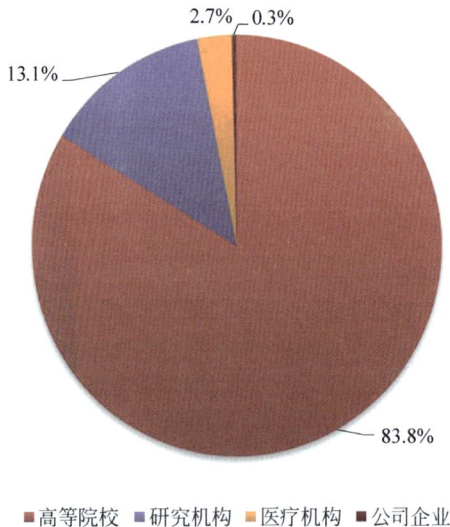

■ 高等院校 ■ 研究机构 ■ 医疗机构 ■ 公司企业

图 10-6 2011—2015 年中国四大科研机构类型对 SCI 论文数贡献状况

注：数据来源于《中国科技论文统计结果（国际部分）》（2011—2016 年）。

如果说 SCI 论文产出表现的是在科学创新方面的绩效产生，那么引用次数更侧重表现出的则是科学创新方面的影响力。考虑到引用数产生的滞后效应，我们考察近 10 年来（2005—2015 年）中国各学科论文数量及被引用次数及其占世界的比例（表 10-2）。其中，中国有 12 个学科产出论文的比例超过世界该学科论文的 10%。有 19 个学科论文被引用次

---

① 医疗机构论文数不包含高等院校附属医院发表的论文。

数进入世界前10位,其中农业科学、化学、计算机科学、工程技术、材料科学、数学、药学与毒物学等7个领域论文的被引用次数排名世界第2位,环境与生态学和综合类排在世界第3位,地学和植物学与动物学排在世界第4位,生物与生物化学和微生物学排名世界第5位。与前一统计年度相比,有7个学科领域的论文被引用频次排位有所上升,其中综合类跃升3位,植物学与动物学上升2位,另有5个学科领域上升了1位(见表10-2)。

表 10-2   2005—2015 年中国各学科论文数量及被引用次数及其占世界的比例①

学　　科	SCI论文数量(篇)	占世界份额	被引用次数	占世界份额	世界排位	位次变化趋势	篇均引用数	相对影响
农业科学	33 325	9.4%	238 771	8.7%	2	↑1	7.2	0.9
材料科学	168 992	26.4%	1 391 515	22.6%	2	—	8.2	0.9
地学	52 117	13.9%	451 731	11.0%	5	—	8.7	0.8
分子生物学与遗传学	40144	10.3%	465 587	4.9%	8	↑1	11.6	0.5
工程技术	175 047	17.3%	997 467	16.5%	2	—	5.7	1.0
化学	320 882	22.0%	3 304 389	18.0%	2	—	10.3	0.8
环境与生态学	43 220	11.7%	397 612	8.9%	3	↑2	9.2	0.8
计算机科学	51 864	15.8%	209 632	11.8%	2	—	4.0	0.8
经济贸易	11 041	4.9%	67 488	4.1%	7	—	6.1	0.9
精神病学与心理学	8031	2.4%	63 200	1.6%	14	↑1	7.9	0.7
空间科学	10 450	7.7%	110 696	4.9%	13	—	10.6	0.6
临床医学	153 356	6.5%	1 200 154	4.1%	10	—	7.8	0.6
免疫学	14 391	6.3%	148 633	3.5%	12	—	10.3	0.6
社会科学	19 811	2.7%	112 617	2.5%	9	—	5.7	0.9
神经科学与行为学	27 580	6.0%	252 332	3.2%	10	↑2	9.2	0.5
生物与生物化学	68 843	10.5%	663 683	6.3%	5	↑2	9.6	0.6
数学	67 889	18.3%	253 803	17.5%	2	—	3.7	1.0
微生物学	17 083	9.6%	141 234	5.4%	6	↑1	8.3	0.6
物理学	202 904	18.3%	1 642 553	14.2%	3	—	8.1	0.6
药学与毒物学	39 705	11.8%	332 259	8.0%	2	↑3	8.4	0.7
植物学与动物学	51 346	7.9%	372 270	6.7%	6	↑2	7.3	0.8
综合类	3105	11.1%	58 364	6.4%	6	↑2	18.8	0.6

注:数据来源于《中国科技论文统计结果》(2016年)。

三、工程和应用类论文产出质量提升空间较大

一般认为SCI论文主要反映的是基础研究状况,除此之外,我们也考察了其他国际科技论文产出状况。首先,EI数据库较全面地覆盖了工程、应用科学相关研究领域的主要期刊,是全世界最早的工程文摘来源,EI论文能够较为全面的反应应用研究基础工作方面的绩效产出和贡献状况。其次,来自SSCI数据库的SSCI论文,该类论文覆盖社会科学领域,在学科交叉和融合日益突显的今天,自然科学与工程研究人力资源的贡献也是很有意义

---

① 说明:统计时间截至2015年9月。"↑2"的含义是:与上次统计相比,位次上升了2位;"—"表示位次未变。相对影响:我国篇均被引用次数与该学科世界平均值的比值。

的。再者,《中国科技论文统计报告》提出热点论文的概念,即近 2 年间发表的论文在最近两个月得到大量引用,且被引用次数进入本学科前 1‰ 的论文。这样的论文往往反映了最新的科学发现和研究动向,可以说是科学研究前沿的风向标。最后,在自然科学领域以 Science、Nature 和 Cell 为代表的国际公认的三个享有最高学术声誉的科技期刊论文,被认为是经过世界范围内知名专家层层审读、反复修改而成的高质量、高水平的论文。

根据《中国科技论文统计结果》报告,2011 年至 2015 年间,全球科技人员对 EI 论文数的贡献量是 271.8 万篇,其中中国科技人员贡献 80.6 万篇,占世界论文总数的 29.6%,排在世界前 5 位的国家是中国、美国、德国、印度、日本;全球科技人员对 SSCI 论文数的贡献量是 132.3 万篇,其中中国科技人员贡献 4.7 万篇,占世界论文总数的 3.5%。美国科技人员贡献超过 50 万篇,占世界 SSCI 论文总数的 40% 左右,是中国的 10 倍之多;中国科技人员对热点论文的贡献量是 1868 篇。美国在热点论文数方面贡献量最大,占世界热点论文总量的一半之多,其次为英国和德国;全球 CNS 期刊论文共计 29 468 篇,其中中国科技人员的贡献量是 1090 篇。美国仍然排在首位,论文数为 12 926 篇,是中国的 10 倍之多(见表 10-3)。

表 10-3　中国科技人员 EI 论文、SSCI 论文、热点论文和 CNS 论文产出状况

统计年度	中　　国				世　　界			
	EI 论文(万篇)	SSCI 论文(万篇)	热点论文(篇)	CNS 论文(篇)	EI 论文(万篇)	SSCI 论文(万篇)	热点论文(篇)	CNS 论文(篇)
2011	12.74	0.638	259	141	47.89	24.18	2313	5894
2012	12.44	0.8012	349	187	44.54	25.88	2441	5983
2013	16.35	0.9067	382	226	56.7	26.28	2433	5806
2014	17.29	1.0952	383	246	54.7	27.41	2641	5774
2015	21.73	1.27	495	290	67.99	28.59	2750	6011
合计	80.55	4.7111	1868	1090	271.82	132.34	12 578	29 468

注:数据来源于《中国科技论文统计结果(国际部分)》(2011—2016 年)。

如图 10-7 所示,分别展示了中国科技人员 EI 论文、SSCI 论文、热点论文和 CNS 论文产出的增长趋势及在世界总量的占比变化情况。

图 10-7　中国科技人员 EI 论文、SSCI 论文、热点论文和 CNS 论文产出的增长趋势及世界占比

注:数据来源于《中国科技论文统计结果(国际部分)》(2011—2016 年)。

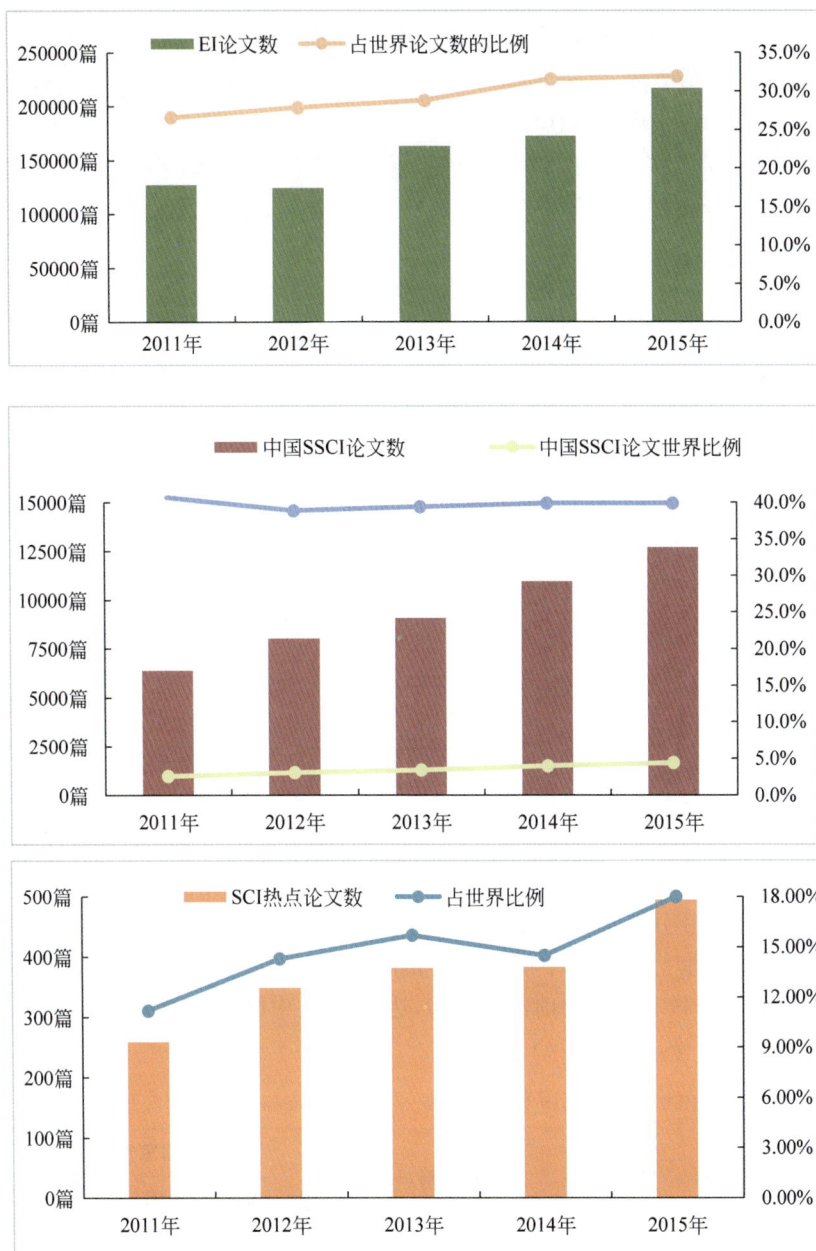

图 10-7 （续）

四、在世界热点和新兴前沿领域发展势头强劲

根据《2016 研究前沿》①，在 2016 年自然科学和社会科学的 10 个大学科领域排名最前

---

① 该报告以《2015 研究前沿》为基础，基于 2009—2015 年 Essential Science Indicators（ESI）数据库中的 12188 个研究前沿，遴选出了 2016 年自然科学和社会科学的 10 个大学科领域排名最前的 100 个热点前沿和 80 个新兴前沿，分析其国家和机构布局，进而展示当前全球的科研前沿态势。由中国科学院科技战略咨询研究院、中科院文献情报中心与 Clarivate Analytics 公司（原汤森路透知识产权与科技事业部）联合发布。

的 100 个热点前沿和 80 个新兴前沿中,美国依然保持在霸主地位,英德法日中分庭抗礼。中国共参与 68 个前沿方向,其中 30 个领跑全球,位列第二,显示出强劲的发展潜力。这 30 个前沿覆盖 8 个领域,中国学者在化学、材料科学领域表现优异,在物理、生物、工程、数学、计算机等其他领域产出均衡,在禽流感病毒、聚合物太阳能电池、黑磷、外尔半金属和云制造等前沿主题上引领潮流(见图 10-8)。

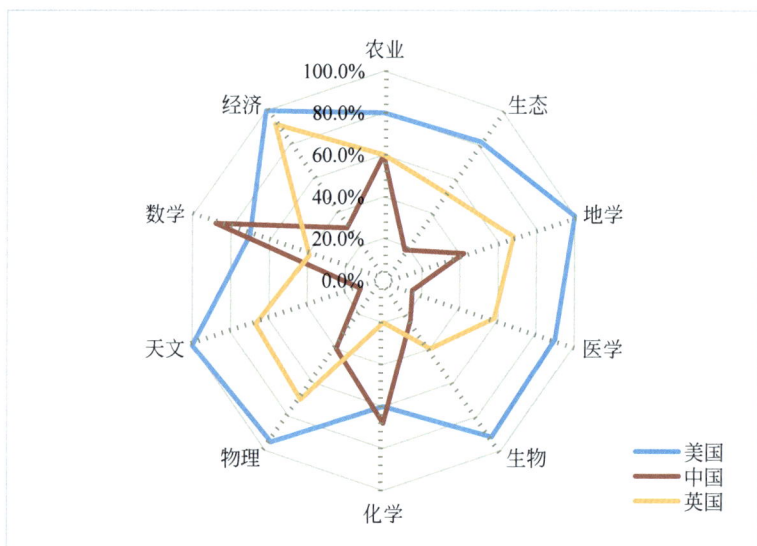

图 10-8　中美英三国在 10 个领域的前沿覆盖率

注:数据来源于《2016 研究前沿》。

其中,美国在前沿引领度和潜在引领度 2 个指标都覆盖了 60％以上,且在 10 个领域中表现较为均衡,综合实力最强。中国、英国、德国、法国、日本五个国家则各有自身优势,其中英国入选通信作者核心论文的前沿数最多,达 90 个;中国通信作者核心论文获得第 1 名的前沿数最多,为 30 个(见表 10-4)。

表 10-4　六国在 10 个学科领域入选通信作者核心论文的前沿数

序号	领　域	领域前沿数	国家前沿数					
			美国	中国	英国	德国	法国	日本
1	农业、植物学和动物学	10	8	6	6	5	4	3
2	生态和环境科学	12	10	2	6	2	4	3
3	地球科学	12	12	5	8	8	7	4
4	临床医学	31	28	4	17	7	9	7
5	生物科学	28	26	6	11	10	7	2
6	化学与材料科学	32	19	22	6	8	3	9
7	物理学	20	18	8	14	10	10	7
8	天文学与天体物理学	12	12	1	8	6	7	4
9	数学、计算机科学和工程学	13	9	11	5	6	5	1
10	经济学、心理学及其他社会科学	10	10	3	9	4	1	0
	合计	180	152	68	90	66	57	40

注:数据来源于《2016 研究前沿》。

中国的第 1 名覆盖率超过英国,仅次于美国,在 8 个领域中都有中国通信作者核心论文数第 1 名的前沿,仅缺席 2 个领域:地球科学领域和天文学与天体物理学领域。8 个领域中,第 1 名的覆盖率最高的是数学、计算机科学和工程学领域,为 53.8%,其次是化学和材料科学领域(37.5%)以及农业、植物学和动物学领域(20%)(见表 10-5)。

表 10-5   六国在 10 个学科领域的通信作者核心论文前 1 名的前沿数

序号	领 域	领域前沿数	国家前沿数					
			美国	中国	英国	德国	法国	日本
1	农业、植物学和动物学	10	5	2				1
2	生态和环境科学	12	6	1	2			1
3	地球科学	12	10					1
4	临床医学	31	23	2	5	1	3	3
5	生物科学	28	20	3	2	1	1	
6	化学与材料科学	32	12	12	4	4	1	3
7	物理学	20	11	2	1	4	2	2
8	天文学与天体物理学	12	10			1	1	
9	数学、计算机科学和工程学	13		7				
10	经济学、心理学及其他社会科学	10	9	1				
	合计	180	106	30	14	11	8	11

注:数据来源于《2016 研究前沿》。

第二节   科技人力资源对技术创新的绩效产出与贡献[①]

如上所述,本节重点利用可统计和可测量的专利数据和指标,考察科技人员在技术创新方面的绩效产出与贡献状况。目前国内相关工作中较为系统的是由国家知识产权局每年公布的《中国有效专利年度报告》[②]。本章节将聚焦于有效专利和有效发明专利,从国内外分布、学科分布、行业分布与地区分布等不同维度,开展对 2011—2015 年期间我国科技人员对技术创新的绩效产出与贡献状况的描述和分析。

一、国内外职务发明优势逐步显现

2011—2015 年期间,我国新增有效专利共计 326.15 万件。其中新增有效发明专利共计 90.76 万件,占三种专利总量的比重为 27.8%,年均增幅 21.3%;有效实用新型专利 187.46 万件,占比 57.5%,年均增幅 23.4%;有效外观设计专利 47.93 万件,占比 14.7%,年均增幅 10.3%。国内专利 296.70 万件,占比 90.1%,年均增幅 21.5%;国外专利 29.45 万件,占比 9.9%,年均增幅 11.9%。职务专利 301.01 万件,占比 92.3%,非职务专利 25.14 万件,占比 7.7%(见表 10-6)。

---

① 本节数据和图表根据 2011—2016 年《中国有效专利年度报告》统计整理得出。

② http://www.sipo.gov.cn/tjxx/.

表 10-6　2011—2015 年间国内外三种专利有效状况表①

单位（件）	发 明 专 利		实用新型专利		外观设计专利		合　计	
	有效量	比例	有效量	比例	有效量	比例	有效量	比例
2011	132 179	25.2%	262 628	50.1%	129 017	24.6%	523 824	100.0%
2012	178 746	23.2%	381 528	49.5%	209 761	27.2%	770 035	100.0%
2013	158 223	23.1%	434 665	63.4%	92 310	13.5%	685 198	100.0%
2014	162 589	36.3%	354 537	79.2%	−69 759	—	447 367	100.0%
2015	275 877	33.0%	441 228	52.8%	118 014	14.1%	835 119	100.0%
国内	663 864	22.4%	1 851 379	62.4%	451 710	15.2%	2 966 953	100.00%
国外	243 750	82.7%	23 207	7.9%	27 633	9.4%	294 590	100.00%
职务	871 405	29.0%	1 760 000	58.5%	378 730	12.6%	3 010 135	100.00%
非职务	36 209	14.4%	114 586	45.6%	100 613	40.0%	251 408	100.00%
合计	907 614	27.8%	1 874 586	57.5%	479 343	14.7%	3 261 543	100.00%

注：数据来源于《中国有效专利年度报告》(2011—2016 年)。

鉴于有效发明专利的创新程度较高，以下数据分析仅针对 2011—2015 年间的有效发明专利。从专利权人的类型分布看，这五年间，国内有效发明专利中，职务发明专利为 62.70 万件，占国内有效发明专利的比重为 94.9%；非职务发明专利为 3.39 万件，占国内有效发明专利的比重为 5.1%。国外在华有效发明专利中，职务发明专利为 24.14 万件，占国外有效发明专利的比重为 99.0%；非职务个人发明专利 0.23 万件，占国外在华有效发明专利的比重为 1.0%(见表 10-7)。

表 10-7　2011—2015 年间国内外有效发明专利职务状况②

单位（件）	国内有效发明专利				国外有效发明专利				国内外有效发明专利合计
	职务有效发明		非职务有效发明		职务有效发明		非职务有效发明		
	数量	比重	数量	比重	数量	比重	数量	比重	
2011	81 982	87.8%	11 413	12.2%	38 169	98.4%	615	1.6%	132 179
2012	119 929	98.4%	1970	1.6%	56 112	98.7%	735	1.3%	178 746
2013	108 119	95.4%	5187	4.6%	44 862	99.9%	55	0.1%	158 223
2014	118 559	97.0%	3638	3.0%	40 066	99.2%	326	0.8%	162 589
2015	201 403	94.5%	11 664	5.5%	62 204	99.0%	606	1.0%	275 877
合计	629 992	94.9%	33 872	5.1%	241 413	99.0%	2337	1.0%	907 614

注：数据来源于《中国有效专利年度报告》(2011—2016 年)。

与非职务发明相比，职务发明人资金保障稳定、技术研发实力强，市场前景相对较好，专利维持的意愿和能力也更强；非职务发明人由于其专利转化难、推广难，承受市场冲击的能力较弱，获得专利权后维持专利的难度相对较大。近五年来，在国内有效发明专利中，非职务有效发明专利所占比重不断下降，职务有效发明专利比重持续攀升，而国外近五年职务专利则一直保持在 98% 左右的高位，且有逐年提高的趋势。

---

① 本节数据和图表根据 2011—2016 年《中国有效专利年度报告》统计整理得出。
② 本节数据和图表根据 2011—2016 年《中国有效专利年度报告》统计整理得出。

从专利申请人的类型看,2011—2015 年间国内有效发明专利中,企业拥有量为 45.34 万件,占 68.3%;高校拥有量为 12.06 万件,占 18.2%;个人拥有量为 3.4 万件,占 5.1%;科研单位拥有量为 4.74 万件,占 7.1%;机关团体拥有量为 0.8 万件,占 1.2%(见图 10-9)。

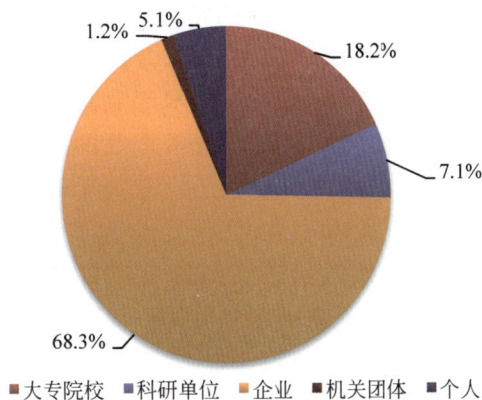

图 10-9 2011—2015 年间有效发明专利申请人类型分布

注:数据来源于《中国有效专利年度报告》(2011—2016 年)。

图 10-10 展示了近五年国内有效发明专利权人比重走势,从图中可以看出,企业所占比重持续走高,优势不断扩大。截至 2015 年底,企业有效发明专利所占比重达到 63.5%,较上年提高了 1.7 个百分点。企业专利拥有的主体地位进一步巩固,充分表明随着知识产权战略的大力实施,企业创新能力不断提高,运用知识产权的能力不断增强。

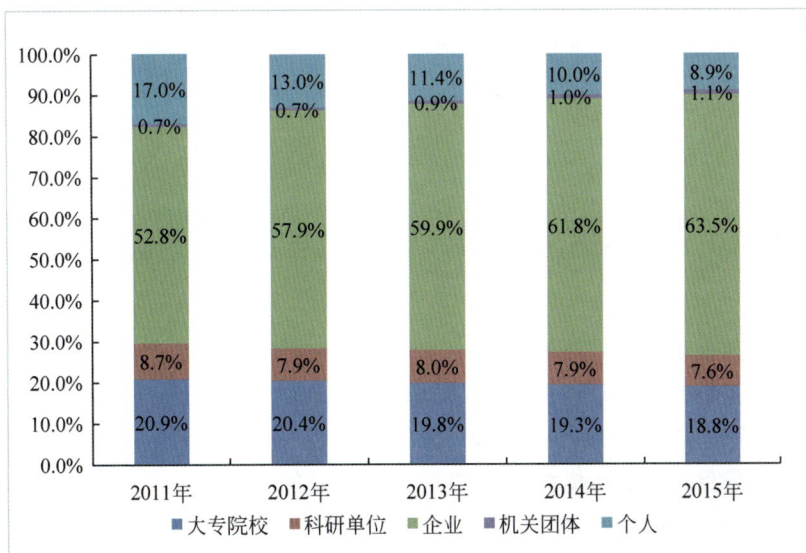

图 10-10 2011—2015 年间国内有效专利权人类型分布图

注:数据来源于《中国有效专利年度报告》(2011—2016 年)。

二、高技术行业专利反映地区经济水平与特色

本节主要考察我国五大高新技术产业的专利申请及授权情况。所谓高技术产业，是以高新技术为基础，从事一种或多种高新技术及其产品的研究、开发、生产和技术服务的企业集合。这种产业所拥有的关键技术往往开发难度很大，但一旦开发成功，却具有高于一般的经济效益和社会效益。高新技术产业是知识密集、技术密集的产业。也就是说，相较于其他产业，科技人员在高新技术产业的专利申请状况更能体现其对技术创新的绩效产出和贡献状况。中国目前还没有关于高新技术产业的明确定义和界定标准，通常是按照产业的技术密集度和复杂程度来作为衡量标准的。根据2002年7月国家统计局印发的《高技术产业统计分类目录的通知》，中国高技术产业的统计范围包括医药制造业、航天航空器制造业、电子及通信设备制造业、电子计算机及办公设备制造业和医疗设备及仪器仪表制造业等行业。根据《中国高技术产业统计年鉴2011—2015年》报告，本节选取考察了不同地区和行业的高技术产业专利情况（见表10-8）。

通过各高技术行业专利数在各地区的分布，我们可以明显观测到各地区的高技术行业优势（见表10-9），这与我国经济结构的基本特点吻合。比如，江苏的优势在医药制造业和医疗仪器设备及仪器仪表制造业，广东的优势在电子及通信设备制造业和计算机及办公设备制造业。从地区分布看，陕西等中西部城市的优势在航空、航天器及设备制造业。可以看出专利或有效发明专利给地方经济带来了有力的支撑，同时因各地区经济发展水平的特点不同，技术研发投入有侧重，人才培养建设水平的差异化，最终导致科技创新能力发展各有特色。

三、国际专利申请呈稳定增长趋势，地位有待提升

由于国外专利申请和维护的费用远高于国内专利，故国外专利比国内专利更能说明发明和技术的价值。本节选取国外主要专利价值指标：PCT专利申请数和三方专利，用以描述中国科技人员对技术贡献的状况。

PCT是《专利合作条约》（*Patent Cooperation Treaty*）的英文缩写，是有关专利申请的国际条约，目前已有128个成员国。根据PCT的规定，专利申请人可以通过PCT途径递交国际申请，向多个国家申请专利。一般来说，如果不是一项有前瞻性、技术生命周期长、并希望在许多国家获得保护的重要技术，专利申请人通常不会选择PCT申请体系。从图10-11可以看出，2011—2015年间，我国国内受理PCT专利数保持稳定增长趋势，但国外受理PCT专利的增幅明显不如国内受理PCT专利，且两者之间差距有逐渐拉大的趋势。这也再次表明我国科技人员在国际专利市场的劣势地位。

表 10-8 按地区和行业分高技术产业专利情况（2011—2015 年）

地区	医药制造业			航空、航天器及设备制造业			电子及通信设备制造业			计算机及办公设备制造业			医疗仪器设备及仪器仪表制造业		
	专利申请数	#发明专利	有效发明专利	专利申请数	#发明专利	有效发明专利	专利申请数	#发明专利	有效发明专利	专利申请数	#发明专利	有效发明专利	专利申请数	#发明专利	有效发明专利
北京	2093	1578	5139	1370	843	1665	19 023	11 926	20 520	12 485	9883	11 003	6197	2805	5691
天津	7116	5758	10 297	810	443	533	6059	2453	3042	593	332	303	2059	663	2147
河北	1538	1195	3560	175	89	119	1324	600	779	189	16	34	1071	375	589
山西	515	314	896	131	38	34	317	128	307	3	3	0	623	290	510
内蒙古	217	132	196	0	0	0	15	14	27	21	7	7	31	13	44
辽宁	1464	1047	1717	2925	1592	2313	3124	1599	3220	237	90	142	2449	1272	1995
吉林	1861	1124	2183	27	27	0	414	166	300	64	26	16	204	94	296
黑龙江	1496	865	1575	1863	972	924	305	62	141	53	3	4	698	277	598
上海	2668	1861	4041	971	613	761	24 067	18 707	24 259	1273	759	550	4676	1772	3609
江苏	9051	5802	10 268	1191	372	639	52 939	20 463	37 241	4654	2136	4737	32 396	11 914	20 245
浙江	5433	3232	7647	101	12	44	31 008	9992	17 906	2499	1166	4194	16 009	3382	6182
安徽	3625	2065	4140	152	79	128	12 434	5440	7116	1401	426	1018	2340	874	1178
福建	1094	661	1255	1	0	0	12 782	5649	7401	2999	1929	3849	2017	583	1159
江西	1559	846	2100	1476	836	792	3184	1274	1230	106	23	15	1080	271	588
山东	7988	5422	11 962	197	76	128	18 186	8190	8661	9193	5861	2090	6283	1750	4400
河南	2518	1440	1552	1647	757	870	2036	592	1018	204	34	25	3103	748	1643
湖北	3104	1662	2930	917	362	644	9375	5788	12 032	220	78	183	1817	686	1228
湖南	4516	2270	2441	1015	427	869	4032	1823	2177	736	176	176	3657	1413	2805
广东	6010	3867	9281	696	484	222	194 028	125 808	331 456	25 135	16 268	36 167	17 255	6619	14 657
广西	721	496	1095	0	0	0	611	327	589	45	25	37	536	158	225
海南	1448	982	1628	0	0	0	106	106	141	0	0	0	2	0	3
重庆	2635	1239	2173	19	5	8	1777	542	545	212	100	37	3215	929	1709
四川	5393	2535	5521	1390	589	1182	15 894	6367	13 875	598	391	608	2376	762	1029

续表

地区	医药制造业			航空、航天器及设备制造业			电子及通信设备制造业			计算机及办公设备制造业			医疗仪器设备及仪器仪表制造业		
	专利申请数	发明专利	有效发明专利	专利申请数	发明专利	有效发明专利	专利申请数	发明专利	有效发明专利	专利申请数	发明专利	有效发明专利	专利申请数	发明专利	有效发明专利
贵州	1371	869	2283	2299	1281	1650	1395	719	827	0	0	0	233	37	110
云南	1498	867	2899	0	0	0	102	67	71	26	7	8	130	57	171
西藏	40	37	260	0	0	0	0	0	0	0	0	0	0	0	0
陕西	817	494	1216	3170	1816	3263	3563	1687	3276	53	25	67	1668	755	1998
甘肃	415	164	521	22	10	31	540	229	189	0	0	0	126	56	110
青海	29	27	6	0	0	0	2	0	0	0	0	0	0	0	6
宁夏	255	212	218	0	0	0	125	89	0	0	0	0	189	93	119
新疆	101	69	180	0	0	0	29	18	23	0	0	0	85	20	8
合计	78 589	49 132	101 180	22 565	11 723	16 819	418 796	230 825	498 369	62 999	39 764	65 270	112 527	38 669	75 052

注：数据来源于《中国有效专利年度报告》(2011—2016年)。

表10-9 五大高技术行业专利申请情况排名前五地区

数量排名前五地区	医药制造业			航空航天器及设备制造业			电子及通信设备制造业			计算机及办公设备制造业			医疗仪器设备及仪器仪表制造业		
	专利申请数	发明专利	有效发明专利数	专利申请数	发明专利	有效发明专利数	专利申请数	发明专利	有效发明专利数	专利申请数	发明专利	有效发明专利数	专利申请数	发明专利	有效发明专利数
	江苏	江苏	山东	陕西	陕西	陕西	广东	广东	广东	广东	广东	广东	江苏	江苏	江苏
	山东	天津	天津	辽宁	辽宁	辽宁	江苏	江苏	江苏	北京	北京	北京	广东	广东	广东
	天津	山东	江苏	贵州	贵州	北京	浙江	上海	上海	山东	山东	江苏	浙江	浙江	浙江
	广东	广东	广东	黑龙江	黑龙江	贵州	上海	北京	北京	江苏	江苏	浙江	山东	北京	北京
	浙江	浙江	浙江	河南	北京	四川	北京	浙江	浙江	福建	福建	福建	北京	上海	山东

注：数据来源于《中国有效专利年度报告》(2011—2016年)。

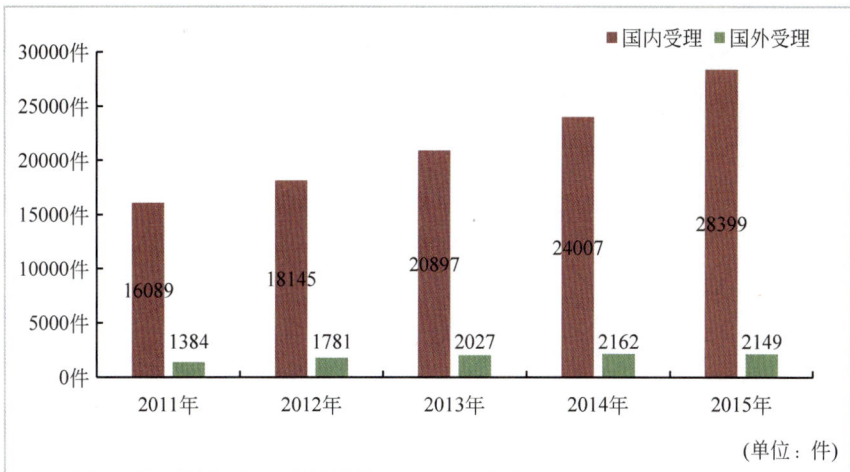

图 10-11　2011—2015 年间中国科技人员 PCT 专利申请情况

注：数据来源于《中国有效专利年度报告》(2011—2016 年)。

第三节　科技人力资源对区域行业经济增长的贡献

科技人力资源在应用创新方面的贡献主要体现在国民经济发展或国防建设上获得的显著的经济或社会效果，一般表现为行业内产生的新产品和对区域或行业带来的经济增长。本节拟首先通过 2011—2015 年间五大高技术行业的新产品及新产品收入情况[①]，反映科技人力资源对应用创新的贡献状况，并在此基础上，借助"科布—道格拉斯"生产函数，选取案例，测算科技人力资源对行业区域内经济增产贡献度的测算，并进行不同地区和不同行业之间的横向比较。

一、科技创新贡献区域差异显著

高技术产业所拥有的关键技术往往开发难度很大，但一旦开发成功，却具有高于一般的经济效益和社会效益。相较于其他行业，高新技术产业是知识密集、技术密集的产业。也就是说，高新技术行业的新产品及经济增长更多是由科技人力资源的应用创新驱动的。根据《中国高技术产业统计年鉴 2011—2015》报告提供的五大高技术产业新产品开发和销售情况，由于我国东部、中部、西部和东北地区四大经济带经济发展水平和科技实力的显著差异，导致无论是在哪个高技术行业，新产品开发项目数、新产品销售收入数或出口额都呈现出由东部向中西部递减的阶梯特征，差异十分明显（见表 10-10 和表 10-11）。

各高技术行业新产品开发及销售情况前五地区则再一次验证了经济发达的东部及沿海城市因为聚焦较多科技人力资源，且资源和平台充足，新产品开发及销售情况远超其他内陆地区。这与专利申请量及授权量在各地区的分布情况也相似。这也是"马太效应"的充分体现，即强则愈强（见表 10-12）。

---

① 数据来源：《中国高技术产业统计年鉴 2011—2015》报告。

表 10-10　各高技术产业新产品开发和销售情况（2011—2015 年）

区　　域		医药 制造业	航空、航天器 及设备制造业	电子及通信 设备制造业	计算机及办公 设备制造业	医疗仪器设备及 仪器仪表制造业
东部 地区	新产品开发项目数	62.9%	81.4%	48.9%	89.8%	95.7%
	新产品销售收入	67.9%	36.4%	80.9%	93.5%	87.4%
	出口额	73.6%	51.5%	78.1%	92.4%	95.2%
中部 地区	新产品开发项目数	15.8%	15.5%	21.4%	4.1%	3.3%
	新产品销售收入	18.6%	13.0%	14.5%	1.7%	6.9%
	出口额	18.9%	17.1%	20.7%	0.8%	1.1%
西部 地区	新产品开发项目数	12.5%	3.0%	29.7%	6.1%	1.0%
	新产品销售收入	9.9%	27.9%	4.0%	4.6%	4.9%
	出口额	6.8%	29.7%	1.0%	6.9%	3.6%
东北 地区	新产品开发项目数	8.8%	0.1%	0.0%	0.0%	0.1%
	新产品销售收入	3.7%	22.7%	0.6%	0.0%	0.2%
	出口额	0.7%	1.6%	0.3%	0.0%	0.1%

注：数据来源于《中国高技术产业统计年鉴报告》(2011—2015)。

二、科技人力资源区域经济贡献存在差异，东部地区优势显著

1. 研究对象选择

根据 2002 年 7 月国家统计局印发的《高技术产业统计分类目录的通知》，中国高技术产业的统计范围包括航天航空器制造业、电子及通信设备制造业、电子计算机及办公设备制造业、医药制造业和医疗设备及仪器仪表制造业等行业。根据《国务院关于印发"十三五"国家战略性新兴产业发展规划的通知》（国发〔2016〕67 号），新一代信息通信技术、高档数控机床和机器人、航空航天装备、海洋工程装备及高技术船舶、先进轨道交通装备、节能与新能源汽车、电力装备、农机装备、新材料、生物医药及高性能医疗器械等十大产业列为"十三五"重点发展产业。可以看到，医药制造业和电子及通信设备制造业等传统的高技术产业即将面临新型的产业变革，基于此，为更好测算科技人力资源在传统高技术产业的贡献状况，以便为"十三五"重点发展产业的科技人力资源需求，以及如何促进科技人力资源更好发挥作用创造贡献提供政策建议依据，本节拟选取医药制造业和电子及通信设备制造业为案例，考察其对区域经济增长的贡献情况。

假定这两制造业的生产函数为：

$$Y = A^{\alpha}K^{\beta}L^{\gamma} \tag{10-1}$$

其中，Y 为电子及通信设备或医药制造业的年工业增加值，A 为科技人力资源的投入，用 R&D 人员折合全时当量来表示。K 为固定资本的投入，用电子及通信设备制造业或医药制造业每年的新增固定资本来表示，从 PIM① 的方法论上，估计固定资产存量时我们应该选用的合适数据应该是不考虑退役、不考虑资本品效率下降或折旧的固定资产投资数

---

① 永续盘存法(Perpetual Inventory Method,PIM)为 OECD 国家广泛采用作为估算资本存量的基本方法。

表 10-11　按地区和行业分高技术产业新产品开发和销售情况（2011—2015 年）

地区	医药制造业			航空、航天器及设备制造业			电子及通信设备制造业			计算机及办公设备制造业			医疗仪器设备及仪器仪表制造业		
	新产品开发项目数（项）	新产品销售收入（万元）	出口	新产品开发项目数（项）	新产品销售收入（万元）	出口	新产品开发项目数（项）	新产品销售收入（万元）	出口	新产品开发项目数（项）	新产品销售收入（万元）	出口	新产品开发项目数（项）	新产品销售收入	出口
全国	112 132	180 647 008	36 192 211	2 438 692	40 425 701	7 829 875	5 433 928	821 116 433	368 192 945	114 574 648	283 650 036	167 395 795	2 264 006	143 528 219	59 546 140
北京	5735	7 304 401	1 134 469	25 116	1 440 970	274 351	282 765	36 987 437	12 187 041	8 874 296	18 276 701	1 486 391	168 157	9 211 148	1 008 736
天津	3607	7 422 519	1 683 510	151 122	5 721 404	7180	8438	49 667 166	29 410 310	6 022 149	6 950 766	2 427 550	7256	1 083 702	80 502
河北	4690	6 408 742	989 804	40 395	255 802	1417	28 092	2 762 394	559 386	101 763	54 207	71	3673	616 579	107 576
山西	1001	1 795 238	254 806	32 329	39 566	39	296	296 743	18 339	35 942	150	0	492	318 915	13 927
内蒙古	354	554 894	108 516	14 110	0	0	8	132 110	520	4133	12 460	2	211	3530	2
辽宁	1844	1 888 184	519 829	51 726	8 114 206	1 573 753	1 617 285	4 100 239	999 527	1 503 218	899 749	12 915	3174	923 692	30 733
吉林	6794	4 837 347	684 531	383	700	812	888	530 759	99 636	91 841	78 681	2	7080	119 361	270
黑龙江	2466	1 158 619	235 313	1523	1 465 918	207 953	134 621	285 394	92 936	14 227	58 622	36	1975	201 934	13 040
上海	4949	7 855 402	1 594 531	33 132	804 563	45 091	74 741	25 010 315	13 820 716	7 386 248	5 154 388	860 598	146 110	2 862 872	439 658
江苏	12 186	26 415 929	4 896 155	293 989	4 843 040	1 586 141	547 043	115 549 749	42 008 052	17 172 406	101 467 866	84 855 753	647 497	49 019 067	23 870 972
浙江	10 126	17 835 078	7 273 253	851 950	70 832	26 942	26 543	46 846 688	12 070 882	5 134 493	4 784 355	277 353	161 779	14 799 988	2 518 334
安徽	3638	4 651 468	849 915	53 658	57 713	141 578	129 044	14 529 456	2 043 553	1 859 759	2 215 055	1 151 446	18 235	1 553 407	157 061
福建	2352	2 794 093	533 491	73 919	383	0	4991	35 742 683	19 481 522	6 568 021	13 730 747	5 233 455	150 045	4 796 236	749 823
江西	2327	3 987 460	706 823	56 032	3 117 529	598 574	566 597	4 809 012	1 249 685	187 941	146 467	14 813	4843	536 527	18 055
山东	11 797	32 206 054	6 070 597	368 611	326 031	14 295	9720	28 690 712	9 859 377	4 752 962	22 235 905	2 761 512	259 169	9 128 056	2 976 767
河南	3031	4 413 726	936 481	60 088	572 065	107 676	91 673	66 719 533	64 910 933	299 581	308 193	303	6130	2 234 695	309 020
湖北	4194	10 392 690	2 076 663	141 067	458 232	166 815	138 944	12 780 693	1 306 781	1 163 312	1 336 586	140 103	23 714	1 646 214	84 831
湖南	2582	7 392 509	1 124 708	20 304	886 045	118 620	100 909	20 004 987	6 503 002	1 021 769	907 537	7781	12 154	3 483 015	59 285
广东	12 233	13 222 433	1 816 999	87 018	967 428	630 095	57 914	322 776 982	147 991 179	45 231 746	91 882 346	56 690 548	618 343	33 904 265	24 961 453
广西	1699	2 366 856	320 944	10 103	0	0	533	481 769	70 952	191 566	315 737	81 161	1580	220 692	24 722
海南	2085	534 266	67 899	1	0	0	83	38 027	3404	0	0	0	13	1806	0
重庆	3086	4 533 320	687 935	50 882	0	0	1346	2 648 189	231 186	415 767	12 303 868	11 377 025	9209	4 532 840	2 038 593

续表

地区	医药制造业 新产品开发项目数（项）	新产品销售收入（万元）	#出口	航空、航天器及设备制造业 新产品开发项目数（项）	新产品销售收入（万元）	#出口	电子及通信设备制造业 新产品开发项目数（项）	新产品销售收入（万元）	#出口	计算机及办公设备制造业 新产品开发项目数（项）	新产品销售收入（万元）	#出口	医疗仪器设备及仪表制造业 新产品开发项目数（项）	新产品销售收入（万元）	#出口
四川	3886	4 102 437	537 263	5149	4 319 735	687 619	301 057	24 492 762	1 372 649	5 547 597	312 935	6501	6181	660 686	8649
贵州	1042	1 822 315	233 841	1020	1 614 834	365 527	235 341	575 936	32 412	119 541	11 591	0	63	167 183	97
云南	1629	1 878 009	320 156	3012	0	0	103	112 744	17 438	39 215	137 769	10 410	4330	166 624	16 638
西藏	26	60 935	17 765	119	0	0	0	0	0	0	0	0	0	0	0
陕西	1233	1 600 361	257 999	8169	5 314 940	1 245 780	1 042 532	3 499 958	1 412 821	576 212	37 010	59	2298	1 116 471	26 525
甘肃	555	452 312	44 531	0	33 758	29 616	32 366	1 020 248	420 003	123 320	30 338	0	103	58 169	30 828
青海	70	72 940	3061	0	0	0	7	13 309	150	0	0	0	1	0	0
宁夏	741	622 524	208 241	3767	0	0	44	7	669	34 129	7	0	168	148 108	35
新疆	174	62 935	2174	0	0	0	4	10 422	17 874	101 496	0	0	14	9600	0

表 10-12　分高技术行业新产品开发及销售情况前五地区

数量排名前五地区	医药制造业 新产品开发项目数排名	新产品销售收入排名	出口额排名	航空航天器及设备制造业 新产品开发项目数排名	新产品销售收入排名	出口额排名	电子及通信设备制造业 新产品开发项目数排名	新产品销售收入排名	出口额排名	计算机及办公设备制造业 新产品开发项目数排名	新产品销售收入排名	出口额排名	医疗仪器设备及仪表制造业 新产品开发项目数排名	新产品销售收入排名	出口额排名
	广东	山东	浙江	浙江	辽宁	江苏	辽宁	广东	广东	广东	江苏	江苏	江苏	江苏	广东
	江苏	江苏	山东	山东	天津	辽宁	陕西	江苏	河南	江苏	广东	广东	广东	广东	江苏
	山东	浙江	江苏	江苏	陕西	陕西	江西	河南	江苏	北京	山东	重庆	山东	浙江	山东
	浙江	广东	湖北	天津	江苏	四川	江苏	天津	天津	上海	北京	福建	北京	北京	浙江
	吉林	湖北	广东	湖北	四川	广东	四川	浙江	福建	福建	福建	山东	浙江	山东	重庆

注：数据来源于《中国高技术产业统计年鉴报告》（2011—2015年）。

据,新增固定资产投资是与之比较接近的概念①。L 为劳动力的投入,用电子及通信设备或医药制造业年平均从业人员人数来表示,α,β,γ 分别表示科技人力资源、资本和劳动力的产出弹性,即其要素投入对经济增长的贡献率。

对上述模型式两边取对数,得

$$\ln Y = \alpha \ln A + \beta \ln K + \gamma \ln L + C \cdots \tag{10-2}$$

其中,C 为其他一些固定要素的投入。

2. 数据来源

出于数据的可获得性及测算稳定性等因素的考虑,本章节采用2001—2014年我国电子及通信设备和医药制造业的面板数据。模型测算主要数据来源于《中国高技术产业统计年鉴》和《中国工业经济统计年鉴》,选择了工业增加值、新增固定资产、从业人员平均数、R&D人员折合全时当量等五项数据。根据我国高技术产业统计年鉴中数据的显示,对科技人力资源量化的指标包括科技活动人员、科学家和工程师、R&D科技人员折合全时当量等,相比另外两项指标,R&D人员折合全时当量更好地反映了投入到生产活动中的科技人力资源,更具有说服性,因而本章节选择 R&D 人员全时当量作为衡量科技人力资源的量化指标。

3. 测算结果

借助 Eviews 软件,对全国及各省份数据进行模型测算,分别进行参数估计得到各省区医药制造业和通信及电子制造业中科技人员的弹性系数,进一步测算得到科技人员对当地经济增长的贡献率,如表 10-13 所示。

表 10-13　医药制造业和通信及电子制造业科技人员贡献率②

地 区	医药制造业贡献率	通信机电子制造业贡献率	地 区	医药制造业贡献率	通信机电子制造业贡献率
全国	36.2%	31.9%	湖南	32.5%	25.5%
北京	38.7%	38.8%	广东	36.4%	32.3%
天津	33.7%	38.9%	广西	29.8%	22.1%
河北	29.4%	19.8%	海南	37.9%	13.6%
山西	34.7%	19.9%	重庆	30.1%	23.4%
内蒙古	31.7%	—	四川	33.8%	25.8%
辽宁	32.9%	28.3%	贵州	40.2%	14.6%
吉林	33.0%	9.1%	云南	31.9%	1.1%
黑龙江	26.6%	0.5%	西藏	24.6%	—
上海	37.8%	32.8%	陕西	24.7%	31.8%
江苏	36.1%	31.1%	甘肃	24.2%	10.9%
浙江	34.0%	29.1%	青海	34.6%	—
安徽	25.9%	20.2%	宁夏	18.0%	—

① 李子奈,叶阿忠. 高等计量经济学[M].北京:清华大学出版社,2003.
② 有些省市数据缺失,在模型测算中被略去,标注为"—"。

地　区	医药制造业贡献率	通信机电子制造业贡献率	地　区	医药制造业贡献率	通信机电子制造业贡献率
福建	28.2%	29.2%	新疆	22.1%	—
江西	31.3%	16.0%	香港	—	—
山东	35.7%	32.4%	澳门	—	—
河南	32.2%	21.6%	台湾	—	—
湖北	28.5%	23.2%			

根据 2001—2014 年的数据测算,在医药制造业,全国 R&D 人员平均贡献率是 36.2%。在通信及电子制造业,全国 R&D 人员平均贡献率是 31.9%。两行业差距较小。然而,仔细观察不同地区,由于我国实行西部大开发等地区经济发展协调战略,地区之间的技术转移和人才流动趋于活跃,也使得中西部地区部分省份 R&D 人员发挥了很好的作用。总体上,东、中、西部地区 R&D 人员的平均贡献率仍然存在差异。在医药制造业,东、中、西部地区 R&D 人员的平均贡献率分别为 34.2%、30.7% 和 28.4%。在通信及电子制造业,东、中、西部地区 R&D 人员的平均贡献率分别为 29.0%、15.1% 和 10.7%。毫无疑问,东部地区的优势依然明显,经济发达地区高技术产业的 R&D 人员贡献率较高。因此,随着经济的不断增长,R&D 人员对高技术产业发展的促进作用将进一步提升。

本 章 小 结

2016 年,中共中央、国务院印发《国家创新驱动发展战略纲要》。纲要中提出,到 2020 年进入创新型国家行列,基本建成中国特色国家创新体系,有力支撑全面建成小康社会目标的实现。具体包括要初步形成创新型经济格局:若干重点产业进入全球价值链的中高端,成长起一批具有国际竞争力的创新型企业和产业集群。科技进步贡献率提高到 60% 以上,知识密集型服务业增加值占国内生产总值的 20%;创新体系协同高效,即科技与经济融合更加顺畅,创新主体充满活力,创新链条有机衔接,创新治理更加科学,创新效率大幅提高。

分析表明,科技人力资源在对创新驱动的科学和技术创新的绩效产出和贡献方面,保持稳定增幅的国内论文、国际论文以及专利数据彰显了中国作为科技人力资源大国的地位。但是,热点论文产出、CNS 高质量论文、PCT 专利、三方专利的世界份额较小,表明我国科技人力资源在科学和技术创新绩效产出和贡献方面与世界发达国家仍然有一段距离,但同时我们也观察到,这类数据近年来保持着稳定增长的趋势,这也表明中国未来发展成为科技强国的实力与潜力。相似的现象也反映在科技人力资源在对创新驱动的技术创新的绩效产出和贡献方面。

各主要创新主体分别在其中发挥特有作用。如,长期从事自由探索研究的高等院校对科学创新的贡献量相对突出,而在技术创新贡献方面,随着知识产权战略的大力实施,企业创新能力不断提高,运用知识产权的能力不断增强,因此企业科技人力资源对技术创新的贡献也更为显著。毫无疑问的是,经济发达地区因为聚集了较多的科技人力资源,且因为经济发达,与国内国外学术交流或往来合作较为频繁,这些东部或沿海经济发达区对中国整体的科学创新贡献和技术创新贡献也是大于其他地区。这一点也可以从科技人力资源对地区及行业的经济增长贡献率得到验证。

从学科分布看,化学当之无愧成为科学创新贡献量的喷发之地。根本原因在于化学本身的学科特色,尤其对应用化学而言,需要不断重复开展实验工作的化学合成等也是不断刺激着科学创新的产生。从机构分布看,由于高等院校长期从事自由探索研究,加上目前管理体制机制下的各种鼓励政策,且科研队伍规模较大,高等院校类的科学创新贡献量较大。而科研机构、企业及医院等因有国家其他委托研究任务,或者涉密工作不宜发表论文,在科学创新贡献量上少于高等院校,也不足为奇。

第十一章

科技人力资源的流动与配置状况

科技人力资源流动是不断提升人力资本价值的过程,也衡量了一国科技人力资源的利用状况。科技人力资源的聚集度、密度和质量对于区域的创新能力和经济增长有密切关系。在全球化背景下,有效利用国际科技人力资源的能力是科技竞争力和创新能力的重要体现。因此,一方面要促进国内科技人力资源的合理流动,另一方面也要吸引海外优秀科技人力资源回国创新创业。需要说明的是,本章涉及的科技人力资源概念,主要还是以实际从事科技活动(或科技职业)的劳动力群体为主。

第一节 我国科技人力资源的国际流动

科研人员的国际流动是一个复杂的社会现象,其产生和发展是由外部和内部多种因素综合作用的结果。从外部层面看,它反映了人员流出国与接收国之间外交关系的变化;从内部层面看,它暴露了人员流出国在经济、科技以及其他方面由于长期形成的社会矛盾与接收国相比存在的一些差距。同时,从个人层面看,人员流动事实上是由个别人的选择行为所形成的社会现象,涉及众多的社会原因和复杂的心理原因①。

一、我国海外留学人数与回国人数快速上升

改革开放以来,我国有大量高校毕业生及科研人员前往海外求学深造,多数在海外工作定居,这在一定程度上造成了我国科技智力的流失。近年来,随着我国科技与经济的稳步发展,特别是 2008 年全球金融危机以来,我国一方面加大对科技的投入和基础设施的改造,另一方面也通过多项人才计划吸引优秀科技人才回国工作,人才外流(Brain Drain)逐步转变为人才回归(Brain Gain)现象。由于难以获取科技人力资源流入和流出的数据,下面我们用国家统计部门相关出国留学和回国人数的数据来代替进行分析。

据统计,2014 年度中国出国留学人员为 459 800 人,较 2013 年增加了 45 900 人。1978—2014 年,我国累计出国留学总人数达到了 3 354 991 人。近十年来,中国出国留学人

---

① 陈昌贵.人才外流与回归[M].武汉:湖北教育出版社,1996.

数翻了两番,出国留学的人群日益壮大,并且保持了一定程度的增长速度。2014年留学回国人数是当年出国留学人数的80%,二者相差不到10万人。截至2014年,留学回国总人数达到了1 755 762人,占出国留学总人数的52.3%,超过一半的出国留学人员选择了学成回国(见表11-1)。

表11-1   出国留学和回国人员数

年份(年)	出国留学(人)	学成回国留学(人)	回国占出国比例(%)
1978	860	248	28.8%
1980	2124	162	7.6%
1985	4888	1424	29.1%
1986	4676	1388	29.7%
1987	4703	1605	34.1%
1988	3786	3000	79.2%
1989	3329	1753	52.7%
1990	2950	1593	54.0%
1991	2900	2069	71.3%
1992	6450	3611	56.0%
1993	10 742	5128	47.7%
1994	19 071	4230	22.2%
1995	20 381	5750	28.2%
1996	20 905	6570	31.4%
1997	22 410	7130	31.8%
1998	17 622	7379	41.9%
1999	23 749	7748	32.6%
2000	38 989	9121	23.4%
2001	83 973	12 243	14.6%
2002	125 179	17 945	14.3%
2003	117 307	20 152	17.2%
2004	114 682	24 726	21.6%
2005	118 515	34 987	29.5%
2006	134 000	42 000	31.3%
2007	144 000	44 000	30.6%
2008	179 800	69 300	38.5%
2009	229 300	108 300	47.2%
2010	284 700	134 800	47.3%
2011	339 700	186 200	54.8%
2012	399 600	272 900	68.3%
2013	413 900	353 500	85.4%
2014	459 800	364 800	79.3%

注:数据来源于《中国统计年鉴》(2015年)。

改革开放以来,我国出国留学和学成回国人数均呈上升趋势,且出国留学的人数一直高于学成回国的人数。早期二者增加速度都比较缓慢,从2000年开始,绝大多数年份留学回国人数保持了极高的增长率。在 2008 年和 2009 年,其增长率一度突破了 50%,虽然在 2014 年该增长率有所下降,但回国人数仍然增长了 11 300 人。回国发展成为常态,也成为留学生的普遍选择。2004 年以来,学成回国的人数增长更为显著。2013 年回国人数占出国人数比例达到 85.4%,为历史最高点,尽管这一数据在 2014 年稍有回落,为 79.3%,但依然处于较高水平。

二、留学人员主要特征

(1) 年轻化趋势明显,留学前学历和留学所获学历逐步降低。

留学专业的变化与留学生年龄学历变化也有关系,总体上看,留学前学历和留学所获学历逐步降低,留学不再是精英教育,前往国外学习经济、管理等应用类专业的人员大多是获得本科或硕士学历。尽管留学回国人员的年龄分布在 20～60 岁,跨度较大,但集中分布年龄为 23～32 岁,占总留学回国人员的 91.5%。留学回国人员的年龄高峰出现在 24～26 岁,该年龄段的留学回国人员比例占 58.6%。结合参与学历学位认证的留学回国人员就其出国前的教育背景和留学过程的分析结果,可以发现,本科毕业后选择出国留学的人数最多,占全部出国留学总人数的 63.4%;其次是本科以下占 26.9%;而获得研究生学历后出国留学的比例仅为 9.7%,相比 1998 年下降 36.8%。《2014 中国留学回国就业蓝皮书》数据显示[1],63% 的回国人员获得了硕士学位,30% 获得了学士学位,获得博士学位的仅占 6%。而 1998 年的情况则是,67.1% 的留学人员获得了博士研究生学历,26% 获得硕士研究生学历。

(2) 有国际流动经历的科研人员科技贡献更显著。

有过跨国流动经历的科研人员创新能力较强,反映在结果上就是科研人员的跨国流动整体提升了我国的研究质量与水平,特别是对高质量论文有较大贡献。根据爱思唯尔数据[2],近 20 年 21.2% 的中国学者有国际化经历,其发文数量和质量均高于平均水平,从事科学研究的时间也较长。已有研究表明,海归科学家在学术和创新表现上显著优于本土科学家。在研究的时间窗口内,海归科学家的总体学术发表物为 13 篇,其中 SCI/EI 平均为 6.1 篇,国家级学术期刊论文为 7.1 篇,国内外发表数量基本均衡。专利发明方面,海归科学家的各类专利总数的均值为 1.1。比较发现,海归科学家学术论文总数是本土科学家的一倍以上,SCI/EI 论文发表上的优势更加明显,海归科学家在过去三年内平均发表 6.1 篇 SCI/EI 论文,而本土科学家平均只有 1.6 篇的发表物。在国家级论文发表上,海归科学家的平均论文总数依然超过本土科学家近 4 篇的数量。在发明专利、实用新型和国外专利数量上,海归科学家亦有显著优异的表现,本土科学家的各类专利总数的均值仅为 0.4[3]。

---

① 教育部留学服务中心. 2014 中国留学回国就业蓝皮书[R]. 2014.

② 利用 Scopus 数据库中作者信息的分析,凡在 1996 年至今的文献中,学者署名机构有至少一次为中国机构,则该学者被统计为中国学者,统计时间段为 1996 年至 2015 年。该时间段中,学者署名机构有中国以外的机构则视为具有国际化经历。

③ 鲁晓,洪伟,何光喜. 海归科学家的学术与创新:全国科技工作者调查数据分析[J]. 复旦公共行政评论, 2014(2): 7-25.

三、留学归国人员主要特征

（1）主要集中在经济发达地区，特别是北上广等一线城市

留学回国人员具有较强的地域分布特征。北京、上海、广州一线城市的引才效应非常明显，但是也开始呈现分散态势。主要留学回国人员分布地区排名前十的为山东、江苏、浙江、河南、辽宁、北京、湖北、上海和广东，占全部留学回国人员的 60%。第二梯队为湖南、四川、黑龙江、安徽、吉林、山西、陕西、内蒙古和福建等地区，占 28%。

（2）专业集中在经济、管理和计算机等学科，博士海归主要集中在基础研究领域

留学回国人员攻读的学位涉及 80 多个不同的学科，排名前十的学科是工商管理、理论经济学、应用经济学、计算机科学与技术、外国语言文学、艺术学、管理学与工程、社会学、教育学、新闻传播学。1998 年和 2013 年留学归国人员专业的调查数据表明，前后 15 年期间留学人员所学专业也发生了明显的变化（见表 11-2），工科专业比例由 30.6% 降到了 12.4%，理科专业比例由 21.1% 降到了 9.7%，经济学专业的比例则由 8.9% 上升到了 32.1%。

表 11-2　留学人员所学专业特征[①]

1998 年		2013 年	
留学专业	比例（%）	留学专业	比例（%）
工科	30.6	工科	12.4
经济学	8.9	经济学	32.1
理科	21.1	理科	9.7
其他学科	39.7	其他学科	45.8

博士海归的主要学科有生物学、化学、计算机科学、机械工程、材料科学、物理学、应用经济学、电子科学与技术、基础医学、临床医学，除应用经济学外，均属于科技人力资源核心学科。

四、高层次科技人力资源的国际流动与配置

高层次科技人力资源指在人才队伍各个领域中比较优秀的人才，或处于专业前沿并且在国内外相关领域具有较高影响的人才。一般来讲，这类人才素质高、能力强、贡献大、影响广，在创新驱动战略实施过程中发挥着重大作用。近年来，我国通过人才引进计划不断加大对高层次科技人力资源的引进力度，吸引海外优秀人才回国创新创业，比较典型且影响较大的三个海外人才引进计划分别是中科院的"百人计划"，教育部的"长江学者计划"和中组部的"千人计划"。通过对上述三个高层次人才引进计划的高层次人才[②]流动情况进行分析，初步了解我国高层次科技人力资源国际流动和配置的基本情况。

---

①　魏华颖. 15 年(1998—2013)来中国海外留学归国人员特征变化探析[J]. 领导科学，2015(10)：43-45.

②　通过网络等信息平台获取"长江学者""百人计划"和"千人计划"履历数据信息。由于部分人员信息不可获取，因而本节分析样本不包括三个计划入选者的全部人员。特别是千人计划入选者，由于千人计划包括"大千人"和"青年千人"，"大千人"有创新类和创业类两种类型，又包含 A 类和 B 类千人，要求其回国工作时间分别是超过 6 个月和 2 个月，因而有不少"大千人"并未全职回国，真正要求全职回国工作的主要是青年千人计划入选者。另外，"千人计划"的创业类人员一般在企业类机构工作，其信息很难在网络上获取，我们仅找到一两百位"千人计划"创业类的人员信息，不具有统计分析意义，因而分析样本"千人计划"主要以青年千人为主进行分析。

（1）人才计划效果明显，高层次科技人力资源引进数量不断增加。

"百人计划"①首开我国科技人才引进的先河，自 1994 年实施至 2015 年，共引进培养优秀人才 2145 人，不仅顺利实现了中科院高端人才队伍的"代际转移"，也为国家引进培养了一大批高水平科技领军人才和拔尖人才。"千人计划"自 2008 年实施以来，截止到 2016 年 3 月，分 12 批共引进海外高层次人才 6089 人，其中"青年千人计划"2338 人，占 38.4%。"千人计划"实施进展远超"引进并有重点地支持 2000 名左右海外高层次人才回国（来华）创新创业"的原目标，也是我国高层次人才引进的重要渠道。

（2）引进人才主要集中在基础研究领域，生物学领域最为突出。

对通过海外高层次人才计划引进回来的群体分析表明，引进人才主要集中在理工类基础研究领域，尤其以生物学领域为主。青年千人计划、百人计划、长江学者入选者的学科分布均以生物学人数所占比例最高，分别为 27%、26%、13%。物理学、化学与生物学成为三个人才计划入选者最集中的学科领域，青年千人中这三个学科领域入选者占总数的 49%，百人计划占 52%，长江学者占 30%（见表 11-3）。

表 11-3　海外归国高层次人才学科领域分布情况

序号	青年千人计划			百人计划			长江学者		
	学　　科	人数	比例	学　　科	人数	比例	学　　科	人数	比例
1	生物学	468	27%	生物学	525	26%	生物学	158	13%
2	化学	255	15%	物理学	276	14%	化学	109	9%
3	物理学	125	7%	化学	242	12%	物理学	97	8%
4	材料科学	116	6%	地球科学	208	10%	数学	77	6%
5	电子与通信技术	81	5%	材料科学	176	9%	材料科学	71	6%
6	地球科学	77	4%	电子与通信技术	93	5%	地球科学	61	5%
7	工程与材料科学	223	13%	环境科学技术及资源科学技术	71	3%	临床医学	59	5%
8	数学	124	7%	基础医学	61	3%	自然科学相关工程与技术	48	4%
9	计算机科学技术	22	1%	天文学	50	2%	动力与电气工程	39	3%
10	信息科学	100	6%	化学工程	59	3%	机械工程	38	3%
11	工程与材料	15	1%	核科学技术	41	2%	经济学	38	3%
12	环境与地球科学	57	3%	数学	35	2%	电子与通信技术	35	3%
13	其他	92	5%	其他	200	10%	其他	426	36%
	总计	1755	100%	总计	2037	100%	总计	1256	100%

与我国留学归国人员的学科结构不同，海外归国高层次科技人力资源以科技类核心学科为主。这对于我国提高科技实力，促进科技发展发挥着更加直接的作用。

（3）引进人才主要来自美国、德国、英国和日本。

美国、德国、英国和日本是海外归国高层次科技人力资源的主要来源。其中，美国在三个人才计划入选者来源国中以绝对优势占据第一位，如青年千人计划中来源国为美国的入选者占到总数的 63.8%，百人计划为 48.1%，长江学者为 52.4%（见表 11-4）。

---

① http://www.edu.cn/jiao_shi_pin_dao/jiao_yu_ren_cai_zi_xun/201504/t20150421_1250153.shtml.

表 11-4　海外人才计划入选者来源国别分布表

青年千人		百人计划		长江学者	
来源	比例	来源	比例	来源	比例
美国	63.8%	美国	48.1%	美国	52.4%
德国	6.2%	日本	15.8%	英国	10.3%
英国	5.5%	德国	8.1%	日本	8.8%
新加坡	4.9%	英国	7.3%	德国	7.8%
日本	2.8%	加拿大	3.8%	加拿大	4.8%
加拿大	3.5%	新加坡	2.3%	法国	3.3%
香港地区	4.0%	澳大利亚	2.2%	澳大利亚	3.3%
澳大利亚	1.6%	法国	1.6%	香港地区	1.3%
法国	2.0%	韩国	0.8%	瑞典	1.2%
瑞士	1.9%	荷兰	0.9%	新加坡	1.2%
其他	4.2%	其他	9%	其他	5.5%

（4）引进人才分布集中在经济科技实力雄厚的城市和地区。

从区域分布来看，高层次科技人力资源回国后主要分布在东部省份，青年千人计划、百人计划、长江学者入选者 70% 以上分布在东部省份。其中，北京市作为我国首都，凭借良好的学术氛围和雄厚科技实力，在三个计划高层次科技人力资源的分布中都居于首位，上海紧随其后，成为高层次科技人力资源回国后的另一热门地区。

高层次科技人力资源的分布集聚程度明显高于留学归国人员的整体水平。北京作为首要集聚城市，青年千人计划、百人计划、长江学者分布在北京的比例分别为 28%、36.67%、28.80%。三个计划人选分布的前 5 位省份集聚比例高达 68%、75.80%、63.80%，高于留学归国人员在第一梯队 10 个省份 60% 的分布比例。高端人才的集聚，将更加有利于区域创新能力的提高。

第二节　科技人力资源的国内流动与配置

我国科技人力资源的国内流动，可以从两个方面加以描述和分析。一是物理空间上的流动，即不同地区间的流动；另一方面是虚拟空间上的流动，即不同行业或所有制之间的流动①。因此，可以通过科技人力资源在国内不同区域和不同行业之间的流向和流量反映其国内流动状况。从数据可得性的角度考虑，以国家相关科技统计中有关 R&D 人员、专业技术人员等相关指标进行比较和分析，同时结合有关科技工作者调查数据②，反映近年来我国科技人力资源在国内的流动情况。

一、有流动经历的科技人力资源相对较少

长期以来，由于科技体制以及户籍等因素的影响，相对国外科技人力资源而言，我国科

---

① 中国科学技术协会调研宣传部，中国科学技术协会发展研究中心. 中国科技人力资源发展研究报告[M]. 北京：中国科学技术出版社，2008.

② 除特别说明，本节调查数据均来自 2010 年中国科学技术发展战略研究院"科技工作者流动状况调查"课题组完成的科技工作者流动状况调查研究报告。

技人力资源的流动性很低。这种流动频率偏低不仅表现在科技人力资源在不同区域间的流动，也表现在科技人力资源在不同创新主体机构间的流动。

从上个世纪80年代至今，我国经历了四次人才流动高潮。80年代前，人才要15～20年才有一次工作变动，80—90年代缩短到约每10年一次，后来，人才流动频率越来越快，流动层次也越来越高，但依然有专家认为，人才流动频度还不够快。[①] 科技人力资源的流动却显示出比人才流动更低的频率。以科技人力资源中的科研人员为例，2010年的调查就揭示了这一问题。据调查，我国科研人员中有过流动经历的仅占少数。没有更换过工作单位的占四分之三；在换过工作的人中，换过一次工作单位的占14%，换过两次以上单位的不到10%。这与市场经济发达国家相比有显著的差距。科研人员的这种低流动性表现在工作年限上，就是科研人员在一个单位中工作时间过长。我国科研人员在现单位的工作年限以10到19年的居多，占所有科研人员的31.4%；20年以上的占24%。也就是说，多数科研人员在现职上的工作年限超过10年。有流动经历的科研人员平均换工作的时间间隔接近8年。

科技人力资源的区域流动也显示出频率较低的特点。以哈尔滨工业大学的历届毕业生的流动经历为例，毕业生初次就业主要集中在东北三省、北京、上海，呈现出明显的地域集中趋势。初次就业选择黑龙江省的哈尔滨工业大学毕业生随后流向了上海市、北京市、广东省等地。而初次就业选择北京的几乎未出现流动。从职业流动看，哈尔滨工业大学毕业生的职业流动频率是相当低的[②]。

二、企业、研究与开发机构、高等学校流动性依次降低

2010年全国R&D人员全时当量为255.4万人年，到2015年增长为375.9万人年。通过考察R&D人员变动情况，反映出的科技人力资源流动的情况可以看出，2010年到2015年间，企业、研究与开发机构、高等学校三个执行部门中，企业科技人力资源数量最多、增长幅度最大，接下来依次为研究与开发机构、高等学校。

2010年至2015年间，企业R&D人员全时当量从187.4万人年增长到291.1万人年，增长幅度为55.3%，研究与开发机构次之，从29.3万人年增长到38.4万人年，增长幅度为31.1%，高等学校增长幅度最小，从29.0万人年增长到35.5万人年，增长幅度为22.4%（见表11-5）。尽管当前从科研机构以及高等院校流向企业的人员还不是太多，但是从企业R&D人员的增长幅度来看，企业远高于研究与开发机构和高校，表明企业已成为科技人力资源流动的重要增长点之一。

表 11-5　2010 年与 2015 年不同执行部门 R&D 人员全时当量

执 行 部 门	2010 年（万人年）	2015 年（万人年）	增长幅度
企业	187.4	291.1	55.3%
研究与开发机构	29.3	38.4	31.1%
高等学校	29.0	35.5	22.4%
其他	9.7	10.9	12.4%

注：数据来源于中国科技统计年鉴（2011 年），中国科技统计年鉴（2016 年）。

---

① 李银.我国人才流动频率相关实证分析[J].现代经济研究，2006(12)：74-77.
② 庞文.高校毕业生的社会流动及其影响因素分析[J].现代教育管理，2010(1)：116-118.

高校聚集了大量的优秀科技人力资源,但流动性不足。高校科技人力资源主要以应届毕业生及其他高校横向流动过来的人员为主,存在"自我封闭"和"内部循环"现象。调查显示,64%的高校科技人力资源是毕业后直接进入高校工作的,还有14%是先在其他单位工作后,再通过考研、留校等方式而间接流动到高校的,两者合计接近八成,只有大约22%是从其他单位直接流动而来。

整体来看,在三大执行部门企业、研究与开发机构、高等学校中,科技人力资源流动性依次降低。据调查,2009年高校的平均人员流出率为2%,比科研机构低1个百分点,比企业低7个百分点;有25%的高校人事部门负责人反映本单位人员流出渠道很不通畅,50%反映不太通畅,两者合计达到75%,远远高于科研机构(27%)和企业(33%)。

相对来说,企业科技人力资源的流动频率最高,平均5.3年更换一次工作;而高校和科研机构人员较为稳定,高校科技人力资源平均每份工作的年限为6.8年,科研机构为6.3年。从流动方向看,科技人力资源在单位间的流动主要发生在同种性质的单位之间,由高校和科研机构向企业的流动非常不足。

三、中西部地区对科技人力资源的吸引力开始显现

以R&D人员全时当量变动情况反映科技人力资源流动状况,一定时间段内R&D人员全时当量增加越多,则认为流入越多。2010年至2015年,东部、中部、西部R&D人员全时当量的增加值分别为862 661人年、213 595人年、128 737人年,增长幅度分别为51.0%、40.7%、38.0%。东部地区增加值和增长幅度均大幅度领先中部和西部地区,反映了东部依然是科技人力资源最大的流入区(见表11-6)。

表11-6　2010年与2015年不同地区R&D人员全时当量

区　　域		2010年(人年)	2015年(人年)	增加值(人年)	增 长 幅 度
东部	北京	193 718	245 728	52 010	26.6%
	天津	58 771	124 321	65 550	111.5%
	上海	134 952	171 798	36 846	27.3%
	辽宁	84 654	85 366	712	0.8%
	河北	62 305	106 975	44 670	71.7%
	山东	190 329	297 845	107 516	56.5%
	江苏	315 831	520 303	204 472	64.7%
	浙江	223 484	364 710	141 226	63.2%
	福建	76 737	126 572	49 835	64.9%
	广东	344 692	501 696	157 004	45.6%
	海南	4893	7713	2820	57.6%
东部总计		1 690 366	2 553 027	862 661	51.0%

续表

区　　域		2010 年（人年）	2015 年（人年）	增加值（人年）	增 长 幅 度
中部	黑龙江	61 854	56 598	−5265	−8.5%
	吉林	45 313	49 276	3963	8.7%
	山西	46 279	42 873	−3406	−7.4%
	湖南	72 637	114 869	42 232	58.1%
	湖北	97 924	135 481	37 557	38.3%
	河南	101 467	158 858	57 391	56.6%
	安徽	64 169	133 558	69 389	108.1%
	江西	34 823	46 548	11 725	33.7%
中部总计		524 466	738 061	213 595	40.7%
西部	四川	83 800	116 842	33 042	39.4%
	云南	22 552	39 535	16 983	75.3%
	贵州	15 087	23 537	8450	56.0%
	西藏	1259	1130	−129	−10.2%
	重庆	37 078	61 520	24 442	65.9%
	陕西	73 218	92 618	19 400	26.5%
	甘肃	21 661	25 859	4198	19.4%
	青海	4858	4008	−850	−17.5%
	新疆	14 382	16 949	2567	17.9%
	宁夏	6378	9247	2869	45.0%
	内蒙古	24 765	38 248	13 483	54.4%
	广西	33 987	38 269	4282	12.6%
西部总计		339 025	467 762	128 737	38.0%

注：数据来源于中国科技统计年鉴（2011），中国科技统计年鉴（2016）。

由于东部等沿海地区发达的经济条件，更多的就业机会和更加开放的人才发展政策环境，吸引了广大科技人力资源流入。已有研究表明，2006—2009 年人才资源由中部、西部和东北地区向东部地区流动；2006—2012 年东部地区人才资源持续增加，中部和西部地区的人才资源也相对增加，特别是 2010 年和 2011 年出现大规模人才流入；而东北地区一直处于人才流出状态[1]。我国高校毕业生初次就业流动也表现出相同的"孔雀东南飞"现象。东部是跨区就业的首选目的地，50.23% 的应届高校毕业生选择去东部工作，西部的吸引力最差，20.1% 的毕业生选择西部地区，中部地区则处于两者之间[2]。

尽管科技人力资源大量向东部地区流动，但当前中部和西部部分区域对科技人力资源的吸引力也在加强。2010 年到 2015 年，安徽省 R&D 人员全时当量增长幅度为 108.13%，仅次于天津，居全国第二位。西部地区云南的增长幅度为 75.31%，也是超过了大部分的东部区域。已有调查发现，中西部地区的中心城市吸引力也开始显现。以成都市为例，有 69% 的流入科研人员来自于东部，来自于西部的比例只占 8%。

---

① 侯爱军.夏恩君.陈丹丹.李森. 基于供需视角的我国区域人才流动研究[J].科技进步与对策.2015,V32(9)：141-145.

② 赵晶晶.盛玉雪.蒋承.区域差距、就业选择与人力资本流动——基于高校毕业生的实证研究[J].人口与发展，2016,V22(1)：28-37.

四、高新技术行业是科技人力资源的主要流向

利用不同行业的 R&D 人员全时当量数据变动研究科技人力资源行业间流动的情况。2010 年到 2015 年，全行业 R&D 人员全时当量从 293 492 人年增长到 383 597 人年，增长率为 30.7%。与之相比，高技术行业 R&D 人员全时当量增长幅度明显高于全行业平均水平。其中增长最快的是医疗设备及仪器仪表制造业，从 2010 年的 35 570 人年增长到 83 521 人年，增长幅度为 134.8%；其次是医药制造业，从 2010 年的 55 234 人年增长到 128 589 人年，增长幅度为 132.8%；另外，电子及通信设备制造业、航空航天器制造业等行业都表现出较高的增长幅度（见表 11-7）。这表明高新技术行业已成为科技人力资源流入的重要领域。

表 11-7　2010 年与 2015 年高新技术行业 R&D 人员全时当量

高技术行业	2010 年（人年）	2015 年（人年）	增长幅度
医药制造业	55 234	128 589	132.8%
航空航天器制造业	28 249	45 832	62.2%
电子及通信设备制造业	211 512	402 513	90.3%
医疗设备及仪器仪表制造业	35 570	83 521	134.8%

注：数据来源于中国高技术产业统计年鉴（2011 年），中国高技术产业统计年鉴（2016 年）。

本 章 小 结

"流水不腐，户枢不蠹"。科技人力资源在不同地理空间、不同职业和不同社会地位之间的流动，宏观上有助于国家科技人力资源的优化配置，微观上有利于个人能力的提升和创新能力的发挥。

在科技人力资源的国际流动方面，我国科技人力资源向境外流动的数量持续增加，且呈现年轻化趋势。科技人力资源向国内流动的数量和比例不断提高，人才外流逐步转变为人才回归。海外回国的高层次科技人力资源主要集中在理工类基础研究领域，主要分布在东部发达省份和北上广等经济科技实力强的城市。

在科技人力资源的国内流动方面，我国科技人力资源呈现出流动性低的总体特点，这不仅是与国际水平比较的结果，也体现在不同区域、不同创新主体间的流动。从研发经费执行部门来看，企业、研究与开发机构、高等学校科技人力资源流动性依次降低；从区域角度看，科技人力资源"孔雀东南飞"的态势依然明显，但中西部地区开始呈现出较强的人才吸引力，中心城市吸引力依然强大；从行业方面看，高新技术行业科技人力资源增幅明显高于各行业平均水平，已成为科技人力资源流入的重要领域。

第十二章

重点产业发展与科技人力资源供需状况

创新驱动发展目标主要体现在产业的转型升级与发展。产业的发展依赖于科技创新，而科技创新归根结底依靠的是科技人力资源。科技人力资源的供需情况影响着产业发展及其竞争力水平。同时，产业发展也促进相关领域科技人力资源的发展。当前，我国经济社会发展正处于重要转折点，科技发展正在进入从跟跑向并跑和领跑发展的新阶段，经济发展由粗放型走向集约型、由旧模式走向"新常态"，这对我国产业转型升级与科技人力资源的发展都提出了新的要求。本章所指的科技人力资源概念既包含实际从事科技活动（或科技职业）的劳动力，也包含可能从事科技活动（或科技职业）的劳动力。

第一节　重点产业科技人力资源的供给情况

制造业是国民经济的主体，是立国之本、兴国之器、强国之基。打造具有国际竞争力的制造业，是我国提升综合国力、保障国家安全、建设世界强国的必由之路。"十三五规划纲要"将"实施制造强国战略"作为"优化现代产业体系"的第一章节，足见制造业在未来产业发展中的重要作用。《中国制造 2025》明确提出，引导社会各类资源集聚，推动优势和战略产业快速发展。这些产业为新一代信息通信技术、高档数控机床和机器人、航空航天装备、海洋工程装备及高技术船舶、先进轨道交通装备、节能与新能源汽车、电力装备、农机装备、新材料、生物医药及高性能医疗器械。本章以上述十大产业为例，分析重点产业与科技人力资源的供需情况。

一、重点产业科技人力资源有力支撑了产业持续快速发展

科技人力资源是支撑重点产业发展的核心资源。数量众多的产业科技人力资源通过发挥其专业能力与智力优势促进产业发展。据统计[①]，我国制造业人才培养规模已位居世界前列。2015 年，我国高等学校本科工科类专业点数约 1.6 万个，工科类专业本科在校生

[①]　教育部，人力资源和社会保障部，工业和信息化部. 制造业人才发展规划指南[J/OL]. http://www.miit.gov.cn/n1146290/n4388791/c5500114/content.html.

525 万人、研究生在校生 69 万人；高等职业学校制造大类专业点数约 6000 个，在校生 136 万人；中等职业学校加工制造类专业点数约 1.1 万个，在校生 186 万人。我国制造业科技人力资源结构逐步优化。目前，我国制造业规模以上企业人力资源总量 8589 万人，专业技术人员 809 万人。装备制造业规模以上企业人力资源总量近 1794 万人，据不完全统计，其中科技人力资源总量近 736 万人，具有大学本科和研究生学历的人员分别占人才总量的 29.2% 和 2.1%。以院士等科技创新领军人才为代表的高端科技人力资源队伍逐步壮大，形成了一批国际领先的重点学科、实验室、工程中心等，在科技创新、重大项目攻关等方面发挥了重要作用。2015 年，中国工程院和中国科学院分别新增选院士 70 名和 61 名。新增工程院院士包括机械与运载工程学部 9 人，信息与电子工程学部 8 人，化工、冶金与材料工程学部 9 人，农业学部 9 人，医药卫生学部 7 人。此外，激光增材制造、大数据和下一代互联网等学科方向也有新当选院士。在中科院新增院士中，生命科学和医学学部有 12 人，其中有来自干细胞生物学、纳米生物学、生物化学等专业领域；信息技术科学部有 8 人，有来自信号与信息处理、通信与信息系统等信息技术领域；技术科学部有 11 人，还有分布在飞机结构寿命与可靠性、导航、制导与控制、物理海洋学、材料科学等领域的院士。这些新增两院院士的研究领域均与重点产业息息相关，为重点产业的快速发展提供了有效的保障。整体来看，科技人力资源数量和质量的提高，有力地支撑了重点产业持续快速发展。

由于数据获取的原因，以新一代信息通信技术产业、航空航天装备产业和生物医药及高性能医疗器械产业为例，进一步了解科技人力资源对产业发展的支撑作用。目前对整个新一代信息通信技术产业、航空航天装备产业、生物医药及高性能医疗器械产业的科技人力资源缺乏完整的数据统计。因此，这里选取《中国高技术产业统计年鉴》中的"电子及通信设备制造业""航空航天器制造业""医药制造业"数据分别反映这三个产业的情况。由于 R&D（研究与发展）活动是科技活动的核心要素，因此可用各产业 R&D 人员全时当量（万人年）来反映该产业的科技人力资源状况。分别以软件业收入、航空航天制造业主营业务收入和生物医药产业销售收入代表产业发展情况。

2005 年至 2015 年十年间，新一代信息通信技术产业、航空航天装备产业和生物医药及高性能医疗器械产业的科技人力资源总量均呈现上升趋势。其中新一代信息通信技术产业的 R&D 人员全时当量从 2005 年的 9.5 万人年上升到 2015 年的 34.5 万人年；航空航天装备产业的 R&D 人员全时当量从 2005 年的 3.0 万人年上升到 2015 年的 4.2 万人年；生物医药产业的 R&D 人员全时当量由 2.0 万人年上升到 2015 年的 9.2 万人年。大量科技人力资源的供给也带来产业的快速发展。2010 年以来，新一代信息通信技术产业、航空航天装备产业和生物医药及高性能医疗器械产业呈现快速增长态势，5 年间营业收入分别增长 2.2 倍、1.3 倍和 1.9 倍（见图 12-1）。科技人力资源与重点产业发展呈现出同步增长的趋势，表明科技人力资源是重点产业发展最重要的资源，产业发展态势很大程度上取决于拥有科技人力资源的数量和质量。

二、产业发展带动科技人力资源供给不断增多

重点产业不断发展，促使教育部新增了很多与重点产业相关的专业，为重点产业发展储备和输送了大量高素质人才。科技人力资源的大量流入，增加了重点产业科技人力资源

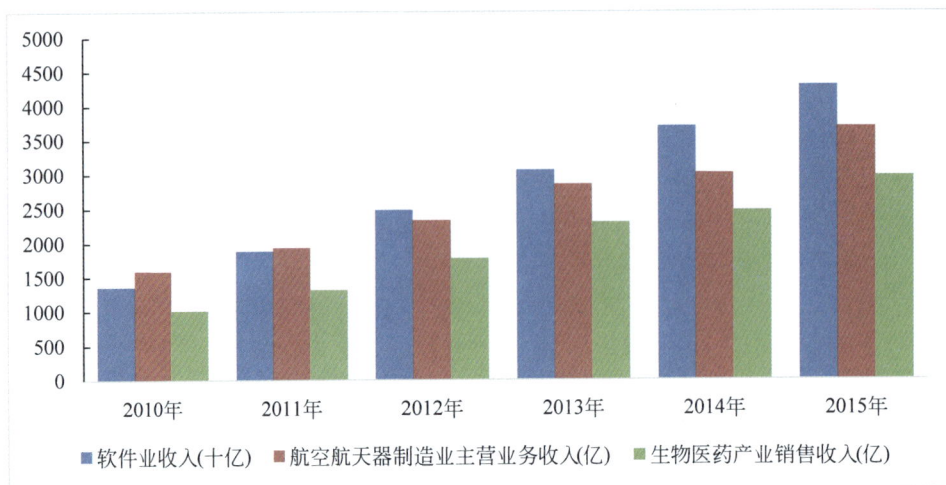

图 12-1　新一代信息通信技术产业、航空航天装备产业和生物医药及高性能
医疗器械产业发展情况(2010—2015 年)

注：数据来源于《中国高技术产业统计年鉴(2011—2016 年)》。

的供给。基于数据的可获得性，仍以新一代信息通信技术产业、航空航天装备产业和生物医药及高性能医疗器械产业为例，分析我国目前产业科技人力资源供给现状①。

1. 新一代信息通信技术产业科技人力资源供给

根据 2012 年统计局的《战略性新兴产业分类》，新一代信息通信技术产业可以分为三个大类，27 个小类。其中三个大类包括下一代信息网络、电子信息核心基础产业、高端软件和信息技术服务(见表 12-1)。

表 12-1　新一代信息通信技术产业及其分类

一　级	二 级 分 类	三 级 分 类
新一代信息通信技术产业	下一代信息网络产业	新一代移动通信网络服务 下一代互联网服务 下一代广播电视传输服务
	电子核心基础产业	通信设备制造 高端计算机制造 广播电视设备及数字视听产品制造 高端电子装备和仪器制造 基础电子元器件及器材制造 集成电路
	高端软件和新型信息技术服务	高端软件开发 新型信息技术服务

注：资料来源于国家统计局《战略性新兴产业分类(2012 年)》。

---

①　由于数据获取的原因，本部分各产业分析以 R&D 人员全时当量(万人年)来反映该产业的科技人力资源状况，以从业人员平均数作为当年该产业的从业人员数，以研发人员与产业从业人员的比值来衡量科技人力资源的密度。

下一代信息网络主要强调对广播、通信、网络等手段的提升，以更好地实现基于这些手段的各种应用，涉及新一代移动通信网络运营服务、下一代互联网运营服务、下一代广播电视网运营服务等领域；电子信息核心基础产业在整个产业中具有关键基础作用，涉及通信设备、高端计算机及外围设备、集成电路等领域；高端软件和信息技术服务则更强调新一代信息技术的应用和服务能力，满足社会经济生活需求，涉及基础软件、开发支撑软件、通用应用软件等领域。

2005 年至 2015 年，我国新一代信息通信技术产业 R&D 人员年均增长速度为 13.8％。从业人员数量从 2005 年的 346.7 万人上升到 2015 年的 814.2 万人，年均增长速度为8.9％。科技人力资源密度整体呈上升趋势，从 2.7％上升到 4.2％。科技人力资源的增速大于从业人员的增速以及整个产业的科技人力资源密度提升，均体现了新一代信息通信技术产业科技人力资源供给的不断快速增长（见图 12-2 和图 12-3）。

图 12-2　新一代信息通信技术产业 R&D 人员及从业人员分布

注：数据来源于《中国高技术产业统计年鉴（2006—2016 年）》。

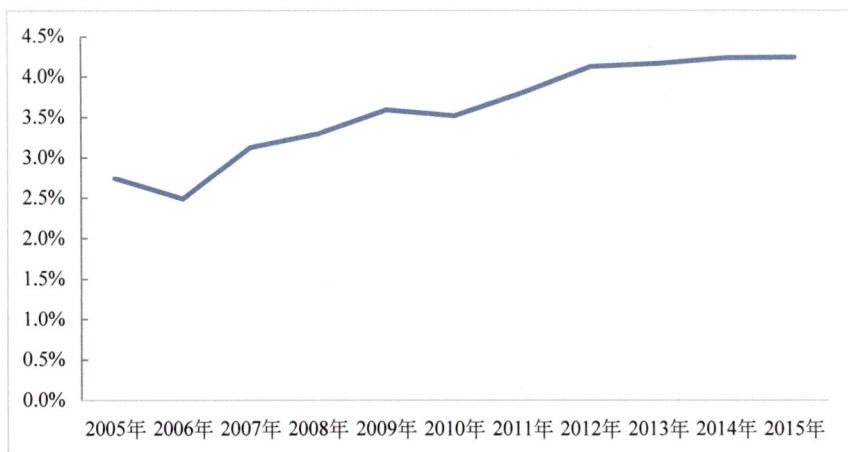

图 12-3　新一代信息通信技术产业科技人力资源密度（2005—2015 年）

注：数据来源于《中国高技术产业统计年鉴（2006—2016 年）》。

此外,近年来教育部批准了全国普通高校本科新增与新一代信息通信技术产业相关的专业。2014 至 2016 年,物联网工程专业新增了 152 个;网络与新媒体专业新增了 112 个;软件工程专业新增了 103 个(见表 12-2)。数据科学与大数据技术是 2015 年新开设的专业,2016 年有 32 个高校新增了该专业。这是与以移动互联网、物联网、云计算、大数据等为代表的新一代信息通信技术创新活跃,专业人才的供给要求不断提高相适应的。为了增加人才储备,教育部积极鼓励各大高校在计算机、通信、网络、软件与电子信息等学科领域新增专业,构建完整的人才培养体系,保障新一代信息通信技术产业科技人力资源的供给。

表 12-2　2014—2016 年普通高等学校新增与新一代信息通信技术产业相关的本科专业及数量

专 业 名 称	2016 新增数量	2015 新增数量	2014 新增数量	总 计
物联网工程	37	61	54	152
网络与新媒体	36	47	29	112
软件工程	37	36	30	103
数字媒体技术	19	29	21	69
网络工程	10	27	13	50
通信工程	17	21	11	49
光电信息科学与工程	13	17	13	43
数据科学与大数据技术	32	3	0	35
广播电视编导	11	18	0	29
电子信息工程	7	8	9	24
计算机科学与技术	11	6	6	23
信息管理与信息系统	12	3	8	23
智能电网信息工程	3	2	3	8
总计	245	278	197	720

注:数据来源于 2014—2016 年度普通高等学校本科专业备案和审批结果。

2. 航空航天装备产业科技人力资源供给

航空航天装备产业重点包括 4 个方向,分别是飞机、航空发动机、航空机载设备与系统、航天装备。在飞机领域,下一步将重点发展干线飞机、支线飞机、通用飞机、直升机、无人机等相关产品;航空发动机领域将重点发展大涵道比大型涡扇发动机、中/小型涡扇/涡喷发动机、中/大功率涡轴发动机、大功率涡桨发动机、航空活塞发动机等产品;航空机载设备与系统将重点研发航电系统、飞控系统、机电系统及航空关键元器件;航天装备领域将重点研发运载火箭、国家民用空间基础设施、空间宽带互联网、在轨维护与服务系统、载人航天与探月工程、深空探测等重点产品和重大航天工程(见表 12-3)。

从 2005 年到 2015 年,我国航空航天装备产业科技人力资源年均增长率为 4.1%,从业人员数量从 2005 年的 30.5 万人上升到 2015 年的 38.7 万人,年均增长率为 2.7%。R&D 人员全时当量从 2005 年的 3.0 万人年上升到 2015 年的 4.2 万人年,增长率为 4.1%;从业人员数量从 2005 年的 30.5 万人上升到 2015 年的 38.7 万人,科技人力资源密度从 9.8% 上升到 10.9%(见图 12-4 和图 12-5)。航空航天装备产业相对于其他重点产业而言,其技术复杂程度更高,属于技术密集型先进制造业,具有带动产业结构调整升级的重大战略意义,

表 12-3　航空航天装备产业重点产品目录

一　　级	二 级 分 类	重 点 产 品
航空航天装备产业	飞机	干线飞机 支线飞机 通用飞机 直升机 无人机
	航空发动机	大涵道比大型涡扇发动机 中/小型涡扇/涡喷发动机 中/大功率涡轴发动机 大功率涡桨发动机 航空活塞发动机
	航空机载设备与系统	航电系统 飞控系统 机电系统 航空关键元器件
	航天装备	运载火箭 国家民用空间基础设施 空间宽带互联网 在轨维护与服务系统 载人航天与深空探测

注：资料来源于《中国制造 2025》10 大重点领域技术路线图，2015。

其科技人力资源密度较其他重点产业更高。航空航天装备产业科技人力资源年均增长率高于从业人员年均增长率，且科技人力资源密度不断提高，这些都意味着我国航空航天装备产业的科技人力资源供给不断增加。

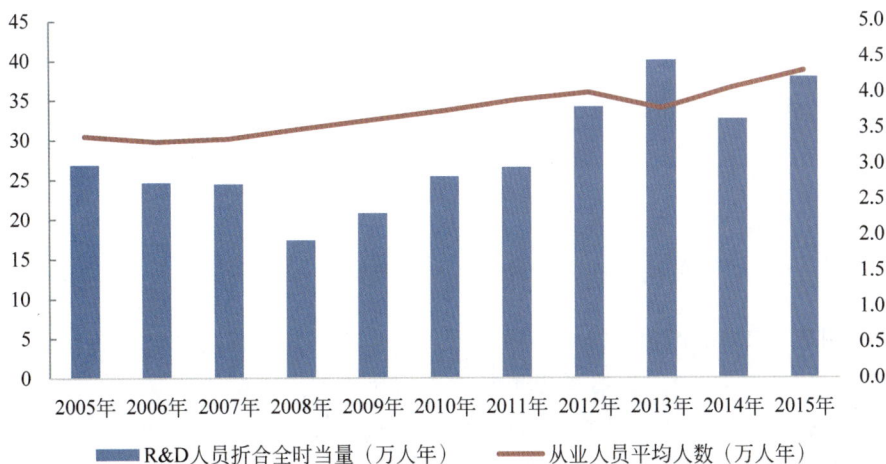

图 12-4　航空航天装备产业 R&D 人员及从业人员分布

注：数据来源于《中国高技术产业统计年鉴(2006—2016 年)》。

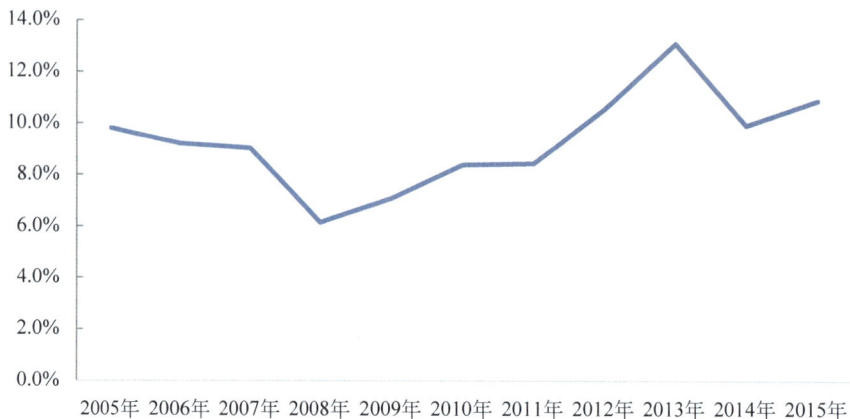

图 12-5　航空航天装备产业科技人力资源密度 2005—2015 年

注：数据来源于《中国高技术产业统计年鉴(2006—2016 年)》。

为了确保航空航天装备产业的科技人力资源供给,近年来教育部批准了全国普通高校本科新增与航空航天装备产业相关的专业(见表 12-4)。2014 年至 2016 年,飞行器相关专业新增 23 个,飞行技术专业新增 6 个,导航工程专业新增 3 个,此外还开设了空间科学与技术和无人驾驶航空器系统工程新专业。对于知识密集和技术密集的航空航天装备产业而言,其对人才的需求集合了信息、能源、制造等综合性尖端技术,同时需要能从事导弹、航天器、飞行器等航空航天器总体、结构和系统设计工作的综合性工程技术人才。随着航空航天装备产业的大力发展,其对高端复合型人才的需求将会更大。这些新增的专业点将有利于我国培养航空航天领域高端复合型人才,增加该产业的科技人力资源供给。

表 12-4　2014—2016 年普通高等学校新增与航空航天装备产业相关的本科专业及数量

专 业 名 称	2016 新增数量	2015 新增数量	2014 新增数量	总计
飞行器相关专业	8	11	4	23
飞行技术	6	0	0	6
导航工程	1	2	0	3
空间科学与技术	1	0	0	1
无人驾驶航空器系统工程	1	0	0	1
总计	17	13	4	34

注：数据来源于 2014—2016 年度普通高等学校本科专业备案和审批结果。

3. 生物医药产业科技人力资源供给

《中国制造 2025》重点领域技术路线图给出了生物医药及高性能医疗器械产业未来发展的重点产品(见表 12-5)。生物医药是基于生物技术的用于防治疾病及卫生保健的制品和系统技术的总称,包括基因药物、单抗/蛋白药物、疫苗、小分子化学药物和中药等;医疗器械是应用于全生命周期卫生、健康保障过程中的设备、装置、材料、制品。高性能医疗器械泛指在同类医疗器械中能够在功能和性能上满足临床更高要求的医疗器械,其发展对满足临床需求、带动整个医疗器械产业发展具有战略意义。

表 12-5　生物医药及高性能医疗器械产业重点产品

一　级	二级分类	重点产品
生物医药及高性能医疗器械产业	生物医药	化学药、中药、生物技术药物新产品 组织工程和再生医学产品 专利到期仿制药
	高性能医疗器械	医学影像设备 临床检验设备 先进治疗设备 健康监测、远程医疗和康复设备 核心部件

注：资料来源于《中国制造2025》10大重点领域技术路线图，2015。

从 2005 年到 2015 年，我国生物医药产业科技人力资源年均增长速度为 16.8%，从业人员数量从 2005 年的 123.4 万人上升到 2015 年的 208.6 万人，年均增长速度为 6.09%。科技人力资源密度整体呈上升趋势，从 1.6% 上升到 4.2%（见图 12-6 和图 12-7）。这说明为了满足生物医药产业的快速发展，科技人力资源供给不断增加，生物医药产业整体科技人力资源密度得到提升。

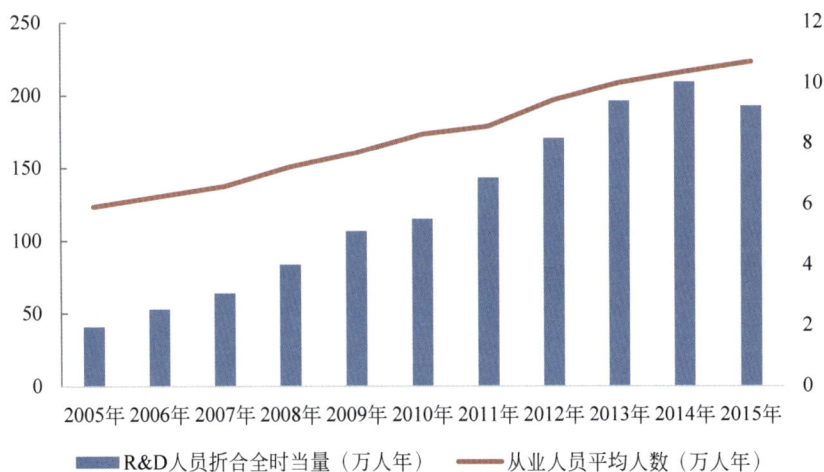

图 12-6　生物医药产业 R&D 人员及从业人员分布

注：数据来源于《中国高技术产业统计年鉴（2006—2016 年）》。

为满足生物医药及高性能医疗器械产业的发展，近年来教育部批准了全国普通高校本科新增与生物医药产业相关的专业（见表 12-6）。2014 年至 2016 年期间，新增了 90 个相关专业点，包括生物制药、生物工程、生物医学工程、生物技术与生物信息学等。我国生物医药产业持续升级，生物制药技术的应用与开发速度日益提升，从而加大了对生物制药专业人才的需求力度，其中对生物医药技术研究人员、生物医药产品研发人员的渴求度最高。新增的专业点有助于我国加快这一领域的人才培养和建设，从而保障快速发展的生物医药产业科技人力资源的供给。

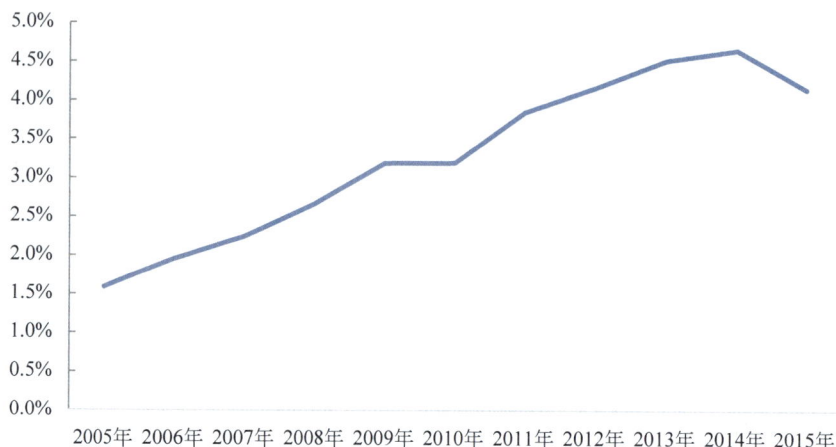

图 12-7　生物医药产业科技人力资源密度 2005—2015 年

注：数据来源于《中国高技术产业统计年鉴（2006—2016 年）》。

表 12-6　2014—2016 年普通高等学校新增与生物医药产业相关的本科专业及数量

专 业 名 称	2016 新增数量	2015 新增数量	2014 新增数量	总 计
生物制药	13	15	16	44
生物工程	8	8	0	16
生物医学工程	2	4	5	11
生物技术	7	3	0	10
生物信息学	3	4	2	9
总计	33	34	23	90

注：数据来源于 2014—2016 年度普通高等学校本科专业备案和审批结果。

三、重点产业科技人力资源地区分布差异明显

从高技术产业[①]整体情况看，以 R&D 人员全时当量考察科技人力资源分布情况，科技人力资源分布呈现自东部、中部、西部、东北地区逐步减少的情况。2015 年，东部地区为 44.8 万人年，中部为 7.3 万人年，西部为 5.3 万人年，东北为 1.6 万人年（见表 12-7）。从时间序列看，2005 年以来，东部地区比重逐年上升，从 65.0％ 上升到 2015 年的 75.9％，中西部地区比重逐年下降，尤其西部地区从 2005 年的 14.6％ 下降到 2015 年的 9.0％，地区差距呈现扩大趋势（见图 12-8 和图 12-9）。如果区域科技人力资源区域分布差异进一步加剧，显然将对欠发达地区产业的转型与升级造成一定阻碍。

---

　　①　这里的高技术产业包含医药制造业、航空航天器制造业、电子及通信设备制造业、电子计算机及办公设备制造业、医疗设备及仪器仪表制造业。

表 12-7　我国高技术产业 R&D 人员分布（单位：万人年）

R&D 人员	2005 年	2006 年	2007 年	2008 年	2009 年	2010 年	2011 年	2012 年	2013 年	2014 年	2015 年
东部	11.3	12.8	17.9	21.7	29.9	31.8	34.6	41.9	43.2	43.8	44.8
中部	2.3	2.0	2.3	2.3	3.8	3.6	4.2	5.1	5.9	6.6	7.3
西部	2.5	2.9	3.3	3.3	3.8	3.5	2.6	3.9	5.2	5.2	5.3
东北	1.2	1.2	1.2	1.3	1.5	1.1	1.4	1.7	1.7	1.7	1.6
全国	17.3	18.9	24.8	28.5	38.9	39.9	42.7	52.6	56.0	57.3	59.0

注：数据来源于《中国高技术产业统计年鉴（2006—2016 年）》。

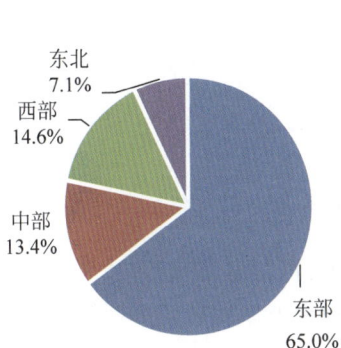

图 12-8　2005 年高技术产业 R&D 人员
全时当量分布

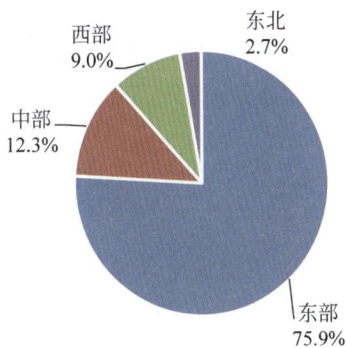

图 12-9　2015 年高技术产业 R&D 人员
全时当量分布

注：数据来源于《中国高技术产业统计年鉴（2006—2016 年）》。

　　进一步研究重点产业科技人力资源的地区分布，选取新一代信息通信技术产业、航天航空装备产业和生物医药产业来分析，依然以 R&D 人员全时当量考察重点产业科技人力资源分布情况。

　　新一代信息通信技术产业科技人力资源的区域分布显示出与高技术产业相似的分布态势（见图 12-10）。东部地区具有压倒性优势，占全国的 80% 左右。我国东部目前已经形成多个各具特点的信息通信技术产业的集聚区，如京津形成了新一代信息技术装备、软件平台、应用服务等产业的集聚区；以上海、杭州等城市为中心的长三角地区形成了以云计算基础设施、移动电子商务为代表的产业集聚区；珠三角形成了物联网创新活力强劲的产业集聚区。这些产业集聚区汇聚了业内大批科技人力资源。

　　中部科技人力资源占比紧随其后，与高技术产业不同之处在于该占比有上升的趋势，从 2010 年的 6.2% 上升到 2015 年的 13.3%。2016 年初，山西省出台《关于推进"互联网＋工业"的实施意见》，明确提出"到 2020 年，建成以太原为中心，覆盖中部地区的新一代信息技术产业带，培育一批信息通信技术领军企业，建成一批'互联网＋工业'的试点示范企业"的目标。得益于政策支持，中部地区近年来在新一代信息通信技术产业上发展迅速，吸引了大批科技人力资源。

　　西部科技人力资源占比稍有提升，2010 年为全国的 6.0%，2015 年为 6.1%；东北地区新一代信息通信技术产业科技人力资源在全国占比最小，2015 年仅有 1%。科技人力资源的地区分布也反映了我国新一代信息技术产业的整体布局。东部地区充分发挥新一代信

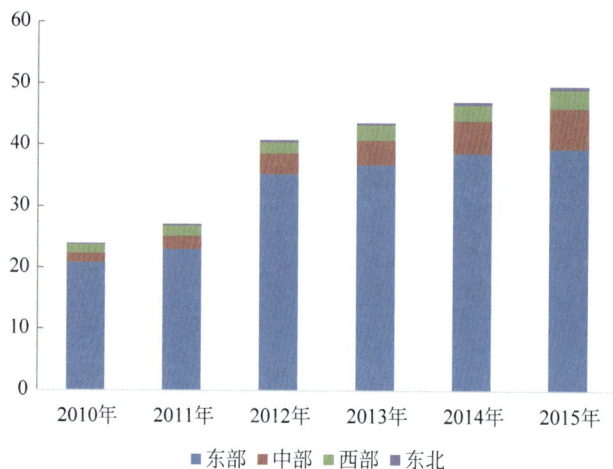

图 12-10　新一代信息通信技术产业 R&D 人员地区分布（单位：万人年）

注：数据来源于《中国高技术产业统计年鉴（2006—2016 年)》。

息通信技术产业龙头牵引和辐射带动作用,增强珠三角、长三角、环渤海和海峡西岸等优势地区的产业创新能力和产业集聚效应,率先实现产业的突破性发展。中西部地区为新一代信息技术的产业化创造良好的发展环境,主动对接东部地区的科研资源,积极参与东部地区相关产业技术的合作研发,努力引入创新成果用于发展本地区相关产业。

　　航空航天装备产业科技人力资源分布体现了西部地区占绝对优势的特点(见图 12-11)。西部地区作为航空航天制造业发展初期的主要基地,在建设之初就得到了国家的大力投入和支持。国家将航空航天制造业以及大型科研机构、国家重点实验室在西部进行了重点部署,使西部航空航天装备产业具有先天的人才集聚优势,使得该产业在全国科技人力资源中占比最大。航空工业主要分布在四川成都、陕西西安、陕西汉中、贵州安顺;航天工业主要分布在贵州省、四川省、陕西西安等地,并形成了配套完整、实力雄厚的航天工业体系。产业的密集布局使西部地区在航空航天装备产业的科技人力资源集聚上体现出绝对优势。

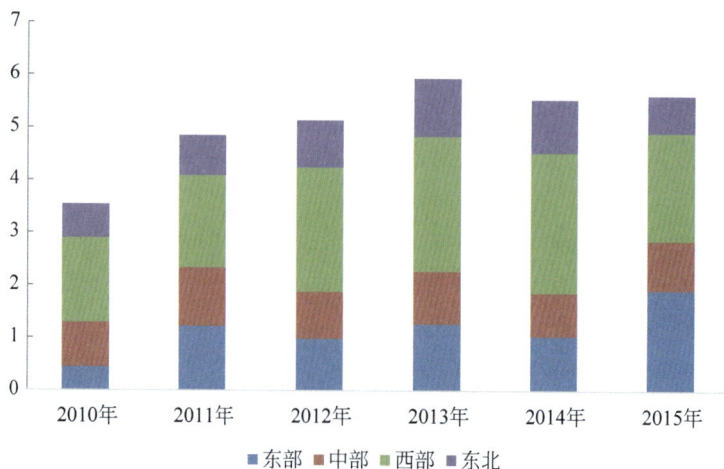

图 12-11　航天航空装备产业 R&D 人员地区分布（单位：万人年）

注：数据来源于《中国高技术产业统计年鉴（2006—2016 年)》。

值得注意的是,西部地区科技人力资源的集聚优势正在逐渐缩小,东部有迎头赶上之势。2010 年,西部航空航天装备产业科技人力资源占全国的 45.4%,东部占 12.8%,东西部差距为 32.6 个百分点;2015 年,西部为 36.7%,东部为 34.0%,差距为 2.7 个百分点。东部与西部的差距正在逐渐缩小的原因,除了东部地区经济发达,资源丰富,吸引了大批航天航空装备产业科研人员外,东部地区良好的配套产业合作,也为航空航天装备产业的进一步创新和发展提供了其他地区无法比拟的环境优势。这也是在大飞机研制阶段将研发总部设置在上海等东部代表性城市的原因之一。西部应继续维持原本的人才优势,以不断促进航空航天装备产业的继续发展。

生物医药产业科技人力资源地区聚集趋势明显。东部地区科技人力资源占比一直在 60% 以上,其次中部为 20% 左右。西部地区占比有所上升,从 2010 年的 7.9% 上升到 2015 年的 12.8%。东北地区略有下降,从 2010 年的 7.8% 下降到 2015 年的 6.3%(见图 12-12)。生物医药产业具有高投入、高风险、高回报、研发周期长等发展特点,这些特点使得产业的发展向园区集聚、向经济发达地区集聚、向专业智力密集区集聚。生物医药产业已批准的 21 家国家级生物产业基地,环渤海地区有 9 家基地,长三角地区有 6 家基地,这也使得研发要素集中在环渤海与长三角地区,尤其向上海、北京等中心城市集聚。

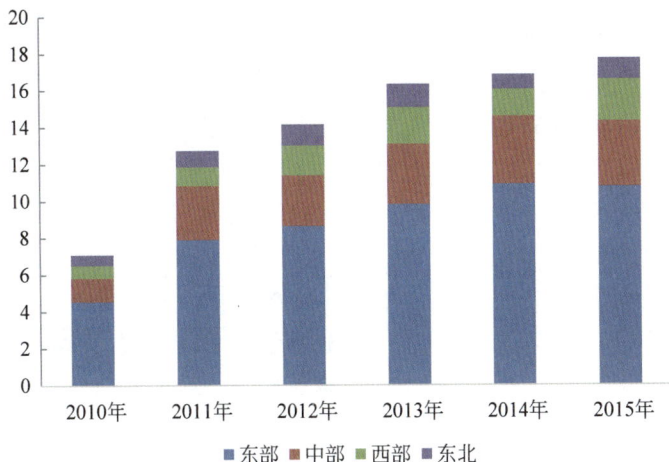

图 12-12 生物医药产业 R&D 人员地区分布(单位:万人年)

注:数据来源于《中国高技术产业统计年鉴(2006—2016 年)》。

这些地区发展生物医药产业有着得天独厚的条件。环渤海地区拥有丰富的临床资源和科研、教育资源,也是科技人力资源储备最为丰富的地区;长三角地区拥有众多的跨国生物医药企业,在研发与产业化、外包服务、国际合作等方面具有较大优势,吸引了大批海外人才。西部地区的四川、重庆具备良好的产业基础,是西部地区重要的生物医药成果转化基地。

四、科技人力资源在重点产业中分布存在差异

为进一步了解我国重点产业对科技人力资源的供给状况,本章从一般从业人员、创新创业型人才、海外高层次留学人才、科技领军人才、技能型人才五个方面对重点产业科技人

力资源供给情况进行分析①。这里,五个方面人才分别关注不同角度的人才供需:一般从业人员是指企业中取得工资或其他形式的劳动报酬的全部人员,其中包含了科技人员和非科技人员;创新创业型人才是指富有创新精神、创新思维、创业意识和创业能力的,在不同的社会领域和产业中,依靠自己的知识和能力创造新知识、新价值和新财富,对社会进步和经济发展做出重要贡献的人才;海外高层次留学人才是指我国公派或者自费出国留学,学成后在海外从事科研、教学、工程技术、金融、管理等工作并取得显著成绩,为国内急需的高级管理人才、高级专业技术人才、学术技术带头人才,以及拥有教学产业化开发前景的专利、发明或专有技术人才;科技领军人才是我国科技人才队伍中最杰出的群体,是具有典范作用和领军功能的核心人才,主要包括两院院士、政府特殊津贴高级专家、有突出贡献的中青年专家、学术和技术带头人以及国家级重大项目的负责人等,行业龙头企业的技术和管理带头人也属于领军人才的范畴;技能型人才是指在生产和服务等领域岗位一线,掌握专门知识和技术,具备一定的操作技能,并在工作实践中能够运用自己的技术和能力进行实际操作的人才。

专家对不同产业不同类型人才供给给出了是否存在缺口的判断,也对上述五类人才重点产业整体的人才缺口情况作出了判断,以给出"存在缺口"判断的专家比例(见表12-8)作为科技人力资源供给分析的依据。认为重点产业创新人才、海外高层次人才、科技领军人才、技能型人才存在缺口的专家比例分别为78.1%、58.1%、79.0%、75.4%。这里对某一类型的人才供给情况进行分析时,将高于整体情况判断"存在缺口"专家比例的产业作为存在较为严重缺口的产业进行重点讨论。以一般从业人员为例,45.2%的专家认为重点产业的一般从业人员供给存在缺口,新一代信息通信技术、先进轨道交通装备、农机装备、生物医药及高性能医疗器械四个重点产业有超过45.2%的专家认为"存在缺口",是一般从业人员供给情况分析中需要重点讨论的产业。整体来看,专家判断不同重点产业人才供给情况存在较大差异。

表 12-8 认为重点产业科技人力资源供给存在缺口的专家比例

	一般从业人员	创新创业型人才	海外高层次人才	科技领军人才	技能型人才
新一代信息通信技术	47.6%	75.0%	55.4%	76.2%	73.2%
高档数控机床和机器人	38.2%	73.5%	61.8%	70.6%	85.6%
航空航天装备	44.7%	84.2%	65.8%	84.2%	73.7%
海洋工程装备及高技术船舶	41.2%	41.2%	47.1%	58.8%	67.1%
先进轨道交通装备	46.2%	69.2%	53.8%	61.5%	84.6%
节能与新能源汽车	36.7%	71.4%	63.3%	81.6%	73.5%
电力装备	44.9%	73.5%	49.0%	77.6%	87.8%
农机装备	56.7%	86.7%	56.7%	83.3%	70.0%
新材料	42.0%	86.6%	56.3%	86.6%	79.8%
生物医药及高性能医疗器械	49.4%	88.2%	62.9%	79.8%	76.4%
重点产业整体	45.2%	78.1%	58.1%	79.0%	75.4%

注:数据根据2016年调查问卷数据整理获得。

---

① 专家判断数据来源于2016年课题组组织完成的重点产业对科技人力资源的现状与未来需求的认知态度调查。调查对象包括国家和地方科研机构、高等院校、企业科研机构工作的相关科技专家。共回收问卷606份。本章专家判断数据均来自此项调查。

生物医药及高性能医疗器械产业科技人力资源供给情况最为严峻。调查的一般从业人员、创新创业型人才、海外高层次、科技领军人才、技能型人才五个方面,专家判断均存在较为严重的人才供给缺口。其中创新创业型人才缺口的判断在88.2%的专家中达成共识,成为重点产业中创新创业型人口供给问题最为突出的产业。目前,我国生物医药产业的多项技术和基础研究成果在实验室阶段与国际水平接近,个别领域甚至超过了国际水平,但是中试研究力量(指从事中试研究的科技人力资源。中试是在大规模量产前的小规模试验。中试研究是在实验室小规模生产工艺路线打通后,采用该工艺在模拟工业化生产的条件下所进行的研究)薄弱,而且下游工艺技术即生物医药的产业化水平较为落后,与国际水平相差较多。因此,具有过硬专业素养,掌握研发产品市场动向,能够实现技术市场化的创新创业型人才成为制约我国生物医药产业发展的"瓶颈"。如果能够加大生物医药产业领域的创新创业型人才的供给,将有利于实现生物医药技术的市场化,从而推动产业的发展。

航空航天装备产业、农机装备产业、新材料产业在三类人才供给方面存在较为严重的缺口,但不同产业人才缺口类型不同。航空航天装备产业在创新创业型人才、海外高层次人才、科技领军人才存在较严重的缺口,其中65.8%的专家提出海外人才供给存在缺口,使航空航天产业成为重点产业中海外人才最为短缺的产业;农机装备产业在一般从业人员、创新创业型人才、科技领军人才方面存在较严重的缺口,其中专家对农机装备产业的一般从业人员供给现状表现出特别的担忧,高达56.7%的专家认为存在缺口,仅有23.3%的专家认为能够满足需求,是十个重点产业中人力资源最为短缺的。作为装备制造业中与农业密切相关的行业,农机装备产业在提高农业生产效率、实现资源有效利用、推动农业可持续发展过程中发挥着不可或缺的作用,对保障国家粮食安全、促进农业增产增效、改变农民增收方式和推动农村发展都具有十分重要的意义。当前,我国正处在工业化、城镇化和农业现代化加快发展的重要阶段,农机产品的国内需求仍处于快速增长期,因此对一般从业人员的需求也大幅增加。然而伴随着工业化、城镇化的快速发展,愿意从事农业及相关产业的人口比例也越来越低,这是农机装备产业一般从业人员的供给存在大量缺口的重要原因。新材料产业在创新创业型人才、科技领军人才、技能型人才方面体现出较为严重的不足,且对科技领军人才的渴求度最高,有86.6%的专家认为该产业存在科技领军人才缺口。目前,我国新材料领域研发处于领跑阶段,对青年千人计划、百人计划、长江学者三个海外高层次人才引进项目的分析表明,材料科学依然没有成为高层次人才引进的重点,在三个人才计划中分别占6%、9%和6%。随着我国材料领域技术创新与产业发展,新材料产业以其跨学科、跨领域的特点,及与其他领域交叉和相互渗透的发展特征,更加突显对综合素质高、科研能力强,具有跨学科知识结构的高层次领军人才的引领作用。

高档数控机床和机器人产业、先进轨道交通装备产业、节能与新能源汽车产业在两类人才供给方面存在较为严重的缺口,不同产业情况有所差异。高档数控机床和机器人产业、节能与新能源汽车产业都在海外高层次人才方面存在较为显著的人才缺口。高档数控机床和机器人产业、先进轨道交通装备产业都在技能型人才方面缺口明显。

新一代信息通信技术产业、电力装备产业分别在一般从业人员和技能型人才方面供给缺口明显。47.6%的专家认为新一代信息通信技术产业一般从业人员存在缺口,这一比例仅次于生物医药及高性能医疗器械产业,位居10个重点产业的第二位。87.8%的专家认为电力装备产业在技能型人才方面存在供给缺口,这一比例位居10个重点产业之首,使电力装备产业成为技能型人才供给缺口形势最为严峻的产业。

海洋工程装备及高技术船舶产业虽然在五类人才方面均无特别高比例的专家提出人才缺口，但也分别有 41.2%、41.2%、47.1%、58.8%、67.1% 的专家认为在一般从业人员、创新创业型人才、海外高层次留学人才、科技领军人才、技能型人才方面存在人才缺口。

第二节 重点产业科技人力资源的需求分析

一、重点产业对科技人力资源需求旺盛

根据教育部、人力资源社会保障部、工业和信息化部 2017 年 2 月发布的《制造业人才发展规划指南》预测，到 2020 年，我国重点产业人才总的缺口将达到 1900 多万人；到 2025 年，重点产业总缺口将接近 3000 万人（见表 12-9）。

表 12-9　制造业十大重点领域人才需求预测　　　　　　（单位：万人）

十大重点领域	2015 年 人才总量	2020 年 人才总量预测	2020 年 人才缺口预测	2025 年 人才总量预测	2025 年 人才缺口预测
1　新一代信息技术产业	1050	1800	750	2000	950
2　高档数控机床和机器人	450	750	300	900	450
3　航空航天装备	49.1	68.9	19.8	96.6	47.5
4　海洋工程装备及高技术船舶	102.2	118.6	16.4	128.8	26.6
5　先进轨道交通装备	32.4	38.4	6	43	10.6
6　节能与新能源汽车	17	85	68	120	103
7　电力装备	822	1233	411	1731	909
8　农机装备	28.3	45.2	16.9	72.3	44
9　新材料	600	900	300	1000	400
10　生物医药及高性能医疗器械	55	80	25	100	45
总计	3206	5119.1	1913.1	6191.7	2985.7

注：数据来源于《制造业人才发展规划指南 2016》。

通过人才需求情况分析重点产业科技人力资源需求情况。整体来看，未来十年重点产业科技人力资源需求旺盛。2020 年，重点产业人才需求总量将增加 0.6 倍，2025 年将翻约一番。创新驱动发展战略的实施，对产业不断升级提出了新的要求，也带动了人才需求的迅速增长。

人才需求增长旺盛体现在各重点产业。新一代信息技术产业、节能与新能源汽车产业表现尤为明显。到 2020 年，为满足新一代信息技术产业发展，人才需求将增长 750 万人，到 2025 年这一数据将达 950 万人，新一代信息技术产业成为人才需求量增长量最大的重点产业之一。目前全国高等院校计算机、电子、通信等专业每年培养大学生约 15 万人，为满足新一代信息技术产业发展，相关人才储备还应进一步加强。节能与新能源汽车产业人才需求增长幅度最大。根据预测数据，到 2020 年节能与新能源汽车产业人才将增长 4 倍，达到 85 万人，到 2025 年继续增长约 2 倍达到 120 万人。

根据预测，高档数控机床和机器人产业、电力装备产业、新材料产业都显示出未来人才需求的大量增长。到 2020 年高档数控机床和机器人产业人才需求缺口将达 300 万人，到

2025 年人才需求缺口将达 450 万人。2020 年电力装备产业人才需求缺口将达 411 万人,到 2025 年人才需求缺口将达 909 万人。2020 年新材料产业人才需求缺口将达 300 万人,到 2025 年人才需求缺口将达 400 万人。

实际上,重点产业均存在不同程度的人才需求增长。以先进轨道交通装备产业为例,铁路轨道交通方面,根据国家中长期铁路网规划纲要,今后几年是中国高速铁路加速建设时期,高速铁路人才十分紧缺,预计需要各类铁路专业人才 20 万人。城市轨道交通方面,2015 年,我国城市轨道交通总运营里程达到 3286 公里。预计 2020 年“十三五”结束时,我国城市轨道交通总运营里程将达到 6000 公里。以国际城市轨道交通每公里线路的平均人员配置 60 人为基准,我国对城市轨道交通人员的新增需求量将超过 16 万人。以先进轨道交通装备产业整体人才需求来看,2020 年 38.4 万的人才需求与我国 2015 年 32.4 万的人才储备相比,还需要做很多努力。根据预测,航空航天装备产业、海洋工程装备及高技术船舶产业、农机装备产业、生物医药及高性能医疗器械产业也呈现了未来不同程度的人才需求及增长。

产业发展带来人才需求的急剧增加,重点产业由于科技含量高、知识技术更新速度快等特点,对具有相应知识储备和科学能力的科技人力资源的需求更加迫切,这些人才缺口中大部分是对科技人力资源需求的缺口。通过《制造业人才发展规划指南》中对人才总量的预测,可以得知重点产业对科技人力资源的需求同样旺盛。

二、重点产业跨领域复合型人才严重短缺

重点产业属技术密集型的高科技产业,反映在学科上体现为多学科交叉性。相对于传统科技人力资源而言,重点产业需要的是工程实践能力强、创新能力强、具备国际竞争力的高素质复合型科技人力资源,他们不仅在某一学科专业上精深,而且还需要具备“学科交叉融合”的特征。随着产业升级的不断加速,对于跨领域复合型人才的需求也更加迫切。在实践层面,体现为对口人才的缺乏。

专家对重点产业“缺乏对口专业人才”与“学科结构设置不合理”两个问题的意见也验证了同样的观点。整体而言,52.8％的专家认为“缺乏对口专业人才”是目前重点产业面临的重要问题之一,44.9％的专家认为目前“学科结构设置不合理”,在新材料产业反映最为突出,有 63.9％的专家认为新材料产业缺乏对口专业人才,58.6％的专家认为新材料产业学科结构设置不合理(见表 12-10)。因此,以新材料领域为例进一步分析。

表 12-10　对重点产业缺乏对口专业人才和学科结构设置的判断

	缺乏对口专业人才	学科结构设置不合理
新一代信息通信技术	47.0％	45.8％
高档数控机床和机器人	47.1％	41.2％
航空航天装备	44.7％	18.4％
海洋工程装备及高技术船舶	41.2％	29.4％
先进轨道交通装备	46.2％	61.5％
节能与新能源汽车	55.1％	38.8％
电力装备	53.1％	36.7％
农机装备	56.7％	33.3％
新材料	63.9％	58.6％
生物医药及高性能医疗器械	55.1％	55.1％

注:数据根据 2016 年调查问卷数据整理获得。

新材料涉及领域广泛，主要包括新型功能材料、高性能结构材料和先进复合材料。无论是新能源还是高端制造业，或是信息产业、新能源汽车，其重大技术突破均与材料革新具有直接联系。由于新材料产业跨学科、跨领域的融合、交叉和相互渗透的发展特征，对复合型人才需求极为迫切。从教育培养的角度看，高校在学科建设，特别是专业点增设方面做出了很多努力。2010 年，教育部新增了纳米材料与技术、光电子材料与器件、新能源材料与器件、功能材料、微电子材料与器件 5 个与新材料产业相关的专业，2011 年至 2016 年 5 年间，共增设本科专业 96 个（见表 12-11）。尽管如此，无论是新学科和交叉学科建设都面临许多困难和问题，学科专业设置与人才需求之间的差距依然存在，面对复合型人才的旺盛需求，重点产业人才供给依然十分迫切。

表 12-11　2011—2016 年普通高等学校新增与新材料产业相关的本科专业及数量

专 业 名 称	2016 年	2015 年	2014 年	2013 年	2012 年	2011 年	总计年
纳米材料与技术	0	0	1	3	1	5	10
光电子材料与器件	0	0	0	0	0	5	5
新能源材料与器件	9	13	9	3	6	15	55
功能材料	2	3	1	2	1	15	24
微电子材料与器件	0	0	0	0	0	2	2
总计	11	16	11	8	8	42	96

注：数据来源于 2014—2016 年度普通高等学校本科专业备案和审批结果。

三、科技领军人才是重点产业发展的核心需求

建成世界科技强国，最关键的是要造就一大批世界水平的科学家、科技领军人才、卓越工程师和高水平创新团队。重点产业的发展，离不开科技领军人才的引领和带动。调查显示，79.04% 的专家认为重点产业存在领军人才缺口。

以机器人产业为例，2014 年，我国每万名工人的机器人拥有量为 36 台，低于全球平均水平 66 台，与"十三五"规划中"到 2020 年，我国每万名制造业工人拥有机器人将达到 100 台以上"的目标也存在很大差距。未来 5 年，我国机器人产业将迎来迅速发展的阶段，但与之相适应的产业领军人才却极为匮乏。截至 2015 年 12 月，全国 65 家机器人研究机构（包括大学、研究所、机器人重点实验室、重点企业等）的科研人员只有 1011 人[1]，按机构统计共有 104 家。其中 10 人以上的机构有 23 家，主要存在于大学（占 64%）和研究所（占 29%）（见图 12-13）。如果将院士、国家"千人计划"特聘专家、国家杰出青年科学基金获得者、长江学者、新世纪百千万人才工程、"国家特支计划"人选、"百人计划"人选、国家有突出贡献中青年专家、享受政府特殊津贴人员、新世纪优秀人才支持计划、省（部）级等其他称号获得者作为领军人才进行统计，共有 256 人[2]（见表 12-12），主要来自哈尔滨工业大学、上海交通大学、中国科学院自动化研究所、中国科学院沈阳自动化研究所、浙江大学。这与我国机器人产业高速发展对领军人才的需求相比，还远远不够。

---

①　秦洪花，赵霞，王云飞等. 中国机器人研发人才概览[J]. 高科技与产业化，2016(5)：61-65.

②　秦洪花，赵霞，王云飞等. 青岛市机器人产业研发人才分析及对策建议[J]. 中国科技成果，2017,18(2)：14-18.

广西大学 10
中国科学院合肥物质科学研究所 10
华中科技大学 11
东南大学 11
北京工业大学 12
西北工业大学 13
上海大学 13
沈阳新松机器人自动化股份有限公司 15
燕山大学 17
浙江大学 18
华南理工大学 18
天津大学 19
北京理工大学 19
北京大学 20
北京航天航空大学 23
西安交通大学 26
哈尔滨工程大学 26
清华大学 29
山乐鲁能技术有限公司 33
上海交通大学 58
中国科学院沈阳自动化研究所 80
哈尔滨工业大学 87
中国科学院自动化研究所 190

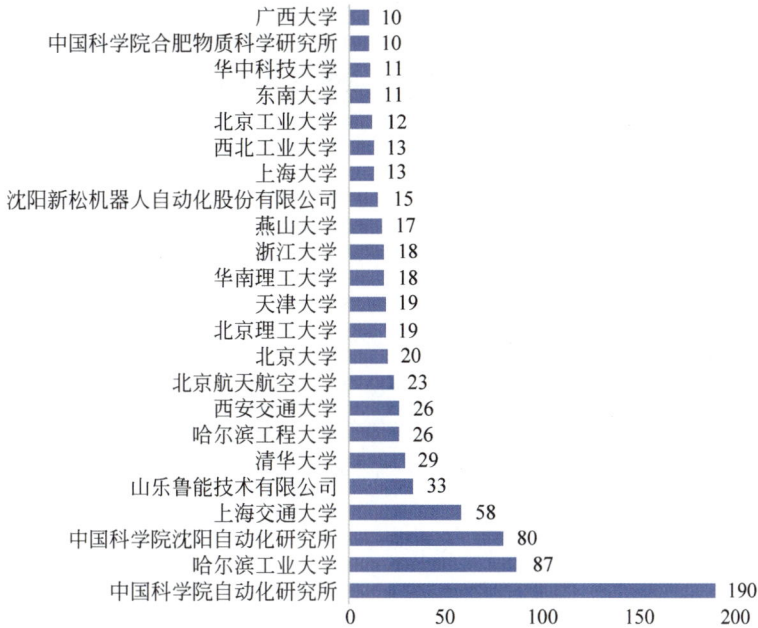

图 12-13　机器人产业高端科研人员分布

注：数据来源于秦洪花等. 中国机器人研发人才概览[J]. 高科技与产业化，2016.

表 12-12　机器人产业高端领军人才统计（2015 年）

类　别	人数	类　别	人数
院士	25	"百人计划"人选	20
国家"千人计划"特聘专家	13	国家有突出贡献中青年专家	8
国家杰出青年科学基金获得者	41	享受政府特殊津贴人员	62
长江学者	33	新世纪优秀人才支持计划	39
新世纪百千万人才工程	22	省、部级等其他称号	54
"国家特支计划"人选	4		

注：数据来源于秦洪花，等. 青岛市机器人产业研发人才 分析及对策建议[J]. 中国科技成果，2017.

　　新材料产业是重点产业中领军人才需求旺盛表现最明显的产业，86.6%的专家认为新材料产业存在领军人才缺口。根据 2011 年发布的《国家中长期新材料人才发展规划（2010—2020 年）》，我国材料领域工业增加值已占全国 GDP 总量的四分之一左右，而技能以上人才资源占全国总量的比例还不到 17.0%；材料领域研发机构科技人员比例为 65.9%，科学家和工程师比例为 46.4%，显著低于全国工业领域总体水平的 81.0%、56.6% 和制造业平均水平的 71.1%、50.9%。尽管近年来新材料产业人才队伍建设取得了进步，为这一领域创新发展提供了强大的智力支撑，但受整体发展阶段和水平的制约，领军人才在总量上依然严重匮乏。新材料产业发展中长期存在的新技术与应用结合不紧密的问题，也亟需一批一流科技领军人才充分发挥作用。

四、重点产业对科技人力资源需求案例分析

　　为了更好地研究重点产业科技人力资源的需求状况，本节构建了多元回归模型，对重

点产业未来 5 年内对科技人力资源的需求进行预测。在具体研究中，受到数据的可获得性以及数据的完整性和延续性的影响，选取重点产业中的"新一代信息通信技术产业""航空航天装备产业"以及"生物医药产业"作为案例，对这三个产业未来 5 年内的科技人力资源需求进行预测和分析[①]。

1. 新一代信息通信技术产业

用《中国高技术产业统计年鉴》中的"电子及通信设备制造业"数据作为"新一代信息通信技术产业"的替代研究对象，数据选取的年份为 2005 年至 2015 年。

以 R&D 人员全时当量（万人年）来反映该产业的科技人力资源状况。选取新产品销售收入、R&D 内部经费支出、新增固定资产、新产品开发经费、上一年科技人员数量、专利申请数、产业从业人员平均人数、主营业务收入等指标作为自变量。经过相关系数矩阵分析[②]和逐步回归法回归分析，筛选出产业从业人员平均人数、专利申请数两个自变量（见表 12-13）。回归模型[③]如式 12-1：

$$Y = -5.917\,303 + 0.037\,793 * X_7 + 0.000\,128 * X_6 \qquad (12\text{-}1)$$

表 12-13　变量系数估计值及检验结果

变量	参数	(1)		(2)	
常数	b_0	-11.445^{***}	(1.061)	-5.917^{***}	(2.256)
产业从业人员平均人数	b_1	0.056^{***}	(0.002)	0.038^{***}	(0.007)
专利申请数	b_2			0.000^{**}	(0.001)
R^2		0.991		0.995	

注：*、**、*** 分别表示在 10%、5%、1% 水平下显著，括号中的值为标准差。

运用该回归模型对 2016—2020 年电子及通信设备制造业科技人力资源需求进行预测。其中，产业从业人员平均人数和专利申请数量的增长速度取前三年的平均增长速度，最后模型获得的预测结果如图 12-14 所示。2016 年，新一代信息通信技术产业对科技人力资源的需求将达到 37.4 万人；2017 年，需求将达到 39.8 万人；2018 年，需求将达到 42.2 万人；2019 年，需求将达到 44.6 万人；2020 年，对科技人力资源的需求将达到 47.1 万人。

2. 航空航天装备产业

考虑统计数据的可获得性以及完整性，选取高技术产业中的"航空航天器制造业"作为"航空航天装备产业"的替代研究对象。航空航天器制造业作为航空航天装备产业的重要组成部分，一是以具有突破性成果的尖端技术为基础发展起来的新兴产业，知识密集和技术密集的特点很突出；二是科技人力资源是支撑科技知识的生产、扩散和应用的载体，已成

---

① 数据来源于《中国高技术产业统计年鉴》，原始数据均来源于《中国高技术产业统计年鉴》（2006—2016 年）。

② 计算 8 个自变量与科技人员数量的相关系数矩阵。其中新产品销售收入与科技人员数量相关系数为 0.605，相关系数低于 0.8，因此剔除新产品销售收入这一变量。

③ 模型判定系数 $R^2 = 0.995$，表明这两项指标因素对新一代信息技术产业科技人力资源的解释能力达到了 99.5%。对模型进行拟合度检验，一般误差在正负 5% 以内，都是可以接受的。检验结果显示，预测结果跟实际值的误差率在正负 1.5%，误差精度良好，适合用于下文的预测。

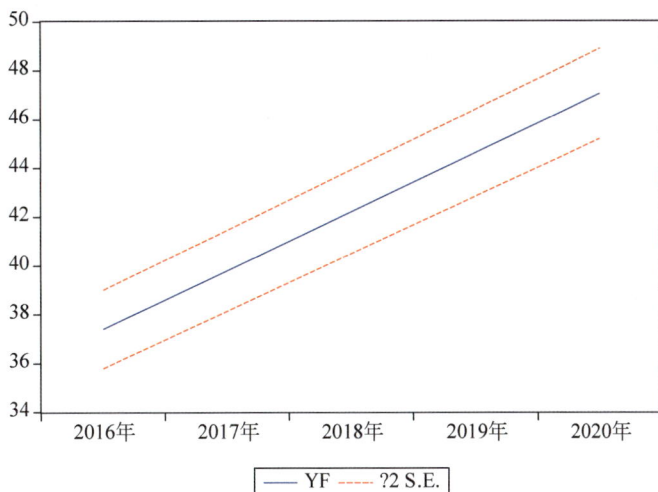

图 12-14　2016—2020 年新一代信息通信技术产业科技人力资源需求预测

注：这是 Eviews 软件自动生成的图。其中：实线 YF 表示因变量 Y 的预测值；S.E. 表示回归标准差(下同)。

为产业发展的决定因素。因此选取航空航天器制造业对航空航天装备产业进行研究具有一定的代表性。数据选取的年份为 2005 年至 2014 年,原始数据均来源于《中国高技术产业统计年鉴》(2006—2016 年)及《中国统计年鉴》(2006—2016 年)。选取新产品销售收入、R&D 内部经费支出、新增固定资产、新产品开发经费、上一年科技人员数量、专利申请数、产业从业人员平均人数、主营业务收入 8 个指标作为自变量。经过相关系数矩阵分析[①]和逐步回归法回归分析,筛选出新增固定资产、上一年科技人员数量、新产品销售收入和产业从业人员平均人数 4 项指标(见表 12-14)。回归模型[②]如式 12-2：

$$Y = -2.998\,787 + 0.006\,461 * X_3 + 1.064\,318 * X_5 - 0.004\,479 * X_1 + 0.128\,705 * X_7$$

$$(12\text{-}2)$$

表 12-14　变量系数估计值及检验结果

变　　量	参数	(1)	(2)	(3)	(4)
常数	b_0	2.460****** (0.199)	1.574******* (0.678)	1.210** (0.458)	−2.998 (1.888)
新增固定资产	b_1	0.004*** (0.000)	0.003** (0.000)	0.007** (0.001)	0.006** (0.001)
上一年科技人员数量出	b_2		0.347* (0.256)	0.849** (0.223)	1.064** (0.200)
新产品销售收入	b_3			−0.003* (0.000)	−0.004* (0.000)
产业从业人员	B_4				1.129* (0.056)
R^2		0.704	0.759	0.909	0.951

注：*、**、*** 分别表示在 10%、5%、1% 水平下显著,括号中的值为标准差。

---

① 计算 8 个变量与科技人员数量的相关系数矩阵。其中 R&D 内部经费支出与科技人员数量相关系数为 0.789,相关系数低于 0.8,因此剔除 R&D 内部经费支出这一变量。

② 模型判定系数 $R^2 = 0.951$,表明这两项指标因素对航空航天装备产业科技人力资源的解释能力达到了 95.1%。对模型进行拟合度检验,结果显示预测结果跟实际值的误差率都在正负 0.3% 以内,误差精度良好,用于下文预测值得信赖。

运用该回归模型对 2016—2020 年航空航天装备产业科技人力资源的需求进行预测。其中,新增固定资产、上一年科技人员数量、新产品销售收入和产业从业人员平均人数的增长速度取前三年的平均增长速度,最后模型预测结果如图 12-15 所示。2016 年,航空航天装备产业对科技人力资源的需求将达到 4.9 万人;2017 年,需求将达到 5.4 万人;2018 年,需求将达到 5.8 万人;2019 年,需求将达到 6.3 万人;2020 年,对科技人力资源的需求将达到 6.8 万人。

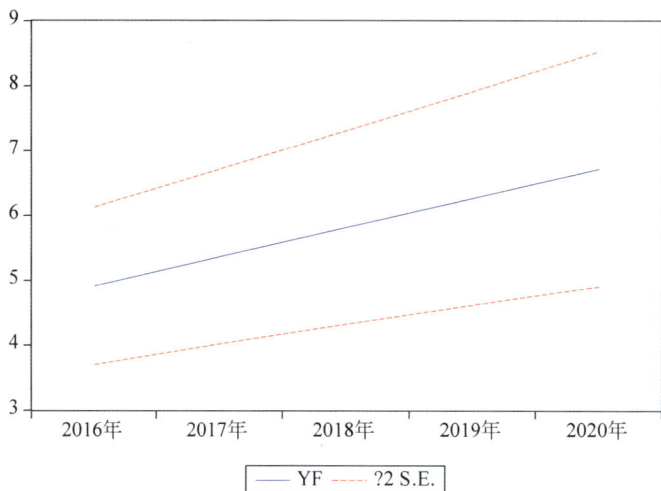

图 12-15　2016—2020 年航空航天装备产业科技人力资源需求预测

3. 生物医药产业

考虑统计数据的可获得性以及完整性,选取高技术产业中的"医药制造业"作为"生物医药产业"的替代研究对象。医药制造业是生物医药产业的重要组成部分,其中包含化学药品制造、中成药生产、生物药品制造等,具有一定的代表性。数据选取的年份为 2005 年至 2015 年,原始数据均来源于《中国高技术产业统计年鉴》(2006—2016 年)及《中国统计年鉴》(2006—2016 年)。选取新产品销售收入、R&D 内部经费支出、新增固定资产、新产品开发经费、上一年科技人员数量、专利申请数、产业从业人员平均人数、主营业务收入 8 个指标作为自变量。经过相关系数矩阵分析[1]和逐步回归法回归分析,筛选出产业从业人员平均人数和专利申请数两项指标。回归模型[2]为:经过相关系数矩阵分析[3]和逐步回归法回归分析,自变量的参数合理,符合经济意义。模型判定系数 $R^2 = 0.991$,表明这两项指标因素对生物医药产业科技人力资源的解释能力达到了 99.1%(见表 12-15)。回归模型如式 12-3:

---

① 计算 8 个变量与科技人员数量的相关系数矩阵,所有变量的相关系数均高于 0.8,因此没有剔除任何变量。
② 模型判定系数 $R^2 = 0.0.991$,表明这两项指标因素对生物医药产业科技人力资源的解释能力达到了 99.1%。对模型进行拟合度检验,结果显示预测结果跟实际值的误差率都在正负 0.6% 以内,误差精度良好,用于下文预测值得信赖。
③ 计算 8 个变量与科技人员数量的相关系数矩阵。其中 R&D 内部经费支出与科技人员数量相关系数为 0.789,相关系数低于 0.8,因此剔除 R&D 内部经费支出这一变量。

$$Y = -4.820\,411 + 0.049\,250 * X_7 + 0.000\,368 * X_6 \qquad (12\text{-}3)$$

表 12-15　变量系数估计值及检验结果

变　　量	参数	（1）		（2）	
常数	b_0	-8.211^{***}	(0.695)	-4.820^{***}	(1.162)
产业从业人员平均人数	b_1	0.082^{***}	(0.003)	0.049^{***}	(0.011)
专利申请数	b_2			0.000^{**}	(0.000)
R^2		0.979		0.991	

注：*、**、*** 分别表示在 10%，5%，1% 水平下显著，括号中的值为标准差。

运用该回归模型对 2016—2020 年生物制造业科技人力资源需求进行预测，其中，产业从业人员平均人数和专利申请数取前三年的平均增长速度，最后模型预测结果如图 12-16。2016 年，生物医药产业对科技人力资源的需求将达到 12.2 万人；2017 年，需求将达到 13.4 万人；2018 年，需求将达到 14.6 万人；2019 年，需求将达到 15.9 万人；2020 年，对科技人力资源的需求将达到 17.1 万人（见图 12-16）。

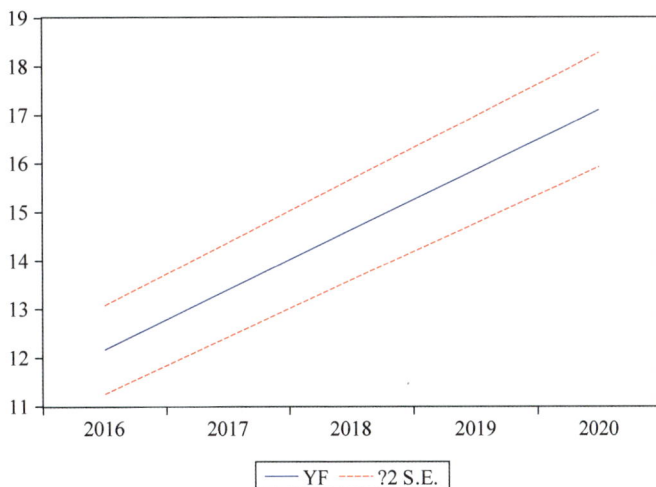

图 12-16　2016—2020 年生物医药产业科技人力资源需求预测

本 章 小 结

科技人力资源是产业创新的源泉，也是将科学技术转化为现实生产力、提升产业核心竞争力的关键资源。以新一代信息通信技术、高档数控机床和机器人、航空航天装备、海洋工程装备及高技术船舶、先进轨道交通装备、节能与新能源汽车、电力装备、农机装备、新材料、生物医药及高性能医疗器械为代表的重点产业属于知识密集型产业，对科技人力资源的依赖性更强。未来产业的竞争水平与科技人力资源的数量、质量与产出密切相关。分析重点产业与科技人力资源的供需状况可以发现：

第一，科技人力资源为重点产业发展提供了有力的支撑。各重点产业科技人力资源总量均呈现上升趋势，教育部新增了很多与重点产业相关的专业，为重点产业发展储备和输送了大量高素质人才。科技人力资源的大量流入,增加了重点产业科技人力资源供给。数量众多的科技人力资源有力支撑了产业的快速发展。

第二,重点产业科技人力资源存在地区间、产业间的分布差异。重点产业科技人力资源在空间地区分布上存在差异明显:由于产业基础、发展环境等差异,新一代信息通信技术产业呈现自东部、中部、西部、东北地区逐步减少的情况;航空航天装备产业科技人力资源分布体现了西部地区占绝对优势的特点;生物医药产业东部地区集聚效果明显。不同重点产业人才供给情况存在较大差异:生物医药及高性能医疗器械产业科技人力资源供给情况最为严峻,一般从业人员、创新创业型人才、海外高层次留学人才、科技领军人才、技能型人才均存在较为严重的人才供给缺口。

第三,满足重点产业发展的科技人力资源需求旺盛。整体来看,未来十年重点产业科技人力资源需求旺盛。2020 年,重点产业人才需求总量将增加 0.6 倍,2025 年将翻一番。这些重点产业科技含量高、知识技术更新速度快,需要实践能力强、创新能力强、具备国际竞争力的高素质型科技人力资源,因此对复合型人才、科技领军人才的需求尤为迫切。

第十三章

创新驱动发展战略下我国科技人力资源的开发利用

党的"十八大"明确指出"科技创新是提高社会生产力和综合国力的战略支撑,必须摆在国家发展全局的核心位置",强调要坚持走中国特色自主创新道路、实施创新驱动发展战略。"创新驱动发展"战略有两层含义:一是中国未来的发展要靠科技创新驱动,而不是传统的劳动力以及资源能源驱动;二是创新的目的是为了驱动发展,促进经济增长,给人民带来福祉,而不仅仅局限于发表高水平论文。创新驱动的本质是人才驱动。创新驱动发展战略以人力资源为第一资源。作为人力资源中掌握先进科学技术和知识的组成部分,科技人力资源是推动经济增长的创新要素,也是科技创新最为关键的因素①。

为了充分发挥科技人力资源的积极性和创造性,我国在科技人力资源的培养与引进、管理与流动、评价与激励等各个方面做出了很多努力。近年来发布了多份政策文件,如《中共中央国务院关于深化体制机制改革加快实施创新驱动发展战略的若干意见》《国家中长期人才发展规划纲要(2010—2020年)》《中共中央、国务院关于进一步加强人才工作的决定》《关于深化人才发展体制机制改革的意见》《关于实行以增加知识价值为导向分配政策的若干意见》《关于深化职称制度改革的意见》等。总结和分析实施创新驱动发展战略过程中我国科技人力资源在开发利用方面的突出问题并提出政策建议,是促进技术进步、管理创新、商业模式升级和相关制度的日益完善的有效手段,有利于充分发挥科技人力资源的积极性和创造性,为创新驱动发展战略提供有力支撑。

第一节 加强科技人力资源创新能力开发

全面提升创新能力是实施创新驱动发展战略的核心。创新的关键在于人,没有创新的人才,不可能有创新的事业。科技人力资源创新能力的大小直接影响到科技人力资源对创新驱动发展的支撑作用的发挥情况。为保障科技人力资源的有效供给,需要加强科技人力资源的创新能力开发。

---

① 程郁,陈雪.创新驱动的经济增长——高新区全要素生产率增长的分解[J].中国软科学,2013(11):26-39.

一、我国科技人力资源的创新思维能力和创造性角色自我认知水平有待提升

整体来看,我国科技人力资源创新能力有待进一步提升。创新成果支撑不力、企业创新能力不足、高端创新人才缺乏是制约我国创新发展的三大问题[①]。这三大问题都集中反映出我国科技人力资源创新能力的不足问题。对我国典型地区科技人力资源的个体创新能力测量分析研究,可以发现我国科技人力资源群体在创新能力方面存在的问题主要表现在以下三个方面。

一是整体上我国科技人力资源的创新能力表现不够突出。主要是以开放式思维解决问题的能力和坚持原创想法的行为倾向有所欠缺,并且对自身具备创新能力的信心差异较大,对自己创造性角色的认同较为保守,导致我国在原始创新以及自主创新方面的成果较少。如在 Science、Nature 和 Cell 为代表的国际公认顶级学术期刊上,2011—2015 年期间我国科技人力资源发表的论文不到美国的十分之一,这表明我国科技人力资源在创新能力整体表现上与国际水平相比还有很大的差距。

二是国内学历教育和创新实践对科技人力资源的创新能力信心和创新思维的培养作用稍显薄弱。表现在国内培养人才的创新能力要明显弱于有海外工作、留学经验的群体。我国科技人力资源创新能力调查显示(见表 8-4),有海外工作经历的科技人力资源创新自我效能得分和创新自我认同得分分别为 0.598 和 0.533,明显高于无海外经历群体的 0.535 和 0.498;而且有海外工作经历的科技人力资源发散思维倾向(0.602)和聚敛思维倾向(0.596)同样都高于无海外经历群体(0.539,0.550)。在海外高水平院校接受最先进的科学训练给科技人力资源带来的创新自信和思维方式,是目前国内院校还不能具备的。此外,海外经历赋予科研工作者多元化的思维和国际视野,这些对于科研创新能力具有积极的作用。

三是目前我国从事基础和试验发展研究的科技人力资源相比于其他群体没有表现出更强的创新能力。我国科技人力资源创新能力调查显示(见表 8-6),从事基础研究的科技人力资源创新能力综合指标得分为 0.475,低于从事应用研究的 0.499。虽然应用研究的目的性更强,预期成果更明确,更容易认同自我的创新角色,也相信自己能做出创新成果,但从另一方面也表明当前我国基础研究作为创新源泉的带动作用体现不足。

二、增强学校教育和社会环境对科技人力资源质量和创新能力培养的作用

创新是一个民族进步的灵魂,是国家兴旺发达的不竭动力。一个没有创新能力的民族,难以屹立于世界民族之林。虽然我国科技人力资源的创新能力整体表现不够突出,但我国科技人力资源大多善于综合运用发散思维和聚敛思维来解决问题,为提高其创新能力提供了可能性。

一是提高科技人力资源的创新能力的培养,应改进人才培养和教育模式。首先应在

[①] 陈劲. 国家创新蓝皮书:中国创新发展报告(2014). 北京:社会科学文献出版社,2014.

教育中更加注重培养科技人力资源的创新信心和创新实践能力。强化实践教学环节,增设实践教学课程。实践教学是巩固理论知识和加深对理论知识认识的有效途径,是培养具有创新意识的精英的重要环节,易于调动学生的学习主观能动性,培养他们的学习兴趣和创造性思维能力。只有敢想敢干,才能真正激发创新的活力。其次要鼓励学科交叉、知识跨界融合,加快培养面向产业的复合型创新人才。多学科交叉融合是创新的源泉。当今世界,学科前沿的重大突破和重大创新成果,大多是多学科交叉、融合和汇聚的结果。应当转变思想观念,树立多学科交叉融合理念;调整学科结构,优化多学科交叉融合布局;坚持协同创新,建立多学科交叉融合平台;创新管理体制,建立多学科交叉融合的机制。

二是不断提升科研人员的创新自信,探索科研人员的试错机制。鼓励科研人员"敢为天下先",树立科研自信和人格自信的人生态度。首先,应重视科研试错探索机制,建立鼓励创新、宽容失败的容错纠错机制。其次,应倡导学术研究百花齐放、百家争鸣,鼓励科技工作者打破定式思维和守成束缚,勇于提出新观点、创立新学说、开辟新途径、建立新学派。同时,充分挖掘青年科技人力资源的创新潜力,提高青年人才的创新意识和水平。

三是加强与公众的互动和宣传力度,大力营造有利于创新的氛围环境。在全社会弘扬创新精神,增强创新意识,宣传创新典型,推进创新实践,营造支持参与科技创新的良好环境,形成全社会人人关心创新、鼓励创新、尊重创新、保护创新的良好氛围。创造有为有位的工作环境,为人才提供广阔的创新创业平台,鼓励更多原创性成果的产出。

第二节　提高科技人力资源创新产出对经济发展的支撑作用

自熊彼特提出创新理论以来,创新在经济增长中的作用就越来越受到学者和社会各界的重视。统计显示,包括美国、日本、韩国、德国、瑞士、瑞典在内的 20 个创新型国家的科技创新对 GDP 的贡献率达到 70% 以上,而我国正处于全面建成小康社会的关键时期,比以往任何时候都更加需要紧紧依靠创新驱动经济发展。然而我国创新驱动发展还存在许多需要解决的问题,如何提高企业原始创新能力,如何加强产学研合作机制等,都亟待加快步伐,寻求新的突破。

一、经济发展急需高质量的创新产出

我国科技人力资源的技术创新产出和支撑经济发展的能力尚显不足。根据美国哈佛大学教授迈克尔·波特的研究理论,创新驱动是继要素驱动、投资驱动之后经济发展的高级阶段。创新驱动的目标是促进经济增长,需要新的技术与产品带动产业发展。这与科技人力资源的专利产出数量和质量密切相关。

从专利结构的角度看,我国科技含量及创造水平较高的发明专利所占比重相对较低。尽管我国新增有效专利数量和增长率都提高很快,但发明专利比重小。2011—2015 年,我国新增有效发明专利共计 90.8 万件,占三种专利总量的比重为 27.8%,远低于有效实用新型专利 57.5% 的比重,稍高于有效外观设计专利 14.7% 的比例。可见,国内专利申请人虽然创新热情极高,但技术创新产出水平仍有待提升。

从国际比较的角度来看,我国 PCT 专利申请数和三方专利申请数与世界强国存在一定差距。据经济合作与发展组织(Organization for Economic Co-operation and Development, OECD)网站 2016 年 12 月 26 日公布的数据显示,2013 年中国科技人力资源拥有的三方专利数为 1897 项,仅占世界的 3.5%,排在世界第 6 位(见图 13-1)。

(单位:项)

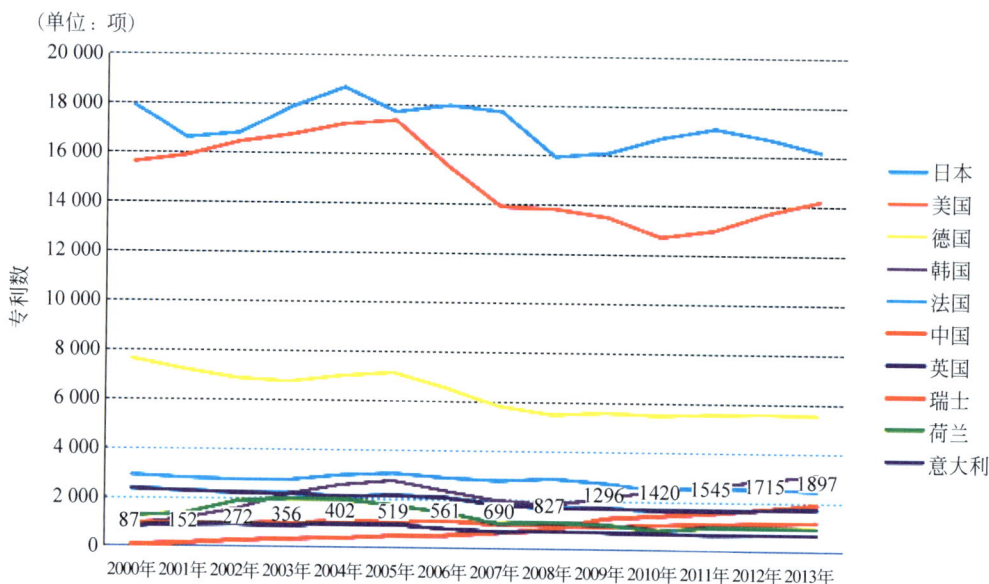

图 13-1　部分国家三方专利申请情况①

二、以促进全链条创新为目标提高科技人力资源的创新绩效

科技人力资源在科学与技术层面的贡献,其最终目的在于科技促进经济社会发展。从创新链发展角度看,创新可以分成三个阶段:科学创新、技术创新以及应用创新。在全链条创新中,来自科研院所、高等院校、核心企业、社会组织和金融机构等的科技人力资源,构成了创新驱动的主体力量。目前,从专利技术到科技成果的转移转化,至产生可观的经济和社会效益还有一段距离,应加快推进全链条创新的质量和效率。

一是改革科技评价机制和激励机制导向,提升科技人力资源的全链条创新质量。积极改进现有评价体系中过度与论文、项目和经费数量挂钩的问题,鼓励科研人员更加关注经济社会和民生重大需求的科技创新;完善当前的科技评价制度,形成有利于重大成果产出与贡献的科技评价和激励导向,引导科技人力资源在科学创新、技术创新和应用创新方面,做出有高影响力,有国际显示度以及在经济社会产生显著影响的科学贡献,技术贡献和应用贡献。

二是完善科技成果转移转化机制,提高科技人力资源的全链条创新效率。通过积极打造"产学研"合作创新创业实用型人才培养平台、共建技术研发平台等方式,促进高校、科研机构、企业间的深度融合与合作,为推进产学研结合的科学创新和技术创新提供更为广阔

---

① 本图根据 OECD 数据整理得出(https://data.oecd.org/rd/triadic-patent-families.htm)。

的发展空间；借助科技成果"三权"改革政策，发挥对科技人力资源的激励作用，在科研人员职称晋升、考核评价、薪酬体系等方面，充分体现科学创新和技术创新转移转化的价值，促进技术成果的转化和应用。

第三节　促进科技人力资源区域间均衡发展

促进创新资源在区域内的优化配置，提高区域创新资源的整体利用效率，是实现创新驱动发展的必然要求。作为创新要素中最活跃的要素，人才的区域配置和均衡发展在创新驱动战略背景下显得尤其重要。掌握先进知识和技术的科技人力资源通过在不同区域的分布、发展和流动，影响着区域创新的效率。

一、科技人力资源区域分布和绩效产出发展不平衡

我国科技人力资源区域间发展不平衡主要表现在两个方面：一是科技人力资源的区域分布不平衡；二是科技人力资源的绩效产出与贡献的区域不平衡。

整体来看，我国科技人力资源呈现从东部向中、西部逐渐减少的态势。以 R&D 人员全时当量情况分析科技人力资源分布情况，2015 年我国东部、中部、西部 R&D 人员全时当量分别 2 553 027 人年、738 061 人年、467 762 人年，明显显示了由东向中、西部降低的分布状态。从高技术产业整体情况看，高技术产业 R&D 人员全时当量呈现自东部、中部、西部、东北地区逐步减少的情况。2015 年，东部地区为 44.8 万人年，中部为 7.3 万人年，西部为 5.3 万人年，东北为 1.6 万人年，且近 10 年差异呈扩大趋势。从重点产业来看，我国重点产业的科技人力资源的空间地区分布虽然存在产业间差异，但东西差距依然十分明显。新一代信息通信技术产业、生物医药产业科技人力资源分布情况与整体情况大致相同，只有航空航天装备产业体现了西部地区占绝对优势的特点。从高层次人才引进落地情况来看，高层次人才回国后主要分布在东部省份，青年千人计划、百人计划、长江学者入选者 70% 以上分布在东部省份。东部地区具有较高的科技人力资源聚集度，与其经济发达、高等院校与科研机构众多等优势密切相关。同时，人才集聚的"马太效应"也导致了科技人力资源在东部地区的进一步集聚。

由于我国经济发展水平和科技实力地区差异显著导致的科技人力资源分布的地区差异也反映在其产出与贡献的区域分布不平衡。2011—2015 年间对 SCI 论文数的贡献最为显著的前五名地区分别是北京、上海、江苏、广东、浙江，均属于东部地区。其中，排名第一的北京市论文数的年均贡献量（27 万篇）是排名第十辽宁省的 4 倍之多。此外，高技术行业专利申请量、发明专利量或有效发明专利的数量也呈现出由东部向中西部递减的阶梯特征，差异十分明显（见表 13-1）。以医药制造业为例，2011—2015 年间，全国高技术专利申请量为 78 589 件，发明专利量为 49 132 件，有效发明专利量为 101 180 件，东部地区分别为 44 781 件，30 576 件，65 504 件，分别占总量的 57.0%、62.2%、64.8%。在医药制造业，东、中、西部地区科技人力资源平均贡献率分别为 34.2%、30.71% 和 28.4%。在通信及电子制造业，东、中、西部地区科技人力资源平均贡献率分别为 29.0%、15.1% 和 10.8%。

表 13-1　各区域高技术行业专利情况

区　域	专利类型	医药 制造业	航空、航天器 及设备制造业	电子及通信 设备制造业	计算机及办公 设备制造业	医疗仪器设备及 仪器仪表制造业
东部地区	专利申请数	57.0%	26.1%	86.0%	93.6%	78.5%
	♯发明专利	62.2%	26.6%	88.4%	96.5%	77.6%
中部地区	专利申请数	20.9%	24.7%	7.5%	4.3%	11.3%
	♯发明专利	18.1%	22.1%	6.5%	1.9%	11.2%
西部地区	专利申请数	17.0%	16.4%	5.3%	1.5%	7.6%
	♯发明专利	14.4%	31.6%	4.3%	1.4%	7.4%

二、科技人力资源的流动不顺畅

科技人力资源流动有利于知识流动和创新要素的不断集聚,能够优化创新资源要素配置,有利于进一步激发创新潜能。目前,我国科技人力资源流动还存在总体流动频率低、向企业流动不足、体制机制障碍等方面的问题。

第一,科技人力资源总体流动频率偏低。多数科研人员在现职上的工作年限超过 10 年。有流动经历的科研人员平均换工作的时间间隔接近 8 年,这一数据低于台湾地区上班族平均 5.9 年和美国硅谷平均每两年变动一次的频率。国外研究表明,在一个单位工作时间超过 5 年,创新性就呈现下降趋势。过长的工作年限可能对科研人员的创新能力和创新激情形成较大的制约。

第二,科技人力资源向企业流动不足。海外人才引进计划对企业的政策考虑和设计不足。我国现有的各类海外引才计划主要面向高校和科研院所,在部分人才计划中虽然涵盖企业人才的内容,但在设计上也缺少对引进群体和行业的细分。国内高等院校以及科研机构中的科研人员流动主要发生在同种性质的单位之间,由高校和科研机构向企业的流动非常不足。已有研究表明,我国科技人力资源流动的不合理和无序现状主要体现在:流向教学的多,流向工、农业生产和科研机构的少;流向集中于政府机关和事业单位、高等院校,工业企业占有率较其他发达国家相比仍较低,中小企业和乡镇企业科技人才人数一直偏少,而农业人才占有率更低[①]。

第三,阻碍科技人力资源流动的体制机制障碍依然存在。户籍、身份、学历、人事关系等一些条件的限制,仍在客观上制约着人才的横向流动。体制内人才向体制外流动,一些后顾之忧还未得到很好解决。人力资源服务业不够成熟完善,现行人才管理体制和人才使用机制缺乏有机衔接,公共服务均等化程度不够,区域间经济发展水平不平衡都是制约人才流动的主要因素。国外人才引进方面,持外籍护照的科研人员的引进,工作许可及就业证办理手续繁多,流程很长,要向多个部门提交材料,也大大降低了外籍人才引进的效率。

三、促进科技人力资源的合理流动和配置

科技人力资源的合理流动和配置是促进人才链、创新链、产业链、市场需求有机衔接的

---

① 　徐佳舒.王军霞. 我国科技人才流动的现状、问题及对策探究[J]. 教育科学与人才培养.2011(5):164-165.

重要环节。要充分尊重人才供求规律和流动规律,打破体制机制障碍,服务国家战略需求,促进科技人力资源的合理流动和有效配置。

一是引导科技人力资源向西部地区、基层地区流动。应切实抓住机遇切实改善中西部地区人才环境,吸引人才向中西部流动;改善企业的人才环境,促进科研人员向企业流动。同时要加快高校人事和福利制度改革,促进高校科研人员流动。在此基础上进一步优化流动环境,着力引导科研人员向不发达地区、企业和基层一线集聚。

二是服务国家战略需求,精准引才。从学科角度、层次角度、类型角度多方面考虑,充分把握国家创新驱动发展过程中的需求特征,按需引进人才。尤其是在人才引进过程中,要加强相关人才计划的监督与评估力度。

三是做好顶层设计,充分发挥政府职能。政府部门要通过制度设计,在工资待遇、职务晋升、职称评定、成长平台等方面进行倾斜,同时在住房保障、医疗保健、子女入学等基础设施建设方面加大投入,积极改善环境,引导人才国内流动;通过外事手续等方面的简政放权,促进外籍科学家引得进、留得住。

第四节   保障重点产业发展的科技人力资源需求

产业升级发展是创新驱动的重要目标之一,也是推动创新驱动发展战略实施的重要载体。目前,我国在一些急需紧缺领域和实现"弯道超车"的重点产业领域,科技人力资源需求缺口较大,已成为制约我国创新驱动发展的主要瓶颈之一。例如,在电信行业,现有高级人才占全行业专业技术人员的比例仅有 0.14%;在海洋领域,我国在世界海洋专家数据库中登记的专家不足百人,不到全球总量的 1%,仅有美国的 1/20;在电子信息产业中,技师、高级技师占技术工人的比例为 3.2%,而发达国家一般在 20%～40% 之间①。因此,针对重点领域培育和储备一批人才,满足产业发展是实施创新驱动发展战略的必然要求。

一、科技人力资源供需矛盾突出制约重点产业发展

目前,我国重点产业科技人力资源总量不断提升,有力支撑了产业的快速发展。但产业不断升级,需求不断提高,为了满足创新驱动发展的战略需求,重点产业科技人力资源供需矛盾依然存在,特别是领军人才更为缺乏。

从数量上看,重点产业科技人力资源与未来产业发展需求存在差距。根据《制造业人才发展规划指南》预测,到 2020 年,我国重点产业人才总的缺口将达到 1900 多万人;到 2025 年,重点产业总缺口将近 3000 万人。其中,新一代信息技术产业人才到 2020 年的缺口将达 750 万人,2025 年人才缺口将达 950 万人,成为人才缺口最大的产业;高档数控机床和机器人产业到 2020 年人才缺口将达 300 万人,2025 年人才缺口将达 450 万人;电力装备产业 2020 年人才缺口将达 411 万人,2025 年人才缺口将达 909 万人;新材料产业到 2020 年人才缺口将达 300 万人;2025 年人才缺口将达 400 万人。除了上述人才缺口最大的四个产业,其他重点产业也均存在不同程度的人才缺口。

---

① 姜葳. 重点领域急缺高层次人才[J/OL]. 北京晨报,http://news.163.com/10/1025/00/6JQ73A7E00014AED.html(2016 年 9 月 15 日访问).

从需求结构上看,科技领军人才、创新创业型人才、技能型人才是重点产业发展急需的类型。调查数据显示,认为重点产业科技领军人才、创新创业型人才、技能型人才存在缺口的专家比例分别为 79.04%、78.05%、75.41%。对我国当前各类海外高层次人才引进计划引入回国工作的群体进行分析发现,海外高层次引进科技人才的学科领域并未特别关注重点产业发展的相关领域,而是过于聚集在基础领域学科。以千人计划、百人计划和长江学者计划为例,三个计划中仅千人计划有一部分涉及创业人才。引进的海外高层次人才中,主要以生物学、化学、物理学等基础类学科占据多数。其中,生物学领域的引进人才又远远高于其他学科领域的人才数量。

二、培养与引进相结合开发重点产业所需科技人力资源

创新驱动要求经济转型,必然会出现一系列科技含量极高的高新技术产业,这些产业对于从业人员的科技素质有较高要求,因此支撑创新驱动发展,科技人力资源要满足重点产业对科技人力资源数量、质量以及结构等各个方面的需求状况。因此,我们必须坚持培养与引进并举,不断增加科技人力资源总量,优化科技人力资源结构,提高科技人力资源素质,满足我国重点产业对科技人力资源的需求。

一是加大科技人力资源的培养力度,注重培养跨领域的复合型人才。面对未来重点产业快速发展对科技人力资源提出的需求,我国应扩大制造业重大基础研究、重大科研攻关方向的研究生培养规模,提高重点领域专业学位研究生培养比例,加大重点领域的相关专业培养力度,为重点产业的发展增加科技人力资源供给。此外,我国高等教育大多是以单一学科为基础、以院系为单位的系科制,造成学科及办学资源的分割,对培养满足重点产业需求的跨学科、跨领域的科技人力资源造成了一定障碍。因此,在培养过程中,有必要打破学科间的壁垒,建立跨院系、跨学科、跨专业交叉培养新机制,促进交叉学科的建设与发展,使学科专业设置与产业发展同步,增强专业设置的科学性、灵活性和特色化,为重点领域的相关专业建设与发展提供学科支撑,从而满足重点产业对跨领域复合型人才的需求。

二是注重引进科技人力资源,优化科技人力资源结构。当前,各重点产业对高端科技人力资源的需求极为突出,因此,对一些紧缺和急需的高技能、特殊技能的人才以及领域内急缺的复合型人才、科技领军人才采取引进的方式,从而满足重点产业当前发展的需求。在引进的方式上可以不拘一格,采用多种形式,如可以个人引进,也可以团队引进,可以全职回国工作,也可以采用兼职双聘等多种形式,总之,坚持"为我所用"的理念,充分发挥国际上优秀科技人力资源的学术引领作用,促进我国各项科技事业的发展。

国外科技人力资源现状和政策走向

  在知识经济和经济全球化背景下,科技创新是一个国家维持其国际竞争力的关键。而科技的发展与创新则有赖于掌握充分的技能、拥有大量知识积累、并且能够灵活运用自身掌握的知识、技能、经验、富于创造性的创新人才。这种对创新人才的迫切需求导致全球科技人力资源竞争日趋激烈。本篇对国际科技人力资源竞争现状以及各国参与竞争的政策走向进行了分析,并系统梳理了美国、英国、德国、日本和澳大利亚等国的科技人力资源现状与现行政策,总结了发达国家在科技人力资源培养与开发方面的经验,为科技人力资源研究注入全球视角。

第十四章

国际科技人才竞争现状及各国参与竞争的政策走向

进入二十一世纪以来,随着国际科技人才竞争的不断加剧,各国政府已经深刻地认识到,创新的一个关键要素是拥有一支具有国际竞争力、能够在知识密集程度越来越高的经济博弈中取得成功的科技劳动力大军。基于这一认识,各国都在不遗余力地加强科技人力资源建设,培育和开发具有创新、创造能力的人才。

纵观近年来各国加强科技人力资源建设状况,可以发现,在全球经济复苏步伐缓慢的情况下,各国仍然坚定地投资于人,制定了积极应对国家未来人才需求的长期和短期人才竞争策略,采取了一些积极的措施。总体上来说,全球科技人力资源的开发工作体现出了以下一些趋势和政策特点。

第一节 发达经济体科技人才竞争力强势依旧

在全球化时代,科技人才竞争是指各国围绕科技人才的培养、使用和争夺而展开的竞争,这种竞争与一个国家或是经济体所拥有的财富密切相关,有大量数据表明,发达国家或经济体,通常会比发展中国家或经济体的科技人才竞争力更强。这是因为发达国家或经济体往往拥有更好的大学、能够为劳动者提供更好的生活和更高的经济报酬,这使得它们能够在培养高水平的科技人才的同时吸引和留住那些拥有高级技能的人才。而对贫穷的经济体来说,其人才流动的现实却总是与其人才政策相悖而行——一些贫穷国家致力于为本国青年人提供优质的教育,到头来其毕业生却涌向了能够提供更高报酬和更好福利的发达国家或经济体。

一、发达经济体科学与工程劳动力队伍稳定增长

以科学与工程研究和开发工作为基础的创新是国家实现经济增长并提高全球竞争力的重要手段,这已经成为国际上的共识。在互联程度日益提高的当今世界,具有科学与工程专长的劳动者是国家创新能力中不可或缺的组成部分,因为他们拥有创造性思维和高超

的技能,不仅能够推进基础科学知识的发展,而且也有能力将基础知识方面的进步成果转化为有形、有用的产品和服务。因此,这类劳动者才是提高一个国家的国民生活水准、加快国家经济增长和生产力进步的关键和重要贡献者。

目前国际上还没有有关科学与工程劳动力的统一的统计口径,而且统计的年份也不尽相同,进行国家间比较的难度很大。但是,我们还是可以根据 OECD 的一些具备可比性的数据,对主要国家的科学与工程劳动力的情况进行粗略的比较。在 OECD 的统计数据中,相对可获得和可比较的数据是各国从事研发活动的研究人员[①](FTE)和研究辅助人员数量。根据目前可获得的最新数据,2014 年,研究人员总量最多的是欧盟 28 国,达到了 175.4 万人;其次是中国,有 152.4 万人;第三位是美国(2013 年),有 130.8 万人;日本排在第四位,有 68.3 万人;之后依次是俄罗斯 44.5 万人,德国 35.1 万人,韩国 34.5 万人,英国 27.4 万人,法国 26.9 万人(见图 14-1)。

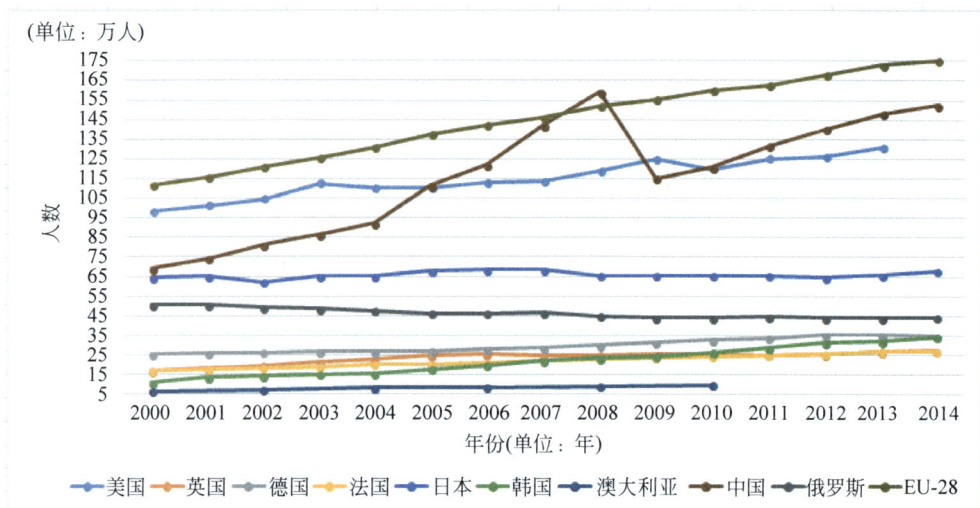

图 14-1　2000—2014 年主要国家与地区研究人员数量

注:根据 OECD *Main Science and Technology Indicators*(2016/1)数据绘制。

此外,还有一个相对数值——每千名就业人口中的研究人员数量,或许能够更好地显示一个国家研究人员的规模。韩国是世界上每千名就业人口中研究人员数量最多的国家,有 13.5 人;其次是日本,有 10.5 人;法国有 9.9 人;英国、美国和澳大利亚都是 8.9 人;德国是 8.2 人。欧盟 28 国每千名就业人口中的研究人员数量是 7.7 人,俄罗斯是 6.2 人。而研究人员总量排在第二位的中国只有 2 人,远不及美、日、英、德和韩(见图 14-2)。

研究辅助人员在研发活动中具有重要作用,他们和研究人员共同构成了各国的研发力量。图 14-3 显示了 2014 年主要国家和地区研究辅助人员及每名研究人员所对应的辅助人员的数量。需要说明的是,美国的数据中只有研究人员,没有研究辅助人员,因此在图 14-3中没有体现。从图中可以看到,韩国每名研究人员对应的研究辅助人员最少,只有 0.25 人;

---

① 本文中关于研究人员的定义限定于佛拉斯卡蒂手册中的定义。各国的统计口径略有差异,但通常包括在企业工作的、具有大学本科及以上学历的研发人员、大学教员、博士在读人员(部分国家)、非营利团体和公共研究机构中的研究人员等。

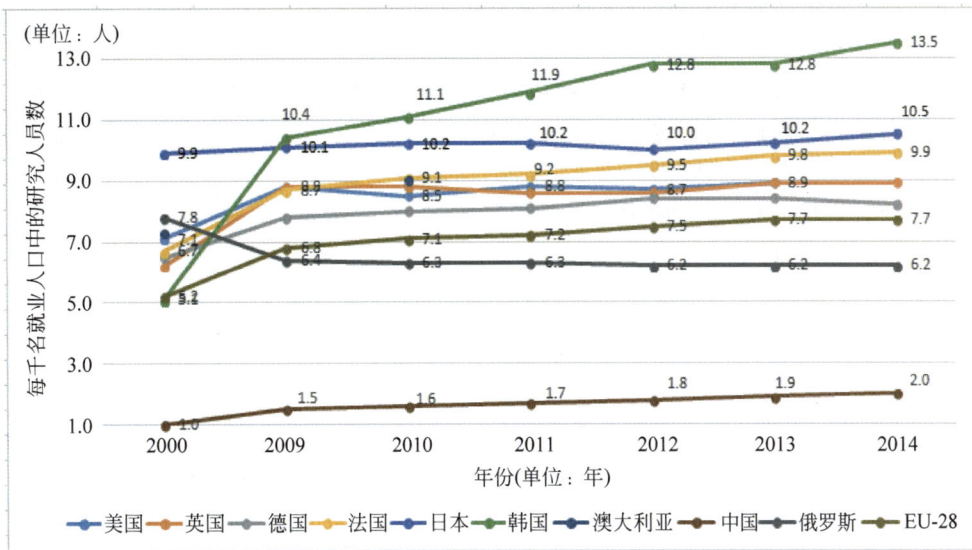

图 14-2　2000—2014 年各国每千名劳动人口中研究人员数量

注：根据 OECD *Main Science and Technology Indicators*（2016/1）数据绘制。

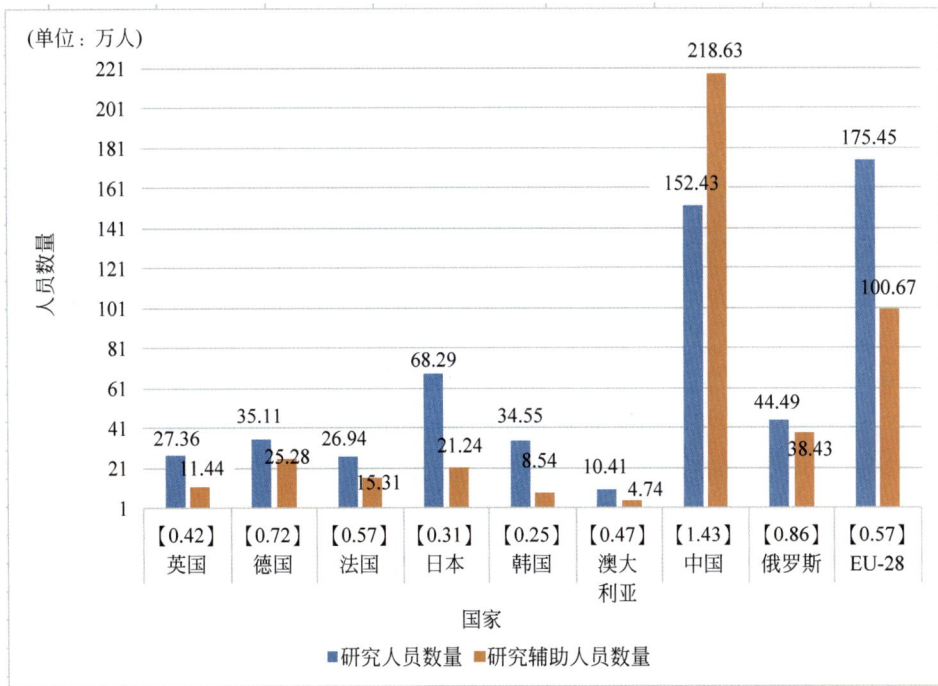

图 14-3　各国研究辅助人员数量情况

注：根据 OECD *Main Science and Technology Indicators*（2016/1）数据绘制。

其次是日本的 0.31 人；英国、澳大利亚、法国、欧盟 28 国的数量差不多，分别为 0.42 人、0.47 人、0.57 人和 0.57 人。德国每名研究人员对应的研究辅助人员数量略多，为 0.72 人。中国这一数据最高，达到了 1.43 人。

受过科学与工程领域培训,或是在所从事的工作中需要运用科工领域专门技能的人数多于受雇于科学与工程类别的工作岗位的人数,这正是知识型经济体的一种表征。尽管并非获得了科学与工程相关学位的人员都从事科学与工程相关职业,但他们也可以看作是科学与工程劳动力。因此,我们也可以通过比较获得科学与工程领域学位的人员数量来粗略地比较科学与工程劳动力状况。

由于统计数据的滞后,目前可获得的最新数据截至 2012 年。美国科学与工程指标显示,2012 年,世界各地共授予了近 20 万个科学与工程类博士学位,其中授予学位最多的是美国,约 3.5 万个;其次是中国,约 3.2 万个;其后分别是印度,约 1.4 万个;德国,约 1.2 万个;英国,约 1.1 万个;法国,约 8 千个;日本,7 千个;韩国,4 千个(见图 14-4)。

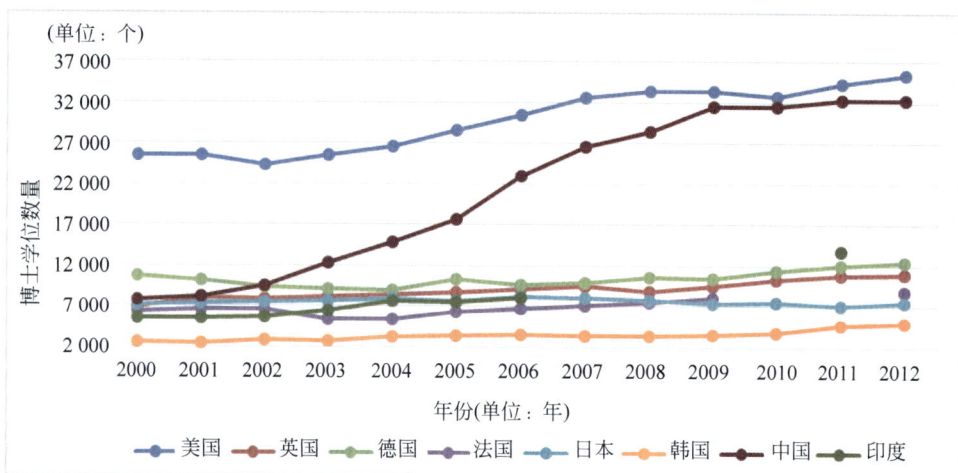

图 14-4　2000—2012 年主要国家授予的科学和工程学博士学位数量

注:根据 NSF *Scinece and Technology Indicators* 2016 的数据绘制。

如图 14-4 所示,从 2000 年到 2009 年,中国授予的科学与工程博士学位数量呈现出了快速增长的态势。2010 年以后基本趋于平稳。这与美国近年来博士学位的增长趋势基本相似,只不过中国的升幅更大。中国研究生教育的高速增长是过去 20 年间政府大力投资于高等教育、致力于世界一流大学建设的结果。

2012 年,全球授予的科学与工程类学士学位数量约为 600 多万个,其中,中国授予的学位数量最多,有 150 万个。从 2000 年到 2012 年,美国的科学与工程学士学位授予量增长了 50%,澳大利亚增长了 67%,而法国和日本则呈现出负增长,分别减少了 24% 和 10%(见图 14-5)。

二、多数国际学生流向发达经济体

目前,不少国家已经进入老龄化社会。劳动力不足是老龄化社会面临的一个重要问题。因此,不少国家都在考虑如何从国外吸引更多的优秀劳动力以弥补本国的缺口。吸引国际学生来本国接受高等教育,进而将他们留下来服务于本国经济,这无疑是一条事半功倍的捷径。此外,招收国际学生所带来的可观经济收益,以及学生主体多样化带来的潜在教育价值等,也是各国吸引留学生的重要因素。过去十年间,学生的国际流动性在不断提

(单位：万人)

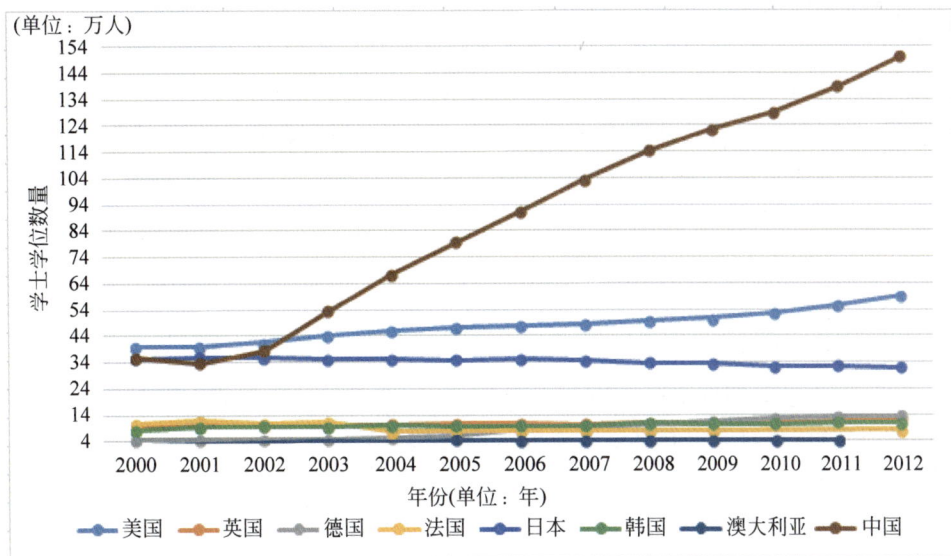

图 14-5　主要国家的自然科学和工程学领域学士学位数量

注：根据 NSF *Scinece and Technology Indicators* 2016 的数据绘制。

高,而各国教育机构也在为吸引外国留学生而展开竞争。2000 年,高等教育国际学生的数量是 210 万。到 2013 年,这一数量达到了 410 万。许多国家为吸引和留住国际学生做出了大量的工作,有一些国家还确立了接收国际学生的数量目标,例如,约旦计划到 2020 年招收 10 万名国际学生;日本计划到 2025 年招收 30 万名国际学生;德国计划到 2020 年接收 35 万名国际学生。而中国的目标是到 2020 年吸引 50 万名国际学生。据 OECD 预测,到 2025 年,高等教育国际学生的总量将达到 800 万。

导致最近几年国际学生流动出现大幅增长的因素很多。其中,高等教育需求在全球范围内的爆炸式增长,以及人们对在享有国际声誉的高等院校就读的价值认识的日益增加,都是影响国际学生流动的重要因素。

尽管各种因素导致国际学生流动的目标国趋于多元化,但总体上仍然是从发展中国家流向发达程度更高的国家,从欧洲和亚洲流向美国。不过在这种大的图景下,也有一些新的微观图景变得越来越清晰:有少数国家成为了特定地理区域的国际学生集聚的中心,例如东亚以澳大利亚、中国为中心,撒哈拉以南的非洲地区以南非为中心。

根据 2016 年 Project Atlas 发布的最新数据,美国仍然是最大的高等教育国际学生接收国。2016 年,美国接收的国际学生数量已经突破了 100 万,达到了 1 043 839 人,占全球份额的 25%;紧随其后的是英国,496 690 人,占全球份额的 12%;中国排在第三位,接收的人数为 397 635 人,占全球份额的 10%。其后依次为法国,309 642 人,所占份额为 8%;澳大利亚,292 352 人,占 7%;俄罗斯,282 921 人,约占 7%;加拿大,263 855 人,占 6%;德国,235 858 人,占 6%;日本,152 062 人,占 4%。其他接收国际学生人数较多的国家还包括:西班牙(76 057 人)、荷兰(74 894 人)、新西兰(50 525 人)、印度(42 420 人)、瑞典(33 181 人)和芬兰(30 827 人)。

从目前各国高等教育机构中国际学生所占比例来看,发达经济体普遍较高。其中,英国高等教育机构的国际学生比例最高,达到了 21.1%;其次是澳大利亚,约 20.7%;加拿大,约 12.9%;新西兰 12.0%。之后依次是法国(10.8%)、荷兰(10.7%)、芬兰(10.2%)、德国(8.7%)、瑞典(8.2%)、俄罗斯(5.4%)、美国(5.2%)、西班牙(4.9%)、日本(4.2%)。中国虽然接收国际学生的总量排在世界第三位,但由于高等教育学生的基数庞大,国际学生在高等教育学生总量中所占的比例只有 0.9%。

三、最具影响力的科学家主要分布在发达经济体

"高被引科学家(Highly Cited Researchers)"是由美国汤森路透公司(Thomson Reuters)提出的一个全球性科学家荣誉概念,它是指以论文被引次数为指标,从自然科学、社会科学的 21 个学科领域中选出的全球论文被引次数最高的科学家。在现代科研体系中,论文"高被引"意味着科学家在其从事研究活动的领域具有很高的国际影响力。因此,论文被引次数已经成为评价科研成果影响力的最重要指标之一,"高被引科学家"的数量能够在一定程度上反映一个国家的学术影响力和科研实力,"高被引科学家"越多,说明一个国家的学术影响力和科研实力越强。

2016 年 9 月,汤森路透公司对 2004—2014 年 ISI Veb of Science Core Collection 收录的涉及 21 个领域的 128 887 篇论文的被引情况进行了调查,从中选出被引频次排在前 1% 的论文作者共 3083 名,其中有 135 人同时入选了 2 个学科领域,同时入选 3 个学科领域的有 21 人,同时入选 4 个学科领域的有 2 人。

从本次"高被引科学家"的入选名单来看,美国入选的人数最多,有 1445 人;英国以 306 人位列第二;排在第三位的德国入选 175 人;中国大陆排在第四位,共有 139 人入选。入选数量排在第五到第十位的国家分别是澳大利亚(111 人)、加拿大(100 人)、荷兰(93 人)、法国(90 人)、日本(73 人)和瑞士(71 人)。在"高被引论文"数量排名前十位的国家中,除近年来异军突起的中国外,其余九个国家均为发达国家(见图 14-6)。

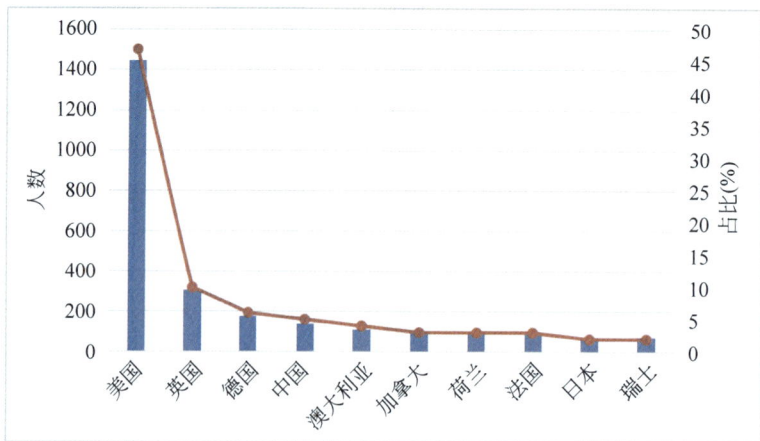

图 14-6　全球高被引科学家分布情况(Top10)

注:根据检索汤森路透高被引科学家数据结果绘制。

与 2014 年的数据相比,2015 年发布的 2003—2013 年"高被引科学家"数量排名的前四位没有发生变化,从第五到第十位的顺序略有改变,但国家没有变化。可以看出,全球的顶

尖科研人才仍然集聚在发达国家。

中国的排名能够从 2014 年起跃居全球第四位与诸多因素有关。首先,中国的科研水平近年来取得了较大的发展,特别是一些优势学科发展较快,高等院校和科研机构的人才培养能力不断提升,涌现出了一批高水平科学家。其次,自 1990 年以来实施的多项人才引进计划正在产生效果。第三,汤森路透在统计方法上的变化对入选者数量的变化也有较大影响,2014 年以前所用的统计方法不利于那些发表时间相对较近的论文,而中国科研水平的快速发展、一些学科优势的涌现,以及 SCI 论文数量的快速增长都是近年来发生的事情。

第二节　各国创新战略政策的重点

随着创新在社会经济与科技发展中重要性的不断提升,创新人才的培养受到了世界各国前所未有的关注。依靠教育系统培养创新人才,已经成为各国加强人才竞争力、满足创新活动中复杂技能需求的关键。为培养出具有高度技能的创新型人才,各国都在不断调整着本国的教育政策。

从近年来的政策趋势来看,教育政策的干预主要是强化从幼儿园到研究生学习的各个阶段的科学、技术、工程和数学(STEM)教育,使更多的学生进入 STEM 领域;加强课程改革和技术教育;提高硕士生和博士生的录取率,培育更多的高层次人才等。此外,最近几年,教育政策的干预还包括了,针对所有的学生而不考虑他们的研究领域,培养他们的创造性、思维技能以及类似创业才能这样的非学科技能。

一、加强 STEM 教育

STEM 技能是未来知识经济发展中不可缺少的关键技能。因此,各国都在积极培养和发展学生的 STEM 技能。最常见的手段是通过贯穿于幼儿园到大学、研究生、继续教育和在职培训中的 STEM 技能教育来培养人们解决现实问题的能力。

在美国,STEM 教育一直受到政府、学术部门和商界的极大关注,特别是在奥巴马政府执政期间。在其三版《美国创新战略》(*Strategy for American Innovation*)中,奥巴马更是把 STEM 教育改革看作是应对 21 世纪知识经济发展所面临的挑战、实现创新的关键政策。奥巴马认为,每一个美国学生为了自身和国家的未来,都渴望获得高质量的 STEM 教育。据美国总统科技顾问委员会(PCAST)估计,未来十年美国产业界对 STEM 领域大学毕业生的需求将出现一百万人的缺口。因此,美国政府正在不遗余力地通过强化 STEM 教育,着力培养 21 世纪的科学家与工程师。在过去的几年里,奥巴马政府极力拓展美国学生 STEM 教育的可获得性,最大限度地确保 STEM 教育投入,促进了 STEM 教育在公-私领域的空前合作,对青年创新者和发现者给予了极大的支持。具体措施包括:募集 10 亿美元的私人投资用于推动 STEM 教育的"教育促创新"(education to innovate)运动;到 2021 年培养 10 万名优秀 STEM 教师,额外培养 25 000 名工程师;整合资源,确立"联邦 STEM 教育五年战略计划"(2013 年,Federal STEM Education 5-Year Strategic Plan);创立"白宫科学节(White House Science Fair)";为 STEM 教育立法(2015 年)等。2016 年,奥巴马进一步提出了"全民 STEM(STEM for All initiative)"倡议,并在总统 2017 财年预算中继续对

STEM 教育给予财政支持,划拨 30 亿美元预算,与 2016 财年持平。

在英国,经济的发展对 STEM 相关领域的人才也提出了更多的需求,英国工业联合会的预测数据显示,到 2020 年,英国将需要 100 万科学、工程与技术专业人员,但目前大约有 40% 的雇主表示难以雇用到合适的 STEM 人才,而 STEM 领域人才的全国性短缺将成为英国经济发展的障碍。为了保持英国在科学与工程领域的世界领先地位,英国各界也对 STEM 教育给予了充分的关注。2014 年 6 月,皇家学会发布的《科学与数学教育愿景》(*Vision for Science and Mathematics Education*)政策咨询报告为英国未来教育体系改革绘制出了改革路线图,建议延长数学与科学课程教育至 18 岁,提升国民科学素养,培育未来人才。之后于当年 12 月发布的"我们的增长计划——科学和创新(Our Plan For Growth:Science and Innovation)"战略文件充分吸取了这份报告的建议,并提出通过财政手段激励 STEM 领域的优秀学生成为相关领域的优秀教师,培养青少年的 STEM 兴趣,鼓励更多的学生学习 STEM 相关学科,并进入相关职业领域。2015 年 9 月,英国财长的秋季预算声明进一步为未来的 STEM 教育给予了支持与关注,提出在 2019—2020 年,政府计划投入 13 亿英镑培养 STEM 领域新教师,投入 15 亿英镑用于核心成人技能培训。为促进 STEM 学科参与率,英国还建立了 STEMNET,通过 STEM 大使计划建设了全国的科学技术工作志愿者网络,这些志愿者与全国的学校合作,培养青少年对 STEM 学科的兴趣。

日本对于理科教育也十分重视。在其 2013 年推出的《第二期教育振兴基本计划》中,日本政府提出要加强理工科人才的培养,让更多的青少年喜欢理工科、学习理工科,以确保未来的科技人才供应。在初等和中等教育阶段,日本政府设立了下一代科学家培育计划、中学生科研实践活动推进计划、超级科学高中(SSH)、科技竞赛项目、全球科学园(GSC)和科学甲子园等系列计划,同时,加强合格理科教师的培养与训练,配合学校理科教育的开展。

澳大利亚政府于 2015 年 12 月发布的《国家创新和科学议程》(*National Innovation and Science Agenda*)中提出了政府投资 4800 万澳元,在基础教育中加强 STEM 教育的一揽子计划,其中包括:为鼓励学生参与科学和数学教育并取得突出成绩,在总理科学奖中增设青年奖项;开发注重 STEM 概念的、适于学龄前儿童使用的探索性 App;支持国家科学周等科普项目,激发年轻人对 STEM 领域的好奇心。随后,政府又发布了《国家 STEM 学校教育战略(2016—2026)》(*National STEM school education strategy* 2016—2026),力图从国家层面上采取行动,改进澳大利亚学校的科学、数学和信息技术教育,培养学生的未来技能。

2014 年 6 月,非洲各国在塞内加尔签署了一份备忘录,计划在未来 10 年中,撒哈拉以南的非洲国家联合培养应用科学、工程技术(ASET)领域的人才,以增强该地区的创新能力,并创造更多的就业机会。该备忘录提出的具体目标包括:在未来 10 年使至少 10 个撒哈拉以南的非洲国家的应用科学、工程和技术学生的数量翻番;培养 1 万名应用科学、工程和技术领域的博士等。

韩国公布了"第三次科学技术人才培养及支持基本计划"(2016—2020),计划在未来五年中通过吸引更多青少年进入科技领域、加强大学理工科专业教育,系统培养科学、技术、工程、艺术和数学等领域的人才,培养出具有挑战未来难题能力的科技人才。

2015 年,爱尔兰政府在强调保持和增加 STEM 领域就业重要性的基础上提出了《就业行动计划》(*Action Plan for Jobs*),确定今后将逐年增加 STEM 毕业生数量,到 2018 年,使

STEM 毕业生数量增加到 13 800 人,以确保爱尔兰有足够的从事科学技术职业的劳动力,有足够的高层次人才能够持续开展科研活动。

此外,还有很多国家,如比利时、克罗地亚、拉脱维亚、南非等,都由政府提供预算来支持 STEM 教育。还有一些国家如新西兰和葡萄牙等,相继推出一些新计划以吸引青少年进入 STEM 领域。

二、关注数字技术教育

数字技术教育也是近年来各国教育政策中不断加强的一个重要方面。随着德国、美国、英国、日本、中国等一些国家在先进制造领域创新计划的实施,人们已经清醒地认识到,未来很多职业会需要数字技术技能。因此,很多国家也越来越意识到了数字技术的重要性,开始在学校教育中普及强化数字技术教育。

有统计数据显示,在美国,2015 年有 60 万个高收入技术岗位空缺,而且,到 2018 年 51% 的 STEM 相关职业将与计算机科学相关。计算机科学和数据科学不仅对于技术领域非常重要,而且对于交通运输、卫生保健、教育和金融服务等产业也非常重要。但是有关数据显示,目前美国只有 1/4 的 K-12 学校(Kindergarten through twelfth grade)提供高质量的编程和编码课程,还有 22 个州尚未将计算机科学纳入高中毕业前的课程。基于此,美国总统在 2017 年的预算中设立了总值 40 亿美元的面向所有学生的计算机科学计划。40 亿美元的资金将分配到各州,用于扩展 30 个学区的计算机科学教育,另有 1 亿美元将直接用于培训各学区的计算机科学教师,扩大高质量教材的利用范围,构筑有效的区域合作伙伴关系,强化 K-12 学生的计算机科学教育。国家科学基金会将优先支持计算机科学课程的开发。

德国联邦政府自提出工业 4.0 计划以来一直在加强数字教育,密集推出了一系列数字化发展的战略规划,强化对数字教育的经费投入和政策扶持。2014 年 8 月推出的《数字化行动议程(2014—2017)》(*Die Digitale Agenda* 2014—2017)提出教育系统要培养具有良好数字素养、满足数字化环境和知识社会需求的各类人才;之后,联邦高技术战略提出未来 10 年将投入 500 万欧元,与各州共同加强对教师的数字化培训;2016 年 3 月联邦发布的《数字化战略 2025》(*Digitale Strategie* 2025),对《数字化行动议程》(*Bildungsoffensive für die digitale Wissensgesellschaft*)进行了总结,指出德国已在数字化教育领域迈出了第一步,很多学校已经将信息技术纳入到 5～10 年级的选修课,但德国的数字化教育环境仍然不尽如人意,很多计划都是孤立的,需要新的政策将它们集中起来执行。之后在 10 月,联邦又发布了《面向数字型知识社会的教育战略》,该战略可视为全面促进德国数字化教育的行动框架,目标是提升学校数字化教育,大力促进数字化技能培养以及数字化媒体的广泛使用,充分发掘数字化在各教育领域的潜能,增设所需的基础设施,制定体现时代特色的法律框架,推进相关的组织战略发展,以数字化媒体推动德国教育的国际化进程。

澳大利亚教育委员会在 2015 年 9 月通过了"澳大利亚国家课程:数字技术(the Australian national Curriculum)"课程大纲,并宣布从 2017 年开始,"国家评估计划——阅读与数学(National Assessment Program Literacy and Numeracy)"全部都将转向在线测试。这些课程和计划为澳大利亚学校重新关注、聚焦信息通信技术教学提供了新的契机。

此外,澳大利亚政府还将投入5100万澳元用于以下项目:通过线上计算挑战,教授5到7岁的儿童学习编程;通过线上学习和专家帮助,支持教师完善数字技术课程;通过信息通信技术夏令营、STEM教育合作计划等,将科学家和信息技术专家带进课堂。

日本在2016年7月召开了"面向2020的教育信息化恳谈会",对未来社会需要的数字技能进行了讨论,并提出今后将完善学校信息技术教育环境,培育优秀的信息技术教师,开发优质的课程资源,将编程纳入中小学理科教育之中,为下一代人才培养提供支撑。

法国于2015年5月启动了"学校数字化(Ecole numérique)"计划,该计划将引领法国学校迈入数字时代。在该计划的第一期招标活动中,已有700余所初中和200所小学参与,涵盖了8万余名学生和1.1万名教师。2016年新学期,法国国家和地方政府还共同出资为学生和教师配备了个人移动设备和数字资源。

三、将创业教育引入正规教育

近十年来,西方社会出现了一种更加综合的关于创新的观点,并由此引发了教育干预。这种教育干预的目标,是在人数众多的环境下,针对所有学生而不考虑他们的研究领域,培养他们的创造性、思维技能以及类似创业才能的非学科技能,即所谓的创业教育。已经有不少研究证明,接受过创业教育的毕业生失业风险更低,就业状况更稳定。与资历相当的人相比,接受过创业教育的人工作职位更好,赚钱更多。可以认为,在培养创业能力、鼓励建设更有利于创新和创业的文化氛围和态度方面,创业教育是一件得到西方各国普遍采用的政策工具。

美国在2011年推出"创业美国(Sturtup America Initiative)"计划,提出要把创业精神树立为美国核心价值观和竞争优势的源泉,鼓励更多的人创业。2012年,美国联邦教育部回应"创业美国"计划的要求,联合教育机构和一些组织,制订了系列创业教育计划,试图将创业教育融入到中小学教育、职业和技术教育、社区学院教育以及大学教育之中。

在英国,威尔士政府推出了"青年创业战略行动计划(2010—2015)(Youth Entrepreneurship Strategy Action Plan(2010—2015))",为5至25岁的青少年群体提供获得创业技能的机会,提升他们对创业的兴趣和态度。丹麦政府在2009年就发布了《创业教育与培训战略》(Strategy for Education and Training in Entrepreneurshi)。2010年,在各部门的通力合作下,创建了丹麦创业基金会初创企业中心,2012年,丹麦政府又发布了《丹麦——一个国家的解决方案》(Denmark a Nation of Solution),建立了创业教育体系,使丹麦的创业教育融入从学前到博士研究生的整个教育体系,并在教师进修课程中开设创新课程。2013年,丹麦创业基金会制定并发布了针对从小学到高等教育阶段整个教育体系的创业教育"演进模式",分层制定目标,有针对性地培养各层级学生的创业能力。目前,创业教育已经成为丹麦各层级教育中的必修课程。

挪威在2009年发布了《2009—2014年从义务教育到高等教育的创业教育与培训》(Entrepreneurship in Education and Training—from compulsory school to higher education 2009—2014),表达了政府在整个教育体系中推进创业教育实施工作的愿望。政府希望确保本国的中小学生和大学生能够受到资质优良、准备充分而且实用的创业教育,以满足他们今后工作生活的需求。

　　韩国在 2013 年推出的《第三次科学技术基本计划》中,提倡在中小学教育中增加问题解决型及实践导向型授课内容,加强创意教育。《大学创业教育 5 年计划(2013—2017)》则是专门针对高等教育学生提出的教育改革计划。这两项计划的实施使创业教育贯穿了韩国学校教育的所有阶段。

　　此外,还有许多国家,如西班牙、波兰、比利时、爱沙尼亚、斯洛文尼亚、以色列、瑞士、荷兰等,也都在初等、中等和高等教育中开展创业教育。同时也提出了一些跨国创业教育计划,如东南欧创业中心项目、全球创业教育项目等,这些计划的主要目的是为推进成员国学员的终身创业学习提供机会。

四、投资高层次创新人才的培养和培训

　　支持研究生教育和培训、培养高层次人才仍然是许多国家政府优先考虑的事项。这方面的政策包括为研究生教育提供充足的财政支持、扩充研究生招生人数、改革博士教育和相关的支持计划等。为研究生教育提供充足的财政支持是各国加强高层次人才培养的主要手段。加拿大通过多种途径为研究生教育提供支持,使加拿大能够留住和吸引最优秀的学术人才。加拿大研究生奖学金计划鼓励加拿大人从事高等教育和研究工作,该计划每年投资 1.32 亿加元,资助 2500 名硕士和 2500 名博士,使各学科学生都能够学到成为未来科研领导人才和经济领域高素质人才所需的技能。2009 年开始实施的"凡尼尔加拿大研究生奖学金计划"(Vanier Canada Graduate Scholarships program),每年通过 2500 万加元的联邦预算,支持 500 名青年人。Mitacs"加速"(Mitacs Accelerate)计划从 2008 年开始接受联邦资金,平均每年投入 700 万加元,为研究生提供企业实习机会。

　　为扩大高层次人才队伍,南非国家发展计划提出,要通过政府财政支持,增加博士学位获得者的数量,使其每百万人口中的博士学位获得者的数量,从 2012 年的 34 人提高到 2030 年的 100 人。印度计划到 2020 年,使每年博士学位授予量达到 20 000 个。爱尔兰在其《创新 2020——爱尔兰的科学技术研发战略》(Innovation 2020-Ireland's Strategy for Research and Development,Science and Technology)中提出,将持续投资于创新人才的培养,使其硕士和博士研究生招生规模扩大 30%。

　　博士教育改革也是近年来很多国家正在努力践行的一项措施。近年来发生的创新活动表明,可转移技能和跨学科工作能力已经成为创新的重要技能。英国率先建立了针对博士生的可转移技能培训,通过罗伯茨基金(Roberts'Money)为博士生提供学习未来开展创新活动所需的专业知识技能的机会。日本的领先研究生院计划和跨学科博士计划为优秀的青年人提供财政支持,引导他们成为活跃于官产学三界之间的具有独创力的全球创新领导者。南非青年暑期学校计划为博士生提供三个月的系统分析(跨学科思维)培训。奥地利的一些大学在开发新的结构计划,补充和扩展博士培训。芬兰的博士培训开发国家指南也包括了跨学科技能培训。

　　许多国家还通过卓越中心和博士培训中心等机构强化研究生的教育水平。英国博士培训中心(CDT)和博士培训计划(DTP)旨在提高研究生研究培训标准,鼓励多机构合作,并将机构的研究优势与研究理事会的重点事项结合起来,培养未来英国增长的核心力量。英国博士培训中心正在向新的学科扩展。2014 年,政府在财政预算中提出,要在未来 5 年

投入 1.06 亿英镑建立几个博士培训中心,以促进产业和学术界合作开展尖端研究。英国生物技术与生物科学研究理事会也宣布在未来 5 年内投资 1.25 亿英镑,培训 1250 名生物科学领域的博士研究生,以引领下一次工业革命。2015 年 3 月,英国政府宣布投入 1500 万英镑,培养下一代量子工程师。2016 年,政府又宣布为振兴英国量子研究所提供 2 亿英镑的投资,其中 1.67 亿将用于博士培训计划,资助 2000 名顶尖的学生获得博士学位。

日本一直在强化大学的研究生教育。为此,政府投入大量资金,先后推出了 21 世纪 COE 计划、全球 COE 计划、博士教育领先计划和世界顶尖教育研究基地形成促进计划等,培育世界级的教育研究基地,促进高层次人才的培养。

五、注重培养具有国际化视野的人才

到海外学习,可以使青年人有机会体验不同的文化,理解不同的工作方式,发展关键语言技能,并拥有全球视野。这些对于提升人才国际竞争力具有重要意义。不少后发国家出于人才培养的需要,由政府出资将大批学生送到境外留学。例如,巴西在 2011 年推出了"科学无国界计划(Science Without Borders)",政府与私营部门合作,输送了 10 万名巴西青年前往美、英等发达国家的高等院校攻读学位;沙特阿拉伯政府也推出了支持 10 万名学生到世界各地留学的计划;墨西哥政府正在实施"十万工程计划(Proyecta 100000 program)",目标是到 2018 年送 10 万名学生到美国的大学学习。与此同时,那些发达国家也已经意识到需要为本国人才灌输更多的"全球知识技能",以促进创新发展,创造更多职位,使困顿的就业市场得到复苏。基于此,一些发达国家和经济体也开始通过派遣学生赴海外学习、建立国际合作项目等措施,积极推动人才的跨国培训与交流,构筑全球知识网络中的智力循环系统。

在法国,每年大约有 18 万富裕家庭出身的青年人得到法国政府或欧盟项目的资助,出国参加教育培训、研修、文化交流、合作研究和志愿者活动。2013 年 7 月,法国教研部宣布,要利用多种手段增加青年人才的海外派遣数量,拓展受益人群范围,促进青年人才的职业发展。实现这个目标主要有三种途径:一是促进更多的法国青年受益于欧盟伊拉斯谟＋计划,参与国际流动。二是强化现有交流促进机制,促进更多的青年流动起来。例如,增加对法国-德国青年办公室的投入,这个办公机构自爱丽舍条约以来为推进法国和德国青年之间的交流发挥了重要的作用;与日本政府签署法国-日本高等教育协议,促进两国间学生和研究人员的交流与合作。三是构建区域性人才交流平台,投入 200 万欧元支持"青年试验基金(Fonds d'Expérimentation pour la Jeunesse, FEJ)",使更多的年轻人有机会获得国际经验,掌握多样化的知识和技能,更好地应对全球竞争。

美国国家科学基金会于 2013 年 5 月推出了"研究生全球研究机遇(GROW，Graduate Research Opportunities Worldwide)"计划,旨在促进美国的研究生获得海外经历。该计划是在美国国家科学基金会与挪威、芬兰、丹麦、瑞典等国之间的原有人员交流项目基础上形成的,目前已经与全球 12 个国家的相关机构建立了合作关系。入选 GROW 的研究生将可以在国外度过 3~12 个月的研究生活。新计划将使更多的年轻学生在其科学生涯的早期获得资助,并在海外机构积累经验。

在英国,政府已经注意到,本国学生出国留学的人数并不多。英国高等教育基金会的统计数据显示，当前走出去在海外留学的英国学生数量和来英国留学的外国学生数量的比例是1：15。基于此，英国政府在2013年7月推出了一项促进英国学生向海外流动的计划，鼓励其高等教育机构的学生出国留学，拓宽视野，参与全球就业和技能竞争。为使计划得到顺利实施，大学、高等教育机构和英国理事会同其他部门共同为高等教育基金委员会提供支撑，增加英国学生向海外流动的机会。除了经费资助以外，该计划还将提供一些其他服务，如开发在线资源，为学生和机构提供海外学习信息以及可获得的资助信息等。英国政府希望通过这样一个具有战略意义的计划，使更多的学生和职员在其他国家生活和学习，从而改变他们看问题和解决问题的视角和方式，同时也希望通过使学生在国际环境中获得有益的知识和经验，提高机构、雇主和全社会的竞争力。

日本社会一直在对本国青年人不愿意走出国门参与国际化教育而担忧。近年来，日本政府千方百计地鼓励青年人走出国门，掌握能够在全球竞争中制胜的国际化技能，并提出了到2020年留学生等各类人员的派遣数量达到12万人的目标。日本政府促进青年海外学习和交流的政策主要包括提供政府奖学金、与中韩之间建立校园流动计划、与美英等发达国家建立学生交换计划等。

第三节　科研劳动力政策的调整

通过调整科研劳动力政策，能够有效地提高科研人才运用知识和技能的水平。从各国当前的政策走向来看，调整主要集中在下面几个方面：为身处职业生涯早期的研究人员提供更好的职业前景，帮助研究人员进入科研劳动市场，以及帮助各类人员掌握更多适应市场需求的技能等。

一、强化科研领域的职业机会

通过强化科研领域的职业机会，能够提高科技相关职业的吸引力。很多国家都专门面向青年研究人员制订了一些资助计划，通过为他们提供更好的职业前景，将他们留在科研领域。

为了让研究人员和技术人员能够稳定地工作，法国政府提出，在2012—2016年间，通过增加实验室拨款、延长青年研究人员与研究机构的合同期限等方式，为2100名青年人提供支持。此外，政府还着力提高青年研究人员的工资待遇和博士学位获得者在公共部门和私营部门中担任高级职位的比例。2016年，法国政府还推出了初次就业支持制度（ARPE），为那些拥有学历、不满28岁的青年人的初次就业提供资金支持。

德国为了将最优秀的青年科学家留在高校，准备从2017年开始实施新的终身制教授计划，计划到2032年，资助2000名青年科学家获得终身教授职位。

俄罗斯科学院近年来努力通过提高青年研究人员的工资收入、解决青年人的住房等措施，吸引青年人才投身科技职业，以保持俄罗斯科技人才队伍的稳定和持续发展。俄联邦在2014—2016年间通过新的资源分配计划，支持研究者流动，为新获得博士学位的年轻人提供职业发展机会。

日本从1990年代开始实施青年研究人员"任期制"。这项政策对青年研究人员的稳定雇用形成了挑战。同时，"任期制"也并未使青年研究人员在产学官之间形成有效流动。在此背景下，政府决定从 2016 年起，实施卓越研究员制度，通过设立"卓越研究员"岗位，使一些产学研机构从任期制研究员中选拔认定一批卓越的研究人员，负担其工资薪酬并保证终身雇用。在保证科研人员的流动性的同时，促进优秀的青年研究人员稳定就业。

爱尔兰科学基金会在 2016 年投资 2230 万欧元，通过设立职业发展基金（CDA）为青年研究人员提供独立开展研究活动的机会。意大利政府从 2014 年起，通过"青年研究人员科学独立计划（Scientific Independence of Young Researchers programme，SIR）"资助处于职业生涯早期的青年研究人员开展独立研究，该计划下每个项目的经费最高可达 100 万欧元，资助期限为 3 年。

二、支持女性参与科学

提高女性在科学活动中的参与度是很多国家科技政策关注的领域。近年来，在发达国家人口老龄化和出生率不断下降的背景下，充分开发女性在科学活动中的潜力显得尤为重要。挪威的"高级职位和研究管理职位性别平衡计划（2013—2017）（The initiative on Gender Balance in Senior Positions and Research Management）"，通过资助女性研究者项目，支持性别问题研究，促进挪威高级职位的性别平衡。爱尔兰科学基金会（SFI）于 2014 年 11 月宣布拨款 170 万欧元，通过 Advanced Award Programme 资助 10 名女性研究人员重返科学技术、工程和数学领域职业。瑞士国家科学基金会在 2014 年推出了"性别平等基金（Gender equality grant）"，为获得博士学位、开展博士后研究项目的青年女性提供构筑学术网络、获得指导的资金支持。德国联邦和各州政府通过签订《研究与创新公约》（*Pakt für Forschung und Innovation*），促进亥姆霍兹研究中心联合会、马普学会、弗朗霍夫协会和莱布尼茨科学联合会等机构为女性研究人员提供支持，促进女性进入科学职业。比如马普学会专门设立了"密涅瓦（Minerva Programm）"计划，支持女性科学家获得高级研究职位。日本通过"女性研究者研究活动支援事业"支持女性科研人才。此外，日本面向 2030 年的"科学技术创新综合战略"也提出自己的目标：到 2016 年，使大学与公立研究机构自然科学领域的科研人员中，女性的比例达到 30%。韩国把性别问题纳入《第三次科学技术基本计划（2013—2017）》中，并通过第三个"女性劳动力科技推广和支持基本计划（2014—2018）"，着力提高女性在科学与工程领域的比例。荷兰科学研究机构在 2016 年发布了 Women in Science Excel 计划，为荷兰科学研究机构中的女性向高级职位晋升提供了机会。

三、提前培训未来社会需求的技能人才

技能人才供需的匹配，要求社会建立有效的信息系统用以检测劳动力需求和教育能力的变化情况，进而通过调查和预测，在政府、企业和教育提供者之间建立合作关系，建立起有效的技能或资质框架，加强未来人才的培育。

2015 年 12 月，英国发布了"英国学徒制：2020 愿景（English Apprenticeships：Our2020 Vision）"，旨在通过进一步的教育和培训，提高学徒的技能和数量，到 2020 年培养出 300 万拥有未来职业需求技能的学徒。为了提高学徒技能与职业需求的匹配度，英国政府还出台了一个一揽子计划，以增加企业对学徒计划的话语权。其中包括对企业征收学徒

税,促进其对学徒和技能培训投资;建立高质量学徒岗位的"行业标准",以及让雇主列出学徒应具备的技能等。为了准确掌握未来对技能的需求,英国政府还组织了"信息时代的未来技能与终生学习"预测研究项目,研究英国不同技能的水平与组合、现在需要的数字技能的种类,以及未来 10 到 20 年可能需要的相关技能等。

德国实施工业 4.0 以来,正在强化与之匹配的未来人才供应。可以肯定的是,工业 4.0 技术将使一些岗位消失,同时也会有更多新的岗位形成。相关预测显示,到 2025 年德国将会减少 61 万个生产线上的岗位,但会新增 96 万个工作岗位,而这些新增岗位将会对劳动者有新的技能要求。基于诸多关于未来需求的探讨,德国政府正在筹划职业教育 4.0,积极应对工业 4.0 时代的人才需求。

日本正在强化官产学合作的人才培养体系,以满足社会的人才需求。其重要举措之一是加紧科技人才培育联盟的建设,以综合性大学为核心,与企业等联合,在地方建立人才培养基地。

2015 年,新加坡劳动力发展局宣布在 3 年内投资 2700 万新元,实施"创新学习 2020 (Innovative Learning 2020)"战略,支持培训机构打造创新学习环境,以推动继续教育和培训,提升人们的未来技能。

澳大利亚政府于 2015 年成立了产业与技能委员会,旨在加强未来技能的教育与培训工作。该机构将以产业为主导,以雇主的需求为核心,调整相关教育培训政策,以满足市场对技能人才的需求,让每个人都拥有高技能并为未来就业做好准备。

俄罗斯在 2015 年对未来"最急需和最有前景的 50 种职业"进行了评估,并出版了职业指南。在进行这项评估时,相关部门不仅考虑到高技术领域、服务行业,同时还考虑到"世界技能大赛"对参赛者能力的要求。俄罗斯教科部还将根据上述职业排行情况,在各区制定新的人才培养标准,推行有效的培养方式。

印度计划到 2022 年为 4 亿印度人提供技能培训。莫迪总理还在首个"世界青年技能日"上发起了"全国技能发展和创业政策",试图将印度打造为"高技能劳动力"国家。莫迪提出,印度应了解整个世界的需求,从而提供相应的人才资源,政府将为接受技能培训的贫穷学生提供 5000 卢比至 15 万卢比的资助,为其创造就业机会。此外,政府将更加关注劳动力的技能提高,将退役军人发展为技术学院培训员,印度私营部门也将建造更多的技能培训中心。

第四节　吸引全球最优秀的人才

全球化时代,人才短缺是各国面临的普遍问题。为解决这一问题,无论是发达国家还是发展中国家都在采取各种手段,积极争夺全球最优秀的人才。

一、促进高等教育国际化与培育下一代劳动力

通过卓越的高等教育体系吸引留学生,进而将他们留下来服务于本国的科技经济建设。这是许多发达经济体吸引下一代劳动力的重要手段。

美国因为拥有世界上最优质的高等教育体系而吸引了大量留学生。尽管近年来赴美

的外国留学生所占的全球份额略有下降,但美国仍然吸引了数量最多的留学生。以博士为例,美国每年培养的博士中有 60% 都是外国人,而这些人的 5 年滞留率[①]达到于 66%。

英国高等教育体系中外国学生的比例达到了 22%。按照有关规定,在欧洲经济圈居留三年以上者,即有资格申请英国的学生贷款。2016 年英国宣布脱欧后,教育部为保证脱欧后仍有大量的欧盟学生留在英国,宣布在 2017—2018 学年仍旧为申请英国大学或其他教育机构的学生提供学生贷款。

提升大学的国际化程度一直是日本政府的一项重要教育战略。2014 年以前,日本曾实施过"全球 COE 计划(Global COE Program)"和"大学国际化网络形成推进事业(Project for Estebishing University Network for Internationalization)"等。2014 年 4 月,日本政府进一步核准实施"超级全球大学计划"(Top Global University Project),计划从当年 10 月开始拨款,创建全球性大学,提升日本大学的国际化程度,吸引国际学生。

澳大利亚在 2016 年发布了《国际教育国家战略 2025》(*National Strategy for International Education 2025*)、《澳大利亚全球毕业生参与战略 2016—2020》(*Australia Global Alumni Engagement Strategy 2016—2020*)和《澳大利亚国际教育 2025 路线图》(*Australian International Education 2025 Roadmap*)三项战略文件,目的是发展其国际教育战略,使澳大利亚教育系统更具国际性、适应性和创新性,积极促进全球合作和参与全球活动,吸引并留住国际学生,充分利用好未来 10 年的新机遇与新市场,确保澳大利亚国际教育的卓越性。加拿大于 2014 年推出《国际教育战略》(*International Education Strategy*),这是加拿大政府雄心勃勃的国际贸易和投资扩张计划——《全球市场行动计划》(*Global Markets Action Plan*)的关键行动之一。《国际教育战略》的目标是把更多的国际学生和研究人员吸引至加拿大,并与主要国家建立和发展战略伙伴关系。其近期计划包括,2014 年至 2016 年向 Mitacs 全球联系计划投入 2000 万加元,资助国际学生到加拿大实习,以及加拿大学生到国外求学。

2013 年,丹麦启动了一项高等教育的国际化行动计划,致力于增加赴丹麦学习的国际学生人数,并增加与国际机构合作研究的机会。丹麦重视吸引外国优秀学生来丹麦攻读硕士和博士,鼓励他们毕业后留在丹麦工作。丹麦高等教育与科学部还推出了"顶尖人才计划(Top Talent Danmark)",每年都在中国、巴西等国家举行"丹麦日(Danmark Day)"活动,以吸引优秀留学生。2016 年,丹麦与韩国签订了互派公费留学生的新协议。目前,丹麦各大学的国际留学生数量已占学生总数的 10%。

此外,德国、法国等在 2013 年都公布了本国的高等教育新国际化战略,主要内容包括扩大招收国际学生、增加研究者的国际流动,以及积极开展国际研究合作等。

除了国家层面上的战略,还有一些地区间的交流合作计划,目的都是促进高等教育和科研活动国际化程度的提升。如欧洲的"博洛尼亚进程(Bologna Process)",其主要目的是促进签约国之间的国际合作和学术交流;而"伊拉斯谟+计划(Erasmos+)"的目标主要是加强高等教育学生的国际流动。

[①] 5 年滞留率指在美国获得博士学位 5 年后仍然留在美国的比例。

二、高端人才计划吸引全球精英

设立高端科研人才计划,通过为全球最优秀的科学家提供具有国际竞争力的优厚待遇和良好的科研条件,吸引和留住人才,是当前各国人才政策中的重要内容。许多国家都根据自身的需求,在不同层面上设立高端人才计划,吸引不同层次的高端科研人才,如世界顶尖的科学家、中坚研究人员和博士后。

为了强化澳大利亚的研究能力,澳大利亚政府在加强人才培养的同时,也十分注重人才的吸引,设立了覆盖科研生涯各阶段的人才吸引计划。澳大利亚研究理事会的澳大利亚荣誉研究员计划(Australia Laureate Fellowships),每年吸引 15 名世界最高水平研究员和领军研究人才在澳大利亚从事研究和教育活动,受资助者 5 年内可获得最高 300 万澳元的经费支持。其“未来奖学金计划(Future Fellowships scheme)”,为处在职业生涯中期的最卓越的国内外科学家提供资助。澳大利亚研究理事会在 2009—2014 年间投资 8.44 亿澳元,吸引了 1000 位职业中期的优秀科学家。

在经历了 20 世纪 90 年代大量优秀人才流失美国的现实后,加拿大政府在 2000 年拨款推出“加拿大首席研究员计划(Canada Research Chairs Program)”,该计划在 10 年中为加拿大大学吸引和留住了 2000 名最优秀的科研人才。在首席研究员计划的基础上,政府又于 2008 年设立了“加拿大优秀首席研究员计划(Canada Excellent Research Chairs Program)”,为加拿大大学吸引来自世界的最高水平的研究人员,这些高水平研究人员在七年中每年可获得加拿大政府 140 万加元的资助。2010 年,加拿大政府还设立了“班挺博士后奖学金(Banting Postdoctoral Fellowships)”计划,每年资助国内外 70 名最优秀的青年研究人员在加拿大从事研究,该计划对博士后的资助额度为每年 7 万加元,资助期限为 2 年。

法国政府于 2008 年推出了优秀客座教授计划(Programme Chaises d'Excellence),计划按长期年轻客座教授(Chaises d'excellence Junior Longue Duree)、长期资深客座教授(Chaires d'excellence Senior Longue Duree)和短期资深客座教授(Chaires d'excellence Senior Courte Duree)分别对待,目标是吸引不同层级的优秀外国研究人员来法国从事教学和科研工作。长期年轻客座教授面向处于职业生涯前半期、经过数年科研工作并在国际上获得声誉的年轻科研人员提供支持。长期年轻客座教授,由科研机构和大学等部门在项目期限(3~4 年)内长期聘用,入选者可获得 50 万欧元的资助,这些经费可在项目期限内用于设备运行和通过定期合同招聘的人员费用,也可以适当用于入选者的安置和生活条件的改善。长期资深客座教授面向处于职业生涯后半期的、国际公认的、有能力组建团队开展前沿研究的高水平资深科研人员提供支持。长期资深客座教授由科研机构和大学等部门在项目期限(3~4 年)内长期聘用,入选者可获得 100 万欧元的资助。短期资深客座教授主要是邀请高水平科研人员到法国的科研机构和大学停留 1.5 年到 2 年,帮助法国科研队伍尽快掌握新兴领域的知识、紧跟国际前沿、提升竞争能力,资助额度为 100 万欧元。

欧洲研究理事会自 2007 年成立以来,先后设立了三个人才专项计划,培养和吸引欧洲及世界其他国家不同层次的高水平研究人员。这三个计划分别是“启动资助(Starting

Grant,StG)"计划、"高级资助（Advanced Grant,AdG)"计划和"强化资助"（Consolidator Grant,CoG)计划。"启动资助"计划设立于 2007 年,政策定位是资助那些获得博士学位 2 年以上 7 年以下、处于职业生涯初期的青年研究人员开展研究,使其能够迅速成长为具有独立研究能力、能够独当一面的领军人才。该计划对每个项目的最高资助额度是 150 万欧元,在特殊情况下最高资助额度可放宽到 200 万欧元,申请人不限国籍,只要研究者在欧盟境内有依托单位或能够到欧洲开展研究即可。"高级资助"计划主要资助具有 10 年以上良好学术记录,已经在某个领域独立开展研究的、具有领导才能的卓越研究人员。高级资助基金对每个项目的最高资助额度为 250 万欧元,特殊情况下可达 350 万欧元,执行期限不超过 5 年。与"启动资助"计划一样,该计划的申请人不限国籍,只要研究者在欧盟境内有依托单位或能够到欧洲开展研究即可。"强化资助"计划设立于 2013 年,它与"启动资助"计划相互衔接,支持那些获得博士学位 7 至 12 年的世界各地的优秀青年学者,用于巩固其研究团队和研究项目,在欧盟成员国或协约国的依托单位开展前沿研究。最高资助额度为 200 万欧元,特殊情况下可达 275 万欧元,资助期限为 5 年。

还有一些国家则推出了通过提供高额研究经费和研究职位吸引本国高端人才回归的计划。例如,印度在 2008 年底推出了"杰出印裔科学家/技术专家计划（Outstanding Scientist/Technologist of India Origin）",目标是通过高额资助吸引印裔领军人才回归印度,增强印度的科学技术竞争力;俄罗斯政府在 2009 年投入了 8 亿美元,用来支持海外俄罗斯科学家回到俄罗斯从事科学研究,让更多的人才回归俄罗斯;面对多数在美国获得博士学位的年轻人留在美国工作的状况,法国国家科研署（ANR）于 2009 年启动了"博士后回归"计划（Programme "Retour post-doctorants"）,为每个入选对象在 3 年内提供 60～70 万欧元的科研资助,从而使他们能够回归法国,组建小型科研团队开展科研攻关;新加坡在 2013 年推出了"新加坡科学家回归计划（The Returning Singaporean Scientists Scheme）",为那些在海外著名大学、实验室等工作的顶尖的新加坡科学家和工程师提供长达 5 年的高额资助,希望通过此举将他们召回到新加坡工作,从而为新加坡成为全球研发中心助力。捷克共和国'NAVRAT-回归计划（2012—2019）（NAVRAT-Return programme（2012—2019））力图通过重新整合海外工作的杰出科学家,扭转人才外流形势。

三、构建一流的研究平台与聚集一流的科研人才

一流的科研组织在国家科技发展中具有重要意义,一方面,它是一个研究领域最高研究水平的象征;另一方面,它也是高水平人才云集的高地,能够吸引和集聚众多的一流人才。

作为近代科学发源地的欧洲和当今科学高度发达的美国,那里有着许多世界一流的研究组织,如英国剑桥大学的卡文迪许实验室、德国马克斯·普朗克核物理研究所、美国能源部下属的费米国立加速器实验室等。这些机构之所以被称为一流科研组织,是由于它们在科学领域的卓越成果,以及在那里做出这些成果的卓越科学家获得了全球科技界的公认。

近年来,许多国家都开始加速"卓越研究中心"、"一流研究基地"和"世界水平研究所"等的构建。例如,奥地利从 2006 年开始重点资助成立奥地利科学技术研究所,在开展尖端

水平基础研究的同时，为优秀科学家提供优良的科研条件和施展才能的机会，提升对高端人才的吸引力，将人才的流失扭转为人才的输入。法国在 2010 年提出了"未来投资计划（Programme d'investissements d'avenir）"，其中有一项非常重要的内容，即"卓越实验室计划（Laboratoires d'excellence）"。建设卓越实验室的目的，就是为那些具有国际声誉的研究所和实验室创造条件，使它们能与国际同行进行平等竞争，能够吸引具有国际声誉的研究员和教师前来开展高水平的研究，实现教育与增值利用的一体化。

日本政府出台的"世界顶尖研究基地形成促进计划（World Premier International Research Center Initiative，WPI）"，从国内优势领域里选择了几个大学和独立行政法人研究机构的内设机构，提供年平均 14 亿日元、长达 10～15 年的稳定支持，以促进这些机构的研究体系改革，创造良好的研究环境，吸引和凝聚世界高水平的一线研究人员，在提升日本基础研究能力、推动国家持续创新的同时，发展新的跨学科研究领域，培养具有国际领先水平的优秀研究人员。

韩国通过世界级研究所和世界水平大学建设的计划，构筑与国际接轨的研究环境，引进外籍优秀科学家，推动韩国的科研体系改革，培养下一代科研人员，促进世界级研究成果的产生。

四、加强移民政策改革吸引技能型人才

美国各界一致认为，高技能的移民是美国经济发展的重要资源。奥巴马政府曾出台多项举措来吸引具有一技之长的移民：允许更多的高技能工人及其家庭在等待绿卡期间和最终成为美国公民之前获得一份便携的工作许可，允许他们晋升、变更工作岗位或工作单位，或者创办新公司，以缓解因等待"绿卡"时间过长而导致高技能人才难以变更工作的问题；针对以合法永久居民身份或临时移民身份创办和发展公司的企业家，发布详细的指南和规定，让世界上最有前途、最具创新力的企业家在美国创新、创造就业；加强美国大学外籍 STEM 学生的岗位培训，让他们有额外的时间获得必要的技能，以利于他们继续接受教育，留住那些在美国接受教育的科学家和工程师。2016 年 8 月，美国国土交通部又推出了国际创业家规则案，计划有针对性地吸引创业移民。

俄罗斯联邦政府近年来十分关注人才引进工作，一直在致力于创造条件吸引高水平的外国科学家到俄罗斯国立大学任职。俄罗斯联邦政府的努力包括：为科学家提供巨额资助鼓励他们来俄罗斯工作；为在俄罗斯工作并退休的外国科学家提供养老保障；针对俄罗斯高校教师每周工作时间远远高于西方大学的情况，为在俄罗斯大学工作的外国专家制定专门的工作时间表；将在俄罗斯工作的外籍科学家的所得税税率从目前的 17％降至 13％等。

澳大利亚在 2015 年末推出"国家创新与科学议程（National Innovation and Science Agenda）"，对吸引人才的工作予以高度重视。该计划提出新设"企业家"签证（The Entrepreneur visa），并对原有的 457 签证加以改进，为创新型企业全球招募合适人才提供便利，为 STEM 和信息通信领域高水平研究生获得澳大利亚永居身份提供便利。

意大利为吸引来自欧盟以外的创业者的投资，推出了意大利初创企业签证政策。在该政策下将会使用一站式的在线机制，为打算在意大利创办创新型初创企业，或者作为股东

加入已有的创新型初创企业的申请者发放工作签证。

加拿大联邦移民部于 2012 年推出了"创业签证计划(Start-up Visa Program)",吸引创业移民,促进他们在加拿大设立有创意、能带来就业岗位的新公司。

本 章 小 结

科技人才作为一个国家核心竞争力的标志,其重要性正在被越来越多的国家和民族所认识。培养、留住和争夺大批优秀科技创新人才,已经成为全球性政策行为。从目前国际上的一些发展科技人力资源的政策趋势来看,各国的政策有很大的相似度。在通过加强教育政策的改革来加强人才培养方面,近年来各国的主要政策都集中在加强 STEM 教育、计算机教育、创新创业教育和高层次人才培养方面。在通过劳动力政策的调整,使人才和技能的使用得到优化方面,各国的政策主要是集中在加强对青年科研劳动力的支持和为其提供良好的科研前景方面。而在争夺全球的优秀人才方面,各国可以说是教育政策、科研劳动力政策和移民政策等多管齐下,各种手段并行。

可以预见,随着科技和经济领域国际竞争的不断加剧,今后科技创新人才的全球竞争将越来越激烈,而各国参与国际科技人才竞争的政策也将会不断调整和推陈出新。

第十五章

美国的科技人力资源政策

美国是世界第一科技强国,拥有优越的科研条件和创新环境,为科技人力资源发展、科技人才发挥创新创造力提供了非常有利的条件。特别是奥巴马政府执政以来,《美国创新战略》的出台,将对科技创新的重视程度提升到前所未有的高度,通过科技创新促进经济增长和提升国际竞争力已经成为美国的基本国策。自 2009 年《美国创新战略》第一版发布之后,又在 2011 年和 2015 年分别推出新的版本,使政府支持创新的政策措施不断得到丰富和完善。《美国创新战略》强调创新基础要素的投资,提出要激发私营部门的创新动力,重视科技人才的培养,并强调要激励全民创新,着力营造有利于人才创新创业的生态环境。

第一节　美国科技人力资源现状

一、美国科技人力资源总量及构成

美国对科技人力资源的统计有多种口径,如科学与工程职业就业人数、科学家与工程师的数量等。对科技人力资源的界定不同,导致统计数据差别很大。一般而言,美国科技人力资源总量约在 600 万至 2000 万之间[①]。按照科学与工程职业就业人数的统计数据显示,2013 年美国科学与工程劳动力的总量在 620 万至 630 万之间。1960 年至 2013 年间,美国从事科学与工程职业的人数年均增长约 3%,高于劳动力总量的增长速度(2%)。同期,科学与工程职业的就业人数占就业总人数的比例翻了一番,从 1960 年的 2% 左右提高到 2013 年的约 4%。从近年的情况看,在经济危机以后,美国科学与工程职业的就业情况显著好于总体的就业情况。2008—2014 年间,美国总体劳动力就业相对稳定,而科学与工程职业的就业人数增长了约 50 万人。

按照科学家和工程师的数量来统计,2013 年美国科学家和工程师的总数为 2356 万人。根据《美国科学与工程指标 2016》的定义,科学家和工程师既包括那些具有一个或多个科学

---

① National Science Board. Science and Engineering Indicators 2016. [R]. NSF. 2016.

与工程及相关领域学士及以上学位的人,也包括那些虽不具备科学与工程及相关领域学位,但实际从事科学与工程及相关领域工作的人。在美国 2356 万科学家与工程师中,约有 1245 万人的最高学位是科学与工程领域的学位。从科学家和工程师的就业情况看,约 575 万人就业于科学与工程岗位;约 744 万人就业于和科学与工程相关的岗位;另有 1037 万人就业于非科学与工程岗位。从就业单位的性质看,美国的科学家与工程师约有 70% 供职于企业,19% 供职于教育行业,在政府部门(包括联邦、州和地方政府)供职的约占 11%。

从事科学与工程职业的人通常具有较好的教育背景和较高的学历。在从事科学与工程职业的人中,具有学士(含)以上学位的人数约在 460 万至 570 万人之间,约占科学与工程职业就业人数的 75%,远远高于就业总人数中具有学士(含)以上学位的人数所占的比例(31%)。科学与工程职业中高于学士学位的人数约占 31%,而就业总人数中这个比例约为 11%。在科学与工程职业的从业者中,有 7% 的人具有博士学位。

最新的统计数据显示,计算机科学、数学和工程学领域的科学与工程劳动力人数最多。这三个领域中的科学与工程劳动力人数占大学及以上学历科学与工程劳动力总量的 73%,占各教育层次的科学与工程劳动力总量的 84%。计算机和数学领域的科学与工程劳动力人数约有 260 万人;紧随其后的分别是工程学领域,约 160 万人;生命科学领域,约 63.8 万人;社会科学领域,约为 58.1 万人;物质科学领域,约为 31.9 万人。

二、美国科技人力资源的培养

美国拥有卓越的高等教育,每年培养大量科技人才。美国的大学生和研究生入学人数总体呈上升趋势。2000 年,美国招收的大学生人数为 1330 万人,到 2013 年增长到 1770 万人。2012 年,在美国授予的学士学位中,获得科学与工程领域学位的人数约占总数的 33%。不过,美国大学科学与工程领域第一学位的授予量只占当年全球授予量的 9.2%。相比之下,中国和印度的授予量要高出许多,分别为 23.4%、23%;欧盟也高于美国,约为 11.5%。2000—2013 年间,美国授予的科学与工程学士学位的人数稳步增加,2013 年达到新高,超过 61.5 万人。自 20 世纪末以来,女性所占比例增长显著,约占学士学位总数的 57%,占科学与工程领域学士学位数量的一半左右。西班牙裔美国人和永久居民获得科学与工程领域学士学位的人数比例也呈上升趋势,从 7% 增长到 11%。

美国科学与工程领域研究生的入学人数从 2000 年的 49.3 万人增长到 2013 年的 61.5 万人。大多数科学与工程领域的研究生入学人数都有所增加,工程学和生物科学领域尤为突出。美国授予的科学与工程博士学位数量是全世界最多的。2013 年美国大学授予科学与工程博士学位的数量达到 3.9 万个。2002—2008 年间,美国大学授予科学与工程博士学位的数量稳步增加,在 2008—2010 年间有所下降,但 2010—2013 年间又呈增长趋势,三年增长了 14%。2000—2013 年间,美国授予本国公民和永久居民以及临时签证持有者的科学与工程博士学位的数量都有所增长。科学与工程博士学位授予数量增加最多的是工程学领域和生物科学领域。

美国每年吸引了大量国际学生赴美留学,尤其是研究生教育,对国际学生的吸引力很大。新世纪以来,美国招收国际学生的数量显著增加,从 2000 年的 47.5 万人增加到 2013 年的 78.4 万人。不过,由于英国、澳大利亚、法国、德国等国也加大了对外国学生的招收力度,因此,美国国际学生占世界国际学生的比重呈现下降趋势,从 2000 年的 25% 下降到 2013 年的 19%。在美国每年授予的科学与工程领域博士学位中,有相当一部分授予了持临时签证的国际学生。1993—2013 年的 20 年间,美国授予临时签证持有者的科学与工程博士学位数量累计达到 21 万个。这些学生主要来自中国、印度、韩国、加拿大等国家。2013 年,临时签证持有者获得了 37% 的科学与工程博士学位。国际博士生的专业主要集中在工程学、计算机科学和经济学领域,2013 年这些领域的博士学位获得者中有一半以上是临时签证持有者。事实上,2000 年以后美国科学与工程博士学位数量的增加,近一半要归因于临时签证持有者,特别是来自中国和印度等亚洲国家的学生。

三、美国科技人力资源发展的趋势和特点

从总体上看,美国科研人员总量呈持续增加的趋势。2000 年至 2012 年间,美国的研究人员数量增长了 29%。根据经合组织统计,美国研究人员的总量是全世界最高的,研究人员占就业人口的比例也名列世界前列,而且在稳步增加。经合组织最新数据显示,美国研究人员占就业人口的比例为 0.9%。这个数字虽然不及韩国(1.3%)和日本(1%),但还是超过了世界绝大多数国家[①]。

研究人员是科技人力资源的重要组成部分。从美国研究人员的构成可以近似地推断美国科技人力资源的构成。相关数据显示,美国科技人力资源的构成在不断变化,尤其是战后婴儿潮时期出生的一代人陆续达到退休年龄,科学与工程劳动力的老龄化趋势日益显著。不过,这个问题目前已有所缓解。一方面,已经有一部分从业人员选择在较晚的年龄退休。另一方面,过去相对弱势的群体,如妇女、黑人以及西班牙裔美国人,参与科学与工程职业的人数持续增长,他们所发挥的作用也趋于增大,这种现象在生命科学、社会科学领域尤为明显。尽管如此,这些弱势群体参与科学与工程领域的程度仍相对不足。

第二节　注重教育的美国创新战略

一、提升教育质量和促进教育普及

美国政府强调创新对于经济社会发展的重要性,并大力支持科技人才培养,以促进创新创业,为未来竞争做好科技人力资源的储备。《美国创新战略》指出,21 世纪美国创新的一个关键基础要素是一支在知识密集程度越来越高的经济中能够取得成功的劳动力队伍。奥巴马政府承诺支持各级教育,使学生获得所需的技能,以便能够适应未来高收入、高回报的科技产业领域对科技人才的要求,特别是对科学、技术、工程和数学,即 STEM 人才的要求。

2009 年 11 月,奥巴马总统发出了"教育促创新"的倡议,这对提升教育质量起到了重大的推动作用。在倡议中,奥巴马提出要采取"全体参与"的方法来应对美国教育面临的严峻挑战,并且提出了要在 10 年内提升美国学生的科学和数学成绩,实现美国学生的科学和数

---

① OECD, Main Science and Technology Indicators(2015/1),[R]OECD 2015; http://www.oecd.org/sti/msti.htm.

学成绩从世界中游水平提高到世界前列的目标。美国的 K-12 年级教育系统属国际"中游"水平。根据经合组织（OECD）的分析，美国学生和成人的数学和科学能力处于中下游。2012 年国际学生能力评估（PISA）计划对一些国家学生的阅读和数学知识运用能力进行了评估，结果显示，有 19 个国家学生的科学平均分高于美国，26 个国家学生的数学平均分高于美国。[①] 这项由总统倡议，全美各界共同参与的"教育促创新"运动，不仅包括了联邦政府各部门的各项举措和共同努力，而且发动了大企业、基金会、非营利机构以及科学和工程团体的力量，得到社会各界的大力支持。仅私营部门投入的资金总计就达 10 亿美元以上，大大推动了 K-12 年级的 STEM 教育。在奥巴马政府的支持下，美国成立了由企业 CEO 领导的联盟，以调动私营部门更多地参与。美国还创建了一家新的非营利机构——"改变方程式（Change the Equation）"，由 100 多名企业 CEO 参与，并由全职员工运营，专门致力于调动企业界力量，以提高美国 STEM 教育的质量。

美国政府高度重视各级教育，积极致力于早期教育、学前教育直到高等教育的普及。通过增加教育投资，将新技术和数字手段，包括高速互联网引入课堂，推动教育的现代化，希望通过现代化教育手段，使学生能够掌握未来工作所需要的技能，如计算机技术等。奥巴马政府还积极推动学生贷款体系的改革，增加政府 Pell 助学金的额度，并扩大受资助人群。相关统计显示，仅 2008 年至 2014 年间，Pell 助学金的受资助人数就增加了 50％。

奥巴马政府提倡降低大学学费，并在 2015 年 1 月发布"美国社区大学希望倡议（America's College Promise Proposal）"，呼吁两年制社区大学免除那些品学兼优的学生学费。该倡议要求有关各方共同努力，社区大学必须加强其教育计划，提高学生的毕业率；各州必须投入更多资金支持高等教育和培训；而学生则要对自己的学习负责，获得更好成绩并努力完成学业。美国的一些州和地方已经在推行社区大学免学费的举措，例如田纳西和芝加哥等。该倡议呼吁各州支持社区大学。如果美国所有州都参与的话，预计将有 900 万学生受益。

二、强化科技人力资源储备

美国政府认为，STEM 领域的人才对于未来的创新经济是至关重要的。《美国创新战略》提出，要促进高质量的 STEM 教育，增加各层级学生接受优质 STEM 教育的机会。奥巴马呼吁要培养未来的科学家、工程师和创新者，通过加大和保持对 STEM 教育的投资，使各种背景的学生接受 STEM 教育，支持美国未来经济竞争力的提升。据美国总统科技顾问委员会（PCAST）估计，未来十年美国产业界对 STEM 领域大学毕业生的需求将出现一百万左右的缺口。考虑到特定 STEM 职业及其他领域对 STEM 能力的需求日益提高，对相关领域毕业生的需求可能高于预计的数量。

奥巴马执政以来，以推进 STEM 教育为核心，积极致力于增加未来的科技人力资源储备。奥巴马提出，不仅要增加美国 STEM 领域的学生人数，还要确保所有人都能参与进来，提高 STEM 教育计划的多样性。也就是说，要使 STEM 教育普及所有种族和所有背景的所有人群。为此，美国启动了"全民 STEM"倡议（"STEM for All" initiative），强调主动学

[①] The White House, A Strategy for American Innovation. [EB]. [2016-09-01] https://www.whitehouse.gov/sites/default/files/strategy_for_american_innovation_october_2015.pdf.

习,鼓励所有学生,特别是女孩和少数族裔学生参与 STEM 学习。2013 年,美国政府又推出了"联邦 STEM 教育五年战略计划",该计划进一步明确了 STEM 教育的国家目标,不仅重视 STEM 优秀新教师的培养,还强调要吸引更多高中生和大学生对 STEM 的兴趣,实现十年新增 100 万 STEM 学历大学毕业生的目标。STEM 教育还渗透到美国政府出台的其他一些教育举措中,从"争先计划(Race to the Top)",到两党支持的《让每个学生成功法》(*Every Student Succeeds Act*,ESSA)。为了让更多人群接受 STEM 教育,美国政府还鼓励军队家庭的孩子接受 STEM 教育。在国防部的领导下,通过开展国家数学和科学计划,200所学校 6 万名军队家庭的孩子将获得学习 STEM 先修课程的机会,实现该计划 2011 年启动时提出的目标。

奥巴马政府还注重强化 K-12 年级 STEM 教师队伍的建设。2011 年 1 月,奥巴马在国情咨文中提出了到 2021 年新增 10 万名优秀 STEM 教师的目标。2012 年 7 月,奥巴马政府投资 1 亿美元,启动"国家 STEM 杰出教师队伍"计划,希望通过该计划的实施提高现有STEM 教师的水平,支持幼儿园到 12 年级的优秀 STEM 教师与同行分享经验,让优秀教师的知识和技能在全美的学校和教育工作者中传播。《联邦 STEM 教育五年战略计划》给STEM 教育带来了充裕的资金。为实现培养 10 万名 STEM 教师的目标,2014 年,联邦教育部宣布从《教师素质伙伴关系计划》名下划拨 3500 多万美元,作为 STEM 五年专项资金。奥巴马还向联邦各部门 20 多万科学家和工程师发出呼吁,希望他们能够担任导师和参与辅导,共同推动 STEM 教育的发展。

奥巴马政府在 STEM 教育方面的努力得到了社会各界的大力支持和广泛参与,效果已经开始显现。目前,至少已有 280 多个组织参与了 STEM 教师的培养和培训。截至 2016年,新增的 STEM 教师已经达到 3 万名,并为再培养 7 万名教师准备了必要的资源,美国正在向既定的 10 万名 STEM 教师的目标稳步推进。在强化 STEM 教育的同时,美国国家科学基金会、工科院校还加大了工程师培养的力度。2011 年 10 月,总统就业与竞争力委员会提出的目标是每年新增 1 万名工程师,今天这个目标已经翻番实现了。近年来美国大学工程专业毕业生的数量明显增加,每年毕业的大学生中有 2.5 万名工程师。美国科技人力资源的储备已经呈现出快速增长的势头。

三、学徒制和在职教育

美国政府认识到,今天和未来的职业需要更加高级的技能和培训。因此,美国政府高度重视技术劳动力的供需结合,以学徒制和在职教育为主渠道,加强技术劳动力的供应,并积极致力于开辟新的技术劳动力培养和供应渠道。2015 年 3 月,美国启动了新的"技术雇用计划(TechHire Initiative)",旨在为 60 万个高收入的技术岗位培养必要的技术劳动力。现在,越来越多的美国企业重视技术劳动力的培养和培训,使以往一些弱势群体能够具备应有的技能,从而走上技术工作岗位。

学徒计划在劳动力培养和培训方面发挥着重要作用。注册学徒计划可以将求职者与急需的高薪职位联系起来,它向新从业者提供实际经验,允许他们"边学边挣钱",这对新工人获得现代经济所需的技能和知识很有帮助。学徒计划在各个行业得到了普遍应用,从卫生保健到建筑,乃至信息技术和先进制造业。学徒计划很好地满足了这些行业对技术劳动力的需求,90％以上的学徒在结业后都能够找到工作,而且能够获得较高的薪酬,平均年薪可达6万美元。[①] 自2014年以来,共有290所大学参与学徒计划,向完成学徒计划者授予学分,并支持他们积累学分攻读学位。

为提升产业竞争力,奥巴马呼吁持续加大投资,以支持扩大学徒计划。2014年,美国政府提出了注册学徒数量翻番的新目标。三年来,美国注册学徒的数量增长是近10年中最快的。相关研究表明,学徒计划在提高生产率、减少浪费和促进创新方面效果显著,在学徒计划每投入1美元,雇主平均可以产生1.47美元的回报。[②]

奥巴马宣布在2016年11月13日至19日同时开展"美国教育周"和"全国学徒周"活动,并敦促国会、州和地方政府,教育机构,产业和劳工领导者以及所有美国人支持学徒计划,并为国家作出更大贡献。在"全国学徒周"活动中,企业雇主、赞助者和业界领导者主办各类开放参观活动,充分展示学徒计划对于美国经济的重要价值。美国政府希望通过开展"全国学徒周",肯定和赞扬"学徒计划"这种就业导向的培训模式,并希望进一步扩大人们参与学徒计划的机会。

奥巴马执政以来,联邦政府对学徒计划的支持力度和投入水平始终保持较高的水平。2015年,奥巴马将学徒计划联邦年度投资写入法律。这在美国历史上还是第一次。在美国2016财年支出法案中,有9000万美元资金用于扩大学徒计划,其中6000万美元用于支持各州加强学徒计划,包括支持区域产业伙伴和创新战略,使学徒计划在各地能够实现多样化发展;3000万美元用于在迅速增长的高技术产业中开展学徒计划。奥巴马政府通过支持"美国学徒计划(ApprenticeshipUSA initiative)",重点支持各个州实施学徒计划,并强调通过启动新的学徒计划支持更多弱势人群,包括妇女、少数族裔人群以及残疾人群等参加学徒计划。学徒计划还特别重视对军人和退伍军人的支持和帮助。在任期的最后一年,奥巴马政府仍然在呼吁,希望国会在未来几年能够继续保持对学徒计划的支持。

四、重视科学普及和全民科学素养

美国政府和有关各界高度重视科学普及和全民科学素养的提高。在弘扬科学精神、传播科学思想、激励创新创造方面,奥巴马总统发挥了重要作用。白宫连续六年举办"科学节",表彰那些在数学、科学和机器人竞赛中获胜的学生。2014年和2015年,白宫先后举办了"创客节"和"创客周",让热衷发明创造的学生和成年人汇聚一堂,展示他们设计和创造的大量发明。此外,白宫还举办"计算机科学教育周",奥巴马总统亲自出席"计算机科学教育周"的"编码时间"活动,成为首位写下计算机代码的总统。为了纪念此次活动,奥巴马发表了一段视频,呼吁全国学生、家长和教师参加计算机编程。2016年2月,白宫启动了第一届"国家实验室周"活动,坐落在20个城市的50个联邦实验室向学生们敞开了大门。白宫还举办了两次"天文之夜"活动。通过这些活动,大大激发学生学习科学、数学、工程、计算

---

① Office of the Press Secretary of The White House. Presidential Proclamation—National Apprenticeship Week,2016〔ED〕.〔2016-11-10〕. https://www. whitehouse. gov/the-press-office/2016/11/10/presidential-proclamation-national-apprenticeship-week-2016.

② Office of the Press Secretary of The White House. FACT SHEET:Investing ＄90 Million through ApprenticeshipUSA to Expand Proven Pathways into the Middle Class〔ED〕.〔2016-04-21〕. https://www. whitehouse. gov/the-press-office/2016/04/21/fact-sheet-investing-90-million-through-apprenticeshipusa-expand-proven.

机等学科的兴趣。

2016 年,奥巴马政府在"全民 STEM"倡议之后又启动了全民计算机计划,致力于推动计算机科学教育的普及。同年 1 月,奥巴马呼吁采取全国性行动,让每一个学生都有机会学习计算机科学。全美一半以上的州政府表示响应和支持这一号召,在美国公众中引起了强烈反响。政府的号召也激发了私营部门的投资热情,各私营部门共投入 2.5 亿美元支持计算机科学教育。国家科学基金会及国家和社区服务机构也承诺投入 1.35 亿美元,用于支持教师培训和相关研究。

另外,美国的大学、图书馆、博物馆是科学普及以及创新创业文化建设的重要力量。从东海岸到西海岸,从哥伦比亚大学到斯坦福大学,美国已有超过 150 所高校推出了大量举措支持学生创新创业,创客空间和各种类型的创新中心不胜枚举,创新创业课程丰富多彩,创客活动还融入到毕业班的设计项目中。同时,美国图书馆和博物馆的功能不断演变,它们近年越来越注重举办动手实践的创客活动,发展创客空间,开展创业培训,举办"创客月""创客节"等活动,激发学生和公众的创新创造力,对于推动创新创业文化、提高全民科学素质起到了重要作用。

第三节　优越的创新环境

一、大力投资基础研究

美国是世界第一研发大国,2013 年,美国投入研发的资金总额为 4561 亿美元,占世界研发投入的 27%。联邦政府在支持研发方面发挥了重要作用。奥巴马执政伊始就遭遇了美国大萧条以来最严峻的一次经济危机,尽管预算紧张,政府还是大力支持研发投入,力避影响科技创新。美国研发预算的增速超过了 GDP 的增速。奥巴马政府对研发投入的重视主要体现在以下几个方面:一是在预算紧张的情况下历史性地增加了研发投入。2009 年的《复苏法》增加了 183 亿美元研发资金,创造了历史上研发资金增长额的最高纪录。奥巴马政府还确立了美国研发投入占 GDP 的比重要达到 3% 的目标,希望能够超越太空竞赛鼎盛时期的投资水平。二是加大了对高风险高回报研究的支持。奥巴马政府增加了对国立卫生研究院(NIH)、国防先进研究计划局(DARPA)的资助,重视对国家航空航天局(NASA)空间探索先进技术的投资。奥巴马政府效仿 DARPA 的成功模式,在能源部创建了能源先进研究计划局(ARPA-E),资助了能源领域的一大批高风险研究项目。三是支持基础研究和科学前沿发展。奥巴马政府重视基础研究,提出了国家科学基金会、国家标准技术研究院和能源部科学局三大基础研究资助机构预算翻番的目标。美国政府高度重视对科研基础设施的长期持续投资,以确保科学家和工程师拥有开展前沿研究所需的设施和工具。能源部、农业部、卫生与公共服务部、环保署等政府部门下设的国家实验室、研究院所及各类研究中心等,拥有许多重大科研设施和设备。这些科研基础设施虽由国家实验室运营,但多数也面向社会开放,为广大科研人员开展前沿研究创造了良好的科研条件。正是由于能源部和国家科学基金会等联邦机构对基础科学和科研基础设施的长期持续资助,才推动产生了许多重大科学发现,如 2015 年 9 月探测到爱因斯坦一个世纪前预测的引力波的存在。①

二、推进联邦研究成果数据开放

奥巴马政府强调要充分利用数字技术带来的机遇,积极推动科研数据开放获取、政府数据公开和政府服务创新。奥巴马明确提出,联邦数据是国家资产,要尽可能地将联邦数据面向公众开放,以提高政府效率,增强政府部门的责任感,激励私营部门创新,推动科学发现和促进经济增长。美国政府还致力于确保联邦资助的研究所产生的大量数字化数据和出版物的开放获取,以便于创新者、科学家和普通公众自由利用。2013 年 5 月,奥巴马政府发布关于开放数据的行政令和政策指南,要求年度研发开支在 1 亿美元以上的机构都要制订计划,支持联邦资助的研究成果的开放获取。截至 2016 年 10 月,已有 19 个联邦部门制订了相应的计划。美国已有超过 18 万个联邦数据库和数据集在 Data. gov 网站上公布。这些数据的公开还伴随着积极的宣传和主题活动,鼓励创新创业者、政策制定者和社区利用这些数据开发新工具和解决方案。同时,政府加大了联邦资助的研究成果的公开。目前,已有 400 多万篇期刊论文全文和越来越多的科研数据免费向公众开放。

三、推行专利制度改革

奥巴马政府大力推行专利制度改革,致力于提高专利质量,缩短专利审批时间。2011 年,奥巴马签署了具有里程碑意义的《美国发明法案》(*America Invents Act*)。按照新的法案,2013 年 3 月 16 日及以后申请的美国专利实行"发明人先申请制"。美国专利商标局努力减少专利申请的大量积压,将平均审批时间从 35 个月缩短到 20 个月,并使最有价值的专利技术能在 12 个月内进入市场。2009 年以来专利和商标的审批时间分别降低了 25% 和 14%。这有助于创新成果迅速转化为市场竞争优势。美国专利商标局在底特律、丹佛、硅谷和达拉斯设立了地区办公室。2014 年起,这四个地区办公室面向创客和创业企业开通专门的咨询热线。该局还将发布详细的指南文件,就专利和知识产权问题向创新创业者提供指导,并在全美举办一系列的路演宣传,帮助创业者了解知识产权体系。此外,美国专利商标局还通过举办暑期培训班等活动,培训年轻创业者开展发明创造,让初高中教师了解知识产权;通过与基督教青年会等机构的合作,为学生开辟创客空间。

四、营造创新创业良好生态

美国政府提出要使美国成为"创新者之国",并出台了不少支持创新创业的政策举措,致力于营造有利于创新创业的良好生态环境,激励全民参与创新。这一系列动作为科技人才创新创业提供了有利条件和大好机遇。

一是激励创新,采取各种措施激发人们的聪明才智。这些措施包括更多运用奖励措施,支持创客、众筹和全民参与科学等。美国政府鼓励各部门将奖励措施作为本部门的标

---

① Office of the Press Secretary of The White House. IMPACT REPORT:100 Examples of President Obama's Leadership in Science,Technology,and Innovation. [EB/OL]. https://www. whitehouse. gov/the-press-office/2016/06/21/impact-report-100-examples-president-obamas-leadership-science[2016-06-21]

准工具。同时,政府不断探索激励创新的新途径,挖掘人们的创新和创造潜力。自 2010 年以来,80 多家联邦机构在 Challenge.gov 网站上发起了 700 多项挑战赛,吸引了 25 万多人参与,以解决当前的各种挑战,包括抗击埃博拉、降低太阳能成本等。这些富有竞争性的挑战赛向创新创业者提供了 2.2 亿美元资金,直接促成创建了 275 家新企业,并带来了 7000 万美元的后续投资。

二是倡导创业精神,减少创业的烦琐程序。2011 年 1 月,美国政府启动了"创业美国"计划,呼吁私营部门和联邦政府共同努力,促进全美的创业活动。2014 年以来,仅小企业局就支持了 100 多个创业加速器项目,为 3000 多家新创企业提供服务,并帮助筹集了 8.5 亿资金。奥巴马政府还推出了"一天创业计划",已有 80 个城市承诺在 2016 年底之前建立在线平台,使在一天内提交创业所需的所有文件成为可能。

三是加强创新创业培训,扩大创新创业的包容性和支持草根创新。美国国家科学基金会、能源部和 NIH 等机构大力倡导在大学研究的基础上创办新公司,让初创企业能够更加轻松地获得政府所有的知识产权许可。这些机构还不断探索创新创业培训的新模式,为联邦资助的科学家和工程师提供创业培训。美国国家科学基金会的创新团队(I-Corps)计划取得成功之后,立即将成功模式移植推广到国立卫生研究院和能源部国家实验室。"创新团队"培训强调把科研项目直接转变为创业机会,让新创意拥有者实现创意的商业化,把科研人员迅速转变为创业者。迄今为止,已有来自 45 个州的逾 115 个教育机构参加了 I-Corps 课程,七个大学联盟提供创业学习环境和课程开发。已有近 600 个团队完成了为期 10 周的实验性教育培训,其中约半数团队决定成立公司。[①] 联邦机构和私人资本后续投资的成功率非常可观。奥巴马政府还通过员工培训计划支持创业技能的培养。奥巴马在 2014 年签署并由美国劳工部管理的《员工创新和机会法》(*Workforce Innovation and Opportunity Act*),强调青年、残障人士、印第安和土著美国人以及成年失业者的创业技能建设,允许培训资源用于创业培训,使公共人力资源系统可以更加系统地培训失业青年和成年人,帮助他们创办自己的企业。另外,为促进公共资助的研究成果的商业化,美国政府还推出了"从实验室到市场计划(Lab-to-Market Initiative)",以加速那些联邦资助产生的、有前景的创新技术成果的市场转化。

第四节　　吸引和留住外来科技人才

一、外来科技人才是美国科研体系的重要组成部分

美国是一个移民国家,优越宽松的科研环境吸引着来自全世界的科技人才。今天,外来科技人才已经成为美国科研体系的重要组成部分,美国约 38％的科学家是外来移民。外国留学生占美国科学、技术、工程与数学领域学生入学人数的 35％以上,尤其是在电气工程、计算机科学、经济学等领域,外来学生的占比分别达到 70％、63％和 55％。外国留学生占美国博士学位获得者的比例增长很快,1961—1970 年间约占 17％左右,到 2010 年已接近

---

① The White House, A Strategy for American Innovation. https://www.whitehouse.gov/sites/default/files/strategy_for_american_innovation_october_2015.pdf.[EB/OL].[2016-09-01]

40％。在物理学、工程、数学和计算机科学这四个领域，获得美国博士学位的外国留学生比例尤其高，2010 年达 50％以上，这一比例与 20 世纪 70 年代相比翻了一番。而且在美获得学位的外国留学生约有三分之二以上选择学成后继续留在美国。2010 年，美国 27％的内科和外科医生以及 35％以上的医务工作者是外国出生的。

美国是全世界最具人才吸引力的国家之一。经合组织国家的人口只占全球的 1/5，但这些国家吸引了全球 2/3 的高技能移民。截至 2010 年，美国、英国、加拿大和澳大利亚吸引了约 70％前往经合组织国家定居的高技能移民，而美国吸引的高技能移民人数约占经合组织国家高技能移民总数的 41％，达到了 1140 万人。尽管如此，根据万宝盛华的《2016 年全球人才短缺调查》，美国仍然面临人才短缺问题。在填补职位最困难的国家/地区排名中，美国排名第 17 位，而且人才短缺程度趋于增加。

二、高技能移民对美国科技创新和经济增长的作用

移民对于增强美国经济活力一直发挥着关键作用。移民企业家创建了四分之一的小企业和高技术初创企业，《财富》500 强中有超过 40％的公司——从通用电气和福特到谷歌和雅虎——都是由移民或移民子女创立的。这些移民企业家不仅在美国创造了大量的就业机会，而且还创造了数不清的创新产品，促进了美国产品的出口。高技能移民不仅通过创业给美国带来经济利益，而且由于他们是重要的创新源泉，有助于提高生产率，能带来积极的溢出效应，间接惠及那些本土工人。

美国政府重视通过移民政策吸纳人才，尤其注重高技能人才的引入。目前，面向高技能人才的签证有两类，一类是 H-1B 签证，另一类是 L1 签证。H-1B 签证允许美国公司在某些特别领域短期雇用高技能外籍员工。几乎所有 H-1B 签证持有者都拥有本科及以上学历，70％此类签证发放给 STEM 相关领域的员工。H-1B 签证的有效期为三年，可以续签一次。自 2004 年以来，每年 H-1B 的发放数量不超过 8.5 万张，其中 2 万张为硕士及以上学历拥有者预留。L1 签证发放给在美国和国外同时拥有办公地的国际公司员工。L1 签证持有者必须在前往美国的前三年中至少有一年在国外办公。[①]

不过，美国政府移民政策的实施和签证的发放受到国内经济环境的影响。2007—2009年经济下行期间，美国面向高技能工人发放的临时签证数量明显下降。但自 2009 年以来，新的 H1-B 签证发放数量逐渐增加，到 2014 年已经超过了经济危机发生以前的水平。2000—2009 年间的大部分年份，在美国获得科学与工程博士学位的外国留学生人数一直在增加，2009 年和 2010 年略有减少，2011 年以后重新开始增长，现在已经超过危机前的水平。

三、移民新政促进创新经济发展

由于认识到移民在美国科技创新和经济社会发展方面的重要作用，奥巴马政府力推移民改革，提出要使合法移民程序简单高效。奥巴马还致力于为移民就业创业扫清障碍，以

---

① Sari Pekkala Kerr，etl. Global Talent Flows，Working Paper 17-026[R]. Harward Business School. 2016. http://www.hbs.edu/faculty/Publication%20Files/17-026_a60ac33d-3fd5-4814-a845-137a38066810.pdf.

利于移民继续对美国经济做出重大贡献。奥巴马的移民政策向高技能人才倾斜,他指出,应将绿卡"锁定"科学、技术、工程和数学领域的高学位获得者,即那些在美国大学获得相关领域硕博士学位并在美国就业的人才。

第一,强调要释放那些具备高技能的准美国人的才能。美国的高技术移民通常从持有临时工作签证(通常为 H-1B 签证)开始,如果其岗位没有合格可用的美籍员工,那么用人单位会支持其取得合法永久居留权——"绿卡"。但是,按照移民政策,高技能移民等待绿卡的过程往往非常漫长,少则数年,多则数十年。在这期间,该员工就被死死地锁定在这家公司的一个岗位上。针对这个问题,奥巴马政府提出,允许更多高技能工人及其家庭在等待绿卡和最终成为美国人的这段时间里获得一份便携的工作许可,允许他们晋升,变更工作岗位或工作单位,或者创办新公司。2015 年美国政府出台的新政,特别允许高技能移民的配偶在绿卡等待过程中参加工作。自这项新政实施以来,已有 3.5 万名高技能移民的配偶获得了工作许可。

第二,为企业家移民提供便利,以利于创造更多就业岗位。针对以合法永久居民身份或临时移民身份创办和发展公司的企业家,奥巴马政府提出要为他们发布详细的指南和规定。新规定将比以往的政策更加开放,这将吸引和支持更多有前途、有创新力的企业家在美国创新创业,从而有助于创造更多就业岗位。

第三,致力于留住在美国接受教育的科学家和工程师。奥巴马政府认为,美国大学培养了世界上最有才能的 STEM 学生,但由于美国移民体系的限制,很多外国留学生在毕业后选择重新返回自己的祖国。为了减少别国与美国的竞争,美国应鼓励优秀的留学生毕业后留在美国,为美国创造就业、企业和产业。奥巴马政府提出,要加强美国大学外籍 STEM 学生的岗位培训,又称选择性实习培训,让他们有更多时间获得必要的技能,以利于他们继续在美国接受教育。"可选实用 STEM 培训计划(STEM Optional Practical Training Program)"目前已经有 3.4 万人参与,在该计划实施的第一年有望达到 5 万人,到第 10 年将达到 9.2 万人。由于这项措施扩大了对美国大学毕业的 STEM 领域国际学生的在职培训,可以预期,未来几年 STEM 领域留学生留在美国的机会有望增加。

不过,特朗普的当选给美国移民政策带来了很大的不确定性。新总统的移民政策立场显示,他将改革移民体系,根据新移民在美国"取得成功的可能性""经济上能否自给自足"等标准来吸纳新移民,将新移民占总人口的比重维持在一定水平,以保护本国国民的就业机会。特朗普虽然也表示会支持高技术移民,但他认为外来廉价劳动力抢夺了美国工人的饭碗,因此一度表示反对 H-1B 签证。他还表示企业应雇用美国的失业工人。此外,特朗普提出要禁止穆斯林进入美国,这些举措也会阻碍一些高技术工人移民进入美国。

本 章 小 结

特朗普当选美国总统,在一定程度上会使美国的科技创新政策和人才政策面临新的挑战。毕竟特朗普是一位对科技创新不熟悉,也没有多少从政经验的总统。特朗普在竞选期间的一系列言论显示,他并不认为美国存在 STEM 技术工人短缺,只是有一部分 STEM 领域的毕业生在毕业后没有在本专业就业。在 STEM 教育方面,特朗普提出要将学生贷款与毕业后的就业预期相结合,这将有助于 STEM 专业的学生找到高薪工作。在教育创新方面,特朗普呼吁教育的地方化。他反对美国共同核心州立教育标准,声称要取消该标准。特朗普的竞选团队也曾表示,特朗普不会再支持社区大学免费。由此看来,奥巴马政府推行的社区大学免费这一举措在特朗普执政期间可能将难以为继。

因此,特朗普执政后,美国的科技创新政策会有怎样的变化,政府对科技人力资源发展的支持将会做出怎样的调整,美国对外来高技能人才还能不能继续保持很高的吸引力,这些都还有待于进一步的观察。不过,经济增长和就业问题仍将会成为新一届政府面临的核心问题,如果特朗普以其精明的商人头脑,重视人才培养与经济社会发展的衔接、注重人才供需的结合,那么,美国科技人力资源的发展就有望继续支撑美国的科技创新和经济增长。

第十六章

英国的科技人力资源现状及政策

英国作为传统科技强国,其优势在于拥有自由的研究氛围和扎实的学术传统。欧债危机以来,英国的经济受到重创。如何利用科技创新推动经济发展,构建创新型国家,成为英国国家战略的主要内容。其中,以企业为导向、加强大学、科研机构与企业之间的合作,是英国政府对科技人力资源管理和高技能人才培养的目标和方向。英国脱欧以后,对科技人力资源的国际化水平和国际合作也将产生潜在影响。

第一节　英国科技人力资源概况及管理特点

一、研究经费和研究人员总量稳步增长

根据最新公布的统计数据,英国 2014 年的研发经费达到了 300.6 亿英镑,比 2013 年增长了 5%(297 亿英镑),比 1990 年增长了 45%(211 亿英镑)。从投入规模来看,2014 年英国的研发投入占国内生产总值(GDP)的比例是 1.67%,较 2013 年没有变化。如图 16-1 所示,从 1990 年至今,英国的研发经费占国内生产总值的比例从最初的 1.89%下降到如今的

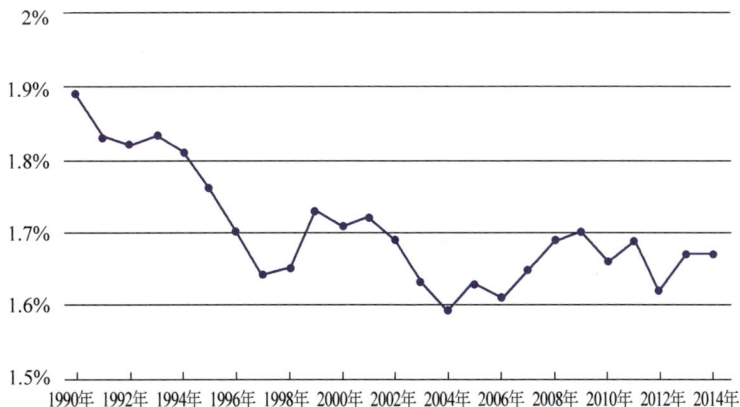

图 16-1　英国研发投入占国内生产总值的趋势图

注:根据 OECD. *Main Science and Technology Indicators 2016* 绘制。

1.67%,期间虽有起伏,但总体呈现出持续下降的趋势。而同期欧盟 28 国的研发投入占国内生产总值比例的平均数是 2.03%,英国仅位居第 11 位。

英国通常把科研经费的投入部门划分为四类:企业、高等教育(含 7 个研究理事会)、政府和非营利性私人企业。从图 16-2 可以看出,企业对英国的研发投入贡献最大,2014 年用于研发的资金达到了 199 亿英镑,占研发投入总额的 65%;其中,制药、计算机和信息服务、汽车工业和航空航天是企业研发投资的重点领域。

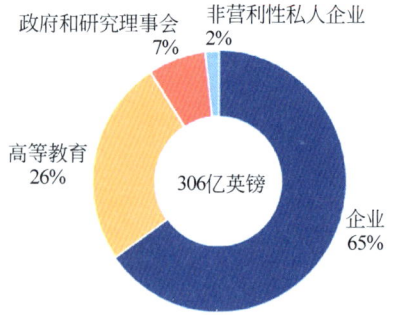

图 16-2　英国各部门研发投入的比例

注:数据来自 *Office for National Statistics. UK Gross domestic expenditure on research and development:2014*。

高等教育机构和政府的研发投入所占比例分别为 26% 和 7%。相比于 2013 年,高等教育机构和 7 个研究理事会的投入增加了 3%,而政府对研发的投入却下降了 5%。非营利性私营企业在 2014 年投入的科研资金为 60 亿英镑,所占的比例最小,仅为 2%。

在人员数量方面,如图 16-3 所示,截至 2014 年,英国约有 27.3 万名研究人员。研究人员的增长率虽然高于欧盟的平均值,但是却远低于 G8 国家(美国、英国、法国、德国、意大利、加拿大、日本和俄罗斯)2.88% 的平均增长率。从研究人员的部门分布来看,政府和非营利性私营企业研究人员的增长率与总体的增长率持平。从人员数量与经费投入的比例来看,高等教育机构 2014 年获得的科研经费只占投入总额的 26%,却要支持全国 57.9% 的研究人员。而与之形成鲜明对比的是,同年企业的研究人员的比例约为 38.2%,却获得了 65% 的科研经费。

图 16-3　英国研究人员总数变化趋势及分布图

注:数据来自 Department for Business. English Apprenticeships:Our 2020 Vision. https://www.gov.uk/government/uploads/system/uploads/attachment_data/file/482754/BIS15604englishapprenticeshipsour2020vision.pdf。

二、博士生数量保持稳定

英国政府始终重视对高等教育的投资。2008—2014 年期间,政府对高等教育的投资比例平均值为 26.7%。2009 年,英国政府对高等教育的投资数量增幅较大,但随着欧债危机的到来出现回落,到 2011 年降至 26%,之后逐渐趋于稳定,保持在 26%～27% 之间(见图 16-4)。

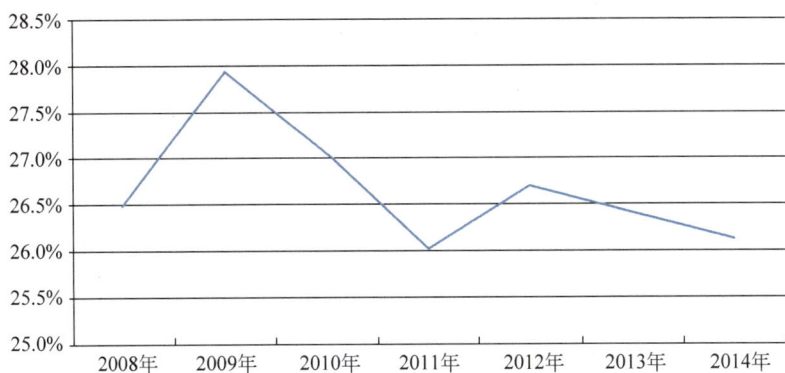

图 16-4 英国政府对高等教育的投资趋势表

注:数据来自 BIS. *The Allocation of Science and Research Funding 2011/12 to 2014/15*。

博士生是科技人力资源的"储备站",它的数量不仅关系到高等教育机构的科研水平,更是关乎高校师资队伍建设的关键因素。虽然一个国家的博士生数量和研究人员数量之间没有明确的线性关系,但是以往针对不同国家的研究表明,一个国家的科技人力资源和博士生的增长幅度是相关的。2010 年,英国攻读博士学位的人数为 23 595 人;2013 和 2014 年,英国攻读博士学位的人数大幅增加,入学人数分别为 34 527 人和 36 167 人。[①]虽然英国博士入学人数的增长幅度高于欧盟成员国的平均值,但是仍然低于美国、中国等博士教育大国。

通过对高等教育投入和博士生的数量变化进行比较可以发现,虽然英国培养的博士生数量明显增加,但是政府对于高等教育的投资并没有扩大。由此可以推断,英国的博士生人均所占有的教育资源在减少,随之产生的竞争也会加剧。

三、积极发展现代高级学徒制度

英国的现代学徒制(Modern Apprenticeship)计划出台于 1993 年 11 月,起初是为了解决英国初中毕业生失业率高的现实问题,在农业、工商管理、化学品、儿童护理等 14 个行业推广。随着时代的发展,一些高新技术产业出现了严重的高层次技术员不足的问题。2006年,空中客车公司和英国电信公司率先试点高等学徒制并大获成功。之后,英国开始在全国多个行业推广高等学徒制。现在,英国的学徒制已经发展为由中级学徒制(二级intermediate)、高级学徒制(三级 advanced)和高等学徒制(四级到七级 higher)三个等级构

---

① OECD. http://stats.oecd.org/Index.aspx? DatasetCode=RGRADSTY.[2017-2-24]

成的完整体系,面向多种行业领域,基本涵盖了 170 个行业的 1500 多种工作岗位。

统计数据显示,近 15 年来,英国学徒制的参加人数已经从 2002—2003 年度的 16.8 万人,增加到 2014—2015 年度的 87.2 万人,达到历史最高[①]。

从地区分布的情况来看,东北部地区由于煤矿产业的衰落,参加学徒制项目的人员最少,约有 35 220 个名额;正处于传统工业区升级转型时期的西北部地区,参与学徒制的人员最多,高达 79 310 名。从行业领域的分布来看,商业、行政管理与法律领域提供的学徒职位位列第一,高达 14.3 万人;其次是保健、公共服务与护理领域,有 13 万人参与其中;而艺术、媒体与出版领域提供的学徒职位最少,仅有 1460 个名额。自 2010 年起,英国新设立了科学和数学领域的学徒制项目,但参与者数量有限,2010—2011 年度只有 10 人参加,2014—2015 年度的参加人数达到 380 人。按照年龄划分,19～24 岁年龄段的年轻人参加人数最多,高达 16.1 万人,占参加者总数的 32%;其次是 25～34 岁年龄段的成年人,共计 9.8 万人,占参加者总数的 19.5%;参加学徒项目人数较少的年龄段是 17 岁以下和 60 岁以上。从参加人数的变化幅度来看,增速最快的是 25～34 岁年龄段的成年人,由 2007—2008 年度的 6%,增加到到 2014—2015 年度的 19.5%[②]。

四、大力推进产学研合作

近年来,英国政府致力于破除创新障碍,逐步形成了以英国研究与创新委员会(UKRI)为指导,以英格兰高等教育拨款委员会(HEFCE)、7 个研究理事会(RC)和英国创新署(Innovate UK)为主要执行机构的产学研合作体系。

2011—2014 年期间,英国政府用于研发活动的经费约为每年 50 亿英镑,英格兰高等教育拨款委员会和 7 个研究理事会的经费均来源于此,政府经费占经费总额的比例分别为 37% 和 55%。英国创新署的研发经费单列,其 2014 年的预算达到 5.54 亿英镑[③④]。从 2016 年年底开始,上述所有机构的研发活动和高等教育相关机构统一由英国研究与创新委员会负责。

英格兰高等教育拨款委员会从 2001 年起设立了高等教育创新基金(HEIF),旨在推动大学融入地方和产业的发展。有关调查显示,2003—2012 年间,高等教育创新基金 1 英镑的投入可以为大学提供 6.3 英镑的额外收入[⑤]。

目前,7 个研究理事会均支持以应用为导向的研发活动,尤其是可再生能源、建筑、健康

---

① Department for Business. English Apprenticeships：Our 2020 Vision. [2016-12-31]

② 同上

③ BIS. The Allocation of Science and Research Funding 2011/12 to 2014/15. (2010—09)[2016-12-31]
https://www. gov. uk/government/uploads/system/uploads/attachment _ data/file/422477/bis-10-1356-allocation-of-science-and-research-funding-2011-2015. pdf

④ TSB. Annual report and accounts 2013—2014.
https://www. gov. uk/government/uploads/system/uploads/attachment _ data/file/341384/Technology-strategy-board-annual-report-and-accounts_2013-14. pdf

⑤ BIS. Government response to the house of commons business, innovation and skills committee report on business-university collaboration. (2015-03-27)[2016-12-31]
https://www. gov. uk/government/publications/business-university-collaboration-government-response-to-bis-select-committee.

和制药等领域,大部分研究理事会 50% 的研发支出与产学研相关。有的研究理事会设立了专项资助项目,如生物技术与生物科学研究理事会(BBSRC)的"产业合作资助(IPA)"以及"独立联系计划(Stand-alone LINK scheme)";有的研究理事会则将相关支持嵌入到归口管理专业领域的各种项目资助中,例如自然环境研究理事会(NERC)。研究理事会支持大学与产业界合作的很多工作都是与英国创新署或 7 家研究理事会的管理机构——英国研究理事会总会(RCUK)的组织下联合开展的[①]。

英国创新署主要支持以企业为主体的创新活动,以此来推动英国经济增长。调查显示,在该署的资助中,有 60% 的经费用于学术界和企业之间的合作。全国几乎所有大学和科研机构都有英国创新署资助的项目,支持其与企业开展合作。

除了上述制度安排促进产学研合作外,英国政府还选择能够产生显著影响的产业,通过政府干预制定针对性战略,与产业界共同作出长远安排,极大地增强了企业投资的信心。从 2012 年起,英国政府确定了 8 大重点发展的新兴技术产业和优先发展战略,累计投入 6 亿英镑,目的就是促进创新发展。在 8 大新兴技术战略的引导下,相关领域的创新型人才培养也随之得到加强。

2016 年 11 月,英国新任首相特瑞莎·梅提出,政府将于 2017—2020 年期间每年再追加 20 亿英镑用于研发,由新成立的英国研究与创新委员会来管理。同时,为促进产学研合作,英国政府设立了一项新的"工业战略挑战基金(Industrial Strategy Challenge Fund)",推动英国人工智能、生物技术等高新技术的产业化、资本化。新的投资和相关研究基金的设立,将促进英国相关专业科技人力资源数量的进一步增长。

五、鼓励国际化合作交流

如图 16-5 所示,2014—2015 年间,在英国的大学机构中,约有 28% 的研究人员是外国人,其中来自欧盟成员国的研究人员所占比例达到了 16%,约有 31 635 人。在博士研究生中,高达 50% 的学生是外国人,其中有 14% 的学生来自欧盟成员国;36% 的学生来自世界其他国家[②]。

作为欧盟三大成员国之一,英国的研究人员积极投身欧盟的各类研发活动中。2007—2013 年期间,欧盟 1055 个研究设施或研究中心共资助了 3539 名英国科研人员。表 16-1 列出了英国研究人员参与欧盟研发框架计划(FP)的人数及变化趋势。从 FP5 到 FP7 期间,英国共有 23 400 名研究人员参加了该计划,占欧盟 FP 计划总人数的 12.6%,与英国对欧盟的投资比例基本持平。FP5 时英国参与 FP 的科研人员总数一度还位居榜首,但 FP6 时被德国赶超。

在欧盟范围最广、影响力最大的两个人才计划中,英国的研究人员表现都非常突出。在支持研究人员流动的玛丽·居里计划(Marie Sklodowska-Curie Actions)中,从 2007 年至 2014 年,共有 3454 名受该计划资助的英国研究人员在英国国内、欧盟或非欧盟国家访学,获得的资助总额高达 10 亿欧元,位居欧盟成员之首。中国是英国研究人员最受欢迎

① 刘娅. 英国政府促进大学与产业合作的机制与启示.《科研管理研究》,2016 年 09 期.
② Higher Education Statistics Agency. https://www.hesa.ac.uk/stats.

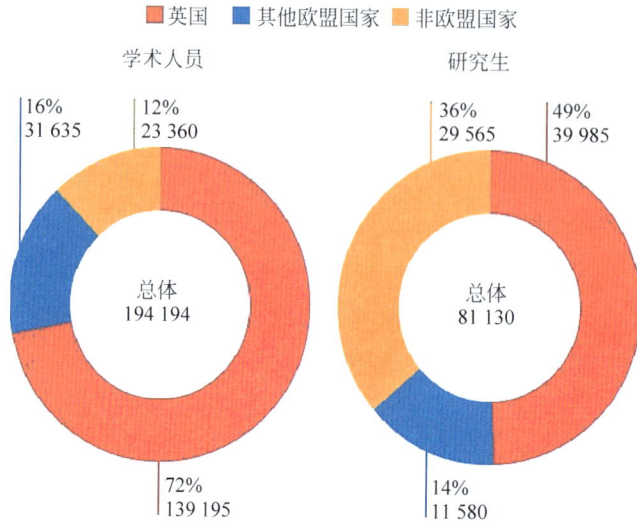

图 16-5　英国高等教育机构中的科研人员和博士生的数量及国籍比例分配

注：数据来自 *The Royal Society*（2016）. *UK research and the European Union：The role of the EU in international research collaboration and researcher mobility*。

表 16-1　英国参与 FP5、FP6 和 FP7 的人员数统计

	FP5	FP6	FP7	合计
参与人员总数	80 068	74 400	30 518	184 986
英国参与人员数	10 905	8792	3679	23 376
英国参与人员数的比例	13.6%	11.8%	12.1%	12.6%

注：数据引自 高洁、刘玉菲. 英国在欧盟科技一体化中的角色，《中国科技论坛》，2015 年第 04 期，第 155～160 页.

的交流目的地，有 850 名英国研究人员在该计划的资助下去中国从事研究交流，同时有 800 名中国研究人员接受该计划资助来到英国访学。巴西、俄罗斯和印度这类新兴经济体已经成为与英国科研交流最为频繁的国家。在以追求卓越、促进欧洲基础科学研究水平提升为目标的欧洲研究理事会的资助计划中（见表 16-2），英国研究人员获得启动、强化和高级三类针对研究人员不同发展阶段的资助计划的数量都高居榜首。

表 16-2　2009—2015 年期间部分主要国家参与欧洲研究理事会计划获得资助的人员数量比较

	启动资助计划 （Starting Grants）	强化资助计划 （Consolidator Grants）	高级资助计划 （Advanced Grants）
英国	565	407	438
法国	344	231	223
德国	405	274	279
瑞士	149	120	164
以色列	175	79	81
挪威	23	23	25

注：数据来自 https://erc.europa.eu/projects-and-results/statistics。

　　英国作为欧盟成员国之一，积极参与了由欧盟 ECORYS 机构执行的格兰特威格计划（Grundtvig），夸美纽斯计划（Comenius），达芬奇计划（Leonardo da Vinci）和跨部门教育计

划(Transversal),加之英国理事会管理的 E-Twinning 计划,伊拉斯谟计划(Erasmus)和青年在行动计划(Youth in Action),这些整合起来,从 2014 年起形成了伊拉斯谟＋计划。2007—2013 年间,伊拉斯谟计划共投入了 5.68 亿欧元,用于支持学生流动。英国理事会通过伊拉斯谟计划支持了 9 万名英国学生;支持学校联合的夸美纽斯计划和 E-Twinning 计划设立了 6000 多项资助,有超过 10 万名教师通过这些资助提高了教学技能,大约有 200 万英国学生的能力由此获得了提升;通过达芬奇计划,4 万多名青年人参加了暑期培训,提升了工作技能。青年在行动计划中通过各种非正式方式,利用闲暇时间与其他国家的青年同行建立了联系,有 5000 名青年工人充分利用这个机会促进职业发展。据统计,英国学生对去中国学习最感兴趣。在上述计划的支持下,截止 2020 年,将分别有 80 000 名和 25 000 名英国学生去中国和印度学习。

六、专业学会对科技人员的管理

英国注重发挥专业学会的积极作用,形成了政府和社会合作共管的科技人力资源管理体制。英国的专业学会等科学学术团体是各学科领域科技人力资源管理的主体,政府在管理中更多发挥的是辅助作用。皇家特许成立英国工程理事会(Engineering Council),负责制定工程科技人才标准,加强对英国工程界的管理,通过颁发资格证书,实现工程科技人才的国际认可,为提高英国整体的工程科技能力提供人才质量保障。英国工程委员会(ECUK)标准(英国工程专业能力标准及信息通信技术技师标准)规定,工程技术人员有义务不断学习,提高自身素养,制订自己的职业规划,系统地践行自己的职业发展,证明自己的发展方向,通过职业或其他能力标准,推出相应成果。

英国研究与咨询中心(Vitae)出台了"研究人员发展框架"(Researcher Development Framework)。该机构与英国高等教育研究会合作,并得到了英国研究理事会总会(RCUK)的支持。由职业研究与咨询中心(Careers Research and Advisory Centre)管理的机构,专门致力于现实研究环境中研究人员的职业发展研究。它们为高等教育机构、雇主和研究人员提供服务,并在研究人员职业发展研究、培训,以及相关领域的创新、分享、实践等方面扮演着重要的角色。

研究人员发展框架模型是一个四层结构,二层模型有 4 个维度,三层模型共有 12 个维度(即每个上级模型维度分出 3 个下级维度),四层模型共有 64 个维度。通过这个模型,研究人员可以评估自己的素质、能力、技巧,尽可能地完善自己,养成良好的认知、思考和研究习惯,使自己变得更优秀、更出色。

第二节　英国科技人力资源发展面临的问题与挑战

一、科技人力资源外流形势依旧严峻

1996—2012 年期间,英国研究人员的流出率达到了 12.7％,远高于世界其他发达国家,而研究人员流入率只有 9.4％(见表 16-3)。可见,英国的研究人员虽然国际化程度很高,但

也是全球人才流出最多的国家之一。在不同层次的研究人员中,高层次人才的流出率最高。研究人员离开英国后,倾向于去美国、澳大利亚、加拿大和爱尔兰继续从事研究,因为这四个国家的母语都是英语,没有语言沟通障碍。而美国、德国、澳大利亚和意大利的研究人员来英国工作的比例也比较高。一项历时 17 年的连续追踪研究发现,有 5.7% 的英国研究人员在回到英国工作两年后会选择离开祖国,相比之下,只有 3.7% 的英国研究人员在离开英国两年后选择回到英国。

表 16-3 1996—2012 年间世界各主要国家研究人员的国际流动率比较

国　家	流出率/%	流入率/%	净流出率/%
英国	12.7	9.4	3.3
法国	8.6	7.9	0.7
意大利	5.9	5.5	0.4
德国	10.7	8.2	2.6
美国	9.7	7.9	1.8
中国	4.1	7.0	−2.9

注:数据来自 BIS(2014). *International Comparative Performance of the UK Research Base-2013*。

由于英美高等教育体系以及人才市场的总体差异,学术研究人员在英国所赚取的工资普遍少于美国,因此,每年都有不少英国高科技人才受优厚薪资和福利的吸引而流向美国。与此同时,英国政府又收紧了高技术移民政策,严格控制高技术移民的数量,导致英国目前科技人力资源流失、高科技人才缺乏的现象日益严重。

英国自 2010 年起逐步执行的签证紧缩政策也阻碍了非英国研究人员留在英国。在英国申请永久居留权非常困难,虽然 2003 年起施行的高技术移民政策为英国带来了不少优秀人才,但从 2010 年起,由于英国政府调查发现英国的净移民数量接近历史高位,因而调整了移民政策,限制非欧盟技术移民入境,把相关名额控制在每年 2.07 万人。根据现行规定,很多在英国居住时间不足 5 年的人,很难申请永久居留权。调查显示,在伦敦帝国理工学院工作的 2063 名非英籍欧盟人员中,只有 30% 的人当时有资格申请永久居留权。留在英国的另一条路线是获得"技术工人"二级签证(Tier2),但是罗素大学集团(The Russell Group)表示,其旗下大学 22 600 名非英籍欧盟研究人员中,有 26% 的人(5880 人)薪水低于 3 万英镑,无法达到"技术工人"二级签证的基本要求,未来很难留在英国。

同时,英国还采取了一些措施限制国际学生数量。自 2011 年起,英国净移民数字达到历史高位,每年非欧盟的净移民人数平均高达 16 万人,其中包括 8 万名国际学生。因此,英国政府出台了各种措施来限制国际学生。相关统计显示,自 2012 年 12 月至 2015 年 12 月的 3 年内,共有 99 635 名非欧盟海外学生的签证期限被英国内政部缩短。另据英国国家统计局 2016 年 1 月公布的数据,截至 2015 年 6 月之前的一年,共有 19 万名国际学生在英国就读长期课程,相比 2010 年的高峰数字减少了约 4 万人。英格兰高等教育拨款委员会 2014 年 4 月的一项研究显示,国际学生被英国大学录取的数量在 30 年内首次下降,长期增长的趋势开始发生变化。直到英国脱欧后,内政部发布国际学生签证(Tier4 签证)新政才略微放松了学生签证政策。根据 2016 年 7 月 25 日出台的规定,允许在剑桥大学、牛津大学、帝国理工学院以及巴斯大学等 4 所大学攻读研究生的国际学生,在原定课程时间的基础上可获得 6 个月的签证延长时间(此前为 4 个月),且申请时不需要提供资金证明或学历证明文件。

二、对研究人员的资助持续下降

根据英国研究理事会的评估报告,2009—2013 年间,英国 7 个研究理事会中研究项目负责人的数量从 8579 人下降到 7877 人,跌幅达到 8.2%(如图 16-6 所示)。当然,项目负责人数量的持续下降并不直接代表英国的科研实力下降。尤其在当今大科学时代,各个国家均从资助中小型科研项目向资助对国计民生有重要影响的大型科研项目转变,导致项目负责人的总数有所减少。但是我们发现,英国在同时期的科研投入也在减少,这与当今世界主要科技大国均加大科研投入以带动国家经济发展的战略形成了强烈反差。

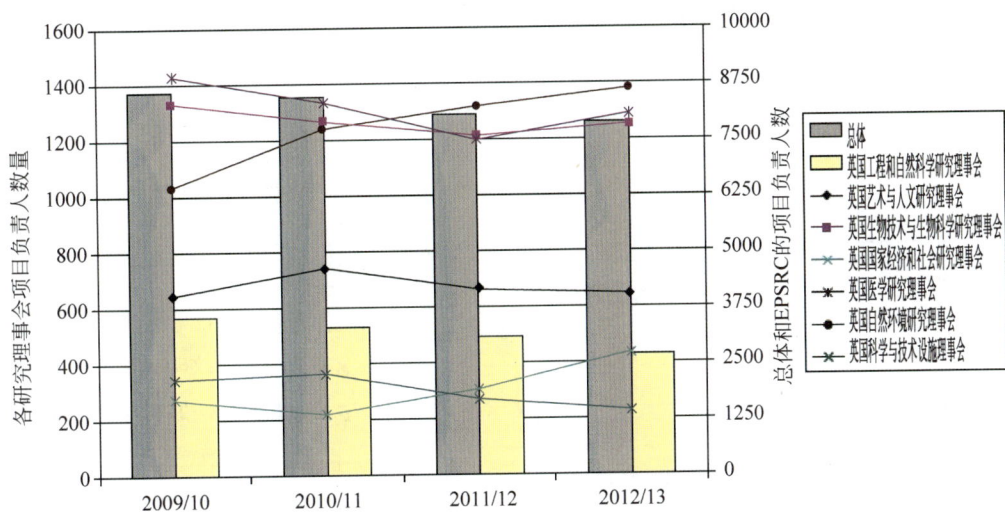

图 16-6　英国研究理事会项目负责人数量变化趋势

注:数据来自 BIS(2014). *Research Council Impact report 2013:Trends in inputs,outputs and outcomes*。

同时,由英国研究理事会全权负责的研究项目奖学金的数量也出现下降趋势,这个现象进一步支持了上述判断。我们看到(如图 16-7 所示),获得奖学金的人数从 1151 人减少至 945 人,跌幅高达 17.9%。虽然规模较小的研究理事会的奖学金数量通常会出现一定幅度的波动,但在以英国工程和自然科学研究理事会(EPSRC)为代表的大型研究理事会中,获得奖学金的人员规模也都在缩小。

从博士生的数量来看,研究理事会对于博士生的资助规模也在缩小。从 2010 年的 5723 人减少到 2013 年的 4513 人,跌幅达到 21.1%,其中最大的研究理事会英国工程和自然科学研究委员会对博士生资助规模缩小的影响至关重要(见图 16-8)。

三、英国脱欧影响科技人力资源的培养和流动

虽然目前英国科学界的国际合作大幅度加强,但不可否认的是,英国与欧盟成员国的科研交流占据了较高比例,其增速高于与其他国家的交流。目前,虽然美国仍然是与英国

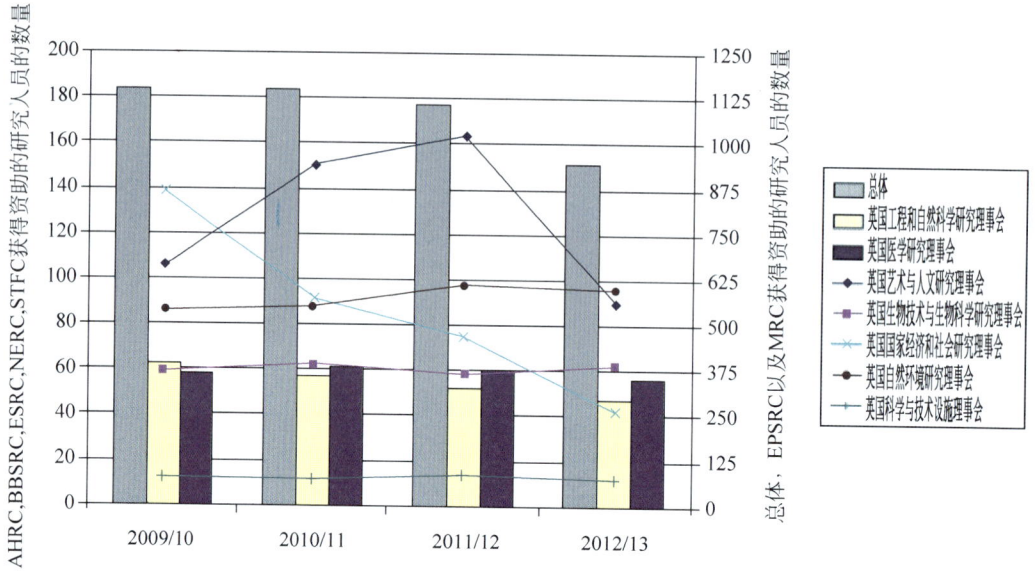

图 16-7　英国各研究理事会获得奖学金的数量趋势图

注：数据来自 BIS（2014）．*Research Council Impact report 2013：Trends in inputs，outputs and outcomes*。

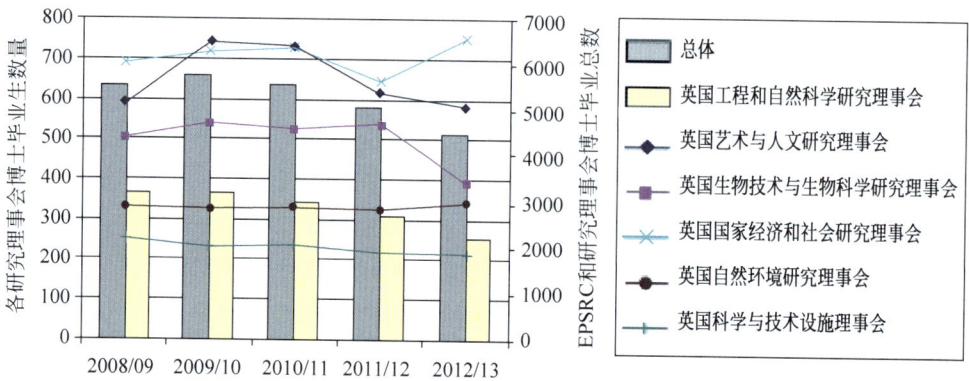

图 16-8　英国各研究理事会的博士毕业生数量趋势图

注：数据来自 BIS（2014）．*Research Council Impact report 2013：Trends in inputs，outputs and outcomes*。

科学交流最为频繁的国家，但是其主导地位已经开始下降。英国研究人员撰写论文的合作者超过一半来自欧盟成员国。1981 年，43％的英国国际合著论文是与欧盟成员国作者一起完成的，而到了 2012 年，这一比例已经上升至 60％，与德国和法国研究人员的交流尤其密切，而且在 2000 年以后高速增长①。研究显示，截至 2014 年 12 月，世界各研究领域影响因子较高的期刊中，几乎有 50％的论文是在欧盟 FP7 计划的资助下完成的。与此同时，英国与欧盟研究人员合作论文的影响因子也高于本国科研人员发表的论文，这种现象在高影响因子的论文中表现尤其明显（如表 16-4 所示）。

---

① The Royal Society（2015）．UK research and the European Union：The role of the EU in funding UK research．https：//royalsociety．org/～/media/policy/projects/eu-uk-funding/uk-membership-of-eu．pdf．

表 16-4　英国是否与欧盟科研人员合著论文的影响因子对比图

作　　者	资 助 来 源	论文的影响因子	高影响因子论文比例
英国研究人员	任何	1.36	13%
英国研究人员	欧盟	2.07	26%
英国研究人员	欧洲研究理事会	2.80	34%
英国和欧盟研究人员	任何	1.98	21%
英国和欧盟研究人员	欧盟	2.27	29%
英国和欧盟研究人员	欧洲研究理事会	3.17	37%

注：数据来自 *Digital Science*（2016）. *The Implications of International Research Collaboration for UK Universities*. https://www.digital-science.com/resources/digitalresearch-reports/digital-research-report-theimplications-of-international-research-collaborationfor-uk-universities/。

过去十年间，英国在欧盟研发框架计划的投入资金、参与人员、参与项目数等各项指标中都位居前茅。英国脱离欧盟之后，其在欧盟在研发框架中的地位就从成员国转变为第三国参与国际合作。这种身份转变对英国来说机遇与挑战并存，机遇在于：英国可以有权选择对本国科研发展更为有利的项目参与其中，不用受欧盟这一超国家实体的束缚；挑战在于：英国无法享有成员国待遇，不能参加一些只对成员国开放的科研项目。

英国在欧盟的身份转变对于英国本土研究人员的国际化水平和跨国流动的影响至关重要。根据皇家学会的分析报告，任何改变欧盟劳动力自由流动原则中与英国有关的法律条文，都将会对英国参与欧盟研究项目产生不利的影响[①]。目前，瑞士已经因为改变相关条例尝到了苦果。英国在脱欧谈判中尤其应该关注移民和居留相关的法律条例，这些将对研究人员的跨国流动产生深远影响。

非英籍研究人员在英国脱欧后可能会遭遇严重困境，尤其是在工资和签证方面。目前，约有 16% 的大学研究人员来自英国以外的欧盟国家。英国教育部向议会报送的调查统计数据显示，英国 23% 的生物学、数学和物理学教授是欧盟公民，若他们选择离开英国，英国的基础科学研究将遭受挫折。苏格兰的大学雇用了 4595 名欧盟国家人员，占教育人员的 17%，在从事基础研究的人员中，这个比例更是高达 25%。

第三节　英国的科技人力资源政策

一、出台新教育研究法案

英国政府上一次对教育和研究领域进行大刀阔斧的改革，可以追溯到 1992 年通过的《继续教育和高等教育法》。2016 年 7 月，下议院通过了《高等教育及科研法案》（*Higher Education and Research Bill*），这是英国 20 多年来对高等教育和研究领域的又一次综合性改革。《高等教育及科研法案》的改革内容主要包括设立新的学生事务办公室（Office for Students）、设立英格兰科研委员会（Research England）和设立英国科研和创新委员会。

一是设立新的学生事务办公室。英国政府认为，英国现行的高等教育体系仅仅局限于

---

① The Royal Society(2016). UK research and the European Union：The role of the EU in international research collaboration and researcher mobility.

学术精英、主要依靠政府资助,这样的观点已经过时了。当今的高等教育应该给予学生更多的选择,让学生自己来决定他们在哪儿学习和怎样学习。基于此,英国政府整合了英格兰高等教育拨款委员会的教学监管职能和公平入学办公室(Office for Fair Access)职能,设立学生事务办公室,放宽高等教育机构的学位授予权,以确保教学质量。在保证质量的同时,英国政府更加强调教育公平,力争提高弱势学生的大学入学率,到2020年使大学中黑人和少数族裔学生(BME)的入学比例达到20%。

二是设立英格兰科研委员会。在调查了英国科学界和产业界之间的鸿沟后,英国新成立了英格兰科研委员会,由该机构承接英格兰高等教育拨款委员会的科研经费管理职能和知识交流功能,同时更强调促进科学技术的产业化。

三是设立英国科研和创新委员会。英国科研和创新委员会是本次改革中最大的亮点,该机构把英国现有的7个研究理事会、英国创新署和新成立的英格兰科研委员会都集中起来统一管理。目标是在遵循"霍尔丹原则"①的基础上,每年投资60亿英镑,加强跨学科、交叉学科的创新研究,大大提高不同研究理事会之间的沟通效率,促进企业与研究人员之间的联系,从体制上为科技和产业化之间搭建桥梁。除了"霍尔丹原则"外,新成立的英国研究与创新委员会将继续加强科研领域的"双元支撑体系"②。2016年,英国科研和创新委员会还提出了一个新的计划,为全英研究人员提供一项新的竞争性资金,每年支出27亿英镑用于基于同行评议的项目选拔和人员培养,进一步强化英国的科技实力。

在完成机构改革之后,英国政府特别强调,不能因为教学和研究是两个机构而把大学的这两个职能割裂开来,两者要紧密结合。教学与研究协同合作,才能共同促进大学、社会和经济部门之间的知识交流。

英国这次对教育和研究的重大改革将会对未来英国科技人力资源的培养和发展发挥重要的政策导向作用。首先,旨在促进教育公平的学生事务办公室的设立,将为弱势群体和少数族裔的学生提供更多的深造机会,这将为英国的科技人力资源储备提供多元化保障;其次,英国科研和创新委员会的设立,最大的变化在于把科研与创新进行了整合,希望改变多年来英国科学实力较强、但创新作为驱动力支持国家经济发展不足的状况。既然英国政府通过科研与创新统一管理的举措,能够进一步提升创新作为国家发展驱动力的重要地位,那么与之对应的英国人才战略也将会更加注重发展科技人才的创新能力。未来英国对科技人才的定位不仅要求研究人员有出色的科研能力,而且会从政府层面创造各种机会、资助及制度保障,促进研究人员的科研成果产业化,帮助科研人员顺利完成向创新人才的转型;第三,作为科学原发型国家的英国,自始至终都注重保障科学的自主性和独立性,这是几百年来英国科技发展得以位居世界前列的关键因素,也是英国培养世界一流科技人才、吸引世界各国优秀人才留在英国从事科学研究的制度保障。英国研究与创新委员会明确继续遵守"霍尔丹原则",目的就是继续以优秀科技人才的培养保证英国作为世界科学强国的地位。

---

① "霍尔丹原则(Haledon Principal)"提倡在科学研究领域充分发挥研究人员的自主性和独立性,以此延续英国的科学研究领域的强势地位。

② "双元支撑体系(Dual Support System)"是英国政府对大学的科研资助体系,通过这一体系实现对大学的绝大部分科研条件拨款以及60%以上的科研项目拨款(指政府资金资助的科研项目)。

二、加大产学研支持力度

英国的科学研究实力雄厚,但技术应用和产业化能力相对较弱。为此,政府先后出台了一系列政策以推动科技与企业之间的结合。2004—2014 年出台的《科学与创新投资框架(SIIF)》、2010 年的《技术创新中心在英国目前和未来所扮演的角色》、2012 年 9 月出台的《产业战略:英国行业分析》、2013 年颁布的《促进增长的创新和研究战略》等文件对生命科学、高附加值制造业、纳米技术和信息技术等几个关键产业进行了布局,相应的人才布局在这几个领域中也有所侧重。2014 年,英国政府与产业界共同作出长远安排,为政府干预最能产生影响的 11 个产业制定了产业战略,以增强企业投资和发展的信心。英国政府还向 8 项重大新兴技术投入 6 亿英镑,同时宣布向量子技术投入 2.7 亿英镑,以加强英国在这一领域的全球领先地位。

与产学研相关的各个部门的政策近年来也发生了一系列变化。2014 年,英格兰高等教育拨款委员会对大学评估体系进行了大刀阔斧的改革,把对经济、社会、环境以及公共政策与服务的"影响力"纳入主要评审要素,评估体系的名称改为"研究卓越框架(Research Excellence Framework)"。在这一评价体系改革的驱动下,各大学必须努力加强与企业的研发合作,以获得良好的"影响力"评分。为吸引企业向高等教育进行自主资助,英格兰高等教育拨款委员会管理的"催化基金(Catalyst fund)"通过"与地方企业合作(Local Enterprise Partnerships)"贷款以及其他商业伙伴等共同资助了与产业发展以及地方创新有关的多项研发活动[①],2011—2015 年期间,年度投入规模为 4500 万英镑。

2012 年,英国政府又推出了"英国研究合作投资基金(UKRPIF)",重点支持高、精、尖研究。至 2015 年,UKRPIF 已开展了三轮资助,共资助项目 27 个,支持经费规模最少的为 1000 万英镑,最多高达 3500 万英镑,共投入 4 亿英镑,吸引产业和慈善组织等外部投资超过 10 亿英镑。自 2016 年起,特瑞莎·梅在 UKRPIF 原来每年投资 1 亿英镑的基础上,又追加了 2 亿英镑,使得今年的经费已经达到了 3 亿英镑。

英国创新署也实施了"合作研发项目""知识转移网络计划(KTN)""知识转移伙伴计划(KTP)""弹射中心(Catapult Centre)""催化中心(Catalyst)""创新券计划(Innovation Voucher)""Smart 计划"和"小型商业研究计划(SBRI)"等多个计划和项目来激励产学研合作。通过"合作研发项目",截至 2013 年已经有超过 900 个项目得到英国政府和企业共计约 10 亿英镑的资助;"知识转移网络计划"共建成 16 个产业网络,包括生物科学、能源生产与供应、信息通信技术等等,参与成员超过了 60 000 家;"知识转移伙伴计划"对项目的支持规模约在 8 万英镑左右,中小企业获得的支持最多可达总经费的 67%,大企业最高为 50%,目前有超过 600 项合作关系在持续进行,其中约 75% 的合作涉及中小企业;弹射中心于 2011 年启动,包括高端制造、细胞疗法、近海可再生能源、卫星应用、互联数字经济、未来城市以及交通系统等 7 个领域,2015 年还建立了能源系统、分层医学诊断 2 个中心;"小型商业研究计划"主要针对那些为满足政府部门需求而提供解决方案的英国企业,提供的初始资金规模在 5~10 万英镑之间,后续投入可能高达 100 万英镑,2015—2016 年"小型商业研究计

---

① HEFCE. Catalyst fund(2014-09-26)[2015-02-05] http://www.hefce.ac.uk/whatwedo/invest/funds/catalyst/

划"的预算达到 2 亿英镑。

以往英国的科技人才培养与产业界间存在明显的鸿沟,普遍存在大学毕业生无法满足产业界的人才需求问题。近年来,英国政府制定的产业战略,以及英国大力加大有巨大增长潜力的新兴技术的投资,都在转变思路,向用人主体放权,希望以需求为导向,精准定位,以满足企业发展为目的,不仅提供优惠政策从世界各地招募优秀人才,而且能通过与企业合作的博士生培养项目、企业自己开发的人才职业培训课程等方式,增加这些关键领域的科技人才数量、提升科技人才应对市场和企业变化的适应性,激发和释放人才活力。

三、培养适合工业界需求的高等学徒

2011 年 7 月 22 日,英国首相卡梅伦宣布启动第一笔高等学徒制基金。同年 12 月,英国商务、创新技能部发布《新挑战新机遇——未来教育和技术制度改革计划:建立一个世界级的技术制度》(*New Challenges. New Chances-Further Education and Skills System Reform Plan. Building a World Class Skills System*)报告,提出了高等层次的学徒制项目,并为高等学徒制推出竞争资助计划,提供共计 2500 万英镑的政府资助。

2012 年 9 月,国家学徒制服务中心发布《满足雇主的需求——本硕层次高等学徒制咨询》(*Meeting Employer Skills Needs-Consultation on Criteria for Higher Apprenticeships at Degree Levels*)报告,就四级、五级学徒制如何修订等问题向利益相关主体进行咨询。

2013 年 5 月,重新修订的《英格兰学徒制标准规范》(*Specification of Apprenticeship Standards for England*)将高等学徒制规定为四级到七级,从此确立了高等学徒制的法律地位。

2015 年 6 月,英国技能资助署(SFA)发布的《高等学徒制和学历学徒制交付计划》(*The Future of Apprenticeships in England:Implementation Plan*),正式将学历学徒制(Degree Apprenticeships)添加到高等学徒制中,成为高等学徒制的一部分。新推出的学历学徒制将大学纳入学徒制培训教育主体中,完成了学历学徒制的学生可以获得完整的学士和硕士学历。

2015 年 12 月,英国政府发布《英国学徒制:2020 愿景》(*English Apprenticeships:Our 2020 Vision*),提出未来 5 年学徒制的改革计划,内容包括:建立一个由企业雇主主导的学徒制协会,借鉴别国经验开征企业学徒税,建立一个长期的学徒制培养系统和一套稳固的经费机制,为学徒制的持续发展提供组织保证和资金支持。近年来,为了培养高级技术人才,英国政府围绕高等学徒制提出了一系列政策措施,主要体现在以下几个方面:

一是提高学徒制的地位。2015 年 10 月,英国政府将学徒的国家最低工资标准上调了 20%,纠正了那些认为学徒没有生产能力的观念。到 2020 年,英国预计将培养 300 万名学徒。现在,越来越多的包括法律和电视制作专业在内的企业顶级雇主都开始开展学徒制和受训生制项目。

二是鼓励所有阶层的适龄人群参加学徒制教育。英国政府致力于将学徒制打造成为与正规高等教育具有同等地位的人才培养模式。英国政府承诺,所有背景的公民都有机会参加学徒项目。这为处于不利地位的群体(如黑人、亚裔和少数族裔)参与学徒制扫平了障碍,并为他们增加了 20% 的学徒岗位。

三是企业雇主主导下的多元参与学徒制管理。目前,英国政府已经终止了以项目为主导的(programme-led)学徒制,并且启动了以雇主为主导的(employer-led)学徒制。英国政府成立了学徒训练局(Apprenticeship Delivery Board),吸引包括英国电视台第 4 频道、英国巴克莱银行等著名大型企业开展高质量的学徒制项目。"数字化学徒"(Digital degree apprenticeships)是产业与大学合作的一个典型范例,开辟了一条全新的数字化职业路线。有超过 40 家的公司与技术合作伙伴合作,雇主通过各自网络的合作创造数字技能,从 2015 年 9 月份开始,已有 9 所大学推出了 300 个学位制学徒。2016 年,更多的大学和雇主参与了学位制学徒训练计划。

四是通过开征学徒税建立稳定的经费机制。2015 年 7 月,英国宣布一项对所有大企业征收学徒税(apprenticeship levy)的新制度。从 2017 年 4 月开始,通过英国税务局(HMRC)管理的发薪扣缴所得税系统,对具备资格的大企业收取税额为企业交纳总工资支出的 0.5% 的学徒税。同时,每个纳税企业将获得 15 000 英镑的政府津贴以抵消所缴税款。从 2016 年 4 月开始,企业将不再支付 25 岁以下学徒的国民保险税。学徒税的征收将保证学徒制项目获得源源不断的资金支持,为各项学徒制改革的顺利进行提供了有力的保证,极大地促进了英国打造世界级学徒体系的目标的实现。

四、多项举措支持青年攻读博士学位

为了改变不同学科部门之间的长期隔阂,英国政府先后在工程和物理科学研究理事会(EPSRC)、经济与社会科学研究理事会(ESRC)中设立了博士培训中心(DTCs)。博士培训中心的博士培训期限比传统的博士生培养多一年,并通过更为开放竞争且注重以"博士培训合作伙伴"(Doctoral Training Partnerships)的方式来分配奖学金。每个中心可以覆盖一所,甚至几所大学,博士生不仅可以从事某个具体领域的深入研究,同时也强调在博士培训中心所覆盖的高校中培养多种技能,以此加强博士生的交叉学科研究能力。

2009 年,EPSRC 的博士培训中心已经达到了 50 个。2011 年,经济与社会科学研究理事会借鉴 EPSRC 的经验,建立了一个包含 21 个博士培训中心的网络。2012 年,艺术和人文研究理事会(AHRC)也采用了相同的模式,创立了 11 个博士培训中心,2014 年又增加了 7 个。为了支持英国大学发展 STEM 教育,2014 年,英国政府又向 22 所英国大学理工科学院开设的博士培训中心投入了 5 亿英镑资金。

鉴于英国攻读博士学位的人数持续下降的现状,英国政府于 2016 年 11 月首次推出了"博士生贷款计划"。该计划从 2018 年开始正式执行,面向英国本土所有愿意攻读博士学位的人,不分专业,每个人可以获得长达 6 年、额度为 25 000 英镑的贷款。这项政策是对目前英国研究理事会所执行的青年研究人员资助计划的有力补充,为本届政府任期内英国青年人才的储备提供了经济保障。

五、加强科学与数学教育

近年来,英国政府转移了政策定位,把视线从吸引国外科技人才转向了加强本土人才培养,力图从本国的中小学教育、大学教育和继续教育等多个层面齐头并进,全力提升英国学生的教育水平,尤其关注提升本国学生的科学素养。

在中小学教育方面,英国皇家学会于 2014 年发布了《科学与数学教育愿景》(*Vision for Science and Mathematics Education*),[①]特别建议将科学与数学教育延长至 18 岁,培养学生 STEM 的学习意识,为 2015 年启动的学生科学与数学教育改革奠定了基础。2015 年,英国政府投资 6700 万英镑,旨在提高 STEM 教育教师的质量和数量,并计划在未来三年培训 1.75 万名数学和物理教师。2016 年 7 月,英国教育部正式对外宣布其改革计划,将在全英 8000 所小学推广中国传统数学教学方法,取代过去"以儿童为中心"的素质教育模式,希望通过此举能够大幅度提升英国本土青少年的科学与数学素养,满足未来企业雇主的需求。

根据英国大学及学院招生服务的数据(UCAS),2014 年英国大学的入学人数达到 51.24 万,首次超过 50 万人。英国教育部在 2015—2016 年间取消了大学对于入学学生人数的限制,成为首个取消大学入学人数限制的国家。大学的 STEM 教育是英国教育部关注的重点。2015 年,英国大学的科学教育类专业增加了 3 万名学生,化学和机械专业的入学学生数量增幅明显。2016 年,英国政府出台计划,提出在 4 年内投资 1.85 亿英镑支持 STEM 教育中成本较高的课程。加之现在用于 STEM 教育的 2 亿英镑和大学 1∶1 的资金配套要求,STEM 教育将有 4 亿英镑用于教学设施和实验设备的升级。即便在经济危机的情况下,英国政府对 STEM 教育的投资依旧保证在每年 46 亿英镑。自 2017 年起,英国对 STEM 教育的投资力度将会进一步增加,并且会有新的 5 年计划出台。

2014 年以来,英国政府加大了对继续教育中的科学教育的关注力度。2011—2013 年,英国已经投入了 3000 万英镑,改善继续教育的数量和质量。2014 年,英国政府公布了新的计划——继续教育劳动力战略(Further Education Workforce Strategy),特别注重提升继续教育中教师和学生的数学能力。通过这一计划,2014 年 9 月至 2015 年 7 月期间,每一个雇佣了刚刚毕业参加工作的数学教师的继续教育机构都会获得额外 2 万英镑的资助。这个计划与 2002 年起实施的"戈登哈罗计划(Golden Hello initiative)"并行,后者用于支持刚刚毕业参加工作的数学教师,并在 2015 年起强调如何提升 16 岁以上学生的数学水平。

但是,2016 年底出台的《尚博报告》(*Shadbolt Review*)和《韦克姆报告》(*Wakeham Review*)显示,英国各个产业所需要的高技术人才依然紧缺,但 STEM 教育与就业之间却出现了较大的鸿沟。以数字领域为例,尽管英国各企业数字业务部门在 2022 年前还缺少 50 万劳动力,但是毕业后超过 6 个月还没有找到工作的计算机专业学生的比例还是高达 11.7%,远高于平均失业率 8.6%。这两份报告提醒英国政府,未来的 STEM 教育要进一步改进大学、企业之间的沟通,使学生所学能跟得上时代步伐[②③]。

---

①　The Royal Society(2014). Vision for Science and Mathematics Education. https://royalsociety. org/~/media/education/policy/vision/reports/vision-full-report-20140625. pdf.

②　Shadbolt, Nigel(2016). Shadbolt Review of Computer Sciences Degree Accreditation and Graduate Employability. https://www. gov. uk/government/uploads/system/uploads/attachment _ data/file/518575/ind-16-5-shadbolt-review-computer-science-graduate-employability. pdf.

③　Wakeham, William(2016). Wakeham Review of STEM Degree Provision and Graduate Employability. https://www. gov. uk/government/publications/stem-degree-provision-and-graduate-employability-wakeham-review.

六、优化科研人才的科研环境

英国政府努力想使英国成为 G20 国家中税收环境最有竞争力的国家。自 2010 年起，英国政府进行了大刀阔斧的企业税收制度改革。在 2012 年的预算案中，英国政府修改了税收规则，新规则下英国企业的部分海外利润可以免于缴纳税款，这比传统避税天堂国家更有优势，因而吸引了大量美国公司将注册地转移到英国。同时，英国政府大幅增加了研发活动的税收优惠，每年研发活动的税收优惠从 10 亿英镑增加到了 25 亿英镑。据调查，研发活动方面 1 英镑的税收优惠将刺激 1.53～2.35 英镑的额外投资。

2014 年 4 月，英国政府又开展了新一轮税收改革，运行 20 多年的个人和企业税收制度都发生了变化，公司税率将逐步削减至 17%，取消了英国大部分企业的企业投资税，这为英国所有企业节省了约 10 亿英镑的税费。个人收入所得税的缴纳标准上升到了 1 万英镑，企业老板的国民保险税被削减到 2000 英镑。上百万英国人在此次税收优惠中受益，英国政府希望以此实现创新促进企业发展，增加就业率。

2016 年 10 月，英国政府表态，在未来的脱欧谈判中，将继续降低公司税收。如果欧盟强硬逼迫英国接受苛刻条件，英国不惜通过"财政倾销"政策来吸引外国投资。公司税率可能将从现在的 20% 降至 10%，这一税率甚至比爱尔兰 12.5% 的税率还要低。按照英国当前的税收改革计划，到 2020 年公司税率会下降到 17%，在所有发达国家中可能是最低的，而现在法国的公司税率高达 33%。

著名学者阿瑟·拉弗（Arthur Betz Laffer）提出的拉弗曲线已经表明，宏观税负与税收收入、人力资源及经济增长之间存在相互依存、相互制约的关系。一个国家的长远发展取决于创新人才，而人才的创新能力需要有效激励。英国通过税收激励的方式，制定以人为本的税收优惠政策，降低个人收入所得税的缴纳标准，就是希望尽可能在税收上给予优惠政策，使更多的优秀科技人才愿意留在英国。同时，未来英国的公司税率也会大幅度下降，也是为了能够给创新人才营造更好的企业经营环境，使他们为英国的经济发展做出更多贡献。

七、提高学生的国际化水平

2013 年的数据显示，英国本土学生去国外学习的意愿还不够强烈，外国学生在英国学习和英国学生去国外学习的比例为 15∶1。而 2015 年 RCUK 的研究调查发现，超过三分之一的英国学生对在国外学习感兴趣。2014 年，已经有 29 000 名英国学生申请去国外学习。为吸引国际学生，加强与海外的交流与合作，英国主要采取了以下一些措施：

一是加大现有国际奖学金和人才计划的投资力度。当前，英国的国际学生已经超过 43.5 万名，占英国大学学生总数的 20%。招收国际学生已经产生了相当可观的实际收益，每招收 100 个非欧盟学生，就能产生 45 个就业岗位，为英国经济带来 460 万英镑的收入。在国际学生所交的学费中，有 39 亿英镑用于改善一流的研究设施，尤其是 STEM 教育所需的实验设施。在 STEM 教育中，47% 的工程和技术专业的学生来自非欧盟国家，80% 的学生希望毕业后继续与英国建立多方位的联系。

英国"志奋领奖学金"（Chevening Scholarships）计划，是英国政府最具代表性的针对国外学生的旗舰奖,这一奖学金计划的资助数额在 2014 年增加了 3 倍。2015 年,英国政府在"志奋领奖学金"等相关主题上花费了 7000 万英镑,共设立 2500 个奖学金职位,支持 60 000 名毕业生。

"牛顿国际人才计划"(The Newton International Fellowships Scheme),设立于 2008 年,由英国科学院和皇家学会共同管理,主要面向处于职业生涯早期并希望在英国从事研究的非英国科学家,为他们提供在英工作两年的机会。目前,巴西、中国、埃及、土耳其和菲律宾等 15 个国家与英国在这一计划中建立了合作关系。在 2014—2021 年的计划中,牛顿奖获得了 7.35 亿英镑的投资,有 15 个合作伙伴机构参与其中。

2016 年,英国政府又新推出了"全球创新计划"(Global Innovation Initiative),鼓励英国、美国以及巴西、中国、印度和印度尼西亚等第三世界国家之间的多边研究合作。项目支持 STEM 相关的全球性挑战,目标是增加全球流动性,拓展研究人员的视野。

二是拓展与新兴国家的交流合作。从 2013 年起,作为牛顿基金的一部分,英国政府设立了新兴大国研究基金,投入 3.75 亿英镑,主推与新兴国家的研究人员建立富有价值的研究伙伴关系。2015 年,英国又正式启动了"研究伙伴投资基金(UK Research Partnership Investment Foundation)",该基金面向中国、智利和哥伦比亚等发展中国家,要求合作伙伴国提供对等基金。2015—2017 年,英国政府每年为"研究伙伴投资基金"注入 1 亿英镑,推动其发展。

中英在科学和教育领域的合作近年来尤其密切。2014 年,有近 9 万名中国学生在英国学习,比前一年增长了 5%。同年,也有 5 万名中国学生被英国跨国教育(TNE)项目录取,这个数字在过去五年累计增加了 50%,2013 年和 2014 年的增长数据都是 18%。在 2015 年 9 月举行的第 8 届中英教育峰会上,双方政府签署了 23 项协议。双方还签署了"中英教育战略框架(UK-China Strategic Framework in Education)",希望能促进 STEM、语言、体育和艺术等 6 个关键领域的高等教育、普通教育、职业教育、培训和人员流动。在此背景下,英国政府更是提出对中国学生赴英的留学人数不设任何限制,以表示对中国学生的欢迎。

本 章 小 结

自启蒙运动以来,英国一直是世界上首屈一指的科学强国,这一地位的确立得益于英国政府多年来对科学人才的重视。如今,英国的科技人力资源战略进一步升级,从单方面注重科学人才上升为科学人才和创新人才培养双管齐下,既保证长期以来的科学实力,又要通过加强产学研合作,以创新人才培养提升创新对英国经济增长的贡献。

全球金融危机和欧债危机促使英国政府转变策略,希望能重振英国的制造业,改变以往过度倚重金融业的局面。英国政府制定了以企业需求为导向的技术人才发展战略,简政放权,不但正式将学历学徒制添加到高等学徒制中以确立学徒学历的合法地位,而且让企业有权利设置和开发符合自身需求的培训课程。

英国本土教育理念的定位亦有很大调整。教育理念发生了方向性的转变,从吸引国外科技人才转向了加强本土优秀人才的培养。英国在中小学教育课程中加大了科学和数学教育的比重,同时大力支持本国青年攻读理工科博士学位,通过提高本国青年的科学素养来满足企业雇主的要求。

英国的科技人力资源发展战略与英国的政治经济及外交宏观布局相一致。经济危机和欧债危机迫使英国人开始寻找新的合作对象,新兴经济体成为其首要选择,英国研究人员与新兴经济体的研究人员合作的比重日益增加。同时,英国脱欧对人才培养、人才流动都有很大影响。英国本土学生获得欧盟配套项目资助的门槛变高,研究人员之间流动的障碍增加。近年来,英国的总体政策趋于保守,国际化趋势下降,严格控制技术移民数量。脱欧后科技人才流失和技术移民数量减少的情况将更为严重。

第十七章

德国的科技人力资源政策

2016 年度《德国研究与创新报告》(*Bundesbericht Forschung und Innovation*)的数据显示,政府、企业及学术界对科研的投入在 2014 年达到了破纪录的 840 亿欧元,其中三分之二的资金来自经济界,达 570 亿欧元;联邦公共财政对研发的投入也达到了 142 亿欧元,与 2005 年的 90 亿欧元相比,增长了 60%左右。2016 年联邦政府的研发预算为 158 亿欧元,这个数字又创了历史新高。随着研发资金的增加,研发领域的新增工作岗位数量在 2005—2014 年间也增加了三分之一左右,首次突破了 60 万人。

作为世界领先的创新型国家之一,德国在世界各类创新指数排名中始终处于前列。创新能力是德国经济社会发展最重要的基础,也是未来国际竞争力的保障。国家或工业的创新力首先来源于创新人才。如果没有足够的具有创造能力并致力于创新活动的人才,即使有再好的创新战略,投入再多的金钱也都无济于事,因此,德国十分重视对科技人力资源的培养、使用和争夺。

第一节　德国科技人力资源发展现状与特点

关于科学家,在德国有着明确的定义。根据 2014 年德国联邦政府发布的《有关科学界新生力量的指标模式》(*Indikatorenmodell für die Berichterstattung zum wissenschaftlichen Nachwuchs*)报告,科学家人群可以定义或划定为执行某类工作、拥有特定的知识、技能或教育学位的人,而一个国家的大学毕业生则可视为科学界新生力量的起点。因此,在一个教育阶段结束后获得学士、硕士、博士学位的人员,通常会被视为科技人力资源。

一、研发人员总量与分布

2014 年,全德国科研系统聘用的全日制研发人员数量首次突破 60 万,达到了 603 911 人,比上一年度增长了 2.6%,与 2000 年相比增长了 24.6%(见图 17-1)。研发人员中包括直接开展研发活动的研究人员、相关技术(设备运行)人员和其他执行支撑任务的行政、文秘等人员。

从研发人员的分布情况来看,德国经济部门的研发人员数量最多,并且一直保持在全

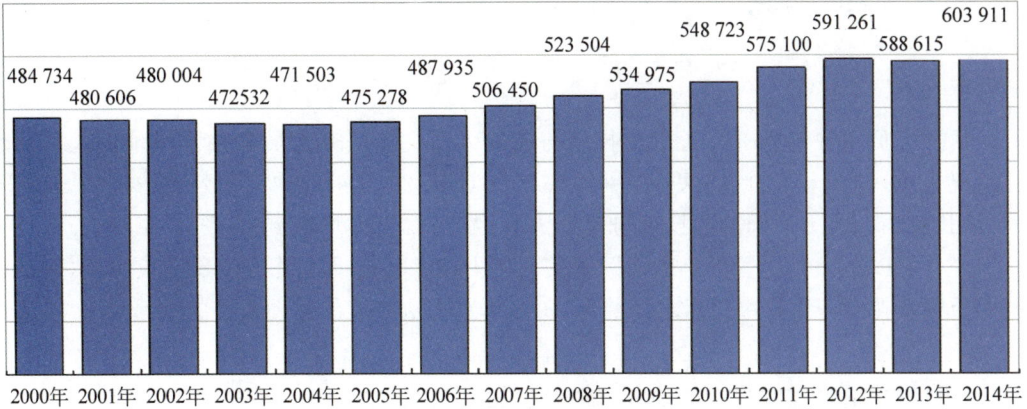

图 17-1　德国研发人员总量变化情况

注：数据来自 https：//www.bmbf.de/pub/Bufi_2016_Ergaenzungsband_1.pdf。

国研发人员比重的 60％以上；其次是高等院校，相较之下，非营利研究机构研发人员的数量是最少的。这是一种较为合理的分布，有利于使企业始终成为技术创新的主体。2000年，德国经济部门拥有的全时制研发人员约为 30.8 万人；到 2015 年，经济部门的全时制研发人员已增长到 37.4 万人，增长了 21.4％。同期，高等院校和非营利组织（包括大学外研究机构和联邦研究人员）的研发人员数量则实现了更为快速的增长，分别从 10.0 万和 7.1万增长到了 13.1 万和 9.9 万，增长了了 29.9％和 37.3％（见图 17-2 和表 17-1）。

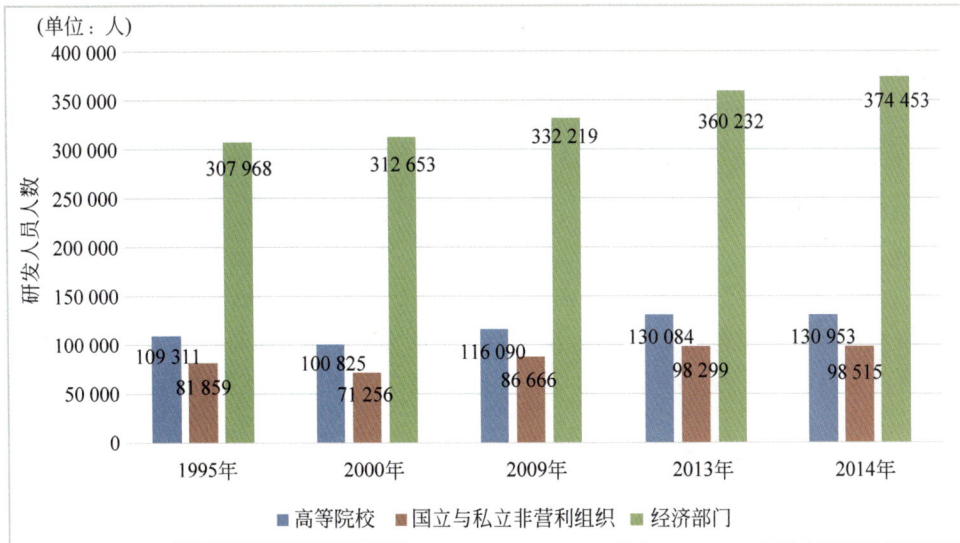

图 17-2　各部门研发人员变化情况

注：数据来自 https：//www.bmbf.de/pub/Bufi_2016_Ergaenzungsband_1.pdf。

　　从性别分布情况来看，近十几年来，女性研发人员的数量呈缓慢增长。截至 2013 年，从事研发活动的女性约有 16.3 万人，占研发人员总数的 27.6％。自 2005 年以来，参与研发活动的女性总体上增长了 33.3％。但是，在不同研发部门之间仍存在着明显的差异：2013年，高等院校的女性研发人员占比接近 43％，大学外及政府部门研究机构的女性占比也高达 39.7％,而经济部门女性研发人员的比例仅为 19％左右。

二、研究人员、技术与辅助人员数量快速增长

研发人员通常包括研究人员和技术与辅助人员。从研究人员和技术与辅助人员的增长情况来看,研究人员的增长更为显著,从 2000 年到 2014 年,由 25.8 万人增长到 35.1 万人,增长了 36.2％;而同期的技术与辅助人员由 22.7 万人增长到 25.3 万人,增长率仅为 11.4％。(见表 17-1)尽管近年来德国研发人员中技术与辅助人员的数量增长缓慢,但其辅助人员数量在欧洲国家中仍然名列前茅,每名研究人员对应的辅助人员的数量为 0.75 人。

表 17-1　德国研发人员(FET)增长情况

年 份	研 发 人 员					
	总 数	其 中				
		研究人员	技术与辅助人员	经济部门研发人员占比(%)	高等院校研发人员占比(%)	非营利组织研发人员占比(%)
1995 年	499 138	231 128	228 010	61.7	21.9	16.4
2000 年	484 734	257 874	226 860	64.5	20.8	14.7
2009 年	534 975	317 307	217 668	62.2	21.7	16.2
2013 年	588 615	354 463	234 152	61.2	22.1	16.7
2014 年	603 911	351 130	252 781	61.8	21.8	16.4

注:数据来自 https://www.bmbf.de/pub/Bufi_2016_Ergaenzungsband_1.pdf。

由于各部门在研发活动中扮演的角色不同,因此各部门中研究人员和技术与辅助人员的分布情况差别较大。在德国的高等院校中,研究人员和技术与辅助人员的比例是 3.2∶1;在高等院校外研究机构,即马普学会、亥姆霍兹联合会、弗朗霍夫协会以及莱布尼茨科学联合会等,这一比例为 1.5∶1;而在经济部门这一比例仅为 1.23∶1,这是因为在经济部门技术人员的数量较多。

三、MINT 专业人才仍有缺口

高校毕业生是确保德国未来研发活动可持续发展的最重要的科技人力资源。2014 年,德国高等教育获得第一级学位的应届毕业生数量为 31.4 万人,而 2005 年时这一数量仅为 19.8 万人(见图 17-3)。

从技术开发和开拓未来市场的角度来看,确保所谓 MINT(数学、信息、自然科学和技术)专业毕业生数量的增长就显得尤为重要。近年来,德国 MINT 专业高校毕业生也实现了同步增长(见图 17-4)。2005 年,德国数学、自然科学专业的高校毕业生数量为 34 412 人、工程学毕业生为 20 852 人;2009 年时分别为 46 669 人和 47 231 人;到 2014 年,这一数据达到了 62 759 人和 47 069 人。

尽管 MINT 毕业生的数量在增长,但德国经济研究所的最新研究仍然表明,2015 年德国企业对取得 MINT 学位的人才需求缺口仍高达 13.7 万人。

就培养高水平研发人员而言,授予博士学位具有非常特殊的意义,他们是国家未来重要的科研劳动力。尽管德国每年授予博士学位的人数在 2007 年出现了小幅下滑,但是自

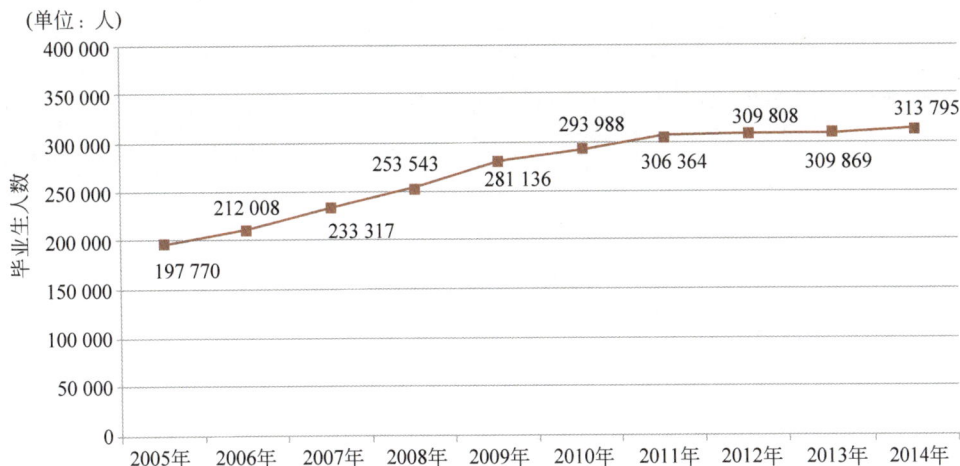

图 17-3　德国高校毕业生人数变化情况

注：数据来自 *Detenportal des BMBF*。

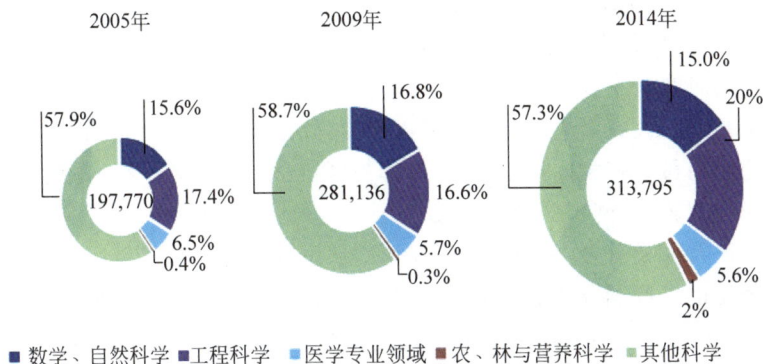

■ 数学、自然科学 ■工程科学 ■医学专业领域 ■农、林与营养科学 ■其他科学

图 17-4　高校毕业生学科分布情况

注：数据来自 *Detenportal des BMBF*。

2008 年起，每年授予博士学位的人数呈显著上升趋势。2014 年，德国新增博士数量达到了创历史新高的 28 147 人，其中 MINT 领域授予的博士学位数量为 1.2 万人，占到了总数的45.1%（见表 17-2）。

表 17-2　德国授予的博士学位数量变化情况

年份（年）	总数（个）	其　中			
		数学、自然科学		工 程 科 学	
		数量（个）	占总数/%	数量（个）	占总数/%
2005	25 952	7068	27.2	2386	9.2
2006	24 287	6658	27.4	2206	9.1
2007	23 843	6863	28.8	2247	9.4
2008	25 190	7303	29.0	2541	10.1
2009	25 084	7425	29.6	2340	9.3

续表

年份（年）	总数（个）	其　中			
		数学、自然科学		工程科学	
		数量（个）	占总数/%	数量（个）	占总数/%
2010	25 629	8092	31.6	2561	10.0
2011	26 981	8460	31.4	2833	10.5
2012	26 807	8718	32.5	2860	10.7
2013	27 707	9560	34.5	3119	11.3
2014	28 147	9521	33.8	3187	11.3

注：数据来自 Detenportal des BMBF。

四、科技人力资源的双向流动

2016 年 7 月由联邦教研部（BMBF）、德国学术交流中心（DAAD）和德国的高校与科学研究中心（DZHW）共同发布的《2016 年世界科学》（*Wissenschaft weltoffen* 2016）报告显示，2014 年，在德国高等院校和大学外研究机构正式聘用的从事教学和研究工作的外国科学家有 8.5 万人，特别是在四个大学外的研究机构，外国人的比例很高。以马普学会为例，约有三分之一的研究所主管是外国人，有 39.6% 的研究人员、半数以上尚未进入终身轨道的青年科学家是外国人。如果从博士后层面来看，外国人的比例更是高达 72.4%。与 2014 年正式聘用的外国科学家相比，在外国工作的德国科学家数量要少得多，仅有 4.3 万人。人员交流的频繁程度表明，德国的科学是高度国际化的。正因为如此，德国对来自世界各地的科学家具有很大的吸引力，使他们愿意在德国从事教学与研究工作。

从德国聘用的外籍科学家的来源区域看，大约有三分之一的外籍科学家来自西欧，其次是来自东欧和亚洲的科学家，各占总数的四分之一左右；从外籍科学家的国籍来看，排在首位的是意大利籍，其次是中国和奥地利籍。

除了上述在高等院校和大学外研究机构从事教学和研究工作的科学家以外，还有不少来自国外的客座研究人员。有数据显示，2013 年，在德国境内从事科学研究活动的外籍客座研究人员总数为 5.2 万人，其中近半数来自欧洲国家（46%），其次是亚洲（28%）和美洲（13%）；从其国别分布和人员数量看，排在首位的是俄罗斯，其后依次是中国、印度、美国和意大利。同期，约有 1.8 万名德国科学家在外国高校或研究机构从事教学和研究活动，他们的主要活动地域为东欧（28%）、西欧（19%）、美洲（27%）和亚洲（17%）；其中重要的东道国依次为美国、英国、法国、意大利、俄罗斯、中国和日本等。

除了吸引大量的外国科学家以外，德国也一直致力于高等教育的国际化，这使来德国的外国学生数量有所增加。目前，留学生在德国高等教育学生中的比例为 8.5%。德国联邦和州高校国际化战略的预期目标是：到 2020 年，在校留学生人数达到 35 万人。

第二节　科技人力资源发展的法律环境

德国对教育和科研的管理、监督和组织实施，主要采用立法形式予以保障，并形成了内容丰富、互相衔接、便于操作的法律体系，从而为教育的发展和高技能人才、科研人才的培养提供了坚实的制度保障。

以德国著名的双轨制职业教育为例：1969 年，遵照《基本法》中关于教育的条款，德国联邦议院通过了《职业教育法》《职业培训条例》和《劳动促进法》，规定了职业教育组织的条件和经费，明确了要为职业进修提供帮助，以及学习期间的收入、待遇等问题。1981 年，联邦议院又通过了《职业培训促进法》，对职业教育的目标、年度职业教育报告、统计做出了具体规定。此外，各联邦州亦根据《基本法》制定了相应的法规和实施细则，并且执法严格、力度大。德国法律规定，18 岁以下的人必须接受高中（义务）教育或同等学历的职业（义务）教育。德国法律还规定原则上不允许未接受过职业培训的人就业。这些法律不仅确保德国青少年人人都有接受教育的机会，而且确保了劳动力具有一定的知识水平和文化素养，从而为国家的技术革新和创新奠定了坚实的社会基础；也正是由于有了完善的法规体系，才使德国高科技人才的培养有了可靠的制度保障。

一、人才制度的法律保障

2012 年 5 月，德国联邦内阁通过了有关大学外科研机构预算灵活化的法案，即《科学自由法》，其主要内容包括：保证德国研究机构的科学家能够真正顺利地开展国内与国际的联合研究；建立更为灵活的科学家工薪制度以取代传统的工资制度，实现培养、吸引、留住和用好人才的目标。

实际上，《科学自由法》($Wissenschafts\ freiheitsgesetz$)就是一部关于政府资助的公共研究机构经费管理的专门法规，它使公共科研机构得以在其经营管理、特别是经费开支方面获得更大的自主性和更多的灵活性，增加了有效利用科研资源的可能性以及相应的奖励资金。众所周知，创新研究很难遵循一种固定模式，因此，自治活动的余地对成功创新的影响往往是非常巨大的。

根据《科学自由法》，相关的研究机构在人员费、事业费与投资经费方面开始实行财政包干制；同时，其人事制度将得以改善，即通过非公共来源的大量第三者经费赢得或留住高水平的研究人员。

出台《科学自由法》是联邦政府推行科研国际化总体战略的一个重要组成部分，以期借由该法创造的有利条件加强德国研究机构以及德国科学技术的国际竞争力；同时，《科学自由法》也有利于增加德国科学系统的吸引力。

二、科研人员的工作环境

为改善高校年轻教师和科研人员的工作条件，通过更稳定的工作环境提升学术研究对年轻人的吸引力，德国大联盟政府（基民盟/基社盟和社民党）一致决定改革现行的《科学时限合同法》($Wissenschaftszeitvertragsgesetz$)。2016 年 1 月，德国《科学时限合同法》修正案在联邦参议院获得通过，并正式生效。这份修正案旨在消除科研领域那些不合理的短期雇佣现象。博士生、科研助手和博士后们将会在新的法律框架协议下签订工作合同。许多高校和科研机构也能以这部修正案为契机，重新考虑人才的培养和发展。

这部《科学时限合同法》修正案，全面禁止了高等院校或科研机构与青年学术雇员签订短期聘用合同，同时新规定的主要内容有：消除不合理的短期合同；只有在可以有效提升自身学术能力的情况下，才可订立有时间期限的合同；不能因为项目受第三方资助而与非科研人员订立有时间期限的工作合同；本科生和硕士生在读期间作为科研助手的工作合同最长时间不得超过 6 年。

《科学时限合同法》对科学范围内关于最高工作时限的规定进行修改，确立了新的 6＋6 原则，即科学人员在取得博士学位之前，高等院校和研究机构有义务为其提供时限不少于 6 年的工作合同；取得博士学位后，高等院校和研究机构有义务再为其提供时限不少于 6 年的工作合同（医学领域的工作时限则不得少于 9 年）。此前，在取得博士学位资格的第一阶段，一半以上劳动合同的时限是少于一年的；而高等院校与博士后所签订的劳动合同，工作时限少于一年的也占一半以上；相比之下，研究机构与博士后签署的工作合同时限要长一些，签署短期劳动合同的仅占 40％。《科学时限合同法》关于时限的新规定，对于稳定科研队伍、确保科研质量是极为有利的，不仅高等院校和大学外科研机构因此而获益，也通过法律手段消除了那些签订了有时限工作合同的青年科学家的后顾之忧。

三、面向优秀人才的移民法

二十世纪末，由于德国的就业条件刻板，人才管理体制僵化，高级人才外流现象十分严重。同时，一些行业出现人才短缺的情况，特别是在 IT 领域，专业人才奇缺。在这一背景下，为吸引国外人才，解决德国 IT 业人才紧缺的燃眉之急，2000 年 8 月联邦政府正式出台了绿卡计划。其后，2004 年、2009 年又对《移民法》进行了多次修改，进一步向世界各地的大学生、研究人员和科学家敞开了大门。从 2011 年起，外国留学生毕业后如果被德国企业或其他机构聘用，就可以获得在德国的居留许可。对于一些毕业后未能马上在德国找到工作的外国留学生，德国也允许其居留一年，供其在德国寻找工作。2012 年 8 月 1 日，德国开始正式实施"高素质人才引进条例"——即所谓的"蓝卡"法案，以吸引欧盟国家以外的高技术人才，为外国人才提供就业岗位，以解决德国专业人才短缺问题。同时，积极吸引外国留学生是德国揽才的另一重要手段。与美、英等国的做法一样，德国也把在德学习的外国留学生视为高科技后备人才。随着 2013 年《移民法》的再次修订，德国向"移民国家"目标迈出了决定性的一步，并为有计划、有选择地引入外国移民和高级技术人才奠定了坚实的法律基础。

第三节　科技人力资源的培养、流动与使用

针对 20 世纪 90 年代出现的"人才外流"现象，联邦与州政府于 2005 年 6 月及时启动了高等院校"杰出计划（Exzellenzinitiative）"和关于大学外研究机构的"研究与创新公约"，之后又在 2007 年启动了"高校公约 2020"，从而为其后十年的科学与研究创造了可信赖的条件。实践结果表明，"杰出计划"和"研究与创新公约"等改革措施大大提高了德国科学系统的能力，并使其科学活动越来越有吸引力。

一、科技后备力量的培育

2006 年，德国高等教育机构约有 39％的学生中断了其学士学位的学习。为改变这一现

象,联邦和州政府于 2007 年通过了"高校公约 2020"。这项公约一方面保证提供相应的学习需求,另一方面则通过引进项目经费一次性付清的方法来加强研究经费的竞争性。从 2007 年至 2010 年,在实施"高校公约"的第一项目阶段里,共创造了 91 000 个新的学习机会。联邦政府为此提供了约 5.66 亿欧元的资助经费,各州也为此提供了大量经费。这些措施对降低学生辍学率产生了一定的作用。2010 年,高等院校的辍学率就下降到了 19%。政府随即将第一项目阶段延续到 2015 年。从 2016 年起,进入该公约的第二项目阶段。这个阶段的重要目标之一是再创造 27.5 万个大学学习机会,联邦和州政府将为每个大学学习名额提供平均 2.6 万欧元的资助。由于有了该公约的资助,那些希望上大学的中学毕业生都将获得在大学学习的机会——各州政府和高等院校不仅要继续大力推行双轨制教育,而且还要保证及时提供所需的高校教师以及其他教学力量。联邦和州政府则要按计划继续提供相应的资金,并为高校的战略性发展开放新的自由空间。

在配合"高校公约 2020(Hochschulpakt 2020)"扩招学生的基础上,为提升教学质量,2010 年 6 月,联邦和州政府启动了"改善学习环境和提高教学质量项目",提出到 2020 年联邦政府将提供 20 亿欧元的高校环境与质量专项资助。该项资助专门用于改善高等院校的条件,加强对大学生的指导和提高教学质量,尤其是要改进高等院校对教学、管理和指导方面的人事配备,并加强对现有人员的继续培训。作为项目的一部分内容,为了减少因经济原因无法接受高等教育的学生,政府增加了奖学金的数量,并且允许奖学金用于海外留学。2008 年,奖学金的总额为 23 亿欧元,到 2013 年,增加到了 32 亿欧元,学生的月平均奖学金从 348 欧元增加到 436 欧元,获得奖学金资助的大学生人数从 2008 年的 82.2 万人增加到 2013 年的 95.8 万人,增长了 16.5%。

二、优秀青年人才的培养和吸引

青年研究人员是未来国家科研的主力。为加强对青年人才的培养,联邦与州政府共同推出了面向研究型高校的"杰出计划"、面向应用型大学的"创新高校(Innovative Hochschule)"资助计划和面向大学外科研机构的"研究与创新公约",三者互为补充,极大地提升了德国对青年人才的培养能力和对国际人才的吸引力。

"杰出计划"是德国联邦政府于 2005 年批准通过的,它主要资助培养科研后备力量的研究生院、大学与科研机构、企业间合作的精英集群,目标是促进德国顶尖大学拓展其优势学科,提高德国大学的前沿科研水平和国际竞争力。该计划分为两个阶段,第一资助阶段为 2006—2011 年,第二资助阶段为 2012—2017 年,总经费约 46 亿欧元。

根据德国科学委员会和德国研究联合会公开发表的对"杰出计划"的首次评估与建议报告,在 2007 年至 2012 年间,该项计划累计资助了 39 个博士研究生院、37 个杰出集群和 9 个杰出大学,资助总额为 19 亿欧元,其中,杰出大学的年平均专项资助经费为 2100 万欧元,杰出集群的年平均专项资助经费为 650 万欧元,博士研究生院的年平均专项资助经费为 100 万欧元。

"杰出计划"使德国高等院校的特色更加鲜明,对国内外学者和科学家更具吸引力。同时,该项计划进一步夯实了大学、科研机构和经济界之间的合作基础,建立了新的平台,并使广大的青年科学家从中受益。今后,该计划将继续专注于促进德国大学达到世界水平的教学与研究,培养有前程的青年科学家,使所有大学都有机会申请博士研究生院的资助,尽可能为青年科学家提供开展自由、卓越研究的环境。

"创新高校"资助计划于 2016 年 5 月推出,主要目的是帮助那些与区域经济紧密相连的中小规模高校,尤其是应用科技大学,支持它们运用其知识和研究成果服务于社会和经济发展。为支持应用科技大学开展技术转让进而促进创新活动,联邦与高校所在州政府将按 9∶1 的比例共同承担 5.5 亿欧元经费,以促进成果转化和高层次应用型人才的培养。

在强化针对大学的资助的同时,德国也加强了对公共研究机构的资助。2005 年 6 月,德国联邦和各州政府在柏林通过了旨在帮助大学外科研机构的"研究与创新公约"。该公约分三期实施,总的目标是维持和提升德国在国际研究中的地位,保证德国亥姆霍兹研究中心联合会、马普学会、弗朗霍夫协会和莱布尼茨科学联合会等大学外研究机构的全球卓越性。在公约Ⅰ中,联邦与州政府允诺:在 2010 年之前,每年为上述大学外研究机构增加 3% 的资助经费,重点是提升研究机构的竞争力,深化科研联合,以及更好地培养青年一代,以期进一步提高青年科学家的研究能力并拓宽其研究范围。

自 2011 年起开始执行的"研究与创新公约Ⅱ"进一步明确了公约的主旨,就是要将德国的科学研究建立在稳定的财政计划基础之上,并承诺在 2011—2015 年,为上述机构提供的资助经费每年增加 5%。公约Ⅲ的实施时间为 2016—2020 年,目前已进入实施阶段。

实际上,"研究与创新公约"的首要目标是:为杰出的青年科学家开辟步入科学生涯的机遇,使他们得以灵活地、非常规地开始新的科学研究活动。公约规定,大型科研机构可以跨越组织界限实现联网,并通过竞争方式资助杰出的青年科学家。十几年来,大学外研究机构在执行"研究与创新公约"的过程中取得了丰硕的成果,主要包括:①充分挖掘了女性博士和博士后以及担任领导职务的青年女科学家的潜力,提升了公共科研机构中女性科学家的比例;②博士生培养数量得到大幅提升,四大机构培养的博士研究生人数从 2005 年的 840 人提高到 2014 年的 2854 人,占德国 2014 年博士毕业生总数的 11%;③国际吸引力大幅提升,在公约实施过程中,吸引了大批外国顶尖科研人才,四大机构的外籍科研人员比例从 2006 年的 12% 提高到 2014 年的近 20%。

三、良好的高校青年教师支持体系

对高校青年教师而言,最重要的是学术前景更加透明,以及职业生涯更有规划。德国的教师晋升体制非常严格,青年教师或科学家年满 43 岁才可以申请并获得教授资格,许多德国本土的博士生毕业后往往选择到美国寻求发展。针对这一情况,德国在 2001 年开始实施大学初级教授席位计划。它是替代原有教授资格考试、申请终身教授的一种途径,目的在于让青年学者能够尽早地开始独立的教学、科研和指导博士生的工作。初级教授任期届满后即可申请终身教授。实施初级教授席位计划后,受助者不到 40 岁就可以成为教授,这一举措极大地增强了德国高等院校对国内外优秀青年科学才俊的吸引力,同时也拓宽了德国高校引进人才的渠道。该计划的目标是设立 6000 个初级教授席位,截至 2012 年,共有 1439 人获得了席位。

近年来,为进一步提升高校对青年人才的吸引力,为其提供良好的职业前景,德国联邦采取了多种措施。2012 年出台的《科学自由法》为高等院校实施灵活的、有竞争力的、与个人绩效挂钩的新型工资制度提供了法律保障，更加有利于科技人才实现自己的价值；2016年修订通过的《科学时限合同法》为青年研究人员提供了长期稳定的雇佣环境。此外，德国还对终身教授制度进行了改革，从2017年起到2032年，联邦政府将提供10亿欧元的专项经费，资助2000个终身教授职位。这项新计划首次覆盖了德国所有的综合大学，为数量众多的青年学者提供了一条相当透明的、可规划的通向高校教授职位的希望大道，使他们在取得某些成果之后有机会直接取得综合性大学的终身教授职位。

此外，考虑到女性在科学界的比例不高，大学里女性教授缺乏等问题，2008年，联邦政府推出了"女性教授计划"，专门为优秀女性研究人员提供在大学里获得职业发展的机会，充分挖掘女性在科学界的潜力。截至2016年，该计划已经支持了500名女性科学家，帮助她们成为德国大学里的教授。目前，德国大学教授中男性和女性的比例已经达到了5∶1。

四、支持职业教育与培训

在一个相对老龄化的社会里，若要长期保持创新能力，就必须确保专业技术力量拥有强大而深厚的基础。久负盛名的"双轨制"职业教育体系，就是为德国经济界，尤其中小企业提供或培训技术与革新人才的重要基地。所谓"双轨制"职业教育是指职业（义务）教育与职业再教育双轨同向、并驾齐驱的教育与培训工作。该体系自建立之日起，就开始源源不断地为德国经济界，特别是中小企业输送和培训了大量技术工人和革新人才。

德国历来提倡"终生学习"，并素有职业或技术进修、再培训的传统。长期以来，德国政府始终把不断提高劳动者素质作为一项战略任务来抓，并根据专门法规与企业共同分担在职人员技术进修或接受职业再培训的费用，从而为培养具有高技能的企业革新与创新人才提供了可靠的法律保障和经费支持。

2014年底，德国联邦与州政府、联邦劳工局、德国经济界和工会联合会共同推出了"培训与继续教育联盟2015—2018（Allianz für Aus-vund Weiterbildung 2015—2018）"规划，旨在进一步加强德国的"双轨制"职业教育，并鼓励企业与大学合作开展职业再培训。2016年2月，联邦政府又推出了关于加强职业继续培训和失业保险的《保险（AWStG）法案》，以期强化在职人员，尤其是低水平就业者、长期失业者和老工人的职业培训，从而激发专业技术人员和资深员工的革新与创新潜能。

五、国际化的改革措施

面对国际范围内高等教育的激烈竞争，德国政府相继推出了强化竞争、培育卓越、学位改革等一系列国际化的改革措施。

在高校国际化方面，德国教研部推出了"国际合作行动纲要（Aktionsplan Internationale Kooperation）"，通过一系列具体措施和倡议继续支持和推动高等教育的国际化。2014年，德国近300所高校与全球150个国家的约5000所大学开展了31 000多个国际合作项目。这些合作半数可归功于欧盟伊拉斯谟框架下的学生和师资交流。外国学生数量持续增加，外籍学者大量涌入、高校教师的国际交流日益频繁。这些现象都表明，德国高等院校的国际化程度正日趋提升。

在推进大学外研究机构的国际化方面，最突出的是德国学术国际化促进组织——亚力山大洪堡基金会于2007年推出的10点吸引国际顶级人才计划,具体措施包括利用"高校公约"和"研究与创新公约"中承诺的经费增加招募科学家的数量;为科学家提供有前景的职位;提供有国际竞争力的报酬;为科学家提供具有国际竞争力的养老金和社会福利;对科学家的家庭给予财政支持,如对其子女的照管、为其配偶或生活伴侣的求职提供支持;为从事科研工作的夫妇双方提供必要的资助等。这些措施对于吸引国际一流科学家来德国工作发挥了至关重要的作用。同年,洪堡基金会还推出了洪堡教授计划,旨在吸引全球顶级科学家来德国开展科研活动。

此外,德国的资助机构和四大科研机构还设立有不少高端人才计划,如德意志联合研究会的艾米·诺特计划(Emmy Noether Program)、海森贝格计划(Heisenberg Program),弗朗霍夫的吸引力计划(Fraunhofer-Förderprogram Attract)等,这些计划均向海外科学家开放。

德意志学术交流中心主要通过个人奖学金、德国大学的科学家小组计划、实习生资助、双边大学交流和短期资助计划等来吸引国外人才。2014年,德意志学术交流中心进一步推出了"博士后研究人员国际流动实践(Postdoctoral Researchers International Mobility Experience)"资助计划。该项计划的创新之处在于:第一,资助计划将海外科研与国内后续研究结合起来,根据申请者的志愿在德国高校设立科研岗位,申请者在海外研究一年后可在自选的高校继续从事研究;第二,资助计划向所有国籍的博士后研究人员开放,充分利用国际科技人力资源;第三,帮助德国高校获得优秀青年研究人员,促进与海外高校的学术交流与合作。

本 章 小 结

综观德国的科技人力资源开发和利用的政策,我们可以发现,其基本框架是追求人,或者说科学家个人的社会价值合理化。这种理念决定了德国诸多科技人力资源政策的核心是以人为本。无论是微观层面的《科学时限合同法》,还是宏观层面的《科学自由法》,都体现了这种基本理念。此外,近年来,德国正在着力对其教育和科技体制进行调整,从中我们可以看到,每一项改革或调整,都注重个人发展的自由空间和可靠的工作与生活保障,无论是自己培养还是高薪引进,各种名目繁多的奖励或激励,始终都是围绕着以人为本的目标进行的。可以说,个人价值的实现与个人价值的聚合,是德国经济与社会发展最重要的内生动力,也是德国科技人力资源发展的核心。

第十八章

日本的科技人力资源政策

科技创新活动的主体是"人"。科技人力资源政策在日本政府科技政策中占有举足轻重的地位。早在 2001—2005 年实施的第二期《科学技术基本计划》中,日本政府就提出要推进研发体制改革,普及任期制和公开招聘制度,提高人才的流动性,增加面向青年研究人员的竞争性研究资金,营造青年研究人员可以独立开展研究的环境,从而创造并灵活运用优秀研究成果。在 2006—2010 年实施的第三期《科学技术基本计划》中,日本政府将重视人才培养作为其基本理念,强调要充分发挥机构中的个人作用,将研发投资重点从"物"转移到"人"上来,在改善科研基础设施的同时,吸引和培养国内外一流人才,着眼于长远发展,提升日本的科技实力和国际声誉。为此,日本政府将培养和确保科技人才以及激发科技人才活力作为其推进科技体制改革的首要举措,支持青年研究人员独立开展研究,强化大学的人才培养职能,通过产学互动来培养符合社会发展需求的人才,同时加大培养下一代科技人才的力度。

2011—2015 年,为了进一步强化科技人才培养工作,日本政府在实施第四期《科学技术基本计划》时,将加强基础研究与人才培养作为其实现可持续增长和社会发展以及应对重要课题的"车之两轮",提出要着重培养具有独创性的优秀研究人才、可活跃于各种场合的人才以及下一代科技人才。为此,日本政府将着力打造国际一流的研究环境和基地,从根本上加强研究生院教育,支持博士课程教育和就业渠道多样化,建立公正且高度透明的评价制度,拓展研究人员的职业发展道路,激发女性研究人员的活力。

经过十几年来政策上的持续推动,日本科技人力资源的状况有所改观,政府研发投资和研究人员数量均有所增加,研发环境显著改善,国际竞争力大幅提升。进入 21 世纪以来,日本获得诺贝尔科学奖项的新增科学家人数排名世界第二,充分彰显了日本的科技实力和国际地位。但是,日本在科技人力资源建设方面仍存在一些问题,例如,青年研究人员难以充分发挥其才能,跨部门人才流动性长期不足,国际研究网络建设速度迟缓,大学和公共研究机构的运营机制和人事制度改革进展缓慢。

如今,伴随着信息通信技术的迅猛发展,社会和经济结构日新月异,世界进入了"大变革时代"。在有效应对能源短缺、老龄化社会、自然灾害、安全保障等复杂的全球性挑战方面,科技创新的作用日益凸显。在此背景下,日本政府提出要在战略上抢占先机,增强应对各种变化的能力,在国际化的、开放的创新体系中展开竞争与协调,构建能够最大限度地发挥各创新主体能力的体制框架,而调整科技人力资源政策成为其中必不可少的重要一环。

第一节　日本科技人力资源现状

当前,全球高端人才争夺战进入白热化阶段,日本身在其中,虽然其科技人力资源状况相对处于优势地位,但也危机四伏。近 10 年来,日本研究人员总量总体上保持平稳,排名在中国、美国之后,位居世界第三。特别是每万名劳动力人口中研究人员的数量稳步增加,长期占据世界第一的位置,2013 年达到 130 人,远远高于中国的 19 人和美国的 81 人。但是,由于日本人口出生率的不断下降,人口总量持续减少,再加上人口老龄化问题的加剧,后备科技人力资源的数量日益减少。因此,从长期来看,日本科技人力资源发展的趋势不容乐观。根据日本总务省发布的《国势调查》结果,日本人口总量自 2011 年起逐年减少,预计到 2048 年会降至 1 亿人以下,其中到 2060 年老龄人口占比将达到 40%。另据日本文部科学省发布的《学校基本调查》结果,日本 18 岁人口数量自 2018 年起会进入下降趋势,高等教育机构升学率近几年达到峰值,随后将进入下降通道,受过高等教育的人口数量将逐年减少。在此背景下,对日本而言,提升科技人力资源的质量并充分发挥其才能变得越来越重要。

根据日本总务省统计局发布的《2015 年科学技术研究调查结果》,截至 2015 年 3 月 31日,日本科学研究相关领域的从业人员总数约为 107.9 万人(按人头数),比上一年度增长了3.1%,其中,研究人员约为 86.7 万人(按全时当量计算约为 68.3 万人),约占科学研究相关领域从业人员总数的 80.3%,比上一年度增长 3.0%;技术人员 5.5 万人,约占总数的5.1%,比上一年度增长 5.6%;研究辅助人员 6.9 万人,约占总数的 6.4%,比上一年度增长 4.4%;其他研究事务相关人员 8.8 万人,约占总数的 8.2%,比上一年度增长 1.7%。

从不同机构来看,2015 年,日本企业研究相关从业人员总数为 61.1 万人(按人头数),比 2014 年增加 4.7%,其中包括 50.6 万名研究人员,3.5 万名技术人员、4.4 万名科研辅助人员和 2.6 万名其他研究事务相关人员。从产业领域分布来看,日本企业研究人员主要集中在制造业领域,2015 年达到 44.3 万人,约占日本企业研究人员总数的 87.5%;其后依次为情报通信业 2.9 万人、学术研究和专业技术服务业 2.4 万人,这些领域分别占日本企业研究人员总数的 5.7% 和 4.7%。从制造业领域内部来看,信息通信机械器具制造业的研究人员数量最多,达到 8.8 万人,约占制造业企业研究人员总数的 17.3%;其次是运输机械器具制造业,有 7.7 万名研究人员,约占制造业企业研究人员总数的 15.1%。日本大学研究相关从业人员总数为 39.3 万人,比 2014 年增加 1.1%,其中,除 32.2 万名研究人员外,还包括 1.31 万名技术人员,1.5 万名科研辅助人员和 4.4 万名其他研究事务相关人员。从学科来看,大学研究人员有 29.1 万名分布在自然科学领域(其中数学物理 1.12 万名,情报科学0.4 万名,化学 0.5 万名,生物 0.8 万名,机械船舶航空 0.8 万名,电子通信 1.1 万名,土木建筑 0.7 万名,农学 1.2 万名,医学保健 11.1 万名);有 6.3 万名分布在人文社会科学领域。日本公共研究机构和非营利机构的研究相关从业人员总数为 7.5 万人,比 2014 年增加1.7%,其中,研究人员 3.9 万人,技术人员 0.7 万人,科研辅助人员 1 万人,其他研究事务相关人员 1.9 万人。

2014 年,日本研究人员人均研究费为 2188 万日元,比上一年度增长 1.5%。从各机构来看,企业研究人员人均研究费为 2684 万日元,公共机构研究人员人均研究费为 4790 万日元,非营利团体研究人员人均研究费为 2647 万日元,而大学研究人员人均研究费最少,仅为 1272 万日元。

另据日本文部科学省发布的《学校基本调查报告》和《2015 年版外国教育统计》,2013 年,日本在校本科生总数为 256 万人,在校研究生总数为 26 万人。相形之下,美国 2011 年在校本科生的人数已经达到 1136 万人,在校研究生人数为 164 万人,分别是日本同层次学生人数的 4.4 倍和 6.3 倍。

第二节　日本科技人力资源的特点及问题

一、日本研究人员的分布

与欧美发达国家的研究人员分布状况类似,日本研究人员也主要分布在企业和大学。从长期趋势来看,日本企业研究人员数量的增速高于大学研究人员。企业一直是日本科技创新的主力。根据日本《2016 年科学技术指标》报告,按人头数,2015 年,日本企业研究人员总数约为 50.6 万人,约占日本研究人员总数的 58.4％;大学研究人员总数约为 32.2 万人,约占日本研究人员总数的 37.1％。相形之下,公共机构和非营利团体的研究人员数量几乎没有增长(见图 18-1)。由此可见,近 30 多年来,日本企业和大学的研究实力发展迅速,在吸引研究人才方面处于优势,而公共机构和非营利团体相对处于弱势。

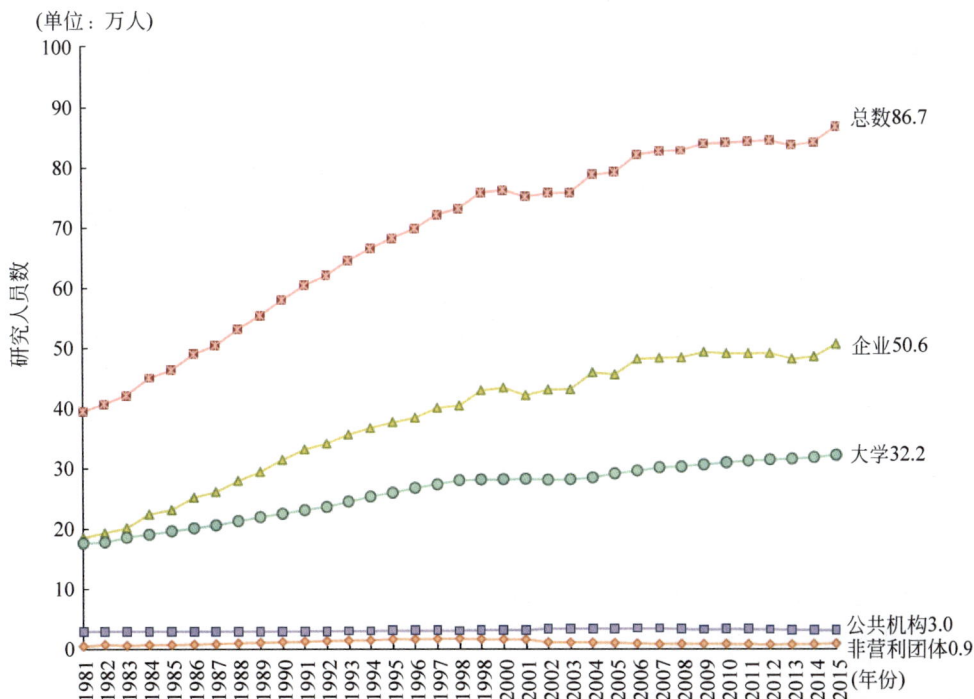

图 18-1　日本研究人员分布状况变化

注:数据来自 http://www.mext.go.jp/component/b_menu/other/__icsFiles/afieldfile/2016/09/28/1377328_04.pdf。

二、女性研究人员数量稳步增加

近 20 多年来,日本政府采取了一系列措施支持女性研究人员,比如划拨专款资助因生产和育儿等原因中断科研活动的女性研究人员重返研究岗位、增加保育园服务、缩短工作时间等,这些保障性措施使女性研究人员数量呈现稳步增加趋势。2015 年,日本女性研究人员总数达到 1992 年的 2.8 倍,其占日本研究人员总数的比例也将近翻了一番(见图 18-2)。根据日本总务省最新统计报告,截至 2015 年 3 月 31 日,日本女性研究相关从业人员总数约为 23.8 万人,其中女性研究人员约 13.6 万人,占日本研究人员总数的 14.7%,主要分布在大学;具有博士学位的女性研究人员约 2.6 万人,与上一年度相比增加 6%,约占女性研究人员总数的 19.0%。

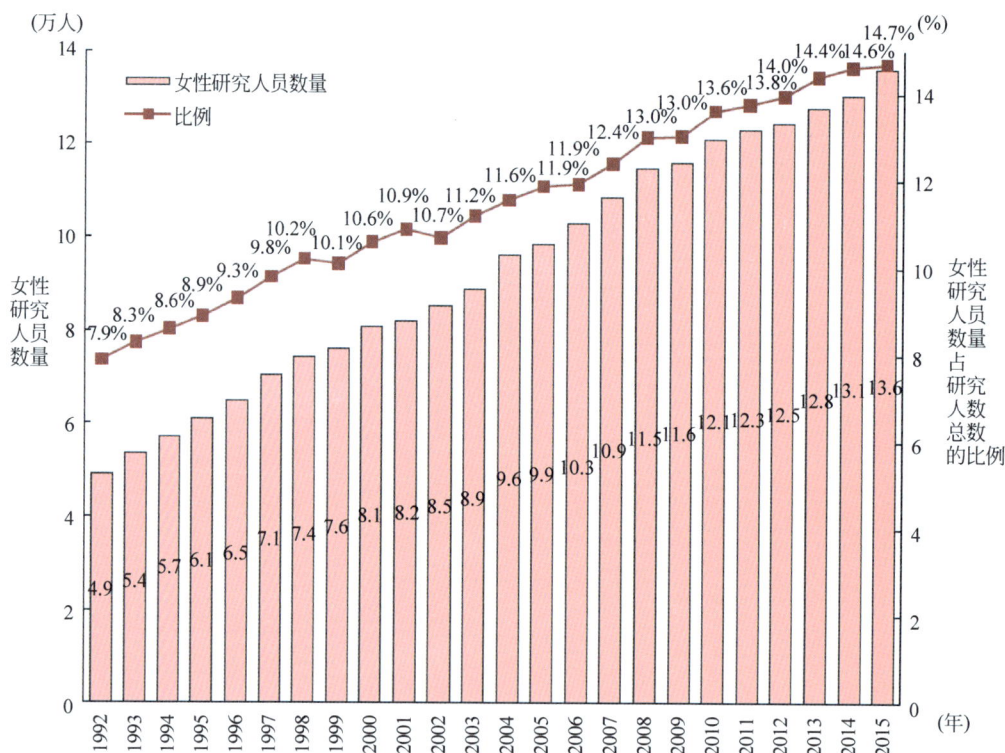

图 18-2 日本女性研究人员数量及占比的变化

注:数据来自 http://www.mext.go.jp/component/b_menu/other/__icsFiles/afieldfile/2016/09/28/1377328_04.pdf。

虽然日本女性研究人员的绝对数量在显著增加,而且在国际上处于领先地位,但是,其女性研究人员占研究人员总数的比例仍然远远低于英国、俄罗斯、德国、法国等其他国家和地区,向上提升的空间很大(见图 18-3)。总体而言,日本研究人员队伍中男女比例失衡的问题要比其他国家和地区突出。

三、高学历研究人员数量呈现升势

日本政府一直非常重视激发青年研究人员的活力,特别强调要调动具有博士学位的高级研究人员的积极性。近年来,日本具有博士学位的研究人员数量呈现上升趋势,从 2002

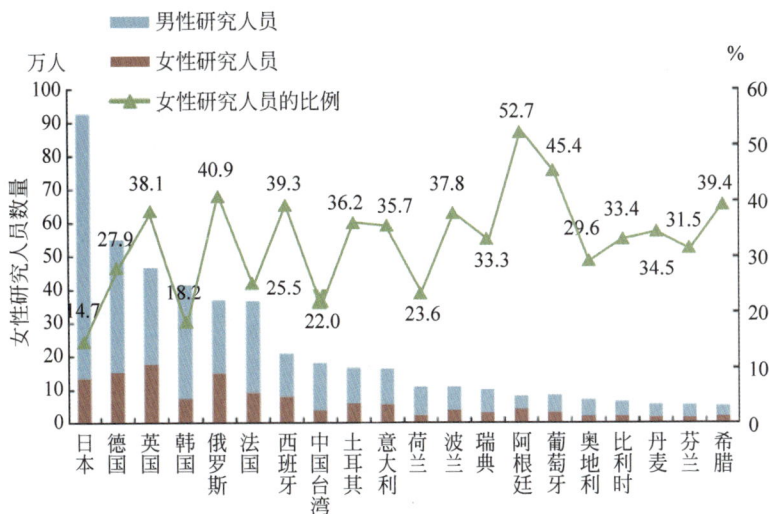

注：日本为2015年数据，其他国家和地区为2013年数据。

图 18-3　女性研究人员数量及占比的国家比较

注：数据来自 http://www.nistep.go.jp/archives/28708。

年的 12.1 万人增至 2015 年的 17.1 万人，其中，企业中具有博士学位的研究人员约有 2.5 万人，大学里约有 12.6 万人，公共研究机构中具有博士学位的研究人员约有 1.6 万人，非营利团体中约有 0.4 万人。同期，具有博士学位的研究人员占日本研究人员总数的比例也呈现稳步上升趋势，从 2002 年的 15.3% 增至 2015 年的 18.4%（见图 18-4）。

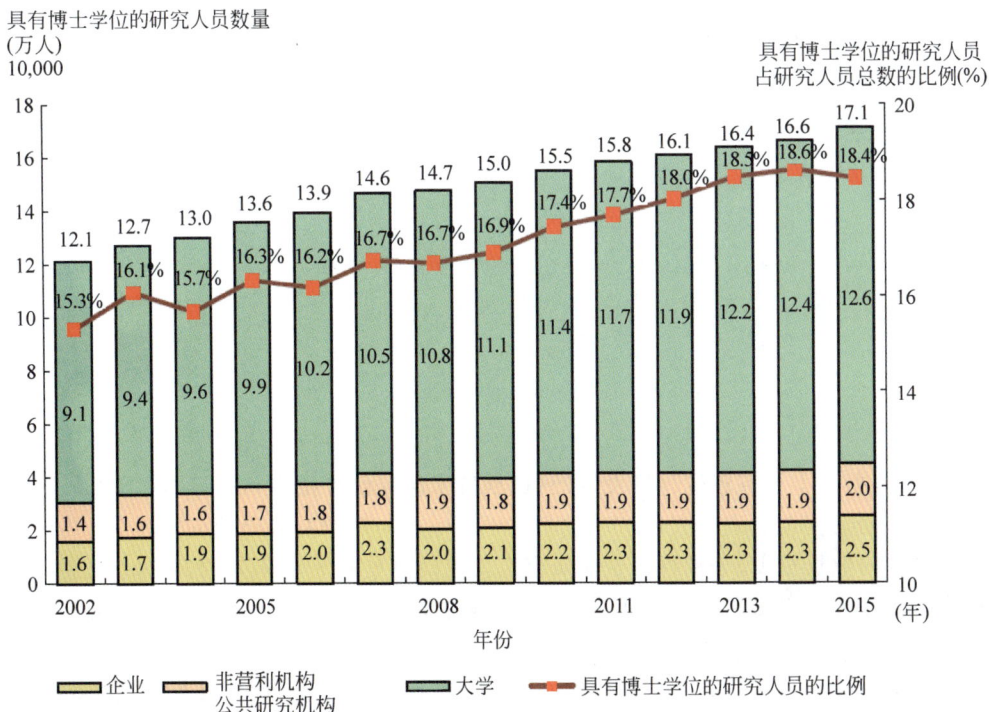

图 18-4　日本博士研究人员分布变化情况

注：数据来自总务省统计局《科学技术研究调查报告》。

　　近年来,日本每年博士毕业生的人数超过了 1.5 万人,其中约有 70％的人是在国立大学完成学业的。大学是日本博士就业的主要渠道。据统计,2012 年,日本博士毕业生有 47％流向大学,24％在企业就职。2015 年,日本博士毕业生的就业率为 67.2％,其中医疗保健专业就业率最高,其次是理工农专业,而人文科学专业就业率较低。

四、研究人员流动性偏低

　　日本科研体系相对封闭,无论从国际流动来看,还是从国内跨部门流动来看,日本研究人员长期受终身雇用制思想和自我意识的影响,流动性、开放性和国际性明显不足。根据日本文部科学省发布的"2014 年国际研究交流概况"调查结果,日本派往海外的研究人员总数呈下降趋势,从 2000 年峰值 7674 人降至 2014 年 4591 人(见图 18-5);日本 90％以上的研究人员没有海外研修或工作经历,国际化程度不高。分析其原因主要有两点,一是日本研究人员担心去海外研修回国后找不到合适的工作岗位,二是缺少与国外顶尖研究机构开展合作的渠道。

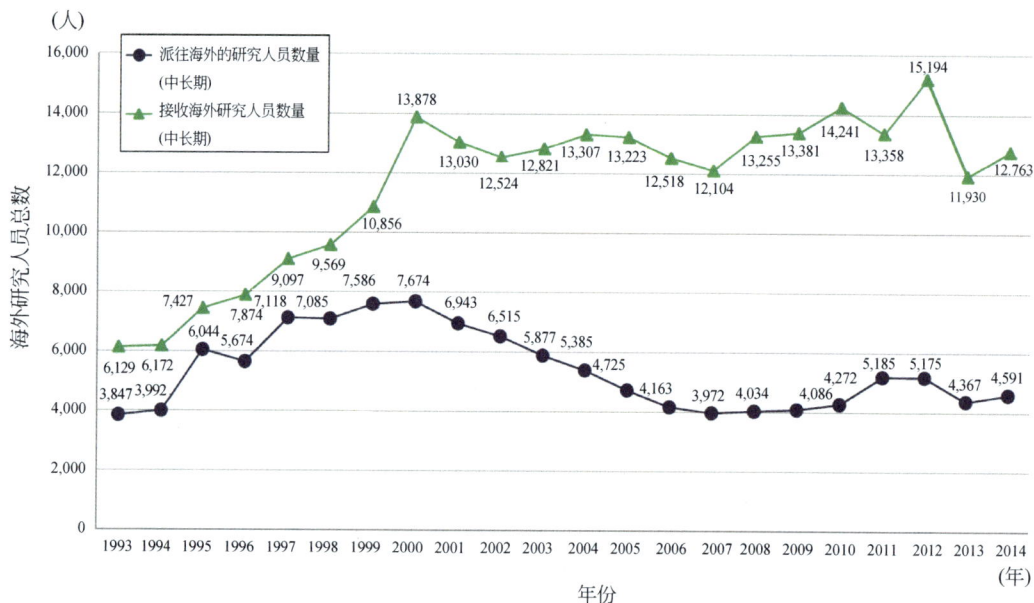

图 18-5　日本研究人员国际流动状况

注:数据来自 http://www.mext.go.jp/a_menu/kagaku/kokusai/kouryu/__icsFiles/afieldfile/2016/04/19/1369862_01_1.pdf。

　　另外,根据日本总务省统计局发布的《科学技术研究调查报告》,2015 年,日本研究人员的企业间流动量占企业研究人员流动总量的 86.1％,企业研究人员流向大学、公共机构和非营利机构的数量很少,分别仅占企业研究人员流动总量的 8.0％、1.5％和 4.4％;日本公共机构的研究人员主要流向大学和其他公共机构,而大学研究人员也主要是在大学之间流动,流向企业和公共机构的人很少。大学接收来自公共机构、非营利机构、其他机构、企业的研究人员数量约占其研究人员总数的 60％(见图 18-6)。由此可见,日本研究人员的跨部门流动性不强,不同机构之间的研究人员联系不够紧密,仍然停留在各类机构研究人员内部流动上。

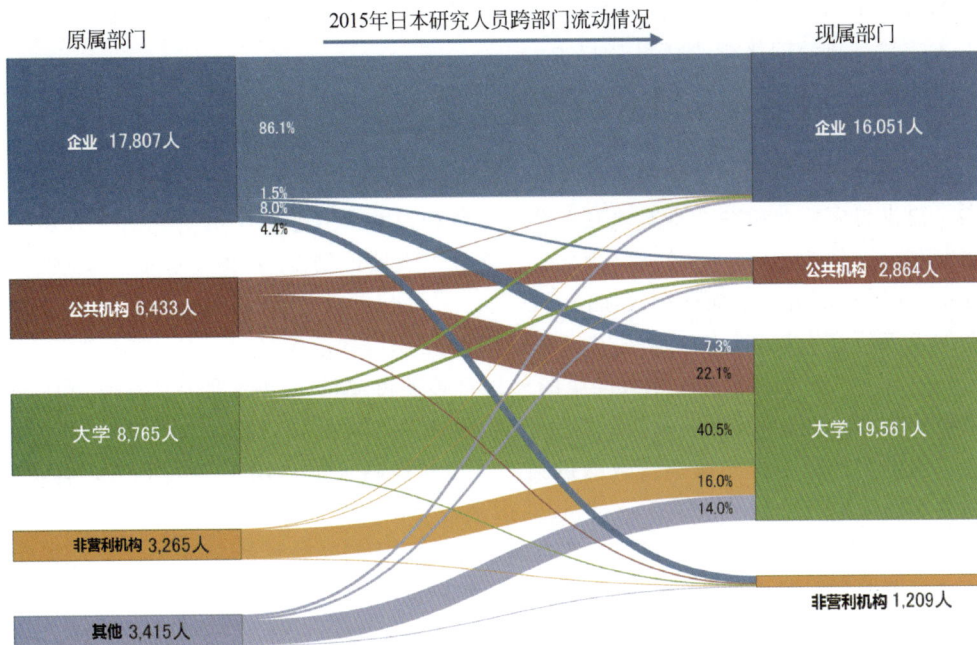

2015年日本研究人员跨部门流动情况

原属部门　　　　　　　　　　　　　　　　　　　　　　现属部门

企业 17,807人　　86.1%　　　　　　　　　　　　　　企业 16,051人

1.5%
8.0%
4.4%

公共机构 6,433人　　　　　　　　　　　　　　　　公共机构 2,864人

7.3%
22.1%

大学 8,765人　　　　　　　40.5%　　　　　　　大学 19,561人

16.0%
14.0%

非营利机构 3,265人

其他 3,415人　　　　　　　　　　　　　　　　　非营利机构 1,209人

图 18-6　2015 年日本研究人员跨部门流动情况

注：数据来自 http://www.nistep.go.jp/archives/28708。

第三节　日本政府的科技人力资源政策布局

在当今世界大变革时代，一个国家要实现可持续发展，必须具备灵活有效地应对各种变化和新问题的基础实力。因此，日本政府致力于培养和留住具有专业知识且不拘泥于常规思维的人才，不断夯实其产生卓越知识的基础。日本政府在 2016 年 1 月 22 日发布的第五期《科学技术基本计划》中提出，要把日本建设成为"世界上最适宜创新的国家"。为此，日本政府未来 5 年将从根本上强化支撑科技创新的人才力量，培养创造新知识、新价值的高级人才和加快创新创造的多样化人才，同时，营造良好的制度环境，使每个人都能充分发挥自身的才能和热情。为了最大限度地提升日本创新创造的可能性，日本政府将不遗余力地激发具有不同知识、视野和创意的多样化人才的活力，同时，跨越专业、组织、部门和国界等阻碍，促进人才流动，推动国际环境下的知识融合和技术转移。

一、青年研究人员的培养

以博士后为主的青年研究人员是日本科技创新的主力军。但是，目前，日本公共研究机构和大学的青年研究人员的职业道路规划不够透明，就业不稳定，而且青年研究人员独立开展研究的环境尚不完善。能力强的学生犹豫是否继续攻读博士学位，是否为未来创造知识和科技创新活动积蓄力量，这已成为日本能否长期确保科技创新能力亟待解决的深层次问题。因此，日本政府提出，今后要明确博士毕业后成为独立研究人员或大学教员的职业发展道路，营造有利于青年研究人员在其职业生涯中充分发挥才能和热情的环境。日本政府的目标是,到 2020 年,增加 10%(约 4.4 万人)的大学青年教员(40 岁以下),使青年教员占大学教员总数的比例达到 30%以上。

1. 探索研究资金、人事管理评价制度改革

日本公共研究机构和大学将增设一些不限任期的岗位,为博士后等表现优秀的青年研究人员提供更多就业机会。日本政府将针对大学和公共研究机构中的资深研究人员,引进年薪制和交叉任职制(Cross Appointment),改革人事评价制度,并将评价结果反映到薪酬待遇上,利用外部资金增加任期制岗位。针对首席研究员(PI:Principal Investigator)后备人选的青年研究人员,日本政府考虑将在确保不限任期的职位的基础上,推广"非升即离(tenure-track)"制度或者具有相似性质的公正且透明度高的人事制度。日本政府认为,至关重要的是,要对青年研究人员的海外经历、新技能学习状况和研究绩效给予合理的评价,并为其提供向经验丰富的前辈请教的机会。日本政府将灵活运用国立大学法人运营费分配制度和国立研究开发法人绩效评价机制,推进各类机构的人事制度改革。

日本政府致力于建立可以充分发挥青年研究人员才能和热情的研究经费资助制度,特别是建立可以使其稳定就业、在独立自由的研究环境中尽显其能的制度,加大对青年人才的资金支持力度。日本政府将持续推进公募型资金管理制度改革。作为其中一环,日本将以实施国立大学(包括大学共同利用机构)的人事薪酬制度改革为前提,研讨直接经费灵活支出的可能性,例如从公募型资金的直接经费中支出研究项目参与人的人员费和退休金。

2. 继续推进研究生院教育改革

研究生院在提高科技创新人才的质量方面发挥着十分重要的作用。日本政府将制定和推行相关制度,对大学和研究生院教育进行彻底改革,打造具备世界最高水平的研究生院,推进文理融合领域等不同领域的一元化教育和日本优势领域的最先进教育,支持优秀青年研究人员在稳定职位上独立自由地开展研究活动。日本政府将加强产学官合作,通过研究生院教育,培养国际型高级博士人才,使其具备高级专业知识和理念,主动思考和行动,创造新知识和新价值。日本政府将通过加强大学与产业界互动来推进研究生院的教育改革,在设有博士课程的大学,采取措施保证博士毕业生的质量,同时,通过加强与产业界的合作,开发符合产业需求的教育项目,增加教员在各种社会场合积累经验的机会,并为企业研究人员和技术人员提供更多接受博士课程教育的机会。

为了从国内外吸引优秀的学生和社会人士,日本政府一方面修订相关资助政策,增加对研究生、特别是博士研究生的经济资助,另一方面,在大学和公共研究机构,为博士研究生(后期)提供更多教学助理(TA)、研究助理(RA)岗位,增加其收入来源。其目标是到2020 年,"使 20%左右的博士在读研究生(后期)得到生活费补助"。

3. 设立卓越研究员制度

为了给挑战新研究领域的青年研究人员营造可以潜心独立开展研究的环境,为活跃在全国各地产学研部门的青年研究人员拓宽职业发展道路,日本政府在 2015 年 6 月发布的《日本再兴战略》中提出,2016 年拨款 10 亿日元设立卓越研究员制度。其宗旨是:为优秀研究人员拓宽职业发展道路,吸引青年人才从事研究工作;在特定研究型大学和卓越研究

生院,给予优秀青年研究人员稳定的职位,在独立自由的研究环境下,充分发挥其才能;国立大学依据《国立大学经营力战略》,推进自身改革,营造能够激发青年研究人员创新创造活力的环境。

卓越研究员制度适用于自然科学、人文和社会科学领域,每年资助大约 150 名研究员(40 岁以下,临床医学领域 43 岁以下)。该项目执行机构包括大学、国立研究开发法人机构和民间企业。自然科学领域入选的卓越研究员每人每年可以获得 600 万日元研究费(资助期限为 2 年)和 300 万日元研究环境建设费(资助期限为 5 年)。人文社会科学领域资助额度约为自然科学领域的三分之二。在日本研究机构工作的外国研究人员也可以申请卓越研究员职位,获得与日本研究人员相同的资助。通过实施卓越研究员制度,日本政府最终要解决两大问题:一是提高青年研究人才的待遇,引导青年人才挑战新领域研究,取得独创性研究成果;二是提高产学研人才的跨部门流动性,满足产业结构调整的需求。

二、确保人才多样性

为了引入多样化的观点和优秀的创意,激发科技创新的活力,日本政府长期致力于充分发挥女性研究人员、外国研究人员、科研辅助人员等各类人才的能力,同时,大力培养日本下一代科技创新人才。

1. 挖掘女性研究人员的潜力

目前,日本能够参与重要科技决策的女性研究人员非常少。日本政府在第四期《科学技术基本计划》中提出的新聘女性研究人员占比目标(自然科学占 30％、理学占 20％、工学占 15％、农学占 30％、医学、齿学及药学占 30％)迄今尚未达成。为此,日本政府、大学、公共研究机构及产业界计划灵活运用《关于使女性职业生活充满活力的法律》,加快建立相关机制,促使各执行主体明确设定并公布女性员工的雇用比例和晋升比例,到 2020 年,使自然科学领域女性研究人员占比达到 30％。日本政府将营造支援女性研究人员工作和生活两不误的环境,广泛宣传模范事例,鼓励大学和公共研究机构积极培养和聘用优秀女性进入管理层或项目负责人岗位,参与其所在研究机构的重要决策。

2016 年,日本政府用于激励女性研究人员的项目预算总额为 19.87 亿日元,其中包括"女性特别研究员"项目、"多样化研究环境实现计划"和"女中学生理工科道路选择支援计划"等。

2. 加快引进外国优秀研究人员

日本政府通过实施"外国人特别研究员事业"等项目,一直在努力吸引外国优秀研究人员到日本大学和公共研究机构工作,同时,不断完善奖学金制度等资助政策,吸引外国博士后等优秀青年研究人员和留学生留在日本工作,并在科学技术和教育领域,加强与新兴国家、发展中国家的合作交流。此外,日本政府正在努力改善外国研究人员的生活条件,帮助他们解决随行儿童教育及配偶就业问题,完善大学和公共研究机构的英语环境,并推行高级人才积分制度。此项制度可以根据外国人才的学历、实际任职年数、年收入进行打分,超过 70 分就能够获得居留资格。截至 2015 年底,共有 1508 名外国人才获得永久居留资格,其中,中国人最多,占总数的64%。

2016年11月,日本政府宣布将出台世界上门槛最低的永久居留资格申请制度,以求吸引更多的外国优秀研究人才。新制度规定,拥有专业知识的高级人才、外国经营者和技术人员在日本取得永久居留权的最短滞留时间要求由5年缩短至1年。此外,日本政府拟对高级人才积分制度进行改革,考虑对那些在日本进行高额投资、毕业于世界顶级大学的外国人才给予加分,同时讨论将政府开发援助(ODA)人才培养事业的毕业生也纳入政策适用范围。外国研究人员在日本取得永久居留权后,其社会信用将会提升,不仅可以自由选择职业,还可以申请房贷,在日本生活会更加方便。

3. 重视培养科研管理辅助人才

为了创造更多知识并实现知识的商业应用,大学和公共研究机构需要配备负责企划和管理研发项目的项目经理、负责管理研究活动的研究管理员(University Research Administrato,URA)、支撑研究设施设备的技术辅助人员以及技术转移人才和大学运营管理人才等各种人才。为了迅速、高效地推进知识的商业应用,企业必须配备负责新事业拓展和商业模式变革的经营战略人才、技术经营和知识产权相关高级专业人才。日本政府将营造相应的制度环境,让这些人才能够灵活运用其专业知识,尽可能地发挥其才能。与此同时,日本政府还将加快博士人才数据库的建设和应用,进一步明确项目经理、URA、技术辅助人员等不同职业人才所需具备的知识和技能。

4. 培养下一代科技创新人才

日本政府通过提供创造性教育和理工科学习机会等措施,提高儿童和学生对理工科和数学的兴趣和素养。日本政府将促使各级教育机构基于学习指导大纲,加强问题解决型的学习和理工科教育,同时,灵活运用具有专业知识的人才和产业界人才,加强先进理工科教育。日本政府还致力于推进高中教育、大学教育、大学入学考试选拔制度的一体化改革,为那些既有热情又有能力的学生提供更多参与研究的机会,使国内外的学生有更多互相切磋提升能力的机会。

在2013年6月14日出台的第二期《教育振兴基本计划》中,日本政府提出,综合推进理工科人才培养工作,增加喜欢理工科的学生数量,同时发掘优质学生的才能,战略性和系统性地培育未来的科技人才。为此,日本政府面向中小学生设立了"下一代科学家培育计划"(2016年预算为2000万日元),面向中学生设立了"中学生科研实践活动推进计划"、科技竞赛项目、"全球科学园(GSC)"和"超级科学高中(SSH,2016年预算为21.55亿日元)"等项目,为培养下一代科技创新人才打下坚实基础。

三、人才、知识和资金的良性循环

提高人才流动性有助于各类人才提高自身资历,通过各种知识融合与相互触动,创造新知识并使研究成果得到实际应用。然而,日本研究人员或经营战略人才主要集中在大企业、中小企业和风险投资企业、大学等机构,受终身雇用等社会制度影响,日本跨部门的人才流动或兼职十分有限,尚未充分发挥社会中每个人的作用,阻碍了创新创造进程。

为改变这种局面,日本政府倡导开放创新,鼓励大学和公共研究机构引进交叉任职制、实习派遣等制度,建立积极评价跨部门流动经历的机制,让大学、公共研究机构、大企业、中小企业和风险投资企业的人才能够跨部门、跨组织、跨领域地交流,在全社会形成人才的良性循环。日本政府计划在实施第五期《科学技术基本计划》期间,将其企业、大学和公共研究机构之间的研究人员流动量增加 20％,特别是实现从大学到企业或公共研究机构的研究人员流动量翻一番;大学和国立研究开发法人从企业获得的共同研究资金数额增加 50％。

1. 构建科技人才培育联盟

为了支持国内多所大学、研究机构形成"联盟",与民间企业和海外研究机构开展合作,提高青年研究人员的流动性,同时确保稳定雇佣关系,建立推进职业道路多样化的机制,日本政府 2016 年拨款 13.27 亿日元,以综合性重点大学为核心,在地方建立科技人才培育联盟,目标是:支持大学、国立研究开发法人、企业等多家机构共同建立和实施培养科技创新人才的新体制;避免青年研究人员过度流动,拓宽其职业发展道路;培育和确保优秀研究辅助人员,强化日本的研究辅助体制;建立培养和聘用青年研究人员和研究辅助人员的新模式,创造优秀科研成果,开辟新的研究领域。

日本政府对科技人才培育联盟的资助包括:联盟运营协议会的管理运营经费;受资助研究人员的人员费和研究环境建设费;研究人员到国内外大学、研究机构和企业实习经费。日本政府现已在两处进行试点:一处是以北海道大学、名古屋大学和东北大学为核心建立的联盟,另一处是以广岛大学、山口大学和德岛大学为核心建立的联盟。

2. 建立国际研究网络

在全球开放创新进程中,能否灵活运用国内外的人才、知识和资金迅速创造出新价值并应用于社会,是日本今后提升竞争力的关键所在。因此,日本政府致力于建立国际研究网络,培养具有国际视野、活跃于国际舞台的研究人才,帮助日本获得更多世界先进技术,维持和提升日本的国际影响力,确立日本在国际研究网络中的地位和声望。

日本政府将向奔赴海外开展世界级研究活动的研究人员提供更多的资助,推动大学和公共研究机构与海外顶尖研究机构建立合作网络,参与国际共同研究项目,向海外研究机构和大学派遣研究人员,鼓励本国研究人员参与国际学术会议,同时,加快建立海外派遣研究人员以及具有日本留学经历的外国研究人员之间的人脉网络。例如,日本政府 2016 年拨款 16.08 亿日元实施"加速人才循环的战略性国际研究网络推进事业",支持向海外顶尖研究机构派遣研究人员,同时接收海外顶尖研究机构的研究人员来日工作,帮助日本国内高水平研究团队参与世界最尖端的研究活动,增强研究实力,打造牢固的国际研究网络,从而提升日本研究的国际竞争力。项目资助期限为 3 年,资助内容包括旅费、国外生活费、研究费等。

此外,日本政府还在大学和公共研究机构,推行方便海外派遣中的研究人员应聘的雇用机制,引进积极评价海外经历的评选方式。日本政府还把"加强国际人才流动,建立提高日本科技国际地位的机制"纳入其科技外交战略。

本 章 小 结

日本视人才为珍宝,非常重视培养下一代科技创新人才,针对不同年龄段都设立了相应的科技人才培养计划,致力于形成战略性、系统性的科技人才培育体系。日本现在正处于利用科学技术促进商业模式变革的时代。随着其科技体制改革的逐步深入,科技人才相关政策调整步伐也在加快,但其政策调整始终以激发优秀青年研究人员的活力为核心,与之配套的人事、薪酬和经费管理制度将变得越来越灵活和高效。

打造牢固的国际国内研究网络,是日本政府现行科技人力资源政策的一大着力点。为此,日本政府十分重视加强产学研互动,积极推进开放创新,促进不同规模、不同行业的企业、大学和公共研究机构投入人才、知识和资金,切实开展合作,同时加强与国外顶尖研究机构的研究合作,构建人脉网络,灵活利用国内外的新创意、知识和技术,以求迅速提升日本的科研实力和科研效率。日本政府谋求建立兼顾流动性和稳定性的研究人员职业发展体制,督促各执行主体进行管理体制机制改革,并且主张对于研究人员的跨国界、跨部门、跨领域流动经历给予积极的评价,灵活利用国立大学法人运营费的重点分配制度以及国立研究开发法人的绩效评估框架,营造人尽其才、物尽其用的制度环境。

第十九章

澳大利亚的科技人力资源政策

第一节　澳大利亚科技人力资源现状与特征

一、澳大利亚科技人力资源现状

截至 2016 年 11 月的数据显示,澳大利亚 15～74 岁的就业人口中,拥有大学专科及以上学历的人口有 498.97 万人,占该年龄段就业人口的 41.84%(其中,25～64 岁人口中,接受高等教育的人口比例为 43%);其中,从职业来看,经理、专业人员、技术人员与贸易人员 334.6 万人,占全部就业人口的 28.05%;从产业部门看,专业、科学和技术服务业从业人员 94.98 万人,占全部产业从业人口的 7.96%;教育与培训从业人员 93.78 万人,占全部就业人口的 7.86%;医疗和社会协助服务人员 156.66 万人,占全部就业人口的 13.14%。截至 2013 年 3 月,澳大利亚累计移入技能型移民 3.84 万人,移出 0.75 万人;2015—2016 年,澳大利亚受理国际学生签证申请 35.82 万人,申请通过 31.08 万人[①]。

在拥有大学专科及以上学历的就业人口中:男性有 238.88 万人,占总数的 47.91%;女性人数为 259.74 万人,占总数的 52.09%。15～24 岁人口 35.07 万人,占全部的 7.04%;25～34 岁人口 143.08 万人,占全部的 28.71%;35～44 岁人口 132.41 万人,占全部的 26.57%;45～54 岁人口 106.72 万人,占全部的 21.41%;55～64 岁人口 66.55 万人,占全部的 13.35%;65～74 岁人口 14.58 万人,占全部的 2.93%。其中,出生于澳大利亚的有 305.11 万人,占全部人数的 61.19%;出生于国外的有 193.54 万人,占总数的 38.81%。

2015—2016 年,共有 31.08 万人获得了国际学生签证。从学习内容和目的来看,接受高等教育的学生比例最高,达 50.88%;其次是参加职业教育与培训的学生,占 22.57%;独立的英语经验课程学生占 11.05%,选择非学位课程的学生占 6.66%。从学生的来源国看,来自中国大陆的学生人数最多,达 7.05 万人,所占比例最高,达到 22.68%;其次是印度,占国际学生总数的 9.52%;排在第三位的是巴西,占 4.99%;其他占比超过 3% 的国家还有

---

① 本文所用的所有数据均来源于澳大利亚统计局、澳大利亚产业、创新与科学部、澳大利亚移民与边境保护部、澳大利亚教育与培训部、澳大利亚就业部等政府部门的网站,下同。

韩国、马来西亚、泰国、尼泊尔和越南等。

二、科技人力资源的特征

1. 研发人员数量继续增长、内部分布结构持续调整

2008 年以来,澳大利亚研发人员的数量增长态势没有发生根本性变化,虽然中间呈现出波动变化态势,但都维持着一定的增长速度。2004—2008 年间和 2008—2012 年间的增长率分别是 18.3% 和 18.5%,增幅基本相当。从内部构成看,研发人员的分布格局正在进行快速调整。具体来说,尽管研发人员仍主要分布在高校(2012 年为 46.9%)和企业(2012 年为 42.2%),但企业与高校的研发人员所占份额差距呈现逐步缩小的态势,实际上在 2008—2012 年期间,企业研发人员总数(FET,后同)增长了 33.4%,而同期高校则只增长了 20.9%;同时,政府部门研发人员所占比例则处在下降的过程中,同期总人数减少了 3.9% (见图 19-1)。

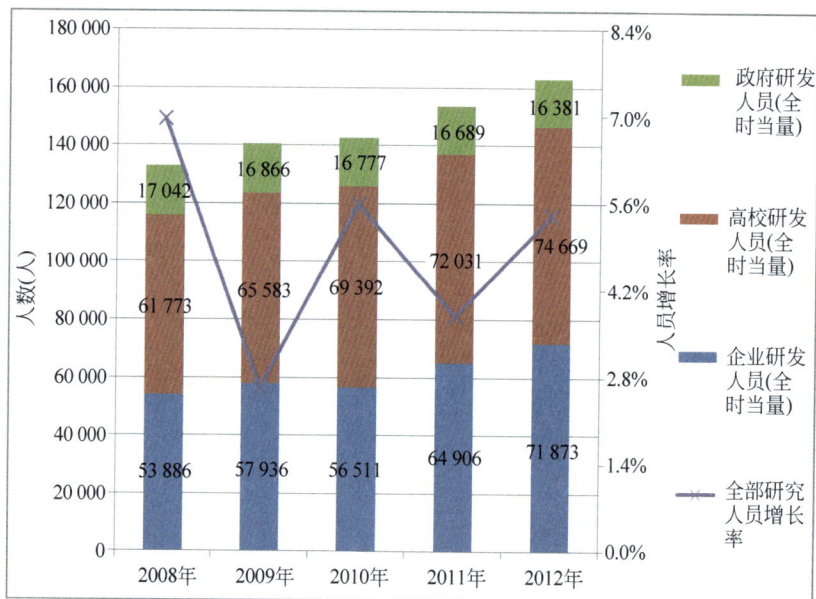

图 19-1　澳大利亚 2008—2012 年期间研发人员及其内部构成变化情况

进一步看研发人员中研究人员的情况,研究人员占研发人员的比例在 2008 年以前持续小幅下降,但 2008—2012 年期间则基本保持稳定,维持在 67.4% 或略高的水平。从研究人员本身增长情况看,与 2004—2008 年的增幅 14.1% 相比,2008—2012 年期间增幅增加到 18.5%,绝对规模从 9.3 万人增加为 11.0 万人。从内部构成看,高校和企业研究人员占据绝对主体地位,同时两者所占比例仍在继续提高,而政府研究人员所占比例则在持续下降。其中,高校研究人员占据绝对主体地位,所占比例在 2008—2012 年期间进一步从 57.8% 增加为 59.9%;企业研究人员规模也较大,所占比例同期也从 29.9% 增长为 32.6%;政府研究人员则持续下降,2012 年仅占到全部研究人员总数的 7.6%(见图 19-2)。

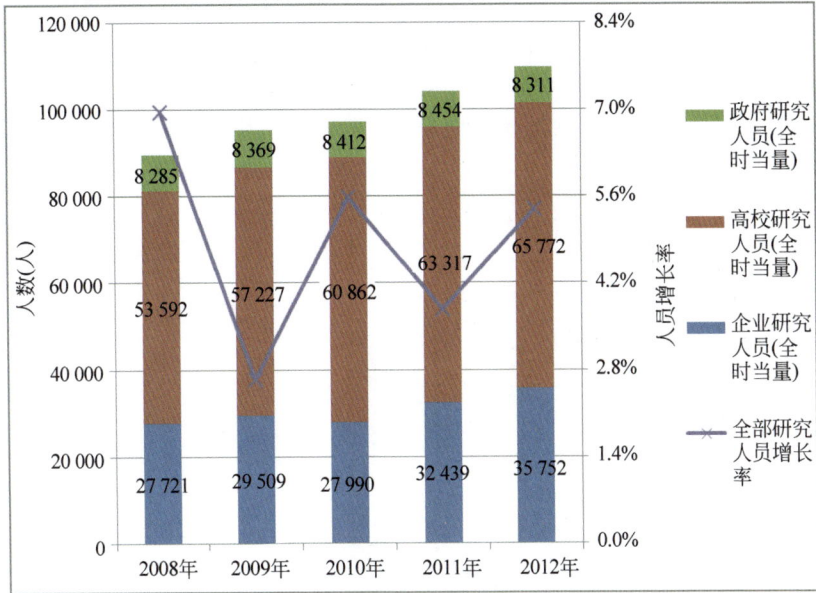

图 19-2　澳大利亚 2008—2012 年期间研发人员及其内部构成变化情况

2. 科技人力资源双向国际流动频繁、规模较大但以移入为主

从技能人才流动情况来看,澳大利亚永久移入的技能人才总数自 2008 年以来逐步平稳增长,增幅在多数年份较小,特别是 2011 年以来连续稳定在 12.8 万人左右。扩大时间周期来看,2000—2001 年到 2004—2005 年间的增长高达 74.1%,而 2004—2005 年到 2008—2009 年间增长率则缩小为 47.4%,2008—2009 年到 2012—2013 年则进一步减少为 12.4%,显示出澳大利亚国际永久技能移民的移入规模达到较高水平后开始趋于稳定(见图 19-3)。

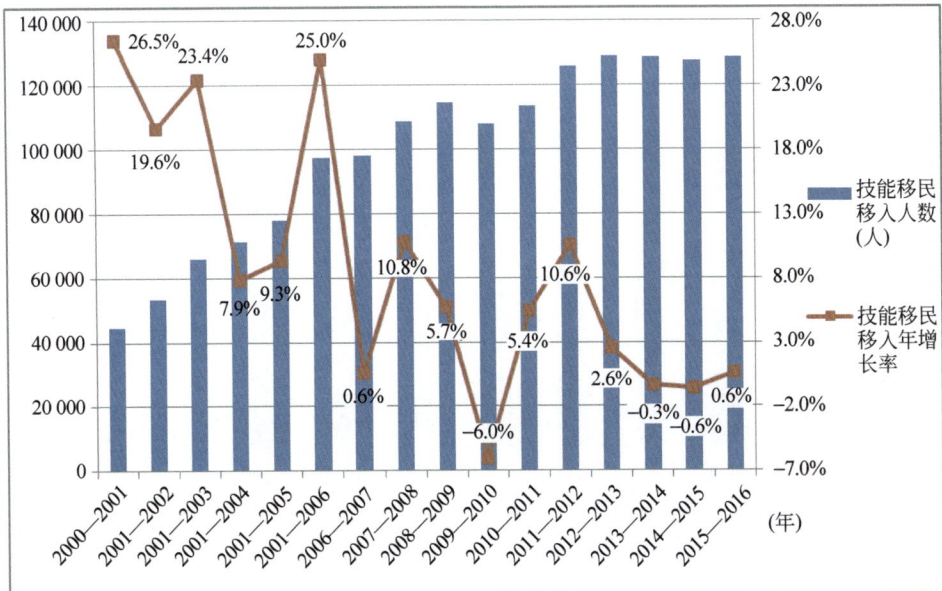

图 19-3　澳大利亚国际技能人才移入情况年际变化(2000—2001 至 2015—2016)

进一步分析国际技能人才流入和流出澳大利亚的存量情况看,移民流入整体呈现逐步下降的态势,从 2008 年第一季度的 5 万人减少为 2015 年的 3.7 万人,但 2011 年以后变化幅度不大;同期,移民流出规模则相对稳定,从 7483 人略增加为 7600 人;整体上,净的国际技能人才流入规模呈现下降的态势,但 2011 年以后变化趋稳(见图 19-4)。

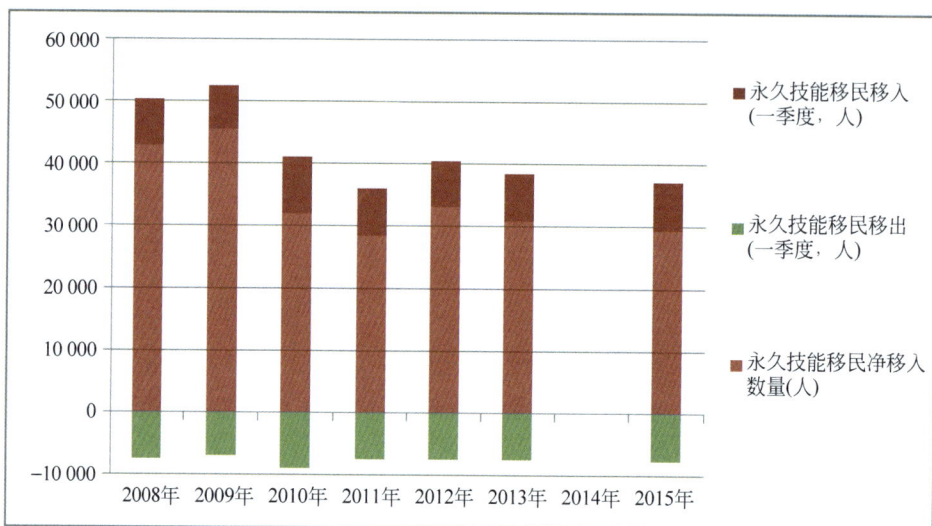

图 19-4 澳大利亚国际技能人才流入和流出的情况

注:本数据为统计每年第一季度的结果,缺 2014 年的数据。

从国际学生的流动情况来看,澳大利亚国际学生总流入量呈现出较为明显的"U"形变化,也就是从 2008 年的 32 万人下降到 2010 年的 25 万人,以后又逐年恢复增长,2015 年为 31.1 万人,仍没有恢复到国际金融危机当年的规模(见图 19-5)。

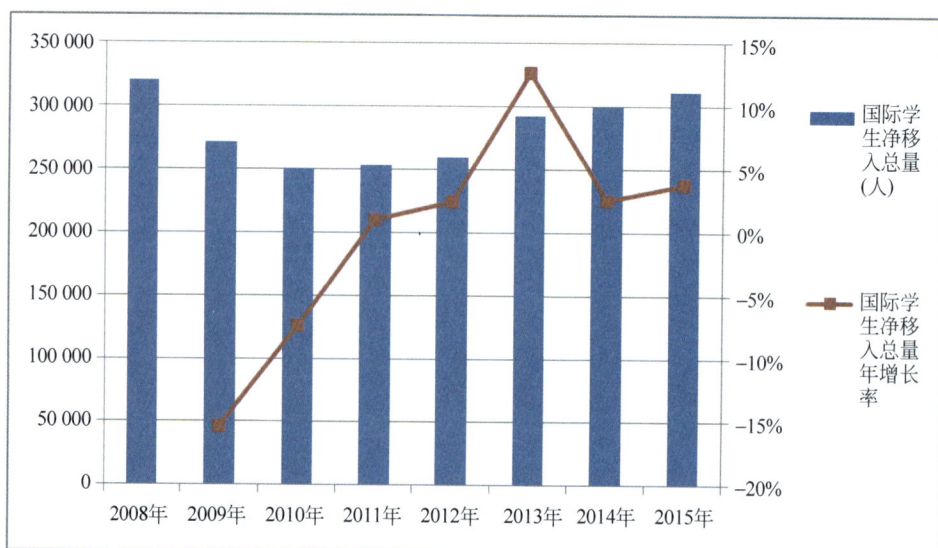

图 19-5 澳大利亚国际技能人才移入情况年际变化(2008 年至 2015 年)

从国际学生的来源分布看,如果主要分析前 15 大国家和地区的情况,澳大利亚国际学生的来源仍处在缓慢调整的过程中,来自东亚和美洲的学生数量仍在继续缓慢增长,而南亚等其他地区学生数量则逐步回落。具体而言,澳大利亚的国际学生中,来自东亚(包括中国大陆、中国香港、中国台湾、日本和韩国)的国际学生整体上呈现波动上升的态势,从 2008/2009 年的 28.0％提升到 2015/2016 年的 33.5％,不过 2011/2012 年曾短暂回落至 29.7％;包括印度和尼泊尔在内的南亚地区则整体上呈现下降的态势,从 24.9％降至 12.9％,其中印度学生数量的快速下降是主要因素;东南亚地区(包括泰国、马来西亚、越南、印度尼西亚)则基本保持稳定,维持在 13.4％～14.6％之间;美洲地区(包括巴西、美国和哥伦比亚)则从 8.8％小幅增长至 10.5％;其他国家和地区的整体比例相对稳定。

进一步分析国际学生当年新流入流出的情况看,国际学生流入规模呈现波浪式的波动变化,其中 2009/2010 年和 2012/2013 年分别为波峰和波谷,但整体上 2012/2013 年以后几乎没有大的波动变化;同期,国际学生流出则呈现先增长后平稳变化的态势,自 2008 年的 2.6 万人增长到 2011 年的 5.0 万人以后,2012 年以后小幅回落且随后变化很小;整体上,国际学生流入在 2008—2010 年维持在 8 万～12 万人左右的高位,2011—2015 年则降低为 2 万～4 万人的低位(见图 19-6)。

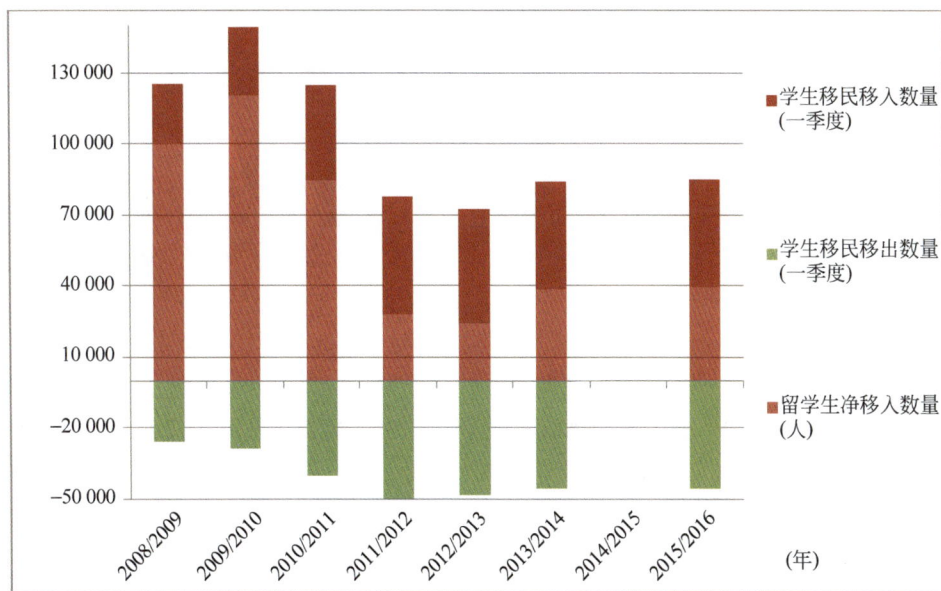

图 19-6　澳大利亚国际学生流入和流出的情况

注:本数据为统计每年第一季度的结果,缺 2014 年的数据。

整体而言,澳大利亚科技人力资源的特征可概括为:科技人力资源占全部人口比例高,研发人员数量持续增长、内部结构不断调整,国际科技人力资源是科技人力资源的主要来源之一、国际学生则是科技人力资源的重要后备力量,科技人力资源整体年龄结构较为合理,科技人才双向交流和国际科技合作较为深入等。

第二节　科技人力资源开发利用的问题①

一、整体的人口教育与技能水平不高

澳大利亚人口整体受教育水平相对偏低。与 OECD 国家的平均水平相比,澳大利亚 15～29 岁人口仍在接受教育的比例为 47.4%,低于 OECD 国家平均水平的 47.5% 和欧盟 22 国平均水平的 48.8%。

澳大利亚人对一些重要技能的掌握比例偏低。据估计,未来的职业有 75% 需要科学、技术、工程和数学学科背景,90% 以上需要数字技能,而澳大利亚青年基金资助的一份报告显示,很多澳大利亚年轻人没有为未来做好准备,在 15 岁人口中,35% 的人数字技能不熟练,30% 的人缺乏金融技能,1/3 的人缺乏足够的解决问题的能力。

澳大利亚人目前接受的教育水平还不能满足雇主急需职位的需求。根据 Manpower2015 年报告的结果,澳大利亚有 42% 的雇主认为填补其职位空缺存在困难,同期全球平均水平为 38%,而爱尔兰、英国、西班牙、捷克等国家则不到 20%,中国、南非等主要发展中大国也不到 30%。

二、创新教育与培训系统结构不够合理

澳大利亚高等教育机构的人才培养结构不利于未来的创新。澳大利亚学生学习科学、数学和计算机的比例过低,严重影响澳大利亚人的未来就业,特别是需要提高学校学生的编程和计算能力。澳大利亚 25～64 岁接受高等教育的人口中,获得工程、制造和建筑领域学位的比例极低,仅高于美国、荷兰、爱尔兰等三个国家而远低于其余 OECD 国家。从 2002—2012 年的变化来看,澳大利亚自然科学与工程领域毕业生比例从 22% 进一步下滑到 18%,2012 年的比例不仅低于 OECD 的平均值 22%,更位居全部 35 个 OECD 国家的倒数第 6 位。

同时,澳大利亚培养的学生有不少人不能适应未来就业需要。澳大利亚青年基金的报告显示,2/3 的澳大利亚学生的学业所对应的工作是未来不存在的,或者完全改头换面的,58% 的学生和 71% 的职业教育学生所面向的职业路径是即将消失或者变更航向的。

此外,澳大利亚人高等教育中的性别失衡问题十分严重,各学科的女性学生普遍少于男性学生。从 2014 年的结果看,澳大利亚教育、科学、工程、制造与建筑,以及健康与福利等四大领域的高校毕业生中男性与女性的比例分别为 3.0∶1、1.7∶1、3.4∶1、3.5∶1。

---

① Commonwealth of Australia. Research Skills for an Innovative Futures: a Research Workforce Strategy to Cover the Decade to 2020 and Beyond. 2011.

Australian Government, Department of Innovation, Industry, Science and Research. Inspiring Australia-Science Engagement Programme Guidelines. October, 2016.

Commonwealth of Australia. National Innovation and Science Agenda. 2015.

Commonwealth of Australia. Powering Ideas: An innovation Agenda for the 21st Century. 2009.

Australian Council of Learned Academies. Review of Australia's Research Training System. Melbourne, 2016.

Office of the Chief Scientist 2014, Science, Technology, Engineering and Mathematics: Australia's Future. Australian Government, Canberra, 2014.

再者,澳大利亚培养的研究类人才也部分缺乏现代职场所需的核心竞争力。澳大利亚创新、产业、科学和研究部 2010 年委托 Allen 咨询公司所做的研究显示,用人单位认为,研究人员在交流、团队合作、规划与组织技能等软技能方面还需要改进和加强;研究人员在重要应用领域和商业化等方面的能力都还有不足,具体表现在商业和财务管理技能、商业头脑的缺乏,商业化技巧和知识产权管理能力的不足等;此外,研究生所处的研究环境,在不同机构内部和机构之间差别巨大,涉及支持研究的资源标准和研究环境的质量等。

三、就业与职业发展环境仍显不足

当前澳大利亚的就业与职业发展环境尚存在一些不足,主要表现在以下三个方面。

一是创新就业岗位仍显不足。目前,澳大利亚接受过高等教育的人员的就业率低于 OECD 平均水平,这可能表明澳大利亚所能提供的创新就业岗位不够充足。从 2012 年的调查数据来看,澳大利亚获得博士学位的男性和女性的平均就业率只有 79% 和 81.5%,在 OECD 国家中位列倒数第四;其他获得高等教育学历的男性和女性的就业率分别为 90.5% 和 79.2%,也只处在所有 OECD 国家的中等偏上水平。

二是缺少提供给国际人才就业的大中型创新型企业。澳大利亚的经济机构的显著特征是中小企业占据绝对主导地位,占比达 99.7%,并且高度集中在服务业、制造业之中具有明显的低技术密集度特征的关键行业。这就导致澳大利亚吸引的科技人才特别是顶尖科技人才过于集中到高校,企业科技人才比例过低。与德国的 56%、韩国的 79% 和以色列的 84% 相比,澳大利亚的研究人员中,分布于企业的比例仅为 43%,远低于这些国家。

三是为科技人才创造的研究小环境还有不足。澳大利亚人对于增加本国研究职业就业机会、增加研究人员与辅助人员数量的理解很不充分,而这些进一步影响了政府通过各种资助计划提供研究相关岗位的决策和澳大利亚人的择业倾向等。同时,政府和研究机构的有关资源也没有充分用于解决研究生涯各个阶段所遇到的职业瓶颈问题,例如从博士毕业向独立研究人员以及从研究者向领导者角色的转变等。这些方面耗费了研究人员的大量精力。有学者的研究显示,与国外同行相比,澳大利亚学术人员的职业满足感更低但工作压力更大,而技术人员和其他关键支持人员职业提升的机会也更有限。

四、人才流动的政策与环境有待改进

从内部人才流动情况看,由于结构和文化方面的因素,澳大利亚国内关键部门之间的研究人员流动明显不足,特别是大学和企业之间。有数据显示,澳大利亚企业与研究人员之间的合作率是 OECD 国家中最低的,OECD 国家大企业与研究人员之间的平均合作比例达到 37%,而澳大利亚只有 3%,OECD 国家小企业与研究人员之间的平均合作比例也有 14%,而澳大利亚则只有 2%,两者均远远落后于 OECD 的平均水平。

从国际流动来说,澳大利亚本土人才对于吸引外来人才仍有一定的排斥心理。许多澳大利亚人仍然对大规模的外国高技能劳动力流入导致工资、就业条件和职位等方面的压力增大感到担心,这对更开放的高技能移民政策的制定实施产生负面影响。

同时,澳大利亚吸引国际学生的环境也面临一定的压力和挑战。原本作为澳大利亚国际学生主要来源地的中国、马来西亚等国家,其提供的高等教育质量也越来越具有竞争力,

提供给本国学生的教育的数量越来越多，质量越来越好，这不仅将减少这些地区学生出国留学的需求，还会与澳大利亚开展吸引其他国家国际学生的竞争，也对澳大利亚进一步提升国际教育的质量提出更大挑战。

第三节　科技人力资源相关战略与组织架构

一、丰富完善科技人才相关战略

澳大利亚政府于 2009 年 5 月出台的《驱动创意：21 世纪创新议程》（*Powering Ideas：An Innovation Agenda for the 21st Century*），描绘了 2020 年的澳大利亚国家创新系统图景，提出澳大利亚未来 10 年的优先行动领域，而其中第二个优先领域就是夯实有技能的研究人员队伍基础，以支持国家在公私部门的研究能力。该议程关于科技人才的内容就是澳大利亚政府的"研究劳动力战略"，其首要战略目标是打造更强大和更具有创造力的研究劳动力队伍，以支持澳大利亚政府的创新议程。①

为落实《驱动创意：21 世纪创新议程》，澳大利亚政府于 2011 年制定实施了《为了未来创新的研究技能：2020 年及以后的研究劳动力战略》（*Research Skills for an Innovative Futures：a Research Workforce Strategy to Cover the Decade to 2020 and Beyond*），该文件被视为澳大利亚版的中长期科技人才规划纲要。研究劳动力战略分析了研究劳动力②对于澳大利亚未来发展的重要性和愿景，澳大利亚对于研究劳动力的需求，并提出了通过研究培训系统改进劳动力的供给质量、增强澳大利亚研究职业的吸引力、促进研究劳动力流动、增加研究劳动力参与研发活动的方法和途径，从而构成了一个完整的研究劳动力长期发展的路线图。③

澳大利亚于 2014 年出台的《产业创新与竞争力议程：使澳大利亚更加强大的行动计划》（*Industry Innovation and Competitiveness Agenda：An action plan for a stronger Australia*）主要聚焦于刺激各类企业增长，促进澳大利亚产业竞争力的提升。如何使劳动力更富于技能便是其四大议题之一。针对该议题，澳大利亚提出要改革职业教育和培训部门，提高学校的科学、技术和数学技能教育，吸引精英人才到澳大利亚。④

2015 年澳大利亚又更新了其国家创新战略，正式颁布实施了《国家创新与科学议程》。该议程进一步强调人才与技能是国家推动创新发展的四大主要议题之一，并指出今后需要进一步提升澳大利亚人获得高收入、高生产力工作的技能，吸引精英人才到澳大利亚并打造海外澳大利亚人群间的工作联系和网络等（见表 19-1）。⑤

---

① Commonwealth of Australia. Powering Ideas：An Innovation Agendafor the 21st Century. Canberra，2009.

② 该战略提出的研究劳动力包括研究人员，技术和其他支撑研究工作的人员，从事研究的学生，涉及研究活动的规划和方向等工作的研究管理人员等，接近我国的科技人才统计范围。

③ Commonwealth of Australia. Research Skills for an Innovative Futures：a Research Workforce Strategy to Cover the Decade to 2020 and Beyond. 2011.

④ Commonwealth of Australia. Industry Innovation and Competitiveness Agenda：An action plan for a stronger Australia. 2014.

⑤ Commonwealth of Australia. National Innovation and Science Agenda. 2015.

表 19-1　澳大利亚《国家创新与科学议程》2015—2019 年期间的部分直接经费投入预算

支持方向	2015—2016 年	2016—2017 年	2017—2018 年	2018—2019 年	全　部
激发澳大利亚人的数字文化和 STEM 教育	0	2600 万澳元	2500 万澳元	3300 万澳元	8400 万澳元
支持通过增加签证的方式推动创新	100 万澳元	100 万澳元	0	0	200 万澳元

2016 年澳大利亚又连续出台了《国际教育国家战略 2025》[1]及配套的《澳大利亚国际教育 2025 路线图》[2]、《澳大利亚全球毕业生参与战略 2016—2020》[3]，力图进一步确保澳大利亚大学吸引全球顶尖人才并保持研究的世界领先水平。

二、优化科技人才相关制度架构

2010 年，澳大利亚政府正式建立了高等教育质量和标准局（TEQSA），它作为一个独立的法定主管机构，有权通过新的标准框架规范大学和非大学教育提供者，具体负责登记高等教育提供机构，对教育提供者开展标准和绩效评估，保护和确保国际教育质量，简化现有的管理制度。

此外，2011 年，澳大利亚还建立了一个高等教育标准小组（HESP），它作为一个法律咨询机构，负责澳大利亚高等教育标准的制定工作。澳大利亚政府还建立有专门的研究劳动力战略咨询小组（RWSAG），用于协助推动研究劳动力战略的实施。

第四节　科技人才的培养和继续教育

一、改革中小学的 STEM 和数字技能教育

近年来，随着 STEM 技能和数字技能在未来职业中优势的不断提升，澳大利亚也在不断改善本国学生参与 STEM 教育和数字技能教育的环境，促进更多的人参与 STEM 教育、掌握数字技能。

《国家创新与科学议程》提出支持在大、中、小学校教授计算机代码课程，改革澳大利亚课程体系，给教师更多的课堂时间来教授科学、数学和英语，并要求新入职的小学教师必须在科学、技术、工程和数学方面有一门专长。[4]《产业创新与竞争力议程：使澳大利亚更加强大的行动计划》则提出额外提供 1200 万澳元，促进更多的学生参与 STEM 课程的学习，具体措施包括：开发和制定中小学校"探究性数学"计划，以提高学生的数学成绩；开发和制定"贯穿整个课程的代码学习"计划，以提高学生的计算机技能；提供种子资金用于探索建立一个基于创新、技术导向的中学教育行动计划；针对女生、贫困学生和原住民学生开展

① Australian Government，National Strategy for International Education 2025. 2016.
② Australian Government，Australia Trade and Investment Commission. Australian International Education 2025 Roadmap. 2015.
③ Department of Foreign Affairs and Trade. Australia Global Alumni Engagement Strategy 2016—2020. 2016.
④ Commonwealth of Australia. National Innovation and Science Agenda. 2015.

"学生科学、技术、工程和数学教育的暑期班"等。①

2016 年,澳大利亚政府还设立了一些支持 STEM 学习的项目和奖项,如:"学生的科学参与和国际竞争支持项目(Support Program for Student's Scientific Participation and International Competition)"利用 400 万澳元支持学生参加在澳大利亚国内或国外举办的 STEM 活动;240 万澳元支持发生在澳大利亚以外地区的国际 STEM 竞争项目;利用 400 万澳元的资金支持"居民科学奖"计划,鼓励公众参与科学研究项目;"制造者项目"的主要目的是激发所有澳大利亚人提升数字技能和 STEM 技能的热情,具体资助包括提供超过 320 万澳元(80 万澳元每年)支持中小学建立制造者空间,提供超过 80 万澳元(每年 20 万澳元)支持 18 岁以下年轻人参加 STEM 和创新相关的活动。

二、持续提升高等教育质量

澳大利亚近年来一直在致力于扩张高等教育规模和提升高等教育品质来为国家经济和科技发展提供支撑。为使更多的青年人接受高等教育,政府一直在增加对接受高等教育学生的补助。"高等教育参与和伙伴计划(Higher Education Participation and Partenerships Program)"给大学提供额外资助,以吸引、支持和留住弱势群体家庭的学生,这些学生还可通过合格学生收入补助奖学金和针对所有学生的贷款而得到资金支持,完成高等教育学业。《产业创新与竞争力议程:使澳大利亚更加强大的行动计划》提出建立五年合计 4.39 亿澳元的贸易支持贷款计划,给学习贸易相关技能的学生提供贷款。澳大利亚政府从 2010 年开始将研究生奖学金的总额提高了 10%,并从 2009 年开始新增了 1000 个支持名额。澳大利亚政府还设立"联合研究协议拨款(JRE)——工程军校学员(Joint Research Engagement-Engineering Cadetship Grants)",为工程和科学领域的军校生提供更高级别学位教育(研究博士或研究硕士)的研究培训成本补助。

为提升高等教育的品质,近年来澳大利亚也在不断推动高等教育的改革。就业、教育和劳工关系部与创新部于 2008 年联合创建了教育投资基金(EIF),专门用于推动澳大利亚高等教育和研究转型,同时建立的结构调整基金(SAF)则用于资助大学新的运行管理资金需求,两者在完成使命后于 2015 年终止。《产业创新与竞争力议程:使澳大利亚更加强大的行动计划》提出,建立教师教育部长咨询小组,以提高教育产出,并评估澳大利亚的课程体系。

三、完善职业教育与终身教育体系

为了将青年人留在学校继续接受教育,提升他们向进一步教育、培训和就业过渡的能力,澳大利亚政府采取了多种措施。《国家技能和劳动力开发协议》(National Agreement for Skills and Workforce Development)允许联邦和州与地方政府采取技能合作行动的方式解决公平获得劳动技能培训和社会融入的相关问题②。《国家资助成人技能战略》

① Commonwealth of Australia. Industry Innovation and Competitiveness Agenda: An action plan for a stronger Australia. 2014.

② Porductivity Commission, Australia Government. National Agreement for Skills and Workforce Development. 2009.

（*National Foundation Skills Strategy for Adults*）提出帮助处在工作年龄的澳大利亚人提高英语、读写和数学相关能力以提高其经济社会参与度①。此外，为满足产业需求，澳大利亚还将继续完善职业教育与培训系统（VET）的治理，继续联合州与地方政府完善学校和基于学校的学徒制等。②

同时，澳大利亚政府也在不断加大对职业教育的投入和补助。通过《国家技能改革伙伴协议》（*National Partnership Agreement on Skills Reform*），政府新增了一个补贴培训项目，并针对文凭和高级文凭资格制定了按收入比例还款的方案③。在《国家创新与科学议程》中，政府还提出建立一个新的、四年合计 4.76 亿澳元的产业技能基金，支持中小商业企业的培训工作；重新聚焦学徒制，支持服务以提高参与率和完成率，每年资助 2 亿澳元；启动一个 4400 万澳元的双导师计划，通过产业技能基金中的青年部门协助澳大利亚地方的青年人以及高层次的失业或脱岗青年接受培训和就业④。

第五节　支持和激励科技人才开展创新创业

一、激励创新创业的政策措施

近年来澳大利亚通过出台一系列政策以激励各类人员的创新创业活动。例如，设立改革员工持股制度从而允许初创企业吸引世界顶尖人才；通过 50 亿澳元的小型商业和就业组合计划（Small Business and Jobs Package）来促进税收减免；颁布实施企业家计划（Entrepreneurs'Programme）以帮助企业家度过初创期等。澳大利亚还建立了商业化澳大利亚-志愿者商业导师网络，吸引国内外商业领袖和精英为企业发展出谋划策。地方也对于推动创新创业非常重视，例如昆士兰州 2014 年在昆士兰科学与创新行动（2013 年创立）下设立"想法加速"计划，聚焦于资助能够给该州带来直接产出效益的人才和项目，计划 3 年提供多至 150 万澳元协助研究人员与产业部门开展合作研究。

政府还强调通过技术转移来推动创新。澳大利亚研究理事会于 2012 年推出的产业转移研究计划中包括两个子计划，其中就有"产业转移培训中心计划（Industrial Transformation Training Centres）"，意在通过为用户提供创新性的更高级研究和博士后培训，从而培养大学研究人员与用户之间建立更紧密的伙伴关系。该子计划提出在 5 年内资助最多 50 个培训中心、每个培训中心至少提供 10 个博士研究生教育和 3 个博士后研究员名额，为企业创新提供支持。

二、设立一系列科学与创新大奖

在国家层面上，除了继续颁发 2000 年设立的首相科学奖、马尔科姆·麦金托什物理科学家年度大奖（Malcolm McIntosh Prize for Physical Scientists of the Year）、弗兰克·芬纳

---

①　The Council of Australian Governments . National Foundation Skills Strategy for Adults. 2013.
②　Commonwealth of Australia. National Innovation and Science Agenda. 2015.
③　The Australian Government. National Partnership Agreement on Skills Reform. 2012.
④　Commonwealth of Australia. National Innovation and Science Agenda. 2015.

生命科学家年度大奖(Frank Fenner Prize for Life Scientist of the Year),以及针对中小学科学教育的首相卓越小学科学教学奖与中学教学奖以外,澳大利亚又于2015年设立首相创新奖以表彰澳大利亚在创新和研究商业化方面的突出贡献者,于2016年设立新创新者奖以表彰在职业早期的科学研究商业化中具有突出贡献的人员。

除了国家层面的科学与创新大奖,澳大利亚各州和地方政府也相继设立了诸多地方性大奖,用于激励本地科学家和企业家开展创新活动。例如新南威尔士州2012年建立的残疾人产业创新奖、2014年创立的创造性荣誉奖和工程创造性人才奖,昆士兰州全球伙伴奖等。

三、制定新的研究计划以支持科技人才开展研究

《驱动创意:21世纪创新议程》提出依据"澳大利亚战略研究基础设施路线图(Strategic Roadmap for Australian Research Infrastructure)",持续投资于研究基础设施的建设,以增加国内外的研究合作,为澳大利亚研究人员提供使用最新技术的机会,设立"合作研究网络计划",帮助小型和区域性高校通过与其他研究机构的合作来提升其研究人员的研究能力。

2010年澳大利亚针对职业生涯早期的研究人员,设立了"超级科学奖",支持了100个职业早期研究人员,其中2010年和2011年各50个。

2008年澳大利亚提出"未来奖学金计划",用于支持杰出研究人员开展国家战略领域的研究,吸引和留住最顶尖的处在职业发展中期的研究人员。2013年澳大利亚联邦预算新增1.35亿澳元给澳大利亚研究理事会,用于继续给"未来奖学金计划"提供第二轮资助。

此外,为打造更多具有世界一流水准的研究团队,澳大利亚研究理事会还设立了荣誉研究员计划,每年吸引15位世界水平的优秀研究人员和领军研究人员赴澳开展卓越研究,受资助者5年内最高可获得5年300万澳元的经费支持。

第六节 与海外科技人才之间的交流合作

一、支持校友加强与澳大利亚的联系

《澳大利亚全球毕业生参与战略2016—2020》提出分地域、学科和教育机构加强与校友的联系以增加合作、共享良好实践和创造合作机会,具体措施如开发和扩大澳大利亚全球校友联系网络;动员有关方面参与,以促成校友与澳大利亚政府、企业和研究机构之间的创造性对话和建立伙伴关系,由此,校友们也将获得职业发展机会和扩大合作网络的可能性,具体的措施包括动员校友中的大使官员参与;通过研究、科学和创新论坛来构建与校友的研究联系;建立校友间的指导联系并开展女性的领导力开发工作等。

该战略还提出对澳大利亚校友取得的成就和校友与澳大利亚在教育、科学、研究与创新等领域正在开展的联系给予关注,具体措施有收集和数字化保存澳大利亚的全球校友和生活在印度洋-太平洋地区的澳大利亚人的概况,通过公开出版物例如《商业代表》等介绍校友的商业活动,邀请校友开展主旨演讲,或邀请加入知名度高的区域演讲之旅等。

二、资助开展研究合作与交流

为推进澳大利亚与其他国家开展合作研究,政府推出了不少的政策措施和合作项目。

除已有的双边合作研究项目外,近年来澳大利亚又实施了印度-澳大利亚奖学金计划,支持博士毕业后处在职业生涯早期的研究人员,在澳大利亚和印度的机构从事最长 1 年时间的高水平研究活动。2012 年,在澳大利亚-中国科学与研究基金中新设澳大利亚-中国年轻研究人员交流项目(YREP),鼓励澳大利亚和中国的青年科学家之间开展研究合作。2016 年颁布实施"全球创新链接(Innovation Linkages Programme Guidelines)"计划,协助澳大利亚的企业部门和研究人员通过战略性前沿研发项目与全球伙伴开展合作,该计划下每个项目最多可获得 100 万澳元/4 年的经费资助,首期累计投入 1800 万澳元。

为提高高校的流动性,《国际教育国家战略 2025》提出要维持竞争性的签证措施以便于国际学生、学者和研究人员的流动,支持学生、教育培训专业人员与研究者通过奖学金或其他资助方式进行流动。此外,澳大利亚还通过把澳大利亚研究生奖金(APA)授予国际研究生研究奖学金(IPRS)获得者,促使更多的国际学生在澳大利亚开展研究活动,加强与其他国家构建伙伴关系以支持流动。

三、大力支持国际教育

澳大利亚在《国际教育国家战略 2025》中提出,要打造世界级的教育、培训和研究系统。为此,澳大利亚将发展多样化的、具有创新性的教育和培训系统,开发和支持创新性教育产品与服务,推动不同层级地方政府和其他利益相关者参与主要的国际教育行动计划。同时,还要为学生创造最好的体验,提供满足或超过国际学生预期的环境,为外国学生在澳大利亚学习提供更全面、准确、权威、及时的信息。

《国际教育国家战略 2025》还提出,要强化国内外的伙伴关系,扩大教育与培训中的商业与产业部门参与度,强化产业-研究部门之间的深入联系;构建和维持强有力的政府间关系,支持教育机构和研究机构在国际教育、培训和研究方面的努力;建立国际国内资格认证领导机制,提高澳大利亚国际教育的质量,以提高其国际教育的声誉。

四、支持国际人才在澳大利亚就业

国际学生毕业后,澳大利亚允许其在澳大利亚寻找工作的期限为 12 个月;对于留学毕业生,澳大利亚制订了一个新的学习后工作签证安排,允许不符合永久移民所需技能条件者继续停留 18 个月以获得接受高技能工作的锻炼机会并提高语言水平。对在澳大利亚获得学士、硕士或博士学位的各专业毕业生,只要学习时间和语言能力符合要求,就可以在毕业后获得 2 至 4 年的 PSW 毕业生工作签证。澳大利亚要求拟申请移民者在线提交移民倾向,获得邀请者方有资格申请签证。

澳大利亚还通过采用"积分制"来吸引海外优秀技术人才。按照相关规定,综合得分超过 60 分且英语熟练、具有获得承认的高等教育学历、符合年龄条件者即可申请技术移民。2012 年以来,澳大利亚还对企业主导的签证类型进行了改革,简化了相关手续,并使申请工作更加标准化。

《产业创新与竞争力议程:使澳大利亚更加强大的行动计划》提出,将 2/3 的永久移民指标提供给技能移民,增加雇主担保移民签证数以填补本地提供不了的人才缺口;增加针对 457 类型技能型移民的签证办理点,推动技能移民政策融合以确保 457 号签证(澳大利亚针对技能人才的一种移民签证）移民能弥补本地劳动力的不足；完善技能移民担保要求，简化对已有的合格担保人的要求、签证申请程序。

此外，针对国际人才就业存在的一些问题，澳大利亚政府也采取了一些措施，近年新设的"就业准备计划（JRP）"就是其一。该计划针对拥有澳大利亚学历的国际毕业生制定了一个四阶段的就业技能评估计划，指导国际毕业生客观展示其最期望职业所需的技能和就业准备情况。

本 章 小 结

整体而言，作为发达国家中的先进代表之一，澳大利亚在科技人力资源规划、建设和使用等方面的做法和表现，与其他发达国家在很大程度上是相似的，包括没有非常全面的顶层设计而是更加强调各部门分工协作、各负其责，突出本土培养和国际引进兼顾，人才的教育培训和使用与创新、产业发展紧密结合，工作重点早已转向细节方面的完善和丰富，留学政策、签证政策与就业政策在推动科技人才流动方面发挥着重要作用等；同时，在某些方面也有一些个性化特点，包括政府的作用相对突出、高校和研究机构在吸引人才方面占据主导地位、人才流动越来越倾向于聚焦到亚太地区等。

澳大利亚目前在科技人才方面存在的主要问题涉及中小学教育、全民创新技能、创新经济发展和国际科技人才流动等方面，但都是与发达国家的先进水平相比较而言存在的，对此澳大利亚有比较多元的机制来做出及时分析与总结，这也使得其能够具备纠错较快的能力。

目前澳大利亚针对完善中小学创新教育、高等教育和研究培训、国际留学和国际毕业生等都做出了完整的战略与政策规划，对于科技人才创新创业和环境营造等则更多通过综合性创新创业计划与政策加以体现，这些都与其所处的发展阶段和现实情况较为吻合，反映了澳大利亚对该国科技人才中重要议题的认识是比较准的，所采取的对策也基本都具有较强的针对性，但同时也可能存在过于关注局部而不能很好地把握整体的风险，特别是部分部门的政策可能有交叉重复的现象。这些都是我国在学习了解和借鉴澳大利亚科技人才战略与政策时需要加以深入分析思考的。

第二十章

结束语

在知识经济和经济全球化背景下,科技创新是一个国家维持其国际竞争力的关键。而科技的发展与创新则有赖于掌握充分的技能、拥有大量知识积累、并且能够灵活运用自身掌握的知识、技能、经验、富于创造性的创新人才。这种对创新人才的全球性的迫切需求导致全球科技人力资源竞争日趋激烈,使得经济发展与人才短缺的矛盾成为各国普遍面临的一个重大问题。而且这种人才短缺问题不仅表现在人才数量上的不足,更多地表现为一种失衡性的人才短缺,即当前有很大比例的人才,在知识和技能方面难以适应快速发展的经济和文化,难以从事那些具有高附加值、高技术含量的工作。因此,近年来各国纷纷通过立法,确立国家人才战略和政策措施,规划本国科技人力资源建设的目标;通过加强人才体制改革,提高教育系统人才培养数量和质量,促进人才的合理使用和流动,加大吸引海外人才的力度,从而发挥好人才这一现代经济中最为关键的战略资源的作用。

改革开放后,我国的科技人才工作逐步步入正轨,并取得了巨大的成就。当前,我国已经成为了全球第一的科技人力资源大国,但我们还不是科技人才强国。高层次人才的短缺和创新人才的匮乏仍然是制约我国科技和经济发展的瓶颈。

综观当前我国在激烈的国际人才竞争中所处的位置,总结发达国家在科技人力资源开发方面的经验,我国今后仍然需要从以下方面加以努力。

(1) 加强教育体系改革,从源头上保障高质量和足够数量的科技人力资源供应。

教育政策在创新中发挥着核心作用,它通过影响教育体系,满足创新技能的供给。各国通过选择恰当的教育政策,不断加强教育体系的改革,才能不断培养出符合劳动力市场需求的人才和技能。为保障科技人力资源源源不断地供应,我国今后尚需在教育改革方面做出诸多努力。

一是必须进一步提高人才培养质量。进入 21 世纪以来,中国一直在不断调整教育政策,强化人才培养能力。截至 2015 年底,我国的高等教育在学人数的总规模达到 3647 万人,高等教育毛入学率达到 40%;研究生招生 64.51 万人,其中博士生 7.44 万人,[①]高等教

---

① 教育部 2015 年全国教育事业发展统计公报。http://www.moe.edu.cn/srcsite/A03/s180/moe_633/201607/t20160706_270976.html.

育规模已经位居世界第一,理工科本科人才以及博士人才培养数量也已位居世界前列。但是,我们必须看到,伴随着高等教育规模的快速扩张,我国的人才培养质量却未能得到相应的提升,特别是与发达国家相比仍存在较大差距,合格科学家与工程师的可获得性远不及欧美国家和日本。因此,今后必须在保证人才培养规模的同时,进一步提高人才培养质量。

二是必须加强 STEM 集成教育战略的制定与实施。近年来,美英等发达国家都在不断强调 STEM 教育战略的制定和实施,以加强未来创新人才的供应。有很多发达国家的调查数据显示,未来的职业中将需要大量具有 STEM 技能的人才。我国青少年的理工科成绩在国际排名中的表现虽然不俗,但是居安思危,未来我国若想在激烈的国际竞争中脱颖而出,必须进一步加强理工科教育,制定有助于创新能力培养的、覆盖学前到研究生教育阶段的、集成的、系统的 STEM 教育战略,以培养未来的创新人才。

三是加强数字技术教育,提早布局相关技能的培育。人类正在迈进数字经济。数字技术的发展,将使未来社会所需的技能发生重大变化。根据欧盟的估计,数字技术的使用将导致美国、英国、法国、德国、日本、爱尔兰、芬兰、韩国、加拿大、比利时、意大利、西班牙、荷兰和奥地利这 15 个发达经济体减少超过 510 万个工作岗位,但这并不意味着整体工作岗位的减少,因为知识型资本投资所带来的生产效率的提高,会创造更多的就业机会,只不过劳动力所需技能与过去相比将显著不同。新的岗位会出现在 IT 和数据科学领域,未来对大数据专家、社交媒体经理人、认知计算工程师、物联网架构师、区块链开发类人才的需求会比较旺盛。另据波士顿咨询集团以德国为例进行的测算,工业 4.0 的技术将使生产线上的岗位减少 61 万个,但同时带来的新岗位需求达 96 万个。我国当前也在积极推进“中国制造2025”和“互联网+”,因此,为满足未来的技能需求,我国亟待加大数字技术教育投入,培育相关领域的技能,满足未来社会需求。

(2) 构建良好的科研生态环境,加强科研劳动力政策调整,充分调动和运用各类创新人才和技能人才。

劳动力政策力图通过政策调整来提高劳动力有效使用知识和技能的水平,它主要关注劳动力的供给与需求问题。政府通常通过构建良好的科研生态环境,提高科学、技术和创新相关职业的吸引力,以吸引更多的人才并充分释放他们的才能;同时也通过监测潜在技能短缺情况,帮助劳动力市场和技能形成系统调整目标。我国今后在这些方面需要加强的工作包括:

一是构建良好的科研环境,促进创新人才的涌现。改革开放以来,我国的研发投入不断提升,到 2015 年已经达到了 1.4 万亿元,研发投入强度已经位居发展中国家前列,成为仅次于美国的第二大研发经费投入国家。科研投入的大幅提高使科研硬件设施得到了较大的改善。与此同时,国家也致力于科研体制的改革,并取得了一定的进展。但是,至今我国仍未能探索出培育相对独立的公共领域管理模式,构建出适合我国国情、能够让研究人员人尽其才、科研成果不断涌现的科研体制和环境。在当前的体制和环境中,很多研究人员难以潜心开展研究,追逐名利、弄虚作假等学术腐败现象时有发生。因此,当务之急是探索出相对独立的公共领域管理模式,建立起良好的科研环境和文化,促进创新人才的不断涌现。

二是强化对青年人才的支持,促进其快速成长。目前我国已经形成了覆盖面较为完整的科研资助体系,但相比于发达国家,我国民间资金介入程度较低,支持计划的覆盖面远远不够。从目前各种资助计划对研究人员的支持条件来看,全部都是按照年龄段来划分的,这种支持方式没有考虑到青年研究人员的科研背景,不足以有针对性地对他们给予支持。今后我国应该加大引导民间资金介入的力度,加强对处在各个职业阶段的青年科研人才的支持覆盖面,以帮助更多的青年科学家顺利走过科学职业生涯。此外,还应对现有的青年研究人员支持计划进行改善,根据青年研究人员的科研背景,及其所处的职业发展阶段给予恰当的支持。

三是加强数据收集,为未来科技人力资源的开发提供决策依据。掌握准确的科技人力资源数据信息,测度未来社会对职业和技能的需求情况,才能适时调整利益相关者之间的合作关系;根据岗位需求提供相应的培训,才能更好地开发科技人力资源,更好地满足劳动力市场的需求。美、日、欧等发达国家与经济体早已形成了较为完备的科技人力资源数据系统,定期发布相关检测数据,并将之应用于教育、人才和科技政策以及科技相关战略的制定当中。我国应借鉴国外的经验,建立与国际接轨的科技人力资源数据监测体系,结合未来社会对职业和技能的需求预测,适时调整相关教育和培训政策,更好地满足个人和社会发展的需求。

(3)统筹协调和完善各类人才引进计划,吸引、留住和用好人才。

近十几年来,中国在引进高端科研人才方面已经付出了诸多努力,形成了覆盖面较为完善的资助计划体系,百人计划、长江学者奖励计划、千人计划、青年千人计划等已经先后为我国引进了大批高端人才回国服务。同时,各省市也纷纷推出了一些类似的计划来吸引人才,为当地的科技和经济发展做出贡献。今后,我国需要在现有的基础上,在统筹协调好各类人才计划的同时,从以下几方面做出努力:

一是加强我国高层次人才计划的制度建设和相关管理工作。尽管各类人才引进计划的实施已经取得了一些成果,但是,我们必须看到,当前我国的人才引进计划,无论从制度上,还是管理上仍然存在诸多问题。比如制度上存在的恶性竞争、重复引进等问题,引进中存在学术造假等现象;管理上,一些机构借引进人才之机弄虚作假,为所在机构争取经费等等。这些问题如果不解决,不仅影响人才引进的效率,同时也会对我国的人才引进计划造成一些不良的影响。这就需要进一步完善各类人才计划的制度建设和管理工作。

二是要完善我国的移民制度,提升对外国人的服务和管理水平。自1985年第六届全国人大常务委员会第十三次会议通过《外国人入境出境管理法》之后,我国于1996年颁布了《外国人在中国就业管理规定》,2004年发布了《外国人在中国永久居留审批管理办法》,从而确立了中国的技术移民制度。2008年,为配合中组部千人计划的推出,中组部等多个部门又联合印发了《引进海外高层次人才暂行办法》《关于为海外高层次人才提供相应工作条件的若干规定》和《关于海外高层次引进人才享受特定生活待遇的若干问题规定》,对技术移民的法律制度做了一定的补充,建立起我国基本的技术移民法律制度。但是,需要指出的是,外国人要想在中国申请"绿卡"是比较难的,门槛相对较高。2012年6月,新的《中华人民共和国出境入境管理办法》通过,为逐步放宽"绿卡"申请条件留下了空间。2015年6月,公安部进一步下发通知,决定扩大申请在华永久居留外国人工作单位的范围,规定在国家认定企业技术中心等7类企业、事业单位任职,且符合相关条件的外国人,可申请在中国永久居留,以降低"绿卡"申请门槛,服务于引智引才。目前我国不仅通过外专千人计划和其他一些科技计划吸引了一批外国专家,而且在吸引留学生方面有了很大的发展,成为世界第三大留学目的国,接收的国际学生数量也呈逐年上升趋势。如果今后我们能够将吸引外国专家和留学生政策与移民制度结合起来,那么随着我国高校、科研机构的不断发展、国际声誉的不断提高,我们也必将能够吸引到一流的和潜在一流的人才。

三是将高端科研人才引进与下一代人才培养有机结合起来,实现未来一流人才的本土化培养。人才引进只不过是我国现阶段解决高层次人才短缺问题的一个手段,要想拥有强大的国家竞争力,还需要实现一流人才的本土化培养。如果能把高端人才的引进与下一代人才的培养有机结合起来,能够使国外优良的科研传统在我国生根发芽,那么我们国家在今后就不仅能够培养出一代又一代的优秀人才,同时也能够吸引来大批优秀的海外留学生。